Martin Luther

ein

religiöses Charakterbild

dargestellt

von

Heinrich Lang.

Berlin.
Druck und Verlag von Georg Reimer.
1870.

Vorwort.

Ich gebe hier der deutschen Nation ihren Luther, soweit ich ihn verstanden habe. Diese Arbeit datirt nicht erst seit dem Wormser Denkmal, das so viele Lutherschriften in's Leben gerufen hat, sie ist die ausgetragene Frucht vieler Jahre. Ihr Zweck ist zunächst kein gelehrter, obwohl ihr langjährige und mannigfaltige Studien zu Grunde liegen; er ist, wenn dieß nicht zu stolz klingt, ein künstlerischer. Sie will nicht den gesammten Stoff für ein Leben Luthers sammeln und wissenschaftlich ordnen — das ist, wenigstens für die Zeit bis zum Ablaßstreit, von Jürgens in der umfassendsten Weise geleistet worden, — sie will vielmehr den schon aufgehäuften Stoff bilden und gestalten aus der Idee heraus, die ihm zu Grunde liegt. Diese Idee kann nichts anderes sein, als der Grundgedanke, aus welchem Luthers Wesen und Wirken zu begreifen ist, der Punkt, von welchem aus diese so einzige, in allen ihren Widersprüchen doch wieder so einheitliche Persönlichkeit sich dem Beschauer aufschließt und zum vollen Verständniß darbietet. Ich glaube diesen Punkt entdeckt zu haben, und Luther steht in den scharfen Umrissen seines Wesens, in der spezifischen Eigenthümlichkeit seines Geistes und Charakters vollständig klar vor meinem Geiste.

Wenn ich über mein Verfahren Rechenschaft ablegen soll, so dachte ich mich vor das aufgerichtete Standbild Luthers gestellt an der Seite eines Begleiters, dem Luthers Leben und weltgeschichtliche Bedeutung im Allgemeinen bekannt ist. Diesem Begleiter suchte ich das innerste Motiv dieser Persönlichkeit aufzuschließen, und an den Hauptmomenten ihres Lebens zur Anschauung zu bringen, so daß das Bild, gleichsam vor seinen Augen gewachsen, am Ende erklärt und verstanden vor ihm stünde.

Diese Behandlung wird durch sich selbst der Kritik einen größeren Spielraum gewähren, als es die bloß erzählende Darstellungsform thut. Aber die Kritik, die hier an einem geschichtlichen Gegenstand geübt wird, ist nirgends, wie ich wenigstens hoffe, jene willkührliche und subjective, welche eine weltgeschichtliche Individualität mit dem Maßstab der eigenen mißt. Sondern der behandelte Charakter wird nur an sich selbst gemessen und an den Folgen seines Wirkens. Die wahre Kritikerin einer weltgeschichtlichen Erscheinung ist die fortschreitende Geschichte. Sie ist das Feuer, welches Heu und Stoppeln verzehrt, das Gold aber und Silber in seiner Reinheit hervortreten läßt. Die Kritik Luthers ist die Geschichte der vierthalbhundert Jahre, die seit seinem Auftreten verflossen sind.

Insofern hat diese Darstellung ein sehr praktisches, auf die Gegenwart berechnetes Interesse, eine Tendenz, wenn man so will. Ich möchte mit diesem Luther allen Ernstes Propaganda machen für eine deutsche Kirche, die in allen Stücken ungefähr das Gegentheil wäre von der jetzigen. In dem Augenblick, da die Deutschen, seit Langem schon eine Nation von Denkern, sich anschicken, auch eine Nation von Staatsmännern zu werden und nach langer unseliger Zersplitterung ihrer Kräfte den Gedanken nationaler Einheit und Größe zu verwirklichen, ist es doppelt schmerzlich zu sehen, wie dieses Volk in der Gestaltung seines kirchlichen und religiösen Lebens so weit hinter seinen anderen Aufgaben zurückgeblieben ist.

Noch sieht sich die eine Hälfte mit eisernen Ketten an den Romanismus gefesselt, dessen Untergrabung die weltgeschichtliche Aufgabe der Reformation gewesen ist, die andere ist von dem Buchstaben eines sogenannten protestantischen Kirchenthums eingeengt, das nachgerade im Angesicht der geistigen Bildung unseres Zeitalters als ein öffentlicher Skandal erscheint.

Heute, da sich die Hierarchie, welche Luther bekämpfte, in den Encycliken Pius IX. und in den Canones des jüngsten Concils in ihrem wahren Charakter als ein alle anderen Interessen verzehrender Jesuitismus auch dem blöden Auge entlarvt hat, da überdem der rächende Geist der Weltgeschichte an einem ultramontanen Staatswesen nach dem anderen, der Reihe nach in Italien, Oesterreich, Spanien, Frankreich auch äußerlich sein Gericht gehalten hat, heute, da der unfehlbare Herr über alle Herren und Völker sich aus dem eilfhundertjährigen Patrimonium Petri zurückgedrängt und auf den Unterthan eines weltlichen Staates herabgesetzt sieht, heute, da in überraschenden Schicksalsschlägen sich über Nacht so Manches von dem vollzieht, was Luther gewollt, aber leider nicht erreicht hat, dürften doch wohl manchen Katholiken die Augen aufgehen über das Streben und Wirken des Mannes, zumal wenn ihnen sein Bild von einer Feder gezeichnet entgegentritt, die sich von jedem Vorurtheil der Confession unabhängig weiß.

Bei denjenigen protestantischen Männern und Frauen, welche die Reformation über ihre anfänglichen Zeitschranken hinaus in sich fortgebildet haben, rechne ich auf Dank für die Gabe, die ich ihnen reiche. Den Anderen, welche das Werk Luthers auf dem Punkte festhalten, auf welchem der Meister es stehen gelassen, möchte ich gerne drohend zurufen: „wenn Luther heute noch lebte?" Aber ich weiß: das ist ein unmöglicher Gedanke. Einen Zwingli könnte man sich ohne viel Mühe als heute lebend denken; nach einem raschen Umblick würde er sich leicht in der Zeit zurechtfinden. Luther nicht;

zu tief stehen seine Wurzeln im Boden des Mittelalters und man muß es seinen heutigen Schülern lassen: sie haben ihn sehr gut copirt — wenigstens den Kirchenmann. Ob auch den Reformator? Mit der eminenten Vernunftanlage, die ihm innewohnte, hat er die Ungereimtheit aller kirchlichen Dogmen vom Fall Adams an bis zur Menschwerdung Gottes erkannt und ausgesprochen. Aber der Katholizismus, in welchem er sich die Hälfte seines Lebens als „ein toller Heiliger“ bewegt hatte, hinderte die erfolgreiche Entfaltung dieser rationellen Geistesanlage und so entschloß er sich in einem heroischen Kampfe, im Interesse des Kirchenglaubens die Vernunft mit Füßen zu treten, nicht ohne fortwährend von der niedergetretenen in die Fersen gestochen zu werden. Sollten nun die Nachfolger, die nicht, wie er, eine katholische Jugendzeit hinter sich haben, die nie vor Rom gestanden sind mit dem Gefühl: sei gegrüßt, du heilige Stadt!, die in keinem Kloster mit ihrem Gott gerungen haben, sollten sie nicht merken, auf welche Seite sie sich zu stellen hätten, wenn sie seinem Geiste treu bleiben wollten? Aber sie schätzen die Mühe nicht, die er ihnen abgenommen, sie würdigen das schmerzliche Opfer nicht, das er ihnen gebracht, sie bedenken nicht, wie theuer sie erkauft sind.

Wenn diese Schrift zur religiösen Selbstbefreiung des deutschen Volkes Etwas beiträgt, so ist ihr schönster Zweck erreicht.

Meilen, 17. October 1870.

H. Lang.

Inhalt.

Erster Theil.

Der Mönch.

„Schaffet, daß ihr selig werdet, mit
Furcht und Zittern." Phil. 2, 12.
(nach Luthers Uebersetzung.)

Einleitung.

Auf dem Wege zur Richtstätte soll Huß gesprochen haben: „Heute bratet ihr eine magere Gans; aber über hundert Jahren werdet ihr einen Schwan singen hören, der aus meiner Asche sich erheben wird; den sollt ihr ungebraten lassen und weder Stange noch Masche wird selben euch fahen.“ Als Luther auftrat, fand es das gesunde Volksgefühl sogleich heraus, daß diese Weissagung jetzt erfüllt sei, und auf allen Gassen klang dem noch zaghaften Reformator der ermuthigende Volksreim entgegen: „Hundert Jahr nach mir wird kommen ein Schwan, den werdet ihr ungebraten lan.“ Aber solche Männer, in welchen die Weissagung der Vergangenheit zur Ruhe kommt, sind immer zugleich wieder Propheten der Zukunft; sie tragen die Keime der kommenden Zeiten in sich und es bedarf der Arbeit oft vieler Jahrhunderte, um diese Keime zur Entwicklung zu bringen.

Es ist in den vierthalb Jahrhunderten, die seit Luther's epochemachendem Auftreten verflossen sind, keine wichtige religiöse Erscheinung an's Licht getreten, die nicht ihre Quelle in ihm hätte, die nicht ihren Zusammenhang mit seinem Geist und Wesen nachzuweisen vermöchte. Das starre orthodoxe Kirchenthum, das in der „reinen Lehre“ ausruht und Alles gethan zu haben glaubt, wenn es diese vor dem Hauche der wechselnden Zeiten bewahrt hat, der Pietismus, der aus Angst für das Heil der Seele die Schranken zwischen sich und der Welt möglichst enge zieht, der Methodismus, der durch die Schrecken der Hölle die Herzen aus dem sorglosen Kirchenschlafe aufrütteln will — sie können gleichermaßen ihre Wurzeln in Luther's Geist und Wesen nachweisen. Lessing hat Luther's Geist angerufen gegen die „kurzsichtigen Starrköpfe, die, seine Pantoffeln in der Hand, den von ihm gebahnten Weg schreiend, aber gleichgiltig daherschlendern," und Göze war sich bewußt, ein treuer Zeuge des ächt lutherischen Wesens zu sein. Die Rationalisten und Lichtfreunde, die sich mit Abscheu von der von ihm gestifteten Kirche wegwandten, haben mit Vorliebe Luthers Namen auf ihre Fahne geschrieben, und das stolze Hochkirchenthum unserer Tage, für das die Hengstenberge und Stahle im Verein mit den „christlichen" Fürsten Preußens einstehen, giebt sich für die spezifisch lutherische Kirche aus. Und man muß sagen: Alle bis auf einen gewissen Grad mit gleichem Recht. Schon daraus kann man schließen, wie umfassend dieser Geist gewesen sein muß, der für die entgegengesetzten Erscheinungen mehrerer Jahrhunderte seinen Namen hergeben konnte, wie gewaltig die Brust gewesen sein muß, welche solche Gegensätze in sich vereinigte. Aber wenn nun diese verschiedenen Geistesrichtungen, die sich um die Ehre seiner Bundesgenossenschaft reißen, sich in die Zipfel seines Rockes getheilt haben, so bleibt von dem Manne erst noch das größte und beste Stück übrig, das man nicht theilen kann: der naive Mensch, das kindliche Herz, das naturwüchsige Genie, das Dichtergemüth, die sorglos heitere ungekünstelte Frömmigkeit, das sinnige Auge für Welt und Natur, der Gatte und Hausvater, der Lehrer und Vater des Volkes, dessen Sprache und Bedürfnisse er verstand, wie selten Einer, weil er selbst ein Bauernkind blieb sein Lebenlang, dessen Schmerzen er fühlte und theilte. Es giebt Seiten in seinem Wesen und Abschnitte in seinem Leben, die man lieber weg hätte, und das schöne Vorrecht der Epigonen, die scharfen Urtheile, welche die Zeitgenossen auf den noch frischen Spuren der Ereignisse zu fällen pflegen, zu mildern, weil die Uebel seitdem durch die Länge der Zeit ihnen fern gerückt und unschädlich geworden sind, kommt uns jetztlebenden Menschen für die Beurtheilung Luthers noch nicht zu Statten. Denn auch die breiten Schatten seines Wesens haben sich in das Denken und Streben der unter dem Einfluß seines Geistes entstandenen Gesellschaft so tief eingedrückt, daß sie heute noch einen großen Theil unseres öffentlichen Lebens beherrschen und dem mächtig eindringenden Lichte um so zäheren Widerstand leisten, je größer und imponirender die Persönlichkeit war, der sie anhingen. Und doch kann man dem Manne nicht böse werden. Sobald man sich den ganzen Mann lebendig vergegenwärtigt, so thut er's Einem an, daß man ihn lieben muß, wenn man nicht wollte, und sein Gesammtbild, das man sich durch eine innere Intuition vor die Seele rufen muß, wird Einen fast bei allen Parthien seines Lebens in eine friedliche Stimmung versetzen. Jeder Charakter, den wir wahrhaft begreifen, d. h. dessen Handlungsweise in jedem Augenblick wir aus seinem Wesen mit innerer Nothwendigkeit hervorgehen sehen, wird uns bis auf einen gewissen Grad mit sich versöhnen, so wenig er auch unserer eigenen Art, zu sein, entsprechen mag.

Die Eintheilung dieses Lebens in die drei Abschnitte: Mönch, Reformator, Kirchenstifter wird sich durch die Darstellung selbst als die in der Sache begründete ausweisen.

Erster Abschnitt.

Der Weg zum Kloster.

1. Im Elternhause.

„Ich bin eines Bauern Sohn. Mein Urgroßvater, Großvater und Vater sind rechte Bauern gewest. Darnach ist mein Vater nach Mansfeld gezogen, und allda ein Bergmann worden" — so lautet der Ausspruch des Reformators selbst über seine Abstammung.

Die Sage, die es liebt, die Wiege der Helden mit dem Reize des Ungewöhnlichen zu umgeben, hat es schon frühe verstanden, zwischen dem Bergmannssohn von Möhra, dem Erneuerer der Christenheit, und dem Zimmermannssohn von Nazareth, dem Stifter derselben, eine leise Aehnlichkeit in Beziehung auf die Umstände der Geburt herzustellen. Nach einer sehr alten Ueberlieferung sollen die Eltern Luthers in der Absicht, vor Eintritt des Winters noch einige billige Einkäufe zu besorgen, von ihrem Wohnort Möhra in Thüringen auf den beiläufig 16 Meilen entfernten Jahrmarkt nach Eisleben gewandert sein; hier sei die Mutter von Wehen überfallen worden und in einem Winkel der von Jahrmarktsgästen überfüllten Herberge, in welche sie sich geflüchtet, eines gesunden Knäbleins genesen. Diese Ueberlieferung ist offenbar sagenhaft. Eine Fußreise auf einen 16 Meilen entfernten Markt — überdies fielen die eislebischen Märkte bis 1515 auf April und September — ist für einfache Bauersleute, zumal für eine hochschwangere Frau etwas so Unwahrscheinliches, daß es an der Zeit wäre, diese Notiz aus den über Luthers Leben noch alljährlich erscheinenden Schriften ein für alle Male zu verdrängen. Woher einer der neuesten Biographen Luthers, Prof. Schottmüller in Berlin, seine Angaben über diese Vorzeit unseres Reformators geschöpft hat, weiß ich nicht. Er berichtet nämlich: „Nachdem der Großvater unseres Helden, der Bauer Heinrich Luther in Möhra, gestorben, sei der Bauernhof auf den älteren Sohn, Heinz, übergegangen, der jüngere, Hans, der Vater unseres Luther, dagegen sei rücksichtlich seines Erbes mit einer kleinen Geldentschädigung abgefertigt worden und habe sich den Arbeiten in den nahe gelegenen Bergwerken zugewandt; aus unbekannten Gründen sei er im Jahre 1483 nach Eisleben ausgewandert.“ Vielmehr dürften diese Gründe gar wohl bekannt sein. Eine alte Urkunde berichtet, und im Dorfe Möhra geht es heute noch von Mund zu Munde, daß Hans Luther einen reichen Bauern, der, wie die Einen sagen, Luthers Pferde muthwillig gejagt, wie die Anderen sagen, seine eigenen Pferde auf Luthers Wiese habe grasen lassen, im Zorn mit den Pferdezügeln geschlagen und zufällig lebensgefährlich getroffen habe und in Folge dessen noch am Tage des Streites geflohen sei. Zuerst machte er auf seiner Flucht, wie es scheint, Halt in Eisenach, woher seine Frau war — daher mag sich die spätere Angabe Luthers schreiben, seine Eltern seien von Eisenach nach Eisleben gezogen, — aber in Eisenach konnte er wegen der Nähe nicht bleiben, so ließ er sich in Eisleben nieder, wo ihm am 10. Nov. 1483 unser Martin, wahrscheinlich der dritte Sohn, geboren wurde *). Dieser Hergang der Sache, wie er am besten **) bezeugt ist und manche sonst dunkle Nebenumstände aufklärt, paßt auch vortrefflich zu den übrigen Charakterzügen, welche uns die Geschichte von dem Vater unseres Reformators aufbewahrt hat.

Hans Luther war ein ausgeprägtes Charakterbild, bei welchem jeder Zug, der uns noch überliefert ist, zum Ganzen sich rundet. Ein Mann von „kurz gedrungener Kraft,“ fest im Entschluß, von unbeugsamer Willensstärke, unternehmend und strebsam, begabt mit einem hohen Maße klugen Menschenverstandes, bei großem praktischem Geschick nicht ohne Sinn für höhere, geistige Bestrebungen. Gereizt und beleidigt braust der Sprudelkopf in jähem Zorne auf und greift zur raschen That. Das Unglück, welches daraus entsteht — der Verwundete soll übrigens wieder aufgekommen sein — treibt ihn von der Heimath und beraubt ihn — wenigstens eine geraume

*) Das Nähere bei A. W. Müller, „Dr. Martin Luther und sein Stammort Möhra. Meiningen 1862.“

**) Schon eine Urkunde vom Jahr 1565 nennt Luther den filius homicidae Morensis, vgl. Heinr. Thiersch Biogr. Skizzen 1869.

Zeit — seines Vermögens. Aber die zähe Ausdauer seines Willens, verbunden mit einer gewissen Unruhe und Beweglichkeit des Geistes, führt ihn langsam, aber sicher aus Armuth wieder zum Wohlstand. Der frühere Bauer wird Handwerker; er setzt sich in der Stadt Eisleben, von hier siedelt er vor Ablauf eines Jahres nach Mansfeld über, durch Arbeit in den Bergwerken das Brod für sich und seine von Jahr zu Jahr wachsende Familie suchend. Lange Zeit kämpft er mit der Noth. Der Sohn, den er für das Studium bestimmt hat, muß auf den Schulen sein Brod vor den Häusern ersingen, bis er auf die Universität abgeht. Hier kann ihm der Vater schon unter die Arme greifen, einige Jahre später, als sein Sohn die Priesterweihe in Erfurt empfing, ritt er, zu der Feierlichkeit eingeladen, mit 20 Pferden in den Klosterhof und machte dem Sohne ein Geschenk von 20 Gulden, eine für jene Zeit nicht geringe Summe, die aber sicher verdoppelt und verdreifacht worden wäre, wenn er statt der Priestertonsur den Doctorhut auf dem Kopfe seines Sohnes gesehen hätte. So hat er sich durch die Strebsamkeit seines Geistes und die Zähigkeit seines Willens emporgeschwungen und ist aus einem Bauer und Hauer ein angesehener Rath der Stadt und ein wohlhabender Besitzer zweier Hüttenwerke geworden.

Ebenso charaktervoll zeigt er sich in seinem Verhalten zum Sohne. Er ließ den Sohn studiren, weil er frühe dessen vielversprechende Anlage erkannte und selber ein Mann war, der gerne las, den Umgang belesener Leute mit Vorliebe aufsuchte und die Gelehrsamkeit hochschätzte. Als der Sohn auf der Höhe seiner wissenschaftlichen Bildung plötzlich in's Kloster ging und die Pläne des Vaters, die auf eine glänzende Weltstellung desselben gerichtet waren, durchkreuzte, war er „wie toll," schrieb ihm wieder „Du" statt, wie vorher, „Ihr," und verweigerte durchaus seine Zustimmung. Erst allmählig siegte unter dem mildernden Einfluß der Umstände die natürliche Liebe und Herzensgüte über den starren Willen. Zwei Söhne hatte ihm die Pest weggerafft, und vom Dritten hieß es schon, er sei auch gestorben. Das väterliche Herz neigte sich nach solchen Verlusten dem Geretteten wieder zu; die Freunde drangen in ihn, Gott zu Ehren ein Opfer zu bringen, das liebste und theuerste das er habe, und dem Sohne zu erlauben, daß er sich Gott weihe. Er gab nach, wenn auch mit unfreiwilligem Muth. Es ist schon erwähnt, daß er später bei der Feier der Priesterweihe in glänzendem Aufzuge erschien und den Sohn beschenkte. Als aber dieser bei Tisch glaubte, nun vom Vater eine herzliche Zustimmung zu dem gethanen Schritt herausschlagen zu können, und die anwesenden Doctoren, Magister und Mönche sich bemühten, ihm zu beweisen, daß der Mönchsstand ein heiliger Stand sei, da rief der Alte: „ihr Herren, habt ihr nicht gelesen, daß man Vater und Mutter ehren soll?" Luther erschrak, daß er verstummte. Und als nun Andere darein redeten, rief jener mit Heftigkeit: „Gott gebe, daß es kein Betrug und teuflisch Gespenst sei!" Und unverhohlen drückte er sein Unbehagen aus, indem er hinzufügte: „ich sitze hier, esse und trinke, und wäre doch besser daheim." So wechselten unbeugsamer Wille und Herzensgüte mit einander. Charakteristisch sind auch die Worte, mit denen er im späten Alter starb. Als man ihn fragte, ob er im Glauben an das von seinem Sohne wieder an's Licht gebrachte Evangelium sterbe, sagte er: „Ein Lauer (Schelm), der nicht daran glaubt!"

Von der Mutter unseres Reformators, Margaretha, geb. Lindemann, sind uns nur wenige Züge aufbewahrt. Melanchthon, der sie persönlich gekannt hat, rühmte ihr nach: „sie habe viel Tugenden gehabt, die einer ehrlichen Frau zustehen, und sei insonderheit berühmt gewesen ihrer Zucht und Gottesfurcht und fleißigen Gebetes halber, daß auch alle anderen ehrlichen Weiber auf sie als ein Exempel der Ehrbarkeit und Tugend gesehen haben." Sie scheint ein ächtes, deutsches Bauernweib gewesen zu sein, mehr streng, als sanft, mehr tapfer und wehrhaft, als milde, von mehr Verstand und Pflichttreue, als Anmuth und Sanftmuth, ein Weib, dem die strenge Lebensarbeit und der vorwaltende Ernst nicht Zeit gelassen hat, Gefühl und Empfindung besonders zu pflegen, das auch die Religion behandelt als eine vorgeschriebene, täglich zu leistende Pflicht, in deren Erfüllung man pünktlich und gewissenhaft sein muß. Ihre Liebe zum Manne äußert sich als Gehorsam und Achtung, weil er nach Gottes Ordnung des Weibes Haupt ist und durch seine Tüchtigkeit Ehrfurcht erweckt. Ihre Liebe zu den Kindern zeigt sich vorherrschend als Strenge, welche dieselben von frühe an zu pünktlicher Erfüllung aller ihrer Lebenspflichten gewöhnt. Kein Zug, der aus ihrem Leben berichtet ist, zeigt uns das Mutterherz, welches das rauhe Wesen des Mannes mildert und die durch seine barsche Art eingeschüchterten Kinderherzen tröstet durch freundlichen Zuspruch oder sie erwarmen läßt an dem Sonnenschein ihrer theilnehmenden Milde. Aber sie wird uns vorgeführt, wie sie, den kleinen Martin barfuß neben sich, im Winter Holz trägt über den gefrorenen Schnee von den Mansfelder Bergen herab, oder wie sie das zarte Kind um einer geringen Nuß willen so hart schlägt, daß das Blut fließt. „Sie meinte es freilich herzlich gut“ rühmte ihr der Reformator später nach. Die Luft, welche der Knabe einathmete, erkennt man besonders aus Folgendem: „Als Luther einst zu seinen Hausfreunden viel von Zauberei, Herzgespann rc. sprach, erzählte er, seine Mutter sei von einer Nachbarin sehr geplagt gewesen, die ihr die Kinder „geschossen,“ daß diese sich fast zu Tode schrieen. Einen Prediger, der sie gestraft, habe die Nachbarin dadurch bezaubert, daß sie ihm die Erde, worauf er gegangen sei, genommen und in's Wasser geworfen. Er sei erkrankt und habe sterben müssen, indem man mit keiner Arznei habe helfen können. Da habe nun die sorgsame Mutter Alles aufgeboten was sie nur vermocht, freundliche Gesinnungen bei der Nachbarin zu wecken.“

Den Eltern war es vergönnt, die Glanzzeit des Sohnes zu erleben. Der Vater, der sich einst wie toll geberdet hatte, als der Sohn ihm zum Zeichen, daß er der Welt entsagt habe, Magisterring und Kleidung übersandte, erlebte den Triumph, daß derselbe die Kutte abwarf und die Klöster auf seinen Ruf sich leerten. Bei Melanchthons Hochzeit waren die beiden als gefeierte Gäste zugegen. Auch als Luther seine Käthe heimführte, mußten sie das Fest in Wittenberg mitfeiern. Unter den Gründen, welche Luther zu diesem damals so großes Aufsehen erregenden Schritt bewogen, führt er selbst den heißen Wunsch des Vaters an, der ihm mit Bitten anlag, ihm einen Enkel zu schenken. Bis in die späten Lebenstage Luthers ragen die Möhraer und Mansfelder Erinnerungen hinein, wie eine freundliche Idylle in den verbitternden Kämpfen seines tragischen Lebens. Auf dem Triumphzuge, den der vom Papst gebannte und vom Kaiser geächtete Liebling der Nation von Worms bis auf die Wartburg hielt, stieg er auch in Möhra ab. Dort wohnten außer seiner Großmutter, die kurz vor ihrem Tode diesen Tag noch erleben sollte, und seinen beiden Oheimen, Heinz und Hans dem Kleinen, noch viele nähere und fernere Verwandte, und sicher sind, als die Kunde von seiner Ankunft erscholl, auch aus der Umgegend die Luther in großen Schaaren herbeigeeilt, um ihren großen Vetter zu sehen und zu hören, so daß Luther mit Recht schreiben konnte: „ich bin zu meinem Fleisch über den Wald gereist, denn sie haben fast das ganze Land inne.“ Den Tag nach seiner Ankunft predigte er in seinem lieben Stammorte im Freien unter einem Baume, da die Kapelle viel zu klein war, um die Menschenmenge zu fassen. Und das Wort, daß ein Prophet nirgends weniger gilt als in seinem Vaterlande, fand hier seine Anwendung nicht; denn in kurzer Zeit war die römische Kirche in der ganzen Gegend gefallen.

Auch zu Eisleben und Mansfeld dauerten die Beziehungen Luthers bis an sein Ende fort. Noch haben wir von Luthers Hand einige Trostbriefe an die von Alter und Krankheit gebeugten Eltern, in welchen sich der hohe Muth des Glaubenshelden, wie das treue Gemüth des liebenden Sohnes spiegelt. Als er in einem für sein Werk entscheidungsvollen Augenblick den Tod seines Vaters erfuhr (5. Juni 1530) sprach er: „Wohlan, mein Vater ist auch todt," nahm flugs seinen Psalter, ging in die Kammer und weinte genug, daß ihm der Kopf des anderen Tages ungeschickt war. Dann ließ er sich's nicht mehr merken. Und in einem gleichzeitigen Briefe sagt er: „so schreibe ich denn aus Traurigkeit heute nicht mehr; denn es ist ja billig und recht, daß ich als Sohn solch' einen Vater beweine, durch den mich der Vater der Barmherzigkeit erschaffen, durch dessen Schweiß er mich ernährt und zu dem gemacht hat, was ich bin. Ich freue mich nur, daß er noch diese Zeit erlebt hat, daß er das Licht der Wahrheit hat sehen können. Gepriesen sei Gott in allen seinen Werken und Rathschlägen in Ewigkeit."

Alles, was ihn an das elterliche Haus oder an den väterlichen Beruf erinnerte, blieb ihm Zeitlebens theuer. Wie lieblich und wohlthuend ist das kleine Lebensbild, das uns aus den späteren Jahren Luthers aufbewahrt ist, als er, von Alter und herben Erfahrungen gedrückt, bereits zum Trübsinn neigte und mit der Welt und den Menschen unzufrieden geworden war. Als Luther bewirkt hatte — so wird uns erzählt — daß die katholischen Gebräuche der Fastnacht in Wittenberg abgeschafft wurden, wollte er doch ehrbare Belustigung und vergnügliche Kurzweil nicht wehren, wiewohl er für seine Person eine an ihn ergangene Einladung des Raths zu Wittenberg zur Theilnahme an einem fröhlichen Abend ablehnte. Mehrere vermummte und verkleidete Personen wurden vor Luthers Haus abgewiesen, aber eine in Bergleute verkleidete Truppe, die ohne Leichtfertigkeit höfliche Kurzweil trieben, begehrte Einlaß bei ihm und erhielt ihn. Luther sagte: „die laßt mir herein, das sind meine Landsleute und meines lieben Vaters Schlägelgesellen; den Leuten, weil sie die ganze Woche unter dem Boden stecken in bösem

Wetter und Schwaden, muß man bisweilen ihre ehrliche Ergötzung und Erquickung gönnen und zulassen!" Darauf trat die Gesellschaft vor des Doctors Tisch und setzte ihr Schachspiel auf, und der Doctor als ein geübter Schachspieler nahm's mit ihnen auf, wobei er bemerkte, wer bei diesem Spiel und in den Schachten der Berge nicht Schaden nehmen wolle, seine Augen nicht in die Tasche stecken dürfe, denn es an beiden Orten Aufsehens gelte. Luther machte seinen Schachgesellen matt, der ließ ihm das Schachspiel, und blieben bei ihm in Züchten und Ehren fröhlich, sangen und sprangen, wie denn der Doctor von Natur gerne zur Gelegenheit fröhlich war und sahe nicht ungerne, daß junge Leute bei ihm in ziemlicher und mäßiger Leichtsinnigkeit fröhlich und lustig waren."

Werfen wir einen Rückblick auf die Beziehungen Luthers zu Heimath und Elternhaus und fragen: Was hat er von da mitbekommen für den weltgeschichtlichen Gang, den er zu machen hatte? Was ist von dem Charakter und der Lebensrichtung der Eltern auf den Sohn übergegangen? so kommt uns Luther selbst für eine sehr wichtige Seite dieses Einflusses entgegen durch die Bemerkung: „ihr ernst und gestreng Leben, das sie (die Mutter) führte, das verursachte mich, daß ich hernach in ein Kloster lief und Mönch wurde." Man erschöpft diesen Ausspruch Luthers über sich selbst noch lange nicht, wenn man nur sagt: die Härte und Strenge der häuslichen Zucht verdüsterte frühe die Seele des Knaben und gab ihm eine Richtung zur Schwermuth, von welcher in jener Zeit der Weg zum Kloster nicht weit war. Man wird nach der Quelle dieser häuslichen Strenge, nach den Wurzeln dieses düsteren Lebensernstes, der die Mansfelder Handwerkerfamilie beherrschte, fragen müssen und sich bald überzeugen: die Furcht, welche im Lutherischen Hause das Erzieheramt fast allein übernommen hatte, war der Ausfluß und der Widerstrahl derjenigen Frömmigkeit, welche das Wesen des Katholicismus ausmachte, deren Krone das Mönchthum war. Die Furcht vor der Hölle (vor Tod, Hölle, Teufel und Gericht, wie Luther gewöhnlich zusammensetzt) und die Hoffnung auf den Himmel war das eigentliche Motiv des katholischen Cultus und seiner Frömmigkeit. Jede Einrichtung der Kirche und jedes Thun des Gläubigen hatte diese Beziehung auf die jenseitige Seligkeit. Gott und Christus wurden vorherrschend in dem Bilde der strengen Richter angeschaut, deren Zorn gesühnt werden müsse, und unerschöpflich war die Phantasie der Zeiten gewesen in Auffindung der Mittel für diesen Zweck. Wohl — erzählt Luther später — habe man auch im Papstthum die beseligenden und tröstlichen Worte des Evangeliums in Schule, Kirche und Haus gekannt und gebraucht, man habe manche feine Lieder gesungen, in welchen die göttliche Liebe gepriesen werde, wie sie erbarmend und erlösend dem menschlichen Geschlechte in der Erscheinung des Heilandes sich angeboten habe, aber man habe von allem dem nicht einen Buchstaben oder einen Titel verstanden und sei flugs auf ein anderes Ding gefallen. Christus habe man nur als den strengen Richter erkannt, vor dem man habe erschrecken müssen. Statt „der großen Freude, die allem Volke widerfahren," und statt des Engelswortes „euch ist heute der Heiland geboren" habe man das höllische Feuer gepredigt. Durch ein unabsehbares Netz von Werkleistungen und kirchlichen Uebungen, welche die Kirche dem Gläubigen auferlegte, suchte sie seine Seele den höllischen Mächten zu entwinden und den Zorn der Gottheit zu sühnen. Das konnte, je nachdem die Menschen waren, eine doppelte, gerade entgegengesetzte Folge haben: leichtere Gemüther machte es leichtsinnig; man konnte ja den Himmel durch äußere, im Grunde leichte Werkleistungen verdienen; Heilige waren genug da, um den Sünder loszubeten von der Schuld seines Lebens, und der Priester war für die Bereitwilligkeit, mit der man seine Macht dazu anerkannte, gerne geneigt, die Sünden zu vergeben. Ernstere Gemüther aber wurden durch dieses angstvolle Ringen um Seele und Seligkeit, um das sich der ganze Cultus der Kirche drehte, durch diesen lebenslänglichen Kampf, in welchen man durch tägliche Gebete, durch Fasten und Selbstkasteiung, durch tausend kirchliche Uebungen der gerechten Gottheit und dem zürnenden Christus den Preis des Himmels abgewann, verdüstert und verschüchtert, und die natürliche Zuflucht solcher Seelen war das Kloster. Ein Familienleben, das von diesem katholischen Geist der Frömmigkeit beherrscht wurde, zeigte fast nur den Ernst des Gesetzes und die Strenge der Zucht, entbehrte aber der wohlthuenden Milde und Freiheit des Evangeliums; es konnte nur „den knechtischen Geist der Furcht," nicht aber „den kindlichen Geist des: Abba, lieber Vater" erzeugen. Der Knabe, der dort im täglichen Anblick des ernsten und gestrengen Lebens der Eltern heranwuchs, hat die ächt katholische Frömmigkeit, deren reifste Frucht das Mönchthum ist, mit der Muttermilch eingesogen, so daß sie hinfort einen Grundbestandtheil seines Lebens bildete und auch dann sich nicht von ihm ablöste, als er durch einen Geisteskampf, der an Großartigkeit kaum seines Gleichen hat, den welterschütternden Versuch machte, sie zu durchbrechen. Gerade die Zusammenfassung und die gleich starke Betonung zweier verschiedener Weltanschauungen in Einer Brust und in Einem Kopfe — den Mönch und den Reformator — werden wir als den eigentlichen Grundzug Luthers finden.

Am meisten muß der Lebensernst und die Strenge der Mutter aus der eben bezeichneten Quelle geflossen sein. Die Furcht Gottes und das viele Beten (timor Dei et invocatio), welches ihr Melanchthon nachrühmt, hatte in jener Zeit eben diesen Charakter. Weniger tief scheint diese religiöse Richtung in dem Herzen des Vaters Wurzel geschlagen zu haben. Zwar war er ein frommer Mann, wie er denn oft am Bette seines Martin gebetet haben soll, daß Gott ihn mit seiner Gnade erfülle und mit seinem Geiste erleuchte, und keine Spur führt darauf, daß er zu den Grundsätzen katholischer Lehre und Frömmigkeit in einem bewußten Gegensatz gestanden wäre. Seine Abneigung gegen das Mönchthum war ohne Zweifel nur die natürliche Abneigung eines gesunden, thatkräftigen in der Welt nützlichen Mannes gegen einen unthätigen, faullenzerischen Stand, der sich mit fremden Gütern angenehme Tage machte, anstatt im Schweiß seines Angesichts sein Brod zu verdienen. Daß er je die heranwachsenden Kinder freie Kritik kirchlicher Sätze und Ordnungen hätte vernehmen lassen, davon giebt der Sohn nirgends die geringste Andeutung. Und es ist höchst unwahrscheinlich, daß er verschwiegen hätte, wofür er dem Vater nachher Dank fühlen mußte. Jener mochte schlicht als rechtschaffener Bürger seines Weges gehen und den ihm persönlich obliegenden Pflichten genügen, ohne dem, was ihm daneben im kirchlichen Leben etwa mißfällig war, weiter nachzufragen oder Anderen gegenüber sich auszulassen *). Und doch hat das ganze Wesen des Mannes etwas dem tiefsten Zuge des katholischen Kirchenthums Feindseliges. Der gesunde, die natürlichen Dinge richtig beurtheilende Menschenverstand, die selbstbewußte, angreifende Energie des Charakters, das muthige, sich durch eigene Kraft emporschwingende Streben nach Eigenthum und Wohlstand, das Bewußtsein von dem Werthe der weltlichen Beschäftigungen, für welche er auch den Sohn bestimmt hatte, die Einsicht, daß man

*) Köstlin, Luthers Theologie I. S. 9.

im weltlichen Berufe Gott so gut dienen könne, als im geistlichen, der Mannesstolz auf die persönliche, in nützlicher Arbeit erworbene und bewährte Tüchtigkeit und die hieraus folgende Geringschätzung des klösterlichen Lebens — das waren bereits ächte Züge des protestantischen Geistes, welchen der Sohn später bestimmt war, die göttliche Begründung zu geben.

Auch von der natürlichen Blutmischung des Vaters ist Vieles auf den Sohn übergegangen. Der unbeugsame Wille bei starkem und raschem Wechsel der Gefühlsstimmungen, das heftige Auflodern des Zornes bei großer, bald wieder versöhnter Herzensgüte, die unbestechliche Aufrichtigkeit, welche das Herz auf der Zunge hat, bei vielem, die Umstände wohl berechnendem Menschenverstand sind ebenso sehr Charakterzüge des Sohnes, als des Vaters. Beide hatten eines Mannes Muth und Herz. Schon frühe fand man es bezeichnend, daß Luther unter dem Sternbild des Löwen geboren war. Denn er hatte, wie sein Freund und Zeitgenosse, Razzenberger sagt, cor impavidum et jubam crinitam instar leonis. Wie stehen sich beide bei der Klosterscene so eisern und unbiegsam gegenüber! Wer erkennt nicht in dem Sohn, der gegen sein eigenes Blut, gegen Vater und Welt seine eigene Ueberzeugung durchsetzt und in's Kloster geht, das ächte Ebenbild des Vaters, der starrköpfig auf seinem Willen beharrt und, als er bereits im Herzen ausgesöhnt ist, seine Ansicht den erstaunten Machthabern der Kirche in's Gesicht sagt und an der Klostertafel verdrossen ruft: ich sitze hier und esse und trinke, und wäre doch lieber daheim! Der Vater, gereizt und beleidigt, schlägt den reichen Nachbar mit den Pferdezügeln zu Boden, der Sohn, persönlich oder in seinen höchsten Interessen gereizt, schwingt in unmäßigem Zorn und in bauernhafter Grobheit die Feder als Keule, um Fürsten und Mächtige niederzuwerfen. Der Sohn eines so thatkräftigen und starrköpfigen Bauern war nöthig, um ein Gebäude umzustoßen, an dessen Sturz tausend feinere Hände vorher vergeblich gearbeitet! Um den furchtbaren Trug der Jahrhunderte zu stürzen, bedurfte die Weltgeschichte eines aus grobem Holze geschnittenen Werkzeuges.

2. Auf den Schulen.

In seinem 14. Lebensjahre verließ Luther das elterliche Haus und die Schule in Mansfeld, deren Erziehungsmethode die häusliche an Strenge und Barbarei noch weit übertroffen hatte, und zog nach Magdeburg in die dort von den Franziskanern für arme Knaben eingerichtete Currendschule, wo er neben dem ohne Zweifel spärlichen Unterricht und den zahlreichen Andachtsübungen die köstlichste Zeit mit Herumbetteln in der Stadt und auf den umliegenden Dörfern zubringen mußte. Nach einem herben Jahre, in welchem er körperlich und gemüthlich fast verkümmerte, zog er nach Eisenach, in die lateinische Schule der Georgenkirche, wo er gegen drei Jahre blieb, Anfangs in den drückendsten Verhältnissen, später getröstet durch die Milde der Frau Ursula Cotta, welche, gerührt von dem brünstigen Singen und Beten des verlassenen Knaben, ihn in ihr Haus aufnahm. Am 17. Juli 1501 verließ er, ein achtzehnjähriger Jüngling, Eisenach, „seine liebe Stadt," um die Universität Erfurt zu beziehen und nach dem Willen seines Vaters ein Rechtsgelehrter zu werden.

Ueber die innere Entwicklung Luthers während dieser Zeit ist uns im Einzelnen nur sehr wenig bekannt, doch ist so viel ersichtlich, daß er die Richtung, welche sein Gemüth im elterlichen Hause erhalten hatte, durch alle Hindernisse hindurch in gerader Linie verfolgt hat und daß somit sein Eintritt in's Kloster für ihn nicht, wie man es fortwährend darzustellen liebt, ein unvermittelter und unüberdachter Sprung, sondern der naturgemäße Abschluß einer in stetiger Richtung verlaufenden Entwicklung gewesen ist. Zwei Zeiterscheinungen sind ihm auf seinem Wege begegnet, welche seiner katholischen Frömmigkeit feindselig waren und die Keime der später von ihm vollbrachten Reformation in sich trugen: die kirchlich-religiöse Opposition gegen Sitte und Glaube der bestehenden Kirche und der auf das heidnische Alterthum zurückgehende Humanismus. Aber beide Erscheinungen waren nicht im Stande, ihn auf dem betretenen Wege auch nur wankend zu machen. Von der kirchlich-religiösen Opposition, die seit Wiclef und Huß nie mehr geschwiegen hatte, mußte er in Städten, wie Magdeburg, Eisenach, Erfurt, in einer Zeit voll von Unzufriedenheit mit den bestehenden Sitten der Kirche, viel umfangreicher Notiz erhalten haben, als wir jetzt noch nachweisen können. Doch ist auch dieses nicht gering. In Magdeburg wirkte, während er in der Currendschule der Nollbrüder war, der freisinnige Vicar des Augustinerordens, Andreas Proles, der wegen seiner Aeußerungen über römische Mißbräuche vom Bann getroffen und mit Gefangenschaft in Rom bedroht worden war, und nach der Ueberlieferung soll Luther dessen Vorträge angehört haben. Im Klosterkerker zu Eisenach schmachtete, während Luther die lateinische Schule der dortigen Georgskirche besuchte, der Franziskanermönch Johann Hilten, der sehr scharf gegen das bestehende Kirchenthum aufgetreten war und verkündet haben sollte, daß das Reich der Mönche bald zu Ende gehen und Einer kommen werde, dem sie nicht werden widerstehen können. Noch tiefer hatte der Mann gewirkt, dessen Name und Schriften noch zu Luthers Zeit die Universität Erfurt erfüllte: der Vorreformator Johann von Wesel, der lange Zeit in Erfurt gewirkt und die römische Kirche in Lehre und Sitte heftig angegriffen hatte. Zwar war derselbe schon zwanzig Jahre vor Luthers Ankunft in Erfurt unter den Händen der Inquisition in Mainz gestorben, aber Luther versichert, aus den Schriften dieses Mannes, die damals noch die hohe Schule zu Erfurt regiert haben, Magister geworden zu sein. Auch unter den noch lebenden Professoren zu Erfurt hatte es einige, von denen Luther sehr freisinnige Ansichten über Tradition und Concilien zu Gunsten der alleinigen Auctorität der h. Schrift anführt. Aber alle diese Berührungen mit der kirchlichen Opposition gingen vorläufig an der Seele des künftigen Reformators wirkungslos vorüber. Man wird nicht irren, wenn man annimmt, daß jener Fürst von Anhalt, von welchem Luther später noch von seinen Magdeburger Erinnerungen her erzählte, daß er in der Barfüßerkappe, den Sack auf dem Rücken, gekrümmt, durch Kasteiung bis zum Todtenbild abgemagert, durch die Straßen um Brod gegangen und bald darauf den Tod eines katholischen Heiligen gestorben sei, auf seine Phantasie einen lebhafteren Eindruck hervorgebracht hat, als der wegen seines Kampfes gegen die Mißbräuche der Kirche im Kerker zu Eisenach schmachtende Franziskanermönch. Das Klosterleben, in welches er unmittelbar von der Universität weg eintrat, zeigt uns ein ungebrochen und naiv gläubiges Gemüth, das durch keinerlei von außen her in die Seele geworfenen Zweifel beunruhigt wird. Was Andere vor ihm von den Dächern gepredigt hatten und was ihm sicherlich zu Ohren gekommen war, das mußte er in einsamer Zelle Schritt für Schritt auf dem langsamen Wege einer durchaus eigenthümlichen, von innen ausgehenden Entwicklung erobern, und was er so fand, erschien ihm so neu und überraschend, daß er zuerst davor erschrak, als hätte er es nie zuvor gehört. Das ist ein Zeugniß für die Tiefe und Ursprünglichkeit dieses Geistes, daß die Wahrheiten, welche er berufen war, einst der Welt zu verkündigen, an ihm abgleiteten, als sie von Anderen her an ihn drangen; er ging an ihnen vorüber seinen eigenen Weg, bis er auf diesem Wege selber sie, wie neu und nie dagewesen, entdeckte.

Auch der Humanismus, mit welchem Luther während seines Aufenthalts in Erfurt in die engste Berührung kam, war nicht im Stande, ihn auf dem seiner Natur sicher vorgezeichneten Wege zum Kloster aufzuhalten. Man weiß, wie gefährlich schon damals das wiedererwachte, an den Quellen studirte klassische Alterthum der katholischen Weltanschauung geworden ist. Die klassische Litteratur, in welcher sich das Leben der gebildeten vorchristlichen Völker in seiner Blüthezeit abspiegelte, von den strengen Christen der ersten Jahrhunderte mit Abscheu von sich gewiesen, wirkte auf die aus dem Traume des Mittelalters erwachenden Geister wie die Entdeckung einer neuen Welt. Wie verschieden von dem Geiste, der die Welt seit 15 Jahrhunderten beherrscht hatte, war der Geist, der aus diesen Meisterwerken des griechischen und römischen Alterthums den Leser anwehte! Nichts von dem mystischen, überschwenglichen, schmerzhaften Sehnen nach dem Himmel, welches den Mittelpunkt der christlich-katholischen Frömmigkeit ausmachte, sondern ein im Diesseits des Staates, der Kunst, der Wissenschaft festgewurzelter und klar schauender Geist. Wie abgeschmackt und roh erschien dem an der klassischen Formschönheit gebildeten Geiste die kirchliche Scholastik mit ihrer barbarischen Sprache, wie lächerlich ihr Inhalt mit diesen subtilen, kleinlichen, dem wirklichen Leben entfremdeten Fragen im Vergleich mit dem einfachen und großen Sinn des Alterthums! Die virtus der Römer und Griechen, die Begeisterung gesunder, natürlicher Menschen für Vaterland, Ehre, Tugend forderte den Spott heraus über die Verkehrung der menschlichen Natur im Mönchthume und in all' den Erscheinungen, welche das katholische Ideal „des geistlichen Lebens“ hervorgerufen hatte. Von da aus warf Erasmus seine feinbefiederten Pfeile in das Lager des Pfaffenthums seiner Zeit. Aus diesen Kreisen gingen um's Jahr 1515 die epistolae virorum obscurorum hervor, und bereits kehrten namhafte Vertreter dieser Richtung ihre Waffen nicht bloß gegen die mittelalterlich katholische Form des Christenthums, sondern gegen das Christenthum selbst, indem sie von dem sittlichen Lebensernst der christlichen Weltperiode zurückkehrten zu dem heiteren Lebensgenuß des Alterthums, zum Epikuräismus.

Erfurt war gerade zu der Zeit, als Luther dort studirte, eine der vornehmsten Stätten des Humanismus und Luther wuchs mitten in dieser Bewegung auf. Nicht bloß, daß er für sich diese klassischen Studien eifrig betrieb und mit Vorliebe die römischen Schriftsteller, Cicero, Virgil, Livius, Plautus u. a. las, um aus ihrer Lebenserfahrung, aus ihren, der naturgetreuen Beobachtung des menschlichen Lebens und Herzens entnommenen Sentenzen für sich Nutzen zu ziehen, wir finden ihn auch ausdrücklich in den Kreisen dieser humanistischen, jugendlich aufstrebenden Geister als einen Allen willkommenen Genossen eingebürgert. Und unter diesen Jünglingen und Männern, mit welchen Luther in dieser Zeit sich zu einem engen Freundschaftsbunde zusammenschloß, finden wir einen Crotus Rubianus, nachher einen der bedeutendsten Vertreter der klassischen Studien, der damals schon seinen Spott über das Kirchenthum der Zeit frei ergehen ließ und bei der Flucht Huttens aus dem Kloster Fulda seine hilfreiche Hand dargeboten hatte. Ob damals schon Zweifel in Luthers Seele auftauchten? Ob er damals schon Kämpfe durchzumachen hatte zwischen dem Glauben und Demjenigen, was er auf einem späteren Standpunkt die alte Wettermacherin Vernunft — seinen gesunden Menschenverstand — nannte? Vielleicht könnte man sein späteres Wort: „ich ward ja nicht gern und willig ein Mönch," auf Kämpfe beziehen, die von dieser Seite her in seine Seele geworfen waren; jedenfalls aber sind sie sehr vorübergehend gewesen und nicht tiefer gegangen. Es ist sehr bezeichnend für Luther, wenn er in einem freilich erst 1516 geschriebenen Briefe an den klassisch gebildeten Mutianus in Gotha diesen Humanisten gegenüber mit ihrer feinen Bildung, mit ihrem Streben nach Formvollendung, mit ihrem glatten Latein sich selbst bezeichnet als den „rusticus ille Coridon, Martinus barbarus et semper inter anseres strepere solitus" oder wenn er in dem Erfurter Freundeskreise vorzugsweise als der musicus et philosophus bezeichnet wird. In seiner Seele arbeitete eine ganz andere Welt, als die klassische. Der „fröhliche und hurtige Geselle," — wie ihn Matthesius schildert — welcher er im Freundeskreise sein konnte, der die Genossen durch Musik erheiterte, brütete im Geheimen über Gedanken, von denen seine Jugendgenossen kaum eine Ahnung hatten, er erduldete Schmerzen, die sie nicht kannten. Nicht schön latein zu schreiben war sein Begehr, sondern selig zu werden. Ihr Pathos war Geistesbildung, sein Pathos war die Religion; ihr Ideal war mehr oder weniger der antike Mensch, dem Bildung und feiner Lebensgenuß das Höchste war, sein Ideal war der christliche Mensch, dessen erste und letzte Sorge ist, die Seele zu retten, dem dieser Gewinn höher gilt, als der Gewinn der ganzen Welt, der neben diesem Einen, was Noth thut, alles Andere für werthlos achtet. Der Gott seiner Kindheit, der strenge und zornige, der spricht: „ich bin heilig und ihr sollt auch heilig sein" schwebte vor seiner Seele und ängstigte ihn mit schrecklichen Zweifeln an seiner künftigen Seligkeit, und er ehrte ihn durch fleißiges Ueben der vorgeschriebenen Kirchengebräuche, wie Mathesius erzählt, daß er alle Morgen seine Lectionen mit herzlichem Gebet und Kirchengehen begonnen habe, und bei ihm selbst lesen wir die vielsagenden Worte aus späterer Zeit: „ich bin fünfzehn Jahre ein Mönch gewesen, ohne was ich zuvor gelebt habe, und fleißig alle ihre Bücher gelesen und Alles gethan, was ich konnte: noch habe ich mich nie können einmal meiner Taufe trösten, sondern immer gedacht: o wann willst du einmal fromm werden und genug thun, daß du einen gnädigen Gott kriegest. Und bin durch solche Gedanken zur Möncherei getrieben worden." Mit Entsetzen fürchtete er, wie er selbst sagt, den jüngsten Tag und begehrte von Grund seines Herzens selig zu werden. Er grübelte über die Räthsel der sittlichen Welt, über den verborgenen Gott, der so greulich fährt mit den Menschen, über die Prädestination, über die Gewißheit der Seligkeit, und diese brütenden Gedanken, zu denen er durch Naturell und Jugenderziehung ohnehin geneigt war, erhielten stets wieder neue Nahrung durch Krankheiten und Unfälle, welche ihm zustießen. In einer schweren und gefährlichen Krankheit hatte er die Lebenshoffnung schon aufgegeben, bis ein alter Priester, der ihn besuchte, ihm die tröstlichen Worte zurief: „Mein Baccalauree seid getrost, Ihr werdet dieses Lagers nicht sterben, unser Gott wird noch einen großen Mann aus euch machen, der viele Leute trösten wird." Ein ander Mal auf einer Reise zu seinen Eltern stieß er von ohngefähr mit dem Fuß an den Degen und zerschnitt sich eine Hauptader. Er war mit einem einzigen Begleiter, ohngefähr eine halbe Meile von Erfurt. Das Blut ließ sich nicht stillen und da er sich auf den Rücken legte, das Bein in die Höhe kehrte und den Finger gegen die Wunde hielt, so schwoll das Bein gewaltig auf. Endlich kam ein Chirurg aus der Stadt und verband die Wunde. Luther aber rief in der Todesgefahr: „Maria hilf!“ In solchen Augenblicken traten ihm Tod, Teufel, Hölle, Gericht marternd vor die Seele. Wo wär' ich jetzt, wenn Gott mich abgerufen hätte? Welche Gewißheit habe ich, daß Gott mir ein gnädiger Gott ist? Reiß dich los von der Welt und rette deine Seele! Das hieß nach den Begriffen der damaligen Zeit: geh in's Kloster, werde ein Mönch! Und noch einmal mahnte ihn sein Gott. Es war im Sommer 1505. Eine pestartige Krankheit hatte die Universität verödet, der größte Theil der Lehrer und Schüler hatte Erfurt verlassen, vielleicht stand er selbst im Begriff, der Pest wegen fortzugehen; da ereilte ihn zwischen Erfurt und dem Dorfe Stotterheim ein heftiges Gewitter. Ein starker Donnerschlag betäubte seine Sinne, der Blitz schlug nicht ferne von ihm ein: „Hilf, liebe, heilige Anna, so werde ich augenblicklich ein Mönch!“ Mit schrecklicher Erscheinung vom Himmel gerufen, mit Schrecken und Angst des Todes eilend (elend) umgeben, wie er sich ausdrückt, that er das Gelübde, das ihn nach seiner Meinung für immer der Welt entreißen sollte. Am 17. Juni 1505, demselben Tage, an welchem er vier Jahre früher Eisenach verlassen hatte, 14 Tage nach der vorhin genannten Begebenheit lud er Abends seine Freunde zu einem Mahle und ergötzte sich mit ihnen bei Gesang und Saitenspiele, und einige Stunden nachher umschlossen ihn die Mauern des Augustinerklosters in Erfurt.

Wenn wir, auf diesem Punkte angelangt, von Luther einen vergleichenden Blick werfen auf den späteren Mitgenossen seines Kampfes, Zwingli, so fällt der für ihr ganzes Wirken maßgebende Unterschied schon hier in die Augen. Zwingli hat in der klassischen Welt gelebt; er hat sich mit Liebe und Begeisterung in dieser Luft bewegt; die Männertugend der Alten, der Kampf für Vaterland und Freiheit, der dort geführt worden ist, die antiken Ideale haben seine Seele gefüllt. Er, der zum christlichen Priester bestimmt war, trägt sich eine Zeit lang mit dem Wunsche, sich ganz auf die humanistischen Studien zu werfen und einem Erasmus ähnlich, als Herausgeber römischer und griechischer Auctoren, als humanistischer Schriftsteller, als Lehrer der klassischen Litteratur zu wirken. Erst, nachdem sein Geist von dieser Seite her die bestimmte Richtung erhalten hatte, geht er mit Ernst an das Studium der Bibel, versenkt sich tiefer in diese Wunderwelt des Gemüths, welche das Christenthum aufgeschlossen, erfüllt die Seele mit den unaussprechlichen, unendlichen Schätzen des Glaubens und der Liebe, welche dem auf das Endliche, Sichtbare, Gestaltungsfähige gerichteten Geiste der klassischen Welt verborgen geblieben waren, aber noch als Pfarrer edirt er klassische Autoren, gründet und leitet er eine lateinische Schule und mitten in seiner Reformationslaufbahn, als das neue Werk ihm vollauf zu thun gab, hat er neben seiner Bibel den Homer und Pindar aufgeschlagen. Dieses liebevolle Verständniß der klassischen Welt hat bestimmend eingewirkt auf seine Auffassung des Christenthums. Er machte den Versuch, das Christenthum vom Himmel, in welchen es die Frömmigkeit des Mittelalters gewiesen hatte, wieder auf die Erde zu bringen, er verlegte den Schwerpunkt des christlichen Geistes in diese irdische Welt, er suchte das christliche Ideal, welches der Katholicismus in das Jenseits verlegt hatte, auf dieser Erde zu verwirklichen. Er wollte eine Gesellschaft herstellen, welche der Spiegel des christlichen Geistes wäre, ein von der christlichen Idee nach allen Seiten durchdrungenes Staats- und Volksleben. Zwingli war ein Mann der Freiheit, ein Patriot, ein Politiker; er verfolgte die gleichen Ziele, wie die Menschen der alten Welt, er kämpfte für die Ehre und Unabhängigkeit seines Volkes und weiterhin für freie, vernünftige Zustände des europäischen Völkerlebens; es waren Interessen der diesseitigen Welt, in welche er den Schwerpunkt seiner Lebensarbeit legte. Aber die Idee, durch welche er diese Gebiete gestalten wollte, war die christliche, es waren die Kräfte des Evangeliums, durch welche er das Volks- und Völkerleben neu bilden wollte. So machte er den Versuch, den christlichen mit dem antiken Geist zu versöhnen — eine Aufgabe, deren Lösung als das Ziel der neueren Zeit betrachtet werden kann.

Ganz anderer Art war Luthers Geist. Während Zwingli sich bildet an den großen Mustern des klassischen Alterthums oder während er das Banner seines Volkes begleitet auf das Schlachtfeld, flüchtet sich Luther in's Kloster, um seine Seele zu retten, um die finsteren Mächte des Todes, des Gerichtes, der Hölle loszuwerden, die sein Gewissen quälen. Diese nagende Sorge, seiner Seligkeit gewiß, sicher zu sein, daß er nach dem Tode in den Himmel komme und der Hölle entrinne, beschäftigt ihn Jahrzehende lang ausschließlich und als er endlich nach langem Ringen in der Rechtfertigung durch den Glauben das Wort entdeckt hatte, das seine Zweifel löste und seine Angst beschwichtigte, war ihm neben dieser Einen Gewißheit der Seligkeit Alles Andere nur Nebensache, Nothwerk, das man auf sich nehmen müsse, weil man noch im Fleische lebe. Die Gestaltung dieser diesseitigen Welt aus der christlichen Idee heraus galt ihm als etwas Untergeordnetes, wofür er sich nicht begeistern konnte, obgleich er alle Gebiete des diesseitigen Lebens, Staat, Kirche, Schule, Familie u. s. w. durch seine tiefsinnigen Anschauungen und Aussprüche befruchtet hat. Treffend sagt Köstlin: „Predigt auch Luther die Werke als nothwendige Früchte des Glaubens, so kommt er doch immer wieder darauf zurück, daß die Werke zur Seligkeit Nichts beitragen; ja der Christ in seinem seligen Stande erscheint bei ihm als fertig auch ohne sie, so wie auch Christus ihrer für sich nicht bedurfte; sie sind nur nöthig, weil der Christ hier unten noch im Fleisch ist, aus welchem er doch stets ganz in den Himmel sich hineinsehnt, welchem er seinem Wesen nach bereits angehört. Das Wirken in diesem äußeren Leben, in den mannigfaltigen Aufgaben dieser diesseitigen Welt stellt er dem Glauben gegenüber, wie das Fleisch dem Geiste." Darum stieß er sich später nicht im Geringsten an der Leibeigenschaft, in deren Fesseln der größte Theil seines Volkes schmachtete; ihre Aufhebung erschien ihm als ein Artikel stark gegen das Evangelium. Daß die Bauern das unerträglich gewordene Joch mit Gewalt abschütteln wollten, konnte er schon darum nicht billigen, weil das ja nur weltliche Dinge und zeitliche Zustände seien, welche der Christ wegen der Gewißheit seiner ewigen Seligkeit als etwas Geringes achten müsse. „Leiden, leiden, Kreuz, Kreuz," darin sah er — ächt mönchisch — die Aufgabe des Christen, eine dem antiken, auf das Handeln gerichteten Sinne stracks zuwiderlaufende Weltanschauung.

Doch folgen wir jetzt dem verzagten und doch wieder so trotzigen Mönch in seine Zelle, zu sehen, wie er sich den Himmel erzwingt, zu einem der merkwürdigsten und schwierigsten psychologischen Prozesse, die je ein Mensch durchgemacht hat.

Zweiter Abschnitt.

Im Kloster.

Das Leben Luthers ist in seinen wichtigsten Augenblicken weit mehr, als dasjenige seiner Mitreformatoren, von einem Duft der Poesie umflossen, der die Einbildungskraft lebhaft beschäftigt und diesem Leben seine große Volksthümlichkeit verliehen hat. So schon in der Jugendzeit: der Currendschüler, der hungernd und frierend in den Gassen von Eisenach singt, bis ein Frauenherz sich seiner erbarmt; später die Verbrennung der päpstlichen Bulle vor den Thoren von Wittenberg, sein Erscheinen in Worms vor Kaiser und Reich, dann sein geheimnißvoller Aufenthalt auf der Wartburg, noch später seine plötzliche Verheirathung, zwar ohne die Romantik der Liebe, aber von mächtigem Eindruck durch den Trotz, den er seinen Feinden bot in dem Augenblick, da die Stürme des Bauernkrieges begannen und sein Werk mehr, als je, gefährdet schien. Diesen Stempel trägt auch sein Eintritt in's Kloster. Man verweile einen Augenblick bei dem Bilde: der Jüngling, ehe er von der Welt scheidet, noch einmal im fröhlichen Kreise seiner Freunde bei Wein und Gesang. „Heute seht ihr mich, hinfort nicht mehr," so kündigt er ihnen mit festem Entschluß seinen Abschied von der Welt an. Mit Thränen begleiten sie ihn bis an die Klosterpforte. So handelt nur ein außerordentlicher Mensch, ein Mensch von einem ungewöhnlich reichen und tiefen Gemüth. Man hätte ihm voraussagen mögen: wer solche Gegensätze in sich trägt, für den ist die Mönchszelle zu enge. Wer die Welt noch so heiß umarmt, ehe er von ihr scheidet, der wird wiederkehren. Wer eine solche Fülle des Gemüths in sich hat, dem kann das Kloster keinen Frieden geben.

Die Pforten hatten sich geschlossen; die Zelle hatte ihn aufgenommen; er war nun allein mit seinem Gott. Aber mit welchem Gott? Mit dem Gott der Kirche, dessen Wesen die unergründliche Willkühr ist, der das ganze Geschlecht der Menschen um eines einzigen Fehltritts ihres Ahnherrn willen mit dem gräßlichsten Fluche belegt und zu der ewigen Höllenpein verdammt hat, der zwar, nachdem vier Jahrtausende hindurch Millionen und Millionen Menschen Opfer seines Zornes geworden waren, endlich in dem Blut seines lieben Sohnes eine Versöhnung mit sich selber stiftete, aber auch jetzt nicht alle Menschen an der Wohlthat dieser Stiftung Theil nehmen läßt, sondern in unbegreiflicher Willkühr die Einen zur Seligkeit, die Anderen zur Verdammniß bestimmt hat.

Konnte ein Menschenherz Vertrauen fassen zu diesem bösen Gott? Luther erzählt, er habe jedes Mal vor Angst gebebt, wenn er nach dem Psalter beten sollte (Ps. 31, 2): „errette mich durch deine Gerechtigkeit“; er habe dieses Wort von ganzem Herzen gehaßt. Wie soll er Errettung erwarten von der Gerechtigkeit Gottes, die für den Sünder nur das Wort der Verdammniß haben kann? Er grübelt über die „Versehung“, wie man es damals nannte, d. h. über die Vorherbestimmung der Einen zur Seligkeit, der Anderen zur Verdammniß, und das Nachdenken darüber taucht seinen Geist in ein Meer von Zweifeln, die ihn oft an den Rand der Verzweiflung führen. Wer kann wissen, was dieser unbegreifliche, verborgene Gott mit mir vorhat? Wer sagt mir, ob ich zu den Erwählten oder zu den Verworfenen gehöre? Alle Menschen verdienen die Verdammniß; denn sie sind allzumal Sünder, die vor Gottes Gerechtigkeit nicht bestehen; wer bürgt mir dafür, daß ich gerade von dem Loos der Verdammniß ausgenommen bin?

Aber nicht bloß das Gemüth konnte kein Vertrauen fassen zu diesem bösen, verborgenen Gott der Willkühr, auch der denkende Geist nahm Anstoß an ihm. „Lieber Herr Doctor“ — klagte er etwa seinem Gewissensrath Staupitz — „unser Herr Gott geht ja so gräulich mit den Leuten um; wer kann ihm dienen, wenn er so um sich schlägt?“ aber die Antwort, die ihm wurde: „wie könnte er sonst die harten Köpfe dämpfen?“ gab dem denkenden Geiste keine Lösung. Er vertiefte sich in die Räthsel der sittlichen Weltordnung, aber der Glaube gab ihm nur Unverständliches und Abstoßendes. Daß der Gute geplagt, der Böse glücklich sei, daß Gott das Menschengeschlecht verdammte mit dem ungeheuren Fluch der Sünde, weil ein unerfahrenes Weib in einen Apfel gebissen, und daß wieder derselbe Gott unsere Sünden mit Nachsicht und Geduld tragen solle, daß Christus einmal ehrbare Leute mit Härte von sich wies, ein ander Mal Huren, Zöllner, Mörder annahm — menschliche Vernunft mit ihrer Weisheit wird darüber zur Närrin — sagt er. Sogar Zweifel am Dasein Gottes und am ewigen Leben stiegen in dem religiösen Grübler auf. „Satan hat wohl gemacht, daß ich nicht gewußt habe, ob ich todt oder lebendig sei. Hat mich auch in Verzweiflung gebracht, daß ich nicht wußte, ob ein Gott wäre und daß ich an unserm Herrn Gott ganz und gar verzagte." Denn dieselbe Vernunft, mit der er später den Widerspruch aller kirchlichen Dogmen mit Natur und Erfahrung erkannte und aussprach, arbeitete natürlich jetzt schon in ihm, aber noch hatte er nicht jenen souveränen Trotz des Glaubens erlangt, mit dem er später im sicheren Gefühl seiner Seligkeit „die alte Wettermacherin" verlachte.

So im Gefühl, wie im Gedanken zurückgestoßen und abgeschreckt von dem unbegreiflichen Gott, der wie ein verzehrendes Feuer in den Adern brannte, flüchtete das geängstete Gemüth zu Christus. Da am Kreuz sollte es Ruhe finden für seine Aengste, da sollte es den gnädigen Gott greifen, sagte man. Neue Täuschung! „Wenn ich ihn anblickte am Kreuz, so dünkte mich, er war mir als ein Blitz; wenn sein Name genannt wurde, hätte ich lieber den Teufel nennen gehört; ich erschrack, wenn ich sein Bildniß sah, und schlug die Augen nieder und hätte lieber den Teufel gesehn." Natürlich! Schon in der jüdischen Vorstellung der ersten Christen war der Handwerker von Nazareth zum Weltenrichter voll finsterer Majestät und vernichtenden Zornes geworden, der, ein Schwert im Munde, vom Himmel kommen wird, Gericht zu halten, auf einem weißen Pferde, dem das Blut der Erschlagenen bis an's Gebiß hinaufspritzt (Offenbarung Johannis), der seinen Engel aussenden wird nach den vier Winden der Welt, um die Völker zu Paaren zu treiben, dessen Erscheinung begleitet sein wird von einer Verfinsterung der Sonne und des Mondes, von dem Herabfallen der Sterne und einer Erschütterung aller Kräfte des Himmels (Matth. 24, 29—31), der zu denen, welche er nicht als die Seinen anerkennt, sprechen wird: Gehet hin von mir, ihr Verfluchten, in das ewige Feuer, das dem Teufel und seinen Engeln bereitet ist (Matth. 25, 41), der vom Himmel sich offenbaren wird mit den Engeln seiner Macht im flammenden Feuer, um Rache zu üben an denen, die Gott nicht kennen, und denen, die seinem Evangelio nicht gehorsam sind (II. Thessal. 1, 7. 8).

So dachte sich auch die Kirche ihren Christus. Man lehrte wohl, Christus habe durch seinen Tod uns von der Schuld der Sünde befreit, aber man meinte damit nur die Erbschuld, welche im Akte der Taufe dem Menschen abgenommen werde, aber diese Taufgnade gehe später verloren durch die Sünden des darauf folgenden Lebens. Um auch diese wieder zu tilgen und sich der göttlichen Gnade auf's Neue zu versichern, müsse der Mensch alle seine

Kräfte aufbieten und Schutz bei der Kirche suchen. Besonders das Klosterleben wurde als eines der sichersten Mittel hiefür angepriesen. Die sogenannte Mönchstaufe sollte die durch die Sünde verscherzte Gnade der ersten Taufe wieder zurückholen. Luther erzählt, aus dem Munde eines der angesehensten Barfüßer gehört zu haben: „selbst wenn Einen die Uebernahme des Klostergelübdes gereue und man alle seine vorigen guten Werke verloren habe, brauche man nur wieder umzukehren und neuen Vorsatz zu fassen, dann sei man abermals so rein, als käme man aus der Taufe, und könne so immer wieder neue Taufe und Unschuld bekommen." „Da" — fügt Luther hinzu — „saßen nun wir jungen Mönche, sperrten Maul und Nasen auf und schmatzten vor Andacht wegen solcher tröstlichen Rede."

Und was das Dogma lehrte, stellte die Kirche im Bilde vor Aller Augen. Luther selbst giebt uns die Schilderung jenes Gemäldes, welches die Kirche als ein großes Schiff darstellte. Darin saß kein Laie, auch weder Könige noch Fürsten, sondern der Papst mit den Cardinälen, Bischöfen, und die Pfaffen und Mönche zu Seiten mit den Rudern und fuhren also dem Himmel zu. Die Laien aber schwammen im Wasser um das Schiff, an Stricken und Seilen, welche ihnen die Väter aus Gnaden und Mittheilung ihrer guten Werke hinauswarfen und ihnen halfen, daß sie nicht ersoffen, sondern am Schiffe klebend und hangend, auch mit gen Himmel kämen. Und war kein Papst, Cardinal, Bischof, Pfaff noch Mönch im Wasser, sondern eitel Laien.

In diesem Glauben hatte auch Luther das Klostergelübde übernommen, und er hat es gehalten wie wohl nur Wenige vor ihm und nach ihm. Der Baccalaureus, der bereits an der Universität sich einen Namen erworben, zieht den Sack auf dem Rücken durch die Stadt in die Dörfer, um Käse für sein Kloster zu betteln, und schämt sich dessen nicht, denn es galt den Preis des Himmels. Er läßt sich willig als Thürhüter gebrauchen, er fegt ohne Murren die Kirche und reinigt die Abtritte des Klosters, denn es galt durch Demuth einen gnädigen Gott zu bekommen. Er hält pünktlich die kanonischen Gebetsstunden und mit welcher Inbrunst mag er sein: „Maria mater gratiae, tu nos ab hoste protege, in hora mortis suscipe" gebetet haben! Er hat sich 21 Heilige erwählt, die er der Reihe nach vornimmt; jeden Tag liest er Messe und ruft dabei immer drei derselben an, so daß er die Woche herumkam. Im Rückblick auf sein Klosterleben durfte er mit Grund der Wahrheit bekennen:

„ein frommer Mönch bin ich gewest und so strenge habe ich meinen Orden gehalten, daß ich sagen darf: ist je ein Mönch gen Himmel kommen durch Möncherei, so wollt' ich auch hineingekommen sein; das werden mir bezeugen alle meine Klostergesellen; denn ich hätte mich wo es länger gewährt hätte, zu Tode gemartert mit Wachen, Beten, Lesen und anderer Arbeit."

Und doch fand er keinen Frieden. Die Gewißheit des gnädigen Gottes und der Seligkeit, welche er durch das Klosterleben zu gewinnen suchte, schwand mit jedem Tage mehr vor seinen Augen. „Wenn ich am andächtigsten war, so ging ich ein Zweifler zum Altar, ein Zweifler ging ich wieder davon; hatte ich meine Buße gesprochen, so zweifelte ich doch, hatte ich sie nicht gebetet, so verzweifelte ich abermal." „Den Fehler und Mangel haben alle Werke, die man vornimmt, Gottes Zorn damit zu versöhnen: sie bringen das Herz in größere Zweifel und Angst, als worin es zuvor war. Sie gleichen der Speise, die den Hunger nicht stillt, sondern reizt und größer macht."

Wir begreifen warum. Die Religion, in welcher Luther sich abquälte, ist ja, wenn diese Rede keinen Widerspruch enthält, eine Religion der Furcht, des Egoismus, des Hochmuths, während die Religion, die allein beseligt, Liebe, Hingebung, Demuth ist. Hinter all' diesen Kloster- und Kirchenwerken lauerte wieder der böse Gott, dessen Zorn zu sühnen, ihr ausgesprochener Zweck war. Die Religion wird hier zum kalten Geschäft; sie ist eine tägliche Ausrechnung zwischen Gott und Mensch. Der Mensch steht hier unten auf dieser dunkeln Erde und droben auf dem Wolkenthron sitzt der gebietende Gott. Der Mensch leistet aus den Mitteln seiner endlichen Kraft, was er kann und Gott bietet ihm die Gegenleistnng im Lohne des jenseitigen Himmels. Gott und Mensch bleiben hier ewig außer einander, sie berühren sich nicht, und der Himmel ist kein gegenwärtiges Gut, das die Seele füllt, dessen Genuß Freude und Seligkeit bringt. Diese Werke und Leistungen, die das endliche Wesen dem unendlichen bringt, sind Steine in einen unendlichen Abgrund geworfen, in der thörichten Meinung, ihn auszufüllen, während umgekehrt das Endliche sich füllen müßte mit unendlichem Inhalt, um von Glück und Freude zu überschäumen.

Der Gott, dem dort gedient wurde, war der Jehova des Morgenlandes, dem zu lieb der Pharisäer seine Denkzeddel breit und die Säume an seinen Kleidern groß machte, dem er zwei Fasttage in der Woche und den Zehnten von Allem weihte. Jesus hatte ihn gestürzt, indem er das Wesen der Welt mit dem Namen des Vaters und der Liebe benannte, aber die katholische Kirche hat ihn wieder auf den Thron gesetzt in neuer, noch finstrerer Majestät und „Opfer fielen hier, weder Lam noch Stier, aber Menschenopfer unerhört."

Konnten diese Kirchen- und Klosterwerke eine Seele erwärmen? Unmöglich. Sie waren ja das Erzeugniß einer kalten Berechnung. Was hat das Herz dabei zu thun? Man nehme das Beten, dieses specifische Kirchen- und Klosterwerk! Was ist das Gebet im Sinne dieser Klosterreligion, im Geiste des Katholicismus? Ein Mittel, die Gottheit gnädig zu stimmen. Was hat das Herz dabei zu schaffen? Wenn das Gebet nur verrichtet und oft verrichtet wird! Daraus ersieht Gott, daß dem Menschen Etwas an ihm liegt, daß er sich um ihn Mühe giebt, sich um seinetwillen anstrengt und plagt. Je mehr Stunden er der Welt entzieht und Gott weiht, desto mehr kann Gott ihm diesen Eifer zu gut schreiben, desto größer wird das Haben des Menschen in der Rechnung. Zum Wesen dieses Gebets gehört nicht die Andacht, es ist, was es ist, ohne sie. Wäre es andächtig, so wäre es Genuß und Freude, aber die Religion soll hier kein Genuß sein, sie soll Plage und Opfer sein. Wie ängstlich und pflichtgetreu unterzog sich Luther diesen Plagen! Noch später, als die Reformation schon im Gange war und ihm beide Hände vollauf zu thun gab, machte er sich bittere Vorwürfe, daß er die kanonischen Gebetsstunden wegen der vielen Geschäfte nicht mehr regelmäßig einhalten konnte. Er sperrte sich am Sonnabend ein und suchte das Versäumte nachzuholen. Endlich aber, als er durch die noch mehr anwachsende Geschäftslast verhindert und durch Schwachheit des Leibes beschwert war, kam er immer weniger dazu, und da Amsdorf und andere seiner Freunde über solches Beten lachten, unterließ er es endlich. Mit einem tiefen Seufzer der Erinnerung an seine Klosterzeit fügt er dieser Erzählung bei: „es war eine sehr große Marter und Stockmeisterei, davon wir durch's Evangelium erlöst sind, und hätte ich kein Gutes gethan, als dieses allein, so sollte man mir's billig danken. Im Papstthum hatten wir dreierlei Weise, zu beten: das materielle Gebet, wenn Einer die Worte sprach, die er nicht verstand, das formelle, da Einer die Worte versteht, das affectuelle, die Andacht und Herzensmeinung. Diß dritte Stück ist das einzige Gebet, aber darauf drang man nicht, sondern allein auf das Materielle, daß man die Worte nur daher sagte und las, wie ein Papagei redet. Daher ist kommen ein wüst Meer von horae canonicae, das Geheule und Geplerr in Stiften und Klöstern, da man die Psalmen und Lection ohne allen Geist daher sang und las."

Brachte diese unabsehbare Menge geistlicher Uebungen und Selbstquälereien jemals das Gefühl der Gewißheit des gnädigen Gottes? Es ging damit, wie mit dem Heidenthum: die vielen Götter erzeugten immer noch mehrere, und als man es mit allen versucht hatte, baute das unbefriedigte Bedürfniß einen Altar dem unbekannten Gott. „Wenn sich ein Gewissen auf sein Werk soll setzen und bauen, so sitzt es auf einem losen Sande, der reitet und rieselt immer fort und muß Werk suchen, immer eines nach dem anderen, je länger, je mehr, bis man zuletzt den Todten Mönchskappen anzog, darin sie sollten gen Himmel fahren," wie Luther später so treffend gesagt hat. Wer weiß denn, ob der böse Gott mit dem, was man ihm leistet, sich zufrieden giebt? ob diese Opfer, die man ihm hinwirft, genügen? Wer weiß, was der Verborgene in seinem unbegreiflichen Rathschluß mit dem Wurm, der vor ihm im Staube liegt, anfangen will? Daher brachte der erfinderische Mönchs- und Kirchengeist mit jedem Jahre wieder neue Mittel auf, mit denen das arme Geschöpf sich die Gnade seines Gottes erzwingen wollte: da wieder eine Reliquie, dort ein neuer Wallfahrtsort, hier ein neuer Heiliger, dort eine neue Gebetsformel bis herab zu der Barfüßer Paternostersteinen an allen Thüren und Thoren.

Konnten somit diese Werke die Gewißheit des Himmels nicht verschaffen, so nahmen sie noch viel weniger dasjenige weg, was dem Menschen den Himmel versperrte: die Sünde.

„Es war mir ein großer Ernst, daß ich wollte fromm sein, aber wie lange währte es? Nur bis ich hatte Messe gehalten, über eine Stunde war ich böser, denn vorhin. Wenn wir auch wollten keusch sein und uns marterten mit Fasten: je mehr man der sündlichen Lust wehrte, je ärger ward es mit uns." — — „Da ich ein Mönch war, meinte ich, ich müßte verloren sein, wenn ich eine fleischliche Begierde fühlte, das ist: Unkeuschheit, Zorn, Haß, Neid und dergleichen wider einen Bruder. Da versuchte ich Mancherlei, beichtete alle Tage und half mich doch Nichts; denn diese Begierden kommen immerdar wieder. Darum konnte ich nicht zufrieden sein, sondern marterte mich für und für mit solchen Gedanken: Siehe, da hast du die und die Sünde gethan, darum hilfts dir Nichts, daß du den heiligen Orden angenommen hast, alle deinen guten Werke sind verloren." Die Klosterreligion hemmt die sittliche Entfaltung des menschlichen Willens. Lust und Liebe zu den Dingen ist das einzige Reelle, was Befriedigung gewährt. Mit seinen Zwecken wächst der Mensch und der Geist bleibt nur gesund, wenn er an tüchtigen Stoffen sich übt. Der Beruf, das Haus, der Staat, die Wissenschaft, mit Einem Wort: die Welt mit ihren Aufgaben und Interessen ist das Feld für unseren Geist, das sind die objectiven, vernünftigen Zwecke, an welchen er arbeiten, in welche er die Kraft seines Willens und die Glut seiner Begeisterung hineingießen muß, um sittlich zu werden. Mit der wachsenden Theilnahme und dem steigenden Verständniß für diese Weltzwecke erweitert sich der Gesichtskreis — der Mensch hört auf, bornirt zu sein —, und das Gemüth — der Mensch hört auf eigennützig zu sein. Er füllt sein Gemüth mit wahrem und vernünftigem Inhalt, er giebt sich hin an Dinge, die von allgemeinem Interesse sind, er liebt. Liebe aber ist die einzige Tugend, wie Selbstsucht die einzige Sünde ist. Der Mönchsreligion fehlt gerade, was den Menschen allein sittlich machen kann. Die Welt ist hier ausgelöscht, jeder Gedanke an ihre Interessen gilt für Sünde, es bleibt nur das kahle, inhaltslose Ich, das sich um sich selbst dreht, das ausschließlich sein eigenes Heil im Auge hat, das zufrieden ist, wenn es aus dem Weltbrande nur sich selbst gerettet hat. Die Sorge um sein Seelenheil, also der Egoismus in religiöser Form hat jedes andere Interesse verschlungen. Damit ist der einzige sittliche Inhalt, mit welchem der Wille sich erfüllen könnte, verloren gegangen. Zugleich entsteht durch dieses stete Grübeln über sich selbst ohne ableitende und fruchtbringende Thätigkeit eine selbstanklägerische, grämliche Gemüthsstimmung, die, wie der väterliche Freund des jungen Grüblers, Staupitz, derb, aber treffend sagte, aus jedem Bompart eine Todsünde macht.

Nehme man noch hinzu, was Alles für Sünde galt in einer Ceremonialkirche, die ohne jeden Grund in Vernunft und Gewissen aus reiner Willkühr und Machtvollkommenheit Tugenden und Laster festsetzte. Was die Pharisäer einst als Sünde taxirt hatten: mit ungewaschenen Händen Brod essen, die Hände nicht waschen, wenn man vom Markte kommt u. s. w., das war Alles nichts gegen die Satzungen dieser Kirche. Da war's eine schwere Sünde, wenn eine Nonne das Altartuch anrührete; ebenso, in einem ungeweihten Kelch oder Meßgewand Messe halten, oder wenn der Priester etwa den Altardiener rief und ein Wort oder zwei in der Stillmesse mit ihm redete oder wenn Einer beim Ablesen des Kanon fehlte oder in einem Wort stammelte. Wer aber gar mit einem Finger das Sakrament des h. Fronleichnams Christi anrührte, ob ihn schon die Noth dazu drängte, indem ihm etwa das Sakrament inwendig am Gaumen klebte und er's ablösen wollte, das galt als eine so große Sünde, daß man ihm das lebendige Fleisch, womit er's berührt hatte, abschaben mußte.

Luther las täglich die Messe, weil er hier das kräftigste Zeichen der göttlichen Gnade zu haben glaubte, aber immer that er's mit Angst. Wie wollte er, der Unreine, sie würdig verrichten? Starr vor Schrecken wurde er, als er das erste Mal das Opfer vor Gott bringen sollte, den Lebendigen, Wahren und Ewigen. Es galt als schwere Sünde, wenn man nur ein Wort auslasse oder bei den Einsetzungsworten auch nur stottere. In den Tischreden erzählt er von seiner ersten Messe: er wäre schier gestorben, denn er habe nur darauf gesehen, wie würdig er für seine Person sei und daß er Nichts auslasse mit dem Schirmschlagen und dem Gepränge. So oft als möglich meinte er, Messe lesen zu müssen, und doch mußte er hernach sagen, er habe sie niemals gern gelesen. In seiner Angst beichtet er dem Priester, er hört das: absolvo te, aber er kann's nicht glauben. O meine Sünde! meine Sünde! meine Sünde! ruft er immer wieder aus.

Wollte eigentlich die Kirche, daß ihre Glieder die Gewißheit der Seligkeit hätten? Nein! ihr Interesse verbot es. Bis zum letzten Athemzug sollte der Mensch zappeln und über sein Loos in der zukünftigen Welt unsicher sein, damit die Kirche ihn an ihrem Bande hätte. Von dem Augenblick an, da er seiner Seligkeit in sich selber gewiß war, bedurfte er der Kirche nicht mehr. Luther hörte ausdrücklich lehren: man dürfe der göttlichen Gnade gar nicht versichert sein; der Papst, sagt er, habe diese Gewißheit verboten gehabt und noch zum Schein den Spruch aus dem Prediger Salomo (9, 1) angeführt: der Mensch weiß nicht, ob er Liebe oder Haß verdiene. Das wurde so gedeutet: wenn gleich ein Mensch fromm und gerecht sei, so wisse er doch nicht, ob er vor Gott in Gnaden oder Ungnaden sei, sondern dieß bleibe ungewiß bis zum jüngsten Gericht. Den Heilsuchenden lockte man in das Netz des Klosters durch das: „das Mönchthum macht so rein, wie im Paradies;“ war man darin, so sagte man: das Heil ist ungewiß. Diese Ungewißheit nennt Luther ein schädliches Gift in die Welt ausgeschüttet.

Die Kirche konnte und wollte also nicht geben, was Luther mit aller Inbrunst seiner Seele bei ihr suchte, darum war er namenlos unglücklich. „Ich war sehr fromm im Kloster, doch immer so traurig, weil ich meinte, Gott wäre mir nicht gnädig. Fünfzehn Jahre bin ich Mönch gewesen, habe täglich Messe gelesen und den Psalter gebetet, daß ich ihn auch auswendig wußte. Und nie konnte ich's dahin bringen mit allen meinen Messen, Beten, Wachen, daß ich hätte können sagen: nun bin ich's gewiß, daß Gott mir gnädig sei." Aus diesen Klostererfahrungen heraus that er jene Aussprüche über die Anfechtungen des Gewissens, Aussprüche, von welchen alle seine Schriften voll sind, von denen einer für alle hier stehen möge: „In anderen Anfechtungen ist Rath zu schaffen, aber die Gebrechen des Gewissens, die Aengste des ewigen Todes, das sind die schwersten und gefährlichsten; denn da stehet Seele und Seligkeit in Gefahr, wenn wir meinen, daß wir von Gott verlassen sind, sehen, daß alle unsere guten Werke und Leben vor Gott, dem zornigen Richter verdammt und verworfen werden. Denn von Gott verworfen werden, das ist viel ärger, als der Tod. Die sich von Gott verlassen meinen, fürchten sich vor jeder Kreatur, erschrecken bei dem rauschenden Blatt, auch das Gute und Beste fürchten und fliehen sie. Das erschreckte Gewissen kann das Schönste von allen erschaffenen Dingen, das helle Tageslicht nicht leiden, das uns doch von Natur erquickt. Die Stimme des Gewissens ist nicht ein einzelnes, sondern ein Haufe von Uebeln, eine Ilias malorum, ein bellender Höllenhund, eine wüthende Furie, ein höllischer Plagegeist. Wenn mir Jemand gesagt hätte: wie theuer ich den Frieden erkaufen könnte, ich wollte auf mein Angesicht gefallen sein, wollte mein Leben gern dahin geben und nur allein um Errettung meines Gewissens gebetet haben."

Man pflegt die Anschauung von diesem Gemüthsleiden festzuhalten in jener Erzählung, wie Luther einmal, von Schwermuth befallen, einige Tage sich einschloß, ohne Jemand zuzulassen, bis Freunde die Thür erbrachen, den Ohnmächtigen am Boden fanden und erst durch Musik wieder dem Leben gewannen. Diese Geschichte gehört zwar nicht in sein Klosterleben, sie fällt — bezeichnend genug! — nicht in das Leben des Mönchs, sondern des Reformators, aber sie mag ein richtiges Bild von den Qualen geben, welche die Zelle im Augustinerkloster zu Erfurt gesehen hat. Ein Zeitgenosse hat uns die Nachricht hinterlassen, daß Luther einmal im Chor zu Erfurt, da man das Evangelium vom Besessenen Matth. 17 gelesen, niedergefallen sei und wie ein besessener Mensch getobt habe. Und Luther selbst redet einmal von Qualen des Fegfeuers, die auch Lebende schon erduldet haben, und, an ein paulinisches Wort II. Cor. 12, 2 sich anlehnend, sagt er: ich kenne einen Menschen, der versichert hat, diese Strafen öfters erlitten zu haben, zwar von kurzer Dauer, aber so heftig und höllisch, daß sie keine Zunge sagen und keine Feder schreiben und kein Unerfahrener glauben kann, so daß er, wenn sie eine halbe Stunde oder auch nur den zehnten Theil einer Stunde angedauert hätten, völlig zu Grunde gegangen und alle seine Gebeine in Asche verwandelt worden wären.

Welch' ein seltsamer Mönch! Keine andere Klosterzelle ist Zeugin solcher Leiden gewesen. Gehen wir um ein Jahrhundert oder zwei zurück und betrachten einen anderen Mönch, der auf die religiöse Bildung Unzähliger einen großen Einfluß ausgeübt hat und noch übt, den unbekannten Verfasser des Büchleins von „der Nachfolge Christi". Welch eine ganz andere Luft weht uns da entgegen! Da ist Alles so still. Die Stadt liegt fern, das Geschrei vom Markte dringt nicht her und der Anblick des Gewerkes ist verschwunden; wir gehen zwischen Obstbäumen und Gartenbeeten, und wenn wir durch den Thorweg in das Viereck der Gebäude eintreten, sehen wir Nichts, als den kleinen Garten in der Mitte und in dem Kreuzgang ringsum die Grabsteine der Todten. Sinnend wandelt dort ein Mann im Mönchsgewande, Weisheit und Erfahrung auf der Stirne, freundlich lächelnd in dem vollen Frieden eines von der Welt mit ihren Versuchungen und Leidenschaften abgeschiedenen Gemüthes; sein Mund überfließt von dem Glück und der Versöhnung, die er in Gott gefunden hat. Andere Zeiten! andere Menschen!

Es giebt ohne Zweifel in der Weltgeschichte kein zweites Beispiel so langjähriger, so tief einschneidender, so großartiger Gemüthsleiden auf dem Wege der sittlichen Entwicklung. Wohl kein Zweiter hat so mit Gott gerungen, wie Luther, oder, wie er es liebte auszudrücken, mit dem Teufel sich gerauft. Wohl kein Anderer hat im Kampf um die sittlichen Güter solche und so tiefe Wunden geholt. Wir vermuthen zum Voraus, er werde sich in diesem gewaltsamen Kampfe wohl mehr, als ein Glied für immer verrenkt haben, und der Balsam, der endlich diese Wunden geheilt, werde nicht für jeden Anderen brauchbar sein oder, wenn gebraucht, mehr schaden als nützen.

Unter demjenigen, was zur Heilung dieser Gemüthsleiden beitrug, begegnet uns am frühesten der Zuspruch theilnehmender, freundlicher Menschen. Melanchton und Mathesius erzählen von einem alten Klosterbruder, dessen Trostworte den jungen Gotteskämpfer in mancher Stunde aufgerichtet haben. Wenn dieser ihm von seinen Anfechtungen berichtete, wies ihn jener auf die Worte des Glaubens: „ich glaube an eine Vergebung der Sünden." Jeder müsse diese Worte auf sich selbst beziehen; man müsse nicht bloß im Allgemeinen glauben, daß diesem und jenem vergeben werde, wie auch die Teufel glauben, daß ein David oder Petrus Vergebung erlangt habe, sondern Gottes Gebot sei, daß die Einzelnen an Vergebung der Sünden für sich selber glauben. Der Mensch werde geschenkweise gerechtfertigt durch den Glauben. „Weißt Du nicht, fragte er den jungen Zweifler, daß der Herr selbst uns befohlen hat auf seine vergebende Gnade zu hoffen?" Dein Zweifel ist also Sünde gegen Gott, Mißtrauen gegen sein Wort.

Man sieht leicht, daß damit eigentlich für die Lösung des religiösen Problems, an welchem Luther sich abarbeitete, Nichts gethan ist. Luther kann an den gnädigen Gott nicht glauben. Man sagt ihm: entschließe dich, zu glauben, wie wenn die Erkenntniß der Wahrheit ein Akt wäre, der von unserer Willkühr abhängt. Luther zweifelt, ob ihm die Sünden verziehen seien, und auf Grund der Kirchenlehre zweifelt er mit Recht. Man räth ihm: „schlag Deine Zweifel nieder. Gott hat befohlen, zu hoffen." Aber fahren denn nicht gleichwohl nach der Aussage der Kirche Millionen zur Hölle? Wer giebt mir die Bürgschaft, daß ich gerade unter diesen nicht bin? Meine sittliche Beschaffenheit? Aber die verdammt mich. Die göttliche Gnade? Aber eben die ist in Frage. „Du mußt eben an sie glauben." Muß ich? Aber was giebt mir ein Recht, an sie zu glauben? Die Trostgründe des alten Klosterbruders bewegen sich augenscheinlich in einem Zirkel. Sie sind Opium für das Gewissen, aber keine in der Sache selbst liegende Beruhigung des Gewissens.

Der Rath, den Luther dort erhalten hat, kommt auf das Gleiche hinaus, wie der Rath, den uns die Kirche in einer ähnlichen Lage seitdem hundert Mal ertheilt hat. Wir sind im Glauben an die Bibel als Gottes Wort auferzogen worden. Zweifel tauchten in uns auf, wir sahen diese zahllosen Menschlichkeiten des heiligen Buches; diese Zweifel machten uns unglücklich. Was sagt man uns? Man räth: schlage deine Zweifel nieder, unterdrücke mit Gewalt Alles in dir, was gegen Gottes Wort aufkommen will, verschließe das Ohr gegen diese verführerischen Stimmen. Du mußt eben glauben. Viele entschließen sich dazu, aber dieser Glaube ist nicht Ueberzeugung, sondern Selbstüberredung, Betäubung der Vernunft.

Aber immerhin war der freundliche Zuspruch des Klosterbruders, wie auch Anderer, von großer Wichtigkeit für Luthers religiöse Entwicklung. Daß er in der Hauptfrage über den Standpunkt des Klosterbruders im Grunde niemals hinausgekommen ist, wird sich später zeigen und in dankbarer Erinnerung an die Erquickung, die ihm in solchen Stunden zu Theil geworden war, hat er den Zuspruch aus dem Munde eines gläubigen Laien oder Predigers an das Ohr des bußfertigen Sünders als ein besonders wichtiges Mittel für die Beruhigung des geängsteten Gewissens in das neue Kirchenthum eingeführt, das er zu gründen bestimmt war. Hierauf beruht die Beibehaltung der Beichte und Absolution in der lutherischen Kirche. In der Angst des Gewissens sollte dem Menschen jedes Zeichen willkommen sein, das ihn der göttlichen Gnade versicherte; in der Schwachheit seines Glaubens sollte er begierig jeden Stab ergreifen, an welchem die Hoffnung sich aufranken könnte. Darum blieb ihm die Beichte ein köstlich Ding, das nur schlechte Christen und rohe Säue verachten. Es ist ihm nicht genug, daß man das Wort der göttlichen Vergebung im eigenen Inneren höre oder aus der heiligen Schrift schöpfe, erst mit dem Ohre vernommen in der Absolution des Priesters oder aus dem Munde eines frommen Laien und so applicirt an's Herz sollte es den schwachen Glauben sicher machen.

Tiefer, als solche Zusprüche, die nur für den Augenblick und vorübergehend beruhigten, wirkten wohl die Studien. Aus Neid gegen den gelehrten und gefeierten Ankömmling hatten die Mönche ihn Anfangs durch Auflegung niedriger und zeitraubender Dienstleistungen zu demüthigen gesucht. „Sie waren mir gram, daß ich studirte. Sie sagten: sic mihi, sic tibi. Saccum (sacrum) per nakkum (nacrum)! Mit Betteln, nicht mit Studiren mehrt man das Klostergut." Die Universität aber verwandte sich für ihren Zögling und der Oberaufseher der Augustinerklöster, Staupitz, der frühe auf Luther aufmerksam geworden war, bewirkte, daß ihm Zeit zum Studiren gewährt wurde. Die Oede der kalten und mechanischen Klosterwerke wurde nun doch unterbrochen durch eine Beschäftigung, die den Geist abzog von der Selbstquälerei und dem einsamen Grübeln über sich und auf einen Stoff hinlenkte, an dem er seine Kräfte üben und entfalten sollte, wenn auch dieser Stoff dem größten Theile nach nur in den Schriften der Scholastik bestand. Mit einem wahren Heißhunger warf er sich in diese theologischen Studien. Besonders war es Augustin, der durch seine Lehre vom unfreien Willen des Menschen und der Alles wirkenden Gnade Gottes auf sein theologisches Denken bestimmend einwirkte. Noch 1532 schildert er in einem Briefe die Freude, die er empfunden, als er im ersten Jahre seines Mönchthums den Dialog des Athanasius über die Trinität aus der Hand seines Vorstehers erhalten. „Es durchströmte mich eine süße Erinnerung, als ich daran dachte, mit welcher Glut des Glaubens, mit wie viel Sympathie ich als Jüngling jenen Dialog gelesen hatte.“

Als er aber vollends 1508, drei Jahre nach seinem Eintritt in's Kloster, an die neugegründete Universität Wittenberg berufen wurde, zuerst als Licentiat der Philosophie, dann 1512 als Doctor der Theologie, trat er aus dem dunkeln Klostergrab wieder an das Licht der Welt, an welchem das wundgeriebene Gemüth wieder gesunden konnte. Die Theilnahme an den Interessen der Universität, der Einfluß, den er mehr und mehr auf sie gewann, indem er sie von Aristoteles und der Scholastik weg zu Augustin und der Bibel zog, die Achtung, ja Bewunderung, die er sich als Lehrer und Prediger erwarb, der Verkehr mit einer aufstrebenden Jugend und begeisterten Lehrern, die bald seinen Impulsen folgten, der schriftliche Verkehr mit fernen Freunden, die Freundschaft mit strebsamen Bürgern, wie z. B. Lucas Cranach, das Geben aus der eigenen Fülle und das Empfangen von Anderen — das war wieder ein Stück gesunder Welt, farbiger und wohlthuender, als der graue Himmel, unter welchem sein Wesen sich vorher verdüstert hatte.

Mußte diese öffentliche Thätigkeit an sich schon die selbstquälerischen Gedanken zurückdrängen und das Herz mit Muth, Freude, Selbstbewußtsein erfüllen, so erhielt Luther in dieser Zeit besonders von zwei Seiten her Eindrücke, die seinem ganzen Denken eine andere Wendung gaben, durch das Studium der Mystik und der heiligen Schrift.

Die Mystik war schon im Mittelalter ein Gegengewicht gewesen gegen die Veräußerlichung der Religion, in welche das Kirchenthum mehr und mehr ausgeartet war; jetzt an der Schwelle der neuen Zeit hatte sie in einigen deutschen Männern voll tiefen Gemüthes und sinnigen Geistes einige der reizendsten Schosse getrieben; es sind besonders Suso und Tauler und der unbekannte Verfasser der „Nachfolge Christi“ im 14., wie der gleichfalls unbekannte Urheber „der deutschen Theologie“ im 15. Jahrhundert. In dieser deutschen Theologie Suso's, Tauler's und der Anderen sprach sich ein tiefes Gottes- und Naturgefühl aus, ein Drängen „nach des Lebens Bächen, nach des Lebens Quelle“ hin, ein Streben von der Schale der Religion weg nach ihrem Kerne, ein Bedürfniß nach unmittelbarem Verkehr mit dem Göttlichen, wie es sich in der Natur und im Geiste offenbart, ein seliger Friede in Gott und daraus entspringend eine zarte Menschenliebe. Bibel und Geschichte, Adam und Christus werden nur Typen für die ewige Geschichte der Menschenseele in ihrem Suchen und Finden, in ihrem Fallen und Aufstehen. Einige Stellen mögen den Geist dieser Richtung bezeichnen: „das sterbliche Auge kann ihn (Gott) nicht schauen in ihm selbst, man sieht ihn aber wohl in seiner That; denn die Kreaturen sind wie ein Spiegel, in dem Gott widerleuchtet. Und dieß Erkennen nennen wir darum ein Spekuliren (Erspiegeln). Nun laß uns spekuliren den hohen würdigen Meister in seiner That! Schau über dich und um dich in die vier Enden der Welt, wie weit, wie hoch der schöne Himmel ist an seinem schnellen Lauf und wie adelig ihn sein Meister gezieret hat mit den Planeten und wie er geschmückt ist mit der unzähligen Menge des lichten Gestirns. Ach! so die schöne Sonne ungewölket heiterlich aufblüht in der sommerlichen Zeit, was sie dann emsiglich Frucht und Gutes dem Erdreich giebt! wie Laub und Gras aufdringen, die schönen Blumen lachen, Wald und Haide und Auen von der Nachtigall und der kleinen Vöglein Gesang wiederhallen, alle Thierlein, die von dem argen Winter verschlossen waren, sich hervormachen und sich freuen! wie in der Menschheit Jung und Alt von wonnegebärender Freude sich fröhlich geberden! Ach, zarter Gott, bist du in deiner Kreatur also minniglich, wie bist du dann in dir selbst so gar schön und wonniglich! — — Nun hast du deinen Gott gefunden, den dein Herz lange gesucht hat. Nun sieh aufwärts mit lichtem Antlitz, mit aufspringendem Herzen und sieh ihn an, den edlen Fürsten aller Kreatur. Siehe von diesem Spekuliren dringet bald auf in einem empfänglichen Menschen ein herzliches Jubiliren; denn Jubiliren ist eine Freude, welche die Zunge nicht sagen kann, und die doch Herz und Seele kräftiglich durchgeußt.“

„Wann kommt das Vollkommene? Alsdann, wenn es erkannt, empfunden und geschmeckt wird in der Seele, soweit es einer Kreatur möglich ist. Auch alle die Werke und Wunder, so Gott je gethan und was er noch immer wirken mag, sofern es außer mir ist und geschieht, so macht es mich nicht selig, sondern so viel es in mir ist und geschieht und erkannt und lieb gehabt, empfunden und geschmeckt wird."

Hier wehte ein Geist, doch sehr verschieden von demjenigen, welcher Luther in's Kloster getrieben hatte. Hier ist nicht der ferne böse Gott, der dem Geschöpf gegenübersteht als eine unverständliche Furchterscheinung, hier ist der Gott, der im Liebesüberdrang die Fülle seines Wesens ausgießt in das All. Hier ist nicht Trauern und Zagen im Angesicht eines höchsten Wesens, dem der Mensch die kalten Opfer seiner Hände und Lippen entgegenwirft, um sein Wüthen zu stillen, hier ist der Grundton das Jubiliren aus den Tiefen eines Gemüthes, das seinen Gott genossen hat und darin sich selig fühlt. Hier erscheint die Natur nicht als die dämonische, böse Welt, vor der man sich hinter Klostermauern flüchtet, sondern als der Spiegel der göttlichen Herrlichkeit und in dem tiefen Natursinn dieser Mystik liegt schon Etwas von dem, was Luther später der Reformation zu gut geschrieben hat, wenn er ausruft: „jetzt sehen wir die Kreaturen wieder mehr an, als im Papstthum." Hier ist nicht der Mensch, der mit dem Stolz des Pharisäers sich in die Brust wirft und spricht: das hab ich dir geleistet, großer Gott, gieb mir zum Lohne deinen Himmel, sondern der Mensch, der überwältigt von der erfahrenen Liebe sagt: das hast du Alles in mir gethan, denn dein Himmel ist in mir.

Luther hat es nirgends verhehlt, welch tiefgreifende Anregungen er dieser Mystik verdanke. In seinem Freund und Gewissensrath Staupitz hatte er einen lebenden Vertreter dieser Richtung von der reinsten und edelsten Art, der ihn durch Milde und eingehendes Verständniß von seinen Selbstquälereien ablenkte. Staupitzens Wort, daß die wahre Buße mit der Liebe beginne, während die „päpstlichen Gewissenshenker" sie damit aufhören ließen, kam ihm wie eine Stimme vom Himmel. Einen tiefen Eindruck machte auf ihn das demüthige Bekenntniß des aufrichtig frommen Mannes: „ich habe unserem Herr Gott mehr denn tausend Mal gelobt, ich wollte fromm werden, hab es aber nie gehalten, weiß auch, daß ich's nie halten werde. Darum will ich's mir nicht vornehmen, fromm zu sein; denn ich sehe wohl, ich kann's nicht halten, ich will nimmer lügen, will Gott bitten um ein selig Stündlein. Wo mir Gott nicht gnädig sein will um Christi willen, werde ich mit meinen Gelübden und guten Werken nicht bestehen, sondern verloren sein müssen.“ Luther nennt dieß eine wunderherrliche Rede, damit habe er eine neue Kunst gelernt, daß eigene Frömmigkeit vor Gott nicht bestehe.

Wie tief ihn das Büchlein von der „deutschen Theologie“ ergriffen hat, hat er in dem begeisterten Vorwort, mit dem er dasselbe herausgab, ausgesprochen und den Vorwurf, ein deutscher Theologe zu sein, mit Stolz auf sich genommen. Es ist ganz im Stile dieser sinnigen Mystik und wir meinen, einen Suso zu hören, wenn Luther später einmal, die Qualen seiner sittlichen Entwicklung im Lichte höherer Erkenntniß betrachtend, die Worte gebraucht: „Wenn Gott uns versuchet, lässet er mancherlei Hindernisse vorfallen, daß wir ihm nicht stracks unter Augen sehen, gleich als wenn Einer kurzweilig mit einem Würmlein spielt und ihm, wo es auf der Erde kreucht, etwa ein Rüthlein oder Sträuchlein vorwirft, daß es nicht könne fortkriechen, dahin es gern wollte, sondern muß sich mancherlei Weise hin und her wenden und an allen Orten versuchen, wie es doch endlich davon kommen möchte. Aber dieses Spiel göttlicher Gnade und Wohlgefallens verstehen wir von Anfang nicht, und die Wohlthaten und Gnade selbst, so uns begegnet und vor Augen gestellt wird, deuten wir zu unserem Schrecken und Verderben.“

Unter all' diesen Einflüssen fing Luther an, seine Bibel anders anzusehen und zu lesen. Es ist nicht zu beschreiben, in welchem Umfang der Kirche das richtige Verständniß der Bibel abhanden gekommen war. Von dem ungeheuren Schutt der scholastischen Tradition, der willkührlichen Allegorie und Sophistik, unter welchem der wirkliche Sinn dieser Schriften begraben lag, kann man sich eine annähernde Vorstellung machen, wenn man betrachtet, wie Luther zu einer Zeit, da er sich bereits von den Banden der Scholastik losgemacht hatte, in seiner ersten Schrift, der Psalmenerklärung vom Jahr 1513, die 1516 zum Drucke vorbereitet wurde, mit dem Buchstaben der Bibel umgeht. Die Worte des ersten Psalmen: selig ist der Mann u. s. w. (V. 1) bedeuten ihm buchstäblich, Jesus habe sich nicht nach der bösen Art der Juden gerichtet, gleichnißweis, die Kirche sei mit den bösen Begierden der Ketzer nicht einstimmig gewesen, verblümt: der Geist kommt nicht mit dem Fleisch überein. Das Wort Jerusalem bedeutet allegorisch die Guten, tropologisch die Tugend, anagogisch Belohnungen. Das Wort Babylon bedeutet allegorisch die Bösen, tropologisch die Laster, anagogisch Strafen. Der Berg Zion bedeutet historisch das Land Kanaan, allegorisch die jüdische

Kirche, tropologisch die pharisäische Gerechtigkeit in derselben, anagogisch die zukünftige Herrlichkeit im Fleische. Von einem Psalm heißt es: dieser Psalm handelt dem Buchstaben nach von Christo, allegorisch von der Kirche und den Tyrannen, welche sie verfolgen, tropologisch ist er gegen das verderbte Fleisch, Welt und Teufel gerichtet und im allgemeinen Verstand kann er auch auf David bezogen werden. Es ist das Verdienst der Humanisten, besonders des Erasmus, dessen Einflüssen sich Luther schnell mit Begeisterung hingab, daß dieser Unsinn einer richtigen, einfachen und geschmackvolleren Bibelerklärung Platz machte.

Seitdem durch eine größere Kenntniß der Sprachen die ursprünglichen Quellen wieder geöffnet waren, stürzte Luther mit Begierde auf den Einen Punkt los, auf welchen ihm Alles ankam: auf den Weg, auf welchem die Gewißheit des Heils zu holen sei. Hören wir ihn selber, wie es ihm dabei erging. „Ich war dem Wort „Gerechtigkeit Gottes" sehr feind; denn ich war nach Gewohnheit aller Lehrer nicht anders unterwiesen, denn daß ich's philosophisch von solcher Gerechtigkeit verstand, wonach Gott gerecht ist und die Sünder straft. Obwohl ich nun ein unsträflicher Mensch war, fühlte ich mich doch einen großen Sünder vor Gott, war dazu eines ängstlichen Gewissens und getraute mich nicht, durch meine Genugthuungen und Verdienste Gott zu versöhnen. Ich liebte daher den gerechten und zornigen Gott nicht, sondern zürnte heimlich wider ihn. Da sann ich Tag und Nacht dem nach, was doch Paulus im Römerbrief unter der Gerechtigkeit Gottes verstünde, wo ich denn zuletzt erkannte, sie sei so zu fassen: durch das Evangelium wird die Gerechtigkeit geoffenbart, in welcher uns Gott aus Gnaden und Barmherzigkeit rechtfertigt, wie geschrieben steht: der Gerechte wird seines Glaubens leben. Hiebei fühlte ich mich alsbald wie ganz neugeboren, als hätte ich eine weit geöffnete Thür in's Paradies gefunden. Nun sah mich auch die liebe heilige Schrift ganz anders an, denn zuvor geschehen war, lief derohalben bald durch die ganze Bibel ... Wie ich nun zuvor dieses Wörtlein „Gottes Gerechtigkeit" mit rechtem Ernste haßte, so achtete ich es nun theuer und hoch als mein allerliebstes und tröstliches Wort und war nun derselbige Ort in St. Paulo die rechte Pforte des Paradieses."

Das also war der Zauber, der diese langjährigen Leiden beendigte, das die Lösung des sittlichen Problems, an welchem Luther sich so heftig abgearbeitet hatte: Rechtfertigung aus dem Glauben.

Man muß das Wort genau in dem Sinne fassen, in welchem es Luther verstand. Die neuere Theologie, wo sie dieses Wort auf die Fahne des Protestantismus geschrieben, hat ganz andere Dinge darunter verstanden, als Luther. Für diesen bedeutete es: der Sünder wird vor Gott gerecht, d. h. von Gott als ein Gerechter angesehen, so behandelt, als wäre er kein Sünder, daher des Himmels und der Seligkeit theilhaftig um des Verdienstes Christi willen, sofern er an dieses glaubt. Gott behandelt mich, der ich ein Sünder bin, wie Einen, der gerecht ist, um der Gerechtigkeit Christi willen, sofern ich all mein Vertrauen einzig auf diese setze. Aber woher weiß Luther das? Woher weiß er, daß Gott so verfährt? Daß Gott kein zorniger, sondern ein gnädiger ist? Aus sich selber nicht. Denn in sich glaubt er nur Sünde zu finden, die verdammt. Ueberdieß kann die Aussöhnung Gottes in Folge einer vor 15 Jahrhunderten geschehenen Geschichte ebensowenig, als eine zukünftige Seligkeit, Gegenstand einer inneren Erfahrung sein; denn Jenes ist ein Vergangenes, dieses ein Künftiges, Beides ein Aeußeres, das darum nicht Gegenstand einer gegenwärtigen inneren Erfahrung sein kann. Daß dem so sei, wie er glaubt, weiß er nur aus der Schrift, die nach der kirchlichen Voraussetzung Gottes Wort ist, in welcher mir Gott selber überall zwar, wenn man recht liest, insbesondere aber und am deutlichsten durch seinen Apostel Paulus und durch die Worte, mit welchen Christus Taufe und Abendmahl eingesetzt hat, angekündigt hat, daß er mir um des Verdienstes Christi willen ein gnädiger und sündenvergebender Gott wolle sein, und mir förmlich befiehlt, das zu glauben. Drum will ich's auch glauben; Zweifel wäre Sünde gegen Gott und Verachtung seines klarsten und bestimmtesten Wortes. Darum, wenn wieder Anfechtungen kommen, wenn Zweifel an meiner Seligkeit sich regen, wenn meine Sünden mich kränken, nur frisch Gottes Wort, sowie die Thatsache der Taufe, des Abendmahles als Schild vorgehalten und die Zweifel niedergeschlagen! Daher nun in Luther's Theologie dieses ängstliche oder, wenn man lieber will, herzhafte Sichanklammern an die Absolution in der Beichte, an Taufe und Abendmahl, sowie dieses Pochen auf die Schrift. Beruht die Gewißheit der Seligkeit nicht auf innerer Erfahrung, sondern auf einem geschriebenen Wort, so muß dieses unbedingt gewiß sein, wenn jene nicht in Frage stehen soll. Darum bei Luther so zahlreiche Aussprüche, wie diese: „rund und rein, ganz und Alles geglaubt oder Nichts geglaubt. Die Glocke, an Einem

Orte geborsten, taugt überall Nichts mehr." — „Er hat's gesagt, da laß ich's bei bleiben, verführt er mich so bin ich selig verführt." — „Darum bleiben wir stracks bei den Worten und thun darnach Augen und Sinne zu." — „Darum schlecht die Augen zugethan und gesagt: was Christus spricht, muß wahr sein, ob's kein Mensch begreifen kann, wie es wahr sein möge." In der Theologie ist nur zu hören und zu glauben und im Herzen festzuhalten: Gott ist wahrhaft, wie sehr es auch der Vernunft ungereimt erscheinen mag, was Gott in seinem Worte sagt."

Hatte er also jetzt gefunden, was er unter so viel Schmerzen und Qualen gesucht hatte, die Gewißheit seiner Seligkeit? Doch nicht so recht. Er hatte sich mehr nur überredet, sie zu haben. Er war im Grunde nicht über den Standpunkt seines Klosterbruders hinausgekommen. Was jener ihm gesagt hatte, konnte er nun glauben, weil er es in der Bibel fand. Sein Glaube beruhte auf äußerer Auctorität. Jeder religiöse Glaube aber, der auf äußerer Auctorität beruht, anstatt die Gewißheit in sich selbst zu tragen, ist ein unsicherer Glaube. Schon dieses gewaltsame Pochen auf's Wort, auf das: da steht's geschrieben, dieses krampfhafte Sichanklammern an jedes äußere Zeichen, das Gewißheit der Seligkeit zu geben schien, zeigt wie wenig er seiner Sache im Grunde sicher war. Ein guter Schwimmer schaut nicht ängstlich um nach jedem Strohhalm, der im Wasser schwimmt, nach jedem Brett, an dem er sich halten könne. Und was ist dieser furchtbare Kampf gegen die Vernunft, der zum Wesen Luthers gehört, anders, als ein Ausfluß der Unsicherheit seiner Theologie? Die Vernunft, stark und mächtig in ihm angelegt, zeigte ihm immer von Neuem wieder die irrationale Grundlage seines Glaubens. Es galt, diese Stimme zu übertäuben und niederzudonnern, weil sie ihm das antastete, was er als den Preis seiner gewaltsamen Klosterkämpfe gewonnen hatte: die Gewißheit des gnädigen Gottes.

Giebt etwa dieser ungelöste Kampf zweier wesentlicher Kräfte im Menschen den Eindruck des Friedens und der Versöhnung? Ist das der gnädige Gott, der den Menschen mit diesem furchtbaren Selbstwiderspruch lebenslänglich quält? Der von dem einen Glied meines Organismus ebenso gewaltsam an sich gerissen, wie er von dem andern abgestoßen wird? Kann Gnade etwas Anderes sein, als Friede in mir selbst, Uebereinstimmung der Kräfte meines Wesens, woraus Glück und Freude fließt? Die Versöhnung, die Luther gefunden zu haben glaubte, war keine wirkliche, sondern eine vorgespiegelte, eine Selbstüberredung.

In seiner offenen und naiven Weise spricht er das selber aus. Hören wir ihn in seinen Tischreden: „Gerson tröstete die Gewissen, indem er das Gesetz einschränkte, sagend: nichtfasten, nichtmesselesen ist keine so große Sünde, Christus aber stößt dem Faß den Boden aus, der spricht: Bist du nicht fromm, so bin ich fromm. Das ist nun der Christen Kunst allein, daß ich mich von meiner Sünde abwende und davon gar Nichts wissen will und kehre mich allein auf Christi Gerechtigkeit, da ich so gewiß weiß, daß Christi Frömmigkeit, Verdienst, Unschuld, Heiligkeit mein sei, so gewiß ich weiß, daß dieser Leib mein Leib ist. Ich lebe, sterbe und fahre auf ihn dahin, denn er ist für uns gestorben und auferstanden. Ich bin nicht fromm, Christus ist aber fromm, in dessen Namen bin ich getauft, empfahe das heilige Sacrament, bin ich ein Schüler des Catechismi; der nimmt sich unser an, allein daß wir ihm vertrauen. Es nimmt mich Wunder, daß ich dieser Lehre nicht vertrauen kann; ich bin mir selber darum feind, da doch alle meine Schüler meinen, sie können sie auf einem Nägelein."

Uns nimmt das gar nicht Wunder. Daß Christi Frömmigkeit, Verdienst, Heiligkeit mein sei, obwohl ich sie thatsächlich nicht habe — ist denn das mir ebenso gewiß, wie ich weiß, daß dieser Leib mein Leib ist? Das Letztere ist ein Gegenstand meiner unmittelbaren Erfahrung, das Erstere kann nur eine Folge meiner Selbstüberredung sein. Daß Etwas, was nicht mein ist, mein sei, ist ein so harter Widerspruch gegen die Vernunft, als daß Eins Drei sei.

Die alten Zweifelfragen mußten daher immer wieder von Neuem auftauchen. Die Frage nach der „Versehung" (ob er zur Seligkeit oder zur Verdammniß von Gott bestimmt sei), ließ ihn theoretisch Zeit Lebens nie los, so sehr sie auch durch die rastlose, praktisch von Gott erfüllte Lebensthätigkeit für die Zwecke des Guten später in den Hintergrund gedrängt wurde. Was antwortet er, wenn diese Frage an ihn herantrat? Nicht: suche eine Lösung, die deine Vernunft ebenso befriedigt, wie sie dein Gemüth beruhigt, sondern: schlag sie todt, wenn sie kommt! „Wie ein unauslöschliches Feuer ist es, wenn ein Mensch anfängt zu disputiren wegen der Versehung; denn je mehr er spekulirt, desto tiefer er hineinkommt, daß er endlich gar verzweifelt. Unser Herr Gott ist dem Disputiren (d. h. dem Nachdenken über die letzten Gründe des Heils) so feind, daß er dawider gesetzt hat die Taufe, sein Wort, das Sacrament des Altars, seines lieben Sohnes wahren, natürlichen Leib als gewisse Zeichen und Pfänder; auf denselben sollen wir feststehen, trotzen, pochen und sagen: ich bin getauft, ich habe das Sacrament empfangen, ich glaube an Jesum Christum. Was liegt mir daran, ob ich versehen bin oder nicht?" — — „In der Disputation von der Versehung ist's das Beste, unten an Christo anzufangen, so findet man den Vater; denn alle, die oben angefangen haben, die haben den Hals gebrochen." „Darum: alle Theologen, die mit Vernunft und Spekuliren in göttlichen Dingen umgehen und davon urtheilen, sind des Teufels." Aehnliches in ungezählten Aussprüchen.

Es ist oft lustig anzusehen, wie Luther seine Zweifel niederkämpft oder, um in seinen Worten zu reden, wie er mit dem Teufel fertig wird, der ihm nach seiner Meinung diese Zweifel einflüsterte. Oft geschah es mit Humor, mit Scherz und Hohn, oft sogar mit derben Späßen. Aber nicht immer gelang es ihm, ihn so leichten Kaufes vom Halse zu schaffen. Wir haben oben gehört, daß jene Erzählung, wornach er sich mehrere Tage in sein Zimmer einschloß und erst die eindringenden Freunde ihn aus seiner Verzweiflung retteten, in seine Reformationsperiode fällt. Er hat Zeiten, da er an Freunde schreibt: „ich hatte fast den ganzen Christus verloren und war in den Stürmen und Fluten der Verzweiflung und der Gotteslästerung umhergeworfen." „Ich war nicht nur am Körper krank, sondern vielmehr am Geist, so ängstigt mich der Satan mit seinen Helfern und unser göttlicher Erlöser läßt das zu." — „Ich vermuthe, kein gemeiner Teufel, sondern der Fürst der Hölle selbst habe sich gegen mich erhoben, so groß ist seine Gewalt, so sehr ist er mit Schrift gerüstet, daß, wenn ich mich nicht an fremde Worte anlehne, meine Kenntniß der Schrift nicht mehr ausreicht." — „Wahr ist es, diese Anfechtung, die mir von Jugend auf bekannt ist, war von jeher stark, daß sie aber so ungeheuer zunehmen würde, habe ich nicht gedacht. Dennoch hat Christus bisher triumphirt, freilich nur mit genauer Noth. Ich empfehle mich deinem und der Brüder Gebet. Ich habe Andere selig gemacht, mich selber vermag ich nicht selig zu machen."

Gerade die Lehre, auf welche Luther die Gewißheit seiner Seligkeit baute, hat er in ihrer ganzen Ungereimtheit durchschaut. So sagt er in der Auslegung der Worte 1. Cor. 15, 22 (Gleich wie sie in Adam alle sterben, also werden sie in Christo alle lebendig werden) Folgendes: „Es ist eine lächerliche Predigt, die hier St. Paulus thut, wo Beide, Tod und ewiges Leben herkommen, und läßt sich ansehen für eine große, starke Lügen bei der klugen Vernunft und weltlichen Weisheit, daß das ganze menschliche Geschlecht um fremder Schuld willen eines einzigen Menschen soll allzumal sterben. Denn es scheinet ja zu unbillig und ungereimt, daß Gott das Spiel so abentheuerlich ergreifen und sich so thörlich zur Sache stellen solle mit seinem Gericht, daß, weil Adam in einen Apfel beißet, soll er so viel ausgerichtet haben, daß alle Menschen nach ihm bis zu Ende der Welt müssen des Todes sein. Denn er hat ja noch keinen Mord noch Ehebruch gethan, Niemand gestohlen noch geraubt noch Gott gelästert oder dergleichen Etwas, wie jetzt die Welt voll gräulicher, lästerlicher Sünden ist, sondern nichts mehr, denn in einen Apfel gebissen, überredet und betrogen von dem Teufel durch das Weib. Mußte man denn, spricht die Vernunft, so viel von dem einigen Apfel halten, daß die ganze Welt desselben entgelten und sammt so vielen seinen trefflichen weisen Leuten, ja Gottes Sohn selbst sammt allen Propheten, Vätern, Heiligen sterben müssen? Ja, wenn es nur der Tod allein wäre, aber daß wir Alle um dieser fremden Sünde willen ewige Strafe und Verdammniß sollten verdient haben und in der Hölle leiden, das gehet viel weniger in eines Menschen Herz; denn es scheinet gar zu unbillig geurtheilt und unbarmherzig gehandelt von solcher hohen Majestät, welche ist die höchste Weisheit und Güte."

„Wiederum lautet es vor der Welt ebenso ungereimt und lügnerisch, daß hier Paulus sagt, daß in Einem Menschen soll liegen und hangen beide, Tod und Leben, und alle Welt nichts dazu thun noch vermögen und keines Menschen Macht und Kraft, keines Heiligen Leben, Tugend und Werk Ursache dazu genug sein soll, daß er vom Tode auferstehen und kein heiliger Mönch, Karthäuser, ja kein Prophet, Apostel noch Märtyrer nichts darzuthun noch verdienen mit allem ihrem Wesen. Das ist ja ein ungeschickt Ding, wenn man ihm will nachdenken. Und hat mich selbst oft wunderlich und fremd angesehen und ist wahrlich ein schwerer Artikel in's Herz zu bringen. Was Welt ist, das hält's für eine lautere Trügerei und schließt, daß nicht könnte wahr sein, daß Gott so thörlich sollte handeln und urtheilen, daß er um Eines Menschen willen die ganze Welt ohne Unterschied sollte verdammen oder wiederum um Eines Alle ohne unser Zuthun selig machen. Denn nach ihrem Verstande müßte es so sein, wenn man sollte recht urtheilen, daß ein Jeglicher für sich und um seines Verdienstes willen sterbe und lebe. Aber daß Ein Mensch für alle Menschen soll gelten und wir alle durch fremde Verdienste sterben oder leben — das heißt ärgerlich und lächerlich gelehrt."

Mit dem seiner Natur angebornen Trotz, mit der ganzen Resolutheit seines Glaubens überwand er solche Stimmen, aber nicht immer gelang es ihm; dann hatte er solche Stunden furchtbaren Kampfes, in welchen ihm die Seligkeit wieder als ein ungewisses Gut erschien und in eine schmerzliche Ferne rückte.

In solchen Augenblicken sah ihn seine Bibel ganz anders an, als sonst. Der einfachste Spruch konnte ihn necken. Als ihn die Frage der Mönche und Nonnen beschäftigte, stieß ihm ein Bibelspruch auf (1. Timoth. 5, 11), der ihm, wie er in seiner Aufregung meinte, Unrecht gab. Das Herz im Leibe zerschmolz ihm, er wurde fast vom Teufel erwürgt. Da besuchte ihn Freund Bugenhagen. Luther führte ihn auf den Gang hinaus und zeigte ihm den drohenden Spruch. Und Bugenhagen begann auch zu zweifeln, ohne die Größe der Qual zu ahnen, welche Luther ausstand. Da erst erschrack Luther recht. Wieder verging ihm eine fürchterliche Nacht. Am nächsten Morgen trat Bugenhagen wieder ein: Ich bin recht zornig, sagte er, erst jetzt habe ich den Text genau angesehen, die Stelle hat ja einen weit anderen Sinn. „Und es ist wahr," erzählte später Luther, „es war ein lächerliches Argument. Ja lächerlich für den, der bei sich selber und nicht in Anfechtung ist."

Wir werden sagen dürfen: der Kampf Luthers im Kloster ist der Kampf des gefühlten, der Seele gegenwärtigen, innerweltlichen Gottes gegen den fernen im Himmel thronenden, außerweltlichen Gott — denn der gnädige Gott ist nichts anders, als der gegenwärtige, gefühlte Gott —, oder der Kampf der religiösen Innerlichkeit mit der Aeußerlichkeit des Kirchenwerkes. Aber der Kampf ist nicht zu Ende geführt. Der Glaube, in welchem er Rettung fand, ist seinem innersten Kerne nach die Hereinziehung des Ewigen aus dem Jenseits in's Diesseits, aus der Vergangenheit in die Gegenwart, aus dem fernen Himmel in's Gemüth, aber Luther verdarb handumkehr diesen innerlichen Sinn des Glaubens durch die katholische Mythologie, die er stehen ließ, durch die Beziehung desselben auf einen stellvertretenden Opferakt, welcher die Versöhnung mit Gott, die Jeder nur frei in sich vollziehen kann, thatsächlich außerhalb unser vollzogen haben soll. Das Heil ruht so nicht in einem Gegenwärtigen, das gefühlt wird, sondern in einem Vergangenen, das geglaubt werden muß. Was den Menschen rettet, ist nicht ein Ewiges, das jetzt und immer da ist und seinen Beweis in sich selber trägt, sondern ein Geschichtliches, das nur auf äußeren Beweisen ruht, dem nie absolute, sondern im besten Falle nur relative Gewißheit zukommt.

Es ist wahr: den katholischen Gott hat Luther in einem Riesenkampfe thatsächlich überwunden und die noch aus dem Katholicismus entlehnte Theorie von dem blutigen Opfer Christi, das im Glauben zu ergreifen sei, war nur die Waffe, durch welche dieser Sieg erfochten wurde. An die Stelle der fernen unverstandenen göttlichen Macht, die er bis dahin in hundert Formeln und kindischem Beichten vergebens gesucht hatte, trat jetzt das Bild einer Liebe, die selbst ihr Liebstes nicht verschont hat, um uns glücklich zu machen, eines alliebenden Schützers, zu dem er selbst jede Stunde freudig und in Thränen sprechen konnte, dem er alles Leid und jeden Zweifel klagen durfte, der einen unablässigen Theil an ihm nahm, für ihn sorgte, seine herzlichen Bitten gewährte oder abschlug, immer wie es seiner Liebe oder Weisheit am angemessensten schien. Wie ganz anders war jetzt sein Gebet, als früher im Kloster! Jetzt lebte er in der Stille mit seinem lieben Gott zusammen, den er endlich gefunden hatte, täglich, stündlich; der Verkehr mit dem Höchsten wurde ihm vertrauter, als mit dem liebsten Wesen dieser Erde. Christus hatte ihm den Zugang zum Vater wieder geöffnet, den ihm die Kirchenwerke verborgen hatten. Wenn er seine ganze Seele vor ihm hingegossen hatte, dann kam ihm Ruhe und heiliger Frieden, ein Gefühl von unaussprechlicher Lieblichkeit. Und dieses Verhältniß blieb ihm nun sein ganzes Leben lang. Mit diesem Gott im Herzen war er stark, der ganzen Welt zu trotzen*).

Aber hinter diesem Gott, den das Herz fühlte, dem gegenwärtigen, offenbaren und erkennbaren, lauerte für das Denken Luthers wie ein dunkler Schatten fortwährend der Gott der Kirche, der außer-

*) Gustav Freitag.

weltliche, daher verborgene und unverstandene — denn zu einem außerweltlichen Gott giebt es weder für das Verständniß noch für das Gefühl irgend eine Brücke —, der keine Gesetze hat, denn Gesetze sind erkennbar, sondern räthselhafte, stets unbegreifliche Willkührhandlungen, der um des einzigen Fehltritts eines Einzigen willen über das ganze Geschlecht der Menschen das Leichentuch des ewigen Todes breitet, der die Einen nach einem verborgenen Rathschluß zur Seligkeit, die Anderen zur Verdammniß bestimmt hat, der uns, wie er uns durch Adam ohne unser Werk zu Sündern gemacht hat, so durch Christus ohne unser Werk zu Gerechten macht, der gleichsam eine Freude daran hat, durch solche ungereimte Begriffe, wie: Sünder und Gerechte ohne eigenes Werk, Sünder durch fremde Schuld, Gerechte durch fremdes Verdienst, unsere Vernunft zur Närrin zu machen. Luther unterscheidet zwischen dem gepredigten und dem verborgenen Gott. Zu predigen sei immer der Gott, der allen Sündern seine Gnade und Barmherzigkeit anbietet; auch die Predigt von Gottes Gerechtigkeit und Zorn gegen die Sünde soll nur den Zweck haben, jenem „eigentlichen Werk Gottes“ Bahn zu machen. Aber hinter dieser Anschauung, welche in der frohen Heilspredigt sich öffnet, bleibt wie ein dunkler Hintergrund, vor welchem das Auge mit Bangen sich abwenden muß, der nicht gepredigte verborgene Gott stehen, als dessen Natur bloße Macht und Vollkommenheit des Wirkens sich darstellt, und der auch da, wo er Leben predigen läßt, in seinem verborgenen Willen den Tod beschlossen haben und mit seiner Macht in unabwendbares Verderben führen kann, der, wie er auf der einen Seite die Menschen verhärten und für diese Verhärtung, die er selbst verfügt, bestrafen kann, so auf der anderen vielleicht Manchen für die Seligkeit bestimmt hat, der Nichts davon weiß. Man fragt unwillkührlich: wie ist es möglich, daß Ein religiöses Bewußtsein, Ein Glaube beide Seiten so mit einander festhalte? Ob wir's begreifen oder nicht: die Thatsache ist, daß Ein Bewußtsein beide Seiten umschlungen hat. Die Gottesanschauung der neuen Zeit, der Gott, der ein Gegenstand ist der inneren Erfahrung, nahbar der Vernunft und dem Gefühl, weil er offenbar ist in seinen Werken, in den Ordnungen und Gesetzen der Welt, die sein Leib ist, regt sich in Luther zum großartigen Widerspruch gegen den Gott der Kirche, den Gott des Wunders und der Willkühr, ein Räthsel für die Vernunft und ein Schrecken für's Gemüth, aber der Widerspruch bleibt auf halbem Wege stehen, die beiden Seiten vertheilen sich an den Kämpfer zu gleichen Theilen, jede von der anderen durchbrochen, geschwächt und getrübt. Der Katholicismus, ethisch durchbrochen, aber im Denken nur halb überwunden und in alle Glaubensanschauungen wieder einbrechend, das ist das Gepräge, welches Luther den ersten Jahrhunderten des Protestantismus aufgedrückt hat.

Zweiter Theil.

Der Reformator.

„Credo, me theologum esse christianum et in regno veritatis vivere. Proinde volo liber esse et nullius seu concilii seu potestatis seu universitatum seu pontificis auctoritate captivus fieri, quin confidenter confitear quidquid verum videro, sive hoc sit a catholico sive haeretico assertum, sive probatum sive reprobatum fuerit a quocunque concilio. — — Cur non audeam tentare, si unus meliorem ostendere possim auctoritatem, quam concilium?“

Luther in den Resolutionen zur Leipziger Disputation.

1. Der Ablaßhandel 1517.

„Wie viel kommt darauf an, in welche Zeiten auch des besten Mannes Tugend fällt!" — so schrieb man auf das Grabmal des guten, aber seiner Zeit nicht gewachsenen Papstes Hadrian VI. Je nach der Beschaffenheit der Zeit, in welche das Auftreten fällt, bleibt derjenige, der zum Reformator seines Geschlechtes berufen schien, in einem Winkel stehen, wo er nur von Wenigen gehört wird, und wird, wer nichts weniger suchte als eine Wirksamkeit in's Große und Weite, auf den großen Schauplatz des öffentlichen Lebens hinausgerissen, wo jedes Wort, das er redet, zur umgestaltenden That wird. Die Stimme der Einen verhallt in ihrer Zeit, wie in einem öden, langgestreckten Thal, den Anderen antwortet, sobald sie nur einen Laut erheben, ein donnerndes Echo von allen Hügeln. Auch zu einem Reformator braucht es Glück. Die Zeit muß für ihn ebenso viel thun, als die Ewigkeit. Der inneren Geistesfülle muß die Welt entgegenkommen und es heißt jedesmal wieder: „als die Zeit erfüllet war."

Als Luther für sich Frieden gefunden hatte, ahnte er nicht, daß von der Wahrheit, die er entdeckt, eine Bewegung ausgehen würde, welche die Welt umgestalten sollte. Auch war es ja im Grunde nichts Neues, was er gefunden hatte. Schon tausend Jahre vorher hatte der große katholische Kirchenvater Augustin, dessen Stimme immer noch Etwas galt, die Gnade, welche den Sünder geschenkweise, ohne Verdienst der Werke rette, zum Pfeiler seiner Lehre gemacht. Der Klosterbruder in Erfurt hatte das Gleiche gesagt und Luther hatte seitdem nur wissenschaftlich unterbaut, was jener aus der Fülle eines schlichten, gläubigen Herzens gesprochen hatte. Gnade dem Sünder, um dessen willen, was Christus lebend und sterbend verdient hatte — war das nicht die Grundlage, auf welcher das Gebäude der katholischen Kirche stand?

Man konnte die Rechtfertigung aus dem Glauben haben und lehren, ohne mit den wesentlichen Einrichtungen der katholischen Kirche in Widerspruch zu gerathen. Man konnte glauben, daß Gott geschenkweise aus lauter Gnade den Sünder selig mache ohne Verdienst der Werke, und doch alle diese Kirchen- und Klosterwerke für nothwendig oder vortheilhaft halten; denn weil der Mensch doch diese Werke nie vollständig erfüllt, überhaupt nicht heilig ist, blieb es doch zuletzt Gnade, wenn er selig wurde. Man konnte die Ueberzeugung haben: Nichts, was der Mensch aus sich thue, nur, was Gott in ihm wirke, sei gut. Aber konnte Gott nicht auch das Fasten, das Halten der vorgeschriebenen Gebetsstunden, das Wallfahren, den Klostergehorsam in ihm wirken? Man konnte überzeugt sein, daß Gott allein die Rechtfertigung des Sünders bewirke und ausspreche und doch es für gut halten, den Zugang zur göttlichen Gnade auf dem Wege durch die fürbittenden Heiligen zu suchen oder die wirkliche Zutheilung der göttlichen Gnade an den Sünder an die von Gott verordneten Organe der Gnade, an die Kirche, den Papst, die Bischöfe, den Priester zu knüpfen. Wir sehen auch wirklich Beides in Luther lange Zeit friedlich neben einander. Wir wissen, daß er 1810, nach Anderen 1811, als er schon seine neue Theologie an der Universität Wittenberg auf dem Katheder und der Kanzel vorgetragen hatte, eine Reise nach Rom unternommen — ob in Geschäften seines Ordens oder im Gehorsam gegen ein frommes Gelübde oder aus beiden Ursachen, ist nicht mehr zu entscheiden — und dort sich ganz als gläubiger Katholik oder wie er sich später ausdrückt, als ein toller Heiliger benommen hat. Als er mit seinen Gefährten Rom erblickte, rief er, die Hände emporhebend: „Sei gegrüßt, du heiliges Rom, ja rechtschaffen heilig von der Märtyrer Blut, das da vergossen ist!" Er sei, erzählt er, durch alle Kirchen und Klüfte gelaufen, all' das Erlogene und Erstunkene glaubend. Wohl eine Messe oder zehen habe er dort gehalten und schier bedauert, daß seine Eltern noch lebten und er sie nicht mit seinen Messen und anderen trefflichen Gebeten aus dem Fegfeuer habe erlösen können. In Rom gelte ein Spruch, wonach eine Mutter selig sei, deren Sohn am Sonnabend zu St. Johannis die Messe lese; gar gern hätte er da seine Mutter selig gemacht, habe jedoch vor dem Andrang Anderer nicht dazu kommen können. Als stärkstes Zeichen seines Glaubens wird erzählt, daß er auf den Knien, wie es vorgeschrieben war, die heilige Treppe erklommen habe, welche aus dem Richthaus des Pilatus zu Jerusalem nach Rom sollte gebracht worden sein. Doch habe es, während er das that, wie eine Donnerstimme im Ohre geklungen: „der Gerechte wird seines Glaubens leben."

Luther in Rom! Man vermuthet unwillkührlich etwas Bedeutsames in dieser Zusammenstellung! Man sucht nach den Keimen der späteren reformatorischen That, die hier im unmittelbaren Anblick des kolossalen kirchlichen Verderbens in die entzündliche Seele des jungen Professors werden gefallen sein. Vergeblich! Als gläubiger Katholik kam er, als gläubiger Katholik ging er. Daß die Erfahrungen und Beobachtungen, welche er während seines etwa vierwöchentlichen Aufenthalts in Rom gemacht, später, nachdem er den Bruch mit Rom vollzogen hatte, in seinen Augen von hohem Werthe waren, weil sie halfen, denselben zu rechtfertigen, ist natürlich, aber daß sie jetzt schon nach dieser Richtung hin auf ihn eingewirkt hätten, dafür fehlt jede Spur, und was die Biographen darüber zu sagen wissen, ist Phantasie. Wohl riefen die Priester, die neben ihm Messe hielten und längst fertig waren, ehe er nur an das Evangelium kam, ihm zu: fort, fort, schicke der heiligen Mutter ihren Sohn bald wieder heim! Wohl hörte er sie im heiligsten Momente der Handlung die Worte gebrauchen: panis es, et panis manebis, vinum es et vinum manebis (Brod bist du und Brod wirst du bleiben, Wein bist du und Wein wirst du bleiben). Wohl will er selbst Cardinäle sagen gehört haben, so könne es nicht mehr fortgehen, es müsse brechen. Wohl sah er diesen schamlosen Handel mit der Religion und die tiefe römische Corruption, aber daß durch All' das sein Glaube auch nur einen Augenblick erschüttert worden sei, dafür fehlt jeder Anhalt. Wohl sah oder hörte er, wie „der Papst mit hübschen geschmückten Hengsten, die vor ihm herziehen, triumphire uud wie er das Sacrament auf einem hübschen weißen Hengste führe,“ aber wir hören nicht, daß er sich jetzt schon an dem Contrast zwischen dem Prunk der Kirche und ihrem inneren Wesen gestoßen habe. Was wir aus dieser Zeit von ihm hören, sind Ausdrücke der kirchlichen Devotion und Leichtgläubigkeit, nicht des Zweifels. Das ist nun einmal ein fester Charakterzug Luthers, dem wir immer wieder begegnen: der Trotz, mit dem er eine einmal eingeschlagene Richtung verfolgt, ohne nach rechts und links zu sehen. In Erfurt war er in Schule und Leben den mächtigsten antirömischen Einflüssen ausgesetzt, aber er hört Nichts und geht mitten durch sie in's Kloster. Im Kloster wird das Wort, das ihn später rettet, ihm vom Klosterbruder, von Staupitz u. s. w. nahe genug gelegt, aber er quält sich fort, bis das lange Zurückgedrängte urplötzlich hervorbricht. Aus Rom haben andere Zeitgenossen von ähnlicher sittlicher und intellectueller Anlage, wenn sie nicht schon vorher durch den vor Augen liegenden Verfall des Papstthums belehrt waren, nur die bitterste Enttäuschung und die heftigste Entrüstung heimgebracht, bei Luther läßt sich weder tiefergehende Enttäuschung noch Entrüstung nachweisen. Die Romfahrt hat keinen Einschnitt in dieses Leben gemacht. Was er nach ihr in Wittenberg noch eine geraume Zeit lehrt und schreibt, das hat er vor ihr gelehrt und geschrieben.

Noch in den Schriften, die unmittelbar bis an die Schwelle der Reformation reichen, in welchen sein Glaubensstandpunkt klar und fest gezeichnet ist, finden wir ihn in voller Uebereinstimmung mit den Lehren und Einrichtungen der Kirche. Noch 1517 schreibt er: er wolle Nichts gesagt haben, was nicht in Uebereinstimmung wäre mit der katholischen Kirche und den katholischen Lehrern. Noch erklärt er: die Kirche kann nicht irren. Noch ist ihm der Bestand des Christenthums abhängig von der Vollmacht, welche ihren Häuptern gegeben ist und gegen welche der Einzelne schlechthin zur Unterwerfung verpflichtet erscheint. Noch verlangt er, daß die Maria und die Heiligen auch um leibliche Gaben angerufen werden; er verwahrt sich, daß etwa die Pikarden, diese unseligen Ketzer, meinen möchten, er nehme ihre Parthei, wenn sie den Heiligendienst für Abgötterei ausgaben. Auch David und Salomo und viele Andere seien ja angebetet worden; oft werden ja Hofleute wie angebetet, damit man leichteren Zugang zum Könige erhalte. Die kirchlichen Satzungen, wie Fasten, die heiligen Tage u. s. w., wie sehr sie auch in seinen Schriften und Predigten allmählig zurücktreten, läßt er doch gelten als Mittel für die Schwachen; die Bußwerke, welche die Kirche dem Sünder auferlegt, hat dieser gehorsam zu übernehmen, weil die Kirche dazu Vollmacht hat, obwohl allerdings die Seligkeit von ihnen nicht abhängt.

So schien die Sache wieder in Ordnung zu sein und Alles auf dem besten Wege, daß die Zahl der Edlen wieder um einen vermehrt wurde, welche den Katholicismus vertieften, ohne ihn zu sprengen — ein Gerson oder ein Staupitz mehr in der Kirche! Und doch, wenn wir uns die Gestalt des bisherigen Kämpfers noch einmal vergegenwärtigen, müssen wir den Eindruck erhalten haben: in dem Manne liegt Etwas, das in seinen kirchlichen Anschauungen noch lange nicht aufgeht, Etwas, das weit über die katholische Kirche hinausweist.

Diesen Eindruck erhielten Alle, die ihm näher traten. Aus dem Munde seines Collegen in Wittenberg, des gelehrten Pollich, sind uns vom Jahr 1509 die Worte aufbehalten: „der Mönch mit den tiefen Augen und den wunderbaren Phantasien wird alle Doctores irre machen, eine neue Lehre aufbringen und die ganze römische Kirche reformiren,“ ähnlich wie neun Jahre später der päpstliche Legat Cajetan von dem bleichen abgezehrten Klausner den Eindruck erhielt: „ich habe dem Menschen kaum in die Augen blicken können, solch ein diabolisches Feuer sprühte daraus hervor.“

Warum hat er denn so furchtbar gezweifelt an dem, was doch alle Anderen beruhigte? woher diese in der Kirche unerhörten Anfechtungen, von denen selbst Staupitz Nichts verstand? Warum konnte er allein nicht glauben, was doch alle Anderen glaubten, nicht glauben, bis er es auf dem Wege innerer Erfahrung und gründlicher wissenschaftlicher Untersuchung zu seinem Eigenthum gemacht hatte? Dieser gigantische Zweifel an dem Ueberlieferten, diese Unfähigkeit, Etwas zu glauben, was man nicht glauben **kann**, die Qual dieses Zustandes und die Unmöglichkeit, anders, als auf dem Wege der eigenen Forschung aus ihr heraus zur Sicherheit zu gelangen — das, das ist die Morgenluft des Protestantismus, die uns dort aus den engen Klostermauern entgegenweht. Nicht ein neues Dogma, das überdem ein altes war: die Rechtfertigung aus dem Glauben an das Verdienst eines Anderen, sondern der Weg, auf welchem man zu demselben gelangt war, das Ringen des endlichen Geistes mit seinem Gott, bis er ihn ergriffen und verstanden hat — das ist der Anfang des Protestantismus. Dieses nun seines Gottes sichere und seines Glaubens gewisse Subject wird der ganzen Welt trotzen, wenn die Veranlassung kommt; es wird ihm nichts mehr heilig sein außer dieser Ueberzeugung, die es gewonnen; es wird nach der ganzen Kirche mit ihren Heiligen und Bischöfen und Päpsten Nichts mehr fragen, sobald sein religiöses Bewußtsein feindlich mit ihnen zusammenstößt.

In den Händen einer solchen Persönlichkeit konnte das alte Dogma zu einer furchtbaren Waffe werden, welche die alte Kirche stürzte. Genügt zur Seligkeit, was Christus gethan, und der Glaube daran, wozu dann noch diese Kloster- und Kirchenwerke, welche Christi That nur abschwächen und ihm die Ehre rauben? wozu dieser Papst, diese Bischöfe, diese Kirche, die sich als unentbehrliche Vermittler zwischen Gott und die gläubige Seele hineindrängen? der Glaubende hat ja in seinem Christus Alles unmittelbar.

Die Veranlassung kam. Mit seinem Ablaßkasten war Tetzel*) bis in die Nähe Wittenbergs gekommen. Ein ungeheurer Trug hielt die Augen der Menschheit umfangen. Wo der marktschreierische Krämer einem Dorf oder einer Stadt sich näherte, strömte ihm unter dem Geläute aller Glocken Alles entgegen: die ganze Bevölkerung, Mönche und Nonnen, Kerzen in der Hand, der Magistrat, die Gewerbe mit ihren Fahnen. Nun ging's zur Kirche unter Gesang und Musik in feierlicher Prozession. Auf dem Altar wurde das rothe Ablaßkreuz aufgepflanzt, der Geldkasten in der Kirche aufgestellt. Jetzt trat der freche Mönch auf die Kanzel: „der Ablaß ist die herrlichste und erhabenste Gabe Gottes. Dieses Kreuz mit des Papstes Wappen ist ebenso wirksam, als das Kreuz Jesu Christi. Kommt, kommt! Ich gebe euch einen besiegelten Brief, durch welchen euch auch die Sünden erlassen werden, die ihr noch Willens seid zu thun, auch die allergrößten. Ich gäbe meine Vorrechte nicht hin für die Vorrechte des heiligen Petrus im Himmel: denn ich habe mehr Seelen durch meine Ablässe gerettet, als er durch seine Reden. Hätte Einer, was unmöglich ist, der heiligen Mutter Gottes, der ewig jungfräulichen, Gewalt angethan, so könnte die Kraft des Ablasses ihm Vergebung dieser Sünde erwerben, sobald er gekauft ist. Und der Ablaß versöhnt nicht allein die Lebendigen, auch die Todten. Sobald das Geld im Kasten klingt, die Seele aus dem Fegfeuer springt. Priester, Edelmann, Kaufmann, Frau, Jungfrau, Jüngling hört: eure Eltern, eure Freunde, die gestorben sind, rufen aus ihren Qualen: erlöset uns, ein Almosen kann uns erlösen aus diesen Qualen, kauft uns los." In diesem Sinne sprach der schlaue Mönch von der Kanzel mit jenem Pompe theatralischer Beredsamkeit, welche religiösen Betrügern eigen ist. „Heran, heran, heran!" ertönte es dann am Geldkasten wie vor einer Marktbude, und von den Beichtstühlen weg drängte es sich von Männern und Frauen, von Kindern und Alten zum Ablaßkasten, wo der Kassirer die Summen einstrich, mit den Leuten marktend und unterhandelnd. Könige, Erzbischöfe, Bischöfe hatten für einen gewöhnlichen Ablaß 25 Ducaten, Aebte, Grafen und Freiherren 10 Ducaten zu zahlen und so ging es herab bis auf

*) Johann Tezel oder Diez (Dieze, Diezel) aus Pirna war eines der schlechtesten Subjecte seiner Zeit. In Inspruck zum Tode durch Säcken und Ersäufen verurtheilt, ward er vom Papste begnadigt und zum Generaluntercommissär des Ablasses in Brandenburg und Sachsen mit einem monatlichen Einkommen von 80 Ducaten nebst freier Station angestellt.

einen halben Ducaten. Vielweiberei kostete 6, Mord 8, Kirchenraub und Meineid 9 Ducaten.

Wohl niemals, ohne Zweifel in keiner anderen Religion der Erde ist eine so schamlose Schändung dessen vorgekommen, was dem Menschen heilig ist. Daß ein Papst den Himmel verhandelt, um Geld für die ausschweifenden Bedürfnisse seiner Hofhaltung zu bekommen, daß ein Erzbischof — Albrecht von Mainz — einen bestimmten Theil dieses Geldes vermöge eines Vertrags mit dem Papst an sich zieht, um die ungeheure Summe zu decken, mit welcher er den Bischofsmantel vom Papst erkauft hatte*), daß hinter dem Mönch, der Gnade anbietet, das Bankhaus Fugger u. Comp. von Augsburg steht, um sich an Ort und Stelle bezahlt zu machen für die Vorschüsse, die es den geistlichen Herren geleistet, daß ganze Völker so dumm sind, den ungeheuren Betrug nicht zu merken, und so versunken, diesen schreienden Widerspruch mit dem Wesen der Religion nicht zu fühlen — was sind gegen das die Wechslertische und Krämerbuden in der Vorhalle des Tempels in Jerusalem gewesen? Das war ein Wahnsinn der Weltgeschichte, den ein einfältiges Gemüth für ein Mährchen ansieht.

Und doch war von einem anderen Gesichtspunkt aus betrachtet Vernunft darin. Die Geschichte des menschlichen Geistes steht unter ebenso unerbittlichen Gesetzen, wie die Natur. Es besteht in der Weltgeschichte eine Folgerichtigkeit, welcher ganze Geschlechter wie mit verbundenen Augen zum Opfer werden. Principien, die einmal Eingang gefunden haben, wollen sich ausleben bis zu ihren letzten Folgerungen, und wären diese noch so furchtbar und wahnsinnig. Auch der Irrthum will seine Reife haben. Verkehrte Wege, die von unserem Geschlecht eingeschlagen werden, müssen ausgelaufen werden bis in den Abgrund hinein, der erst dem geblendeten Auge ihre Verkehrtheit offenbart. Fast unschuldig und mit einem gewissen Antheil der Wahrheit war einst der Teufelglaube in das Denken der Menschen eingeschlichen, aber Schritt für Schritt breitete er seinen Inhalt aus und umgarnte die Gedanken und Gefühle der Menschen, bis er in dem grausen Schauspiel des Wahnsinns, in der zweihundertjährigen Tragödie der Hexenprozesse seine Abscheulichkeit auch dem Kurzsichtigsten vor Augen stellte. War der Ablaßhandel nur ein zufälliges Geilschoß, gewachsen an dem Baume ka-

*) „Mainzer Bisthum hat seit Menschengedenken fast acht Bischofsmäntel aus Rom kauft, der ein jeglicher bei dreißig tausend Gulden steht.“ Luther.

tholischen Denkens und Handelns? Es ist wahr, die Lehre der Kirche ging nie so weit als die Praxis, aber die Praxis zeigt, was die Lehre enthält. Der Ablaßhandel Tetzels ist die letzte Spitze der Aeußerlichkeit gewesen, welche zum Wesen des Katholischen gehört. Wenn der Himmel ein Ding außer mir ist, warum kann er nicht zur Waare werden, wie jedes äußere Ding? Ist ein Geldopfer nicht schwerer und werthvoller, als die ebenso äußerlichen Opfer der sinnlos betenden Lippen und der ohne Andacht gefalteten Hände? Sollte ein Stück Geld, das ich selber gebe, nicht ebenso viel gelten als ein Tropfen Blutes, den ein Fremder für mich vergießt? Wo alle Bedingungen der Seligkeit so äußerlich und willkührlich sind, warum nicht auch diese?

Daß Luther gerade an diesem Punkte den Streit mit der Kirche aufnahm, lag im ganzen Gang seiner bisherigen Entwicklung. Was er in einem vieljährigen inneren Kampfe, unter tiefer Angst und Noth errungen hatte, das wurde hier um Geld ausgeboten. Schon im Frühjahr 1516 soll er auf einer Visitationsreise mit Staupitz, die ihn in die Nähe des Tezel'schen Handels führte, zu seinem Begleiter gesagt haben: „jetzt will ich der Pauke ein Loch machen, so Gott will," er fängt an gegen den Unfug zu predigen, fordert mehrere Bischöfe zur Abhilfe auf; als dieses vergeblich ist, schlägt er am 31. October 1517 seine 95 Sätze gegen den Ablaß an der Schloßkirche zu Wittenberg an.

Das sollte das erste Feuerzeichen der neuen Zeit sein, aber der, welcher es gab, hatte keine Ahnung von dieser Tragweite seines Schrittes. In voller Uebereinstimmung mit der Kirche und allen ihren Doctoren glaubte er zu schreiben. So streng kirchlich ist er noch, daß er in der Erklärung der Thesen beim Fegfeuer erklärt: „gesetzt auch, daß in der apostolischen Zeit die Rede noch nicht gewesen wäre vom Fegfeuer, soll man deßwegen einem Ketzer glauben, der vor kaum 50 Jahren geboren ist, deßwegen behaupten, Dasjenige sei falsch, was man so viele hundert Jahre geglaubt hat?" (gegen die Begharden). Die Unklarheiten, die seinen eigenen Blick noch umdunkelten, die in der Lehre der Kirche selbst zu liegen schienen, hoffte er durch eine öffentliche Disputation über die Sache gehoben zu sehen. Den Ablaß selber will er nicht abschaffen. „Wer wider die Wahrheit des päpstlichen Ablasses redet, der sei ein Fluch und vermaledeiet" — lautet die 71. These. Ebenso: „es sind die Bischöfe und Seelsorger schuldig, des apostolischen Ablasses Commissarien mit aller Ehrerbietung zuzulassen. Thes. 69. Nur einschränken will er ihn auf das Gebiet, das die Kirche selbst ihm ursprünglich angewiesen; nicht die Sünde, nicht die Schuld soll der Papst erlassen und in eine Geldbuße umwandeln können, sondern nur die willkührlichen Büßungen, die er vermöge seiner Vollmacht dem Sünder auferlegt hat, nämlich die Anzahl Gebete, die er ihm vorgeschrieben zur Tilgung seiner Schuld, das Fasten, die Almosen, das Wallfahren u. s. w. Einen Einfluß der Lebenden, besonders der Kirche und ihrer Fürbitte auf das Schicksal der im Fegfeuer Schmachtenden nimmt er noch an, obwohl er bestreitet, daß die vom Papst den Lebenden auferlegten Büßungen über das Grab hinaus ihre Geltung haben. Die Schätze der Kirche, nämlich jenen Ueberschuß der Werke, welchen sich die Heiligen erworben haben sollen, indem sie mehr thaten, als sie schuldig waren, aus welchem die Kirche den Mangel der Anderen decken zu können glaubte, läugnet Luther noch nicht — wie er denn in der Uebertragung der Verdienste Christi auf die Gläubigen, die er beibehielt, auch später den Standpunkt der Kirche grundsätzlich nicht überwunden hat; — nur bestreitet er, daß sie den Gläubigen auf dem Wege des Ablasses zu Gute kommen (These 58). Die Macht des Papstes, des Priesters überhaupt, tastet er noch wenig an, indem er in der 7. These erklärt: Gott vergiebt keinem die Schuld, den er nicht zugleich wohl gedemüthigt dem Priester, seinem Statthalter, unterwirft.

So konnte er glauben, ganz in Uebereinstimmung mit der Kirche zu lehren, ja dieser und ihrem Oberhaupt mit seinen Sätzen einen Dienst zu thun. Aber anders fühlte das Volk mit seinem in entscheidenden Wendepunkten der Geschichte allezeit richtigen Instinct. Diese Thesen, die gegen Manches, was vorher gegen die Kirche gesagt worden war, fast unschuldig aussahen, waren, wie von unsichtbaren Boten getragen, im Laufe einiger Wochen durch ganz Europa verbreitet. Alle frommen Menschen selbst in Klöstern und auf Bischofstühlen, hatten ihre Freude daran. „Ho ho! der wird's thun; er kommt, auf den wir so lange gewartet!" rief der Prior im Kloster Steinlausitz*). Reuchlin, der im Kampf mit dem Mönchthum ergraute Kämpe, äußerte nach Durchlesung der Thesen: „Gottlob, daß sie jetzt Einen gefunden haben, der ihnen so viel zu schaffen machen

*) Der Anklang, den die Bestreitung des Ablasses beim hohen und niederen Clerus fand vgl. Luthers Brief an die Geistlichen zu Augsburg 1530.

wird, daß sie mein Alter in Frieden lassen werden." In Bitterfeld lachte ein Mönch den Meßpriestern in's Gesicht: „Ha, ha, ha, jetzt kommt der, welcher euch die Kutten putzen wird." Kaiser Max las die Thesen mit Bewunderung und würdigte in seiner Art die neue Erscheinung. „Was macht euer Mönch zu Wittenberg," fragte er den Finanzminister des Kurfürsten Friedrich, Pfeffinger, „seine Sätze sind traun nicht zu verachten. Er wird ein Spiel mit den Pfaffen anfangen." Und beim Abschied ließ er durch Pfeffinger dem Kurfürsten sagen: er solle den Mönch fleißig bewahren, denn es könne sich zutragen, daß man seiner bedürfe. Luther war überrascht von diesen Stimmen: „Alle klagten über den Ablaß unter sich und da alle Bischöfe und Doctoren stille schwiegen und Niemand der Katze die Schellen umbinden wollte, so war jetzt der Luther ein gerühmter Doctor, daß doch einmal Einer gekommen sei, der drein griff, aber ich liebte diesen Ruhm nicht, und das Lied wollte meiner Stimme zu hoch werden." Und schön sagte er später mit Rücksicht auf diese Anfänge: „hätte ich in der Erste, da ich anfing, zu schreiben, gewußt, was ich jetzt erfahren habe, so wäre ich nimmermehr so kühn gewesen, den Papst und schier alle Menschen anzugreifen und zu erzürnen. Ich meinte, sie sündigten nur aus Unwissenheit und menschlichen Gebrechen. Aber Gott hat mich hinangeführt, wie einen Gaul, dem die Augen geblendet sind. Selten wird ein gutes Werk aus Weisheit oder Vorsichtigkeit unternommen, es muß Alles in Unwissenheit geschehen."

Die Welt hatte richtig gefühlt. Das war nicht ein bloßes Mönchsgezänk, wie Hutten anfänglich gemeint hatte, das waren keine Streitsätze, zum Zweck theologischer Disputation aufgestellt, das waren Glutergüsse der sittlichen Entrüstung eines frommen und tapferen Herzens; da loderte das Feuer einer Seele, die mit ihrem Gott gerungen hatte. In diese 95 Sätze hatte Luther sein Herz gelegt, „wie es war in dieser Zeit, mit Allem, was darin gährte und stürmte, schwankte und feststand, mit seinen Schmerzen und seinem jubelnden Empfinden, seinem Zorn und seiner Liebe, seinen Zweifeln und Aengsten, seinem Glauben und Frieden." Das war nicht die Sprache gelehrter Streitreden, sondern die Sprache des Volksmannes, der zur Welt redet, voll Sturm und Drang, erobernd und zündend, aus dem heißen Strome eines brünstigen Gemüthes fließend. Was er der Kirche noch zugesteht, ist fast nur Schein, ein Dunst, der das Auge des Reformators noch halb verhüllt, aber schon zurückweicht vor dem, was er ihr versagt. „Wer wider die Wahrheit des päpstlichen Ablasses redet, der sei ein Fluch“ (Th. 71). Aber: „man soll die Christen lehren, daß des Papstes Ablaß gut sei, wenn man sein Vertrauen nicht auf denselben setzt“ (Th. 49). Wie viel werth ist eine Sache, die nur gut ist, wenn man Nichts auf sie baut? Gott unterwirft den Begnadigten dem Priester, seinem Statthalter (Th. 7), aber dieser kann keine Schuld vergeben, außer sofern er erkläre und bestätige, was von Gott schon vergeben ist (Th. 6). Wie viel werth ist diese Erklärung aus zweiter Hand, wenn ich sie aus erster schon habe?

Oft scheint, was der Kirche zugestanden wird, nur gestellt zu sein, um den Abstand dessen, was ihr versagt wird, um so greller zu machen. Schon fängt auch die Ader des Witzes und der Ironie, das Zeichen der sicheren Ueberlegenheit an, zu spielen. „Die Schätze des Evangeliums sind Netze, darin man einst die Leute des Mammons fing. Die Schätze des Ablasses sind Netze, darin man den Mammon der Leute fischt“ (65. 66). „Auch den größten Gelehrten wird es schwer, des Papstes Ehre und Würde zu vertheidigen gegen die scharfen, listigen Fragen des gemeinen Mannes, als nämlich: warum entledigt der Papst nicht alle Seelen zugleich aus dem Fegfeuer aus Liebe und wegen der höchsten Noth der Seele, als der allerbilligsten Ursache, so er doch um des vergänglichen Geldes willen, zum Bau St. Peters Münster, unzählig viele Seelen erlöst, als von wegen der losesten Ursache? Warum bauet jetzt der Papst nicht lieber St. Peters Münster von seinem eignen Geld, denn von der armen Christen Geld, da doch sein Vermögen sich höher erstreckt, denn keines reichen Crassi Güter?“ (82. 86. 87).

Das Entscheidende aber, was sich gleich in der ersten These ausspricht und was den Grundton des Ganzen bildet, ist die neue Ansicht über das religiöse und sittliche Leben, welche dem Katholicismus an die Wurzel geht. „Da unser Herr und Meister Jesus Christus spricht: thut Buße, will er, daß das ganze Leben seiner Gläubigen auf Erden eine stete oder unaufhörliche Buße sei“ (Th. 1), d. h. an die Stelle des äußeren Kirchenwerks, das einige Male im Jahre abgethan wurde an den Beichttagen, tritt jetzt die fortgehende, innere sittliche Arbeit des Menschen an sich selbst. Wer diese sittliche Aufgabe erkannt hat, der übt gerade das, wovon der Ablaß dispensiren will, mit größter Freude, nämlich: die Tödtung des Fleisches (der eigenen Leidenschaften) und die Arbeiten der brüderlichen

Liebe („den Predigern müsse es wohl gehen, die da sagen zur Gemeinde Christi: Kreuz, Kreuz, und ist doch kein Kreuz") (93), und der sieht in der Erfüllung der täglichen Pflichten viel heiligere Werke, als in den Kirchenübungen: „man soll die Christen lehren, daß der, so den Nächsten siehet darben und dessenungeachtet Ablaß löset, der ladet auf sich Gottes Ungnade" (45). In dieser sittlichen Arbeit an sich und an der Welt hat der Mensch unmittelbar die Versöhnung mit Gott: „ein jeder Christ, so wahre Reue und Leid hat über seine Sünden, der hat völlige Vergebung von Pein und Schuld, die ihm auch ohne Ablaßbriefe gehört" (36), während der Papst nicht die allergeringste tägliche Sünde hinwegnehmen kann (76).

Man sieht: das sind lauter protestantische Sätze, das sind die sittlichen Grundgedanken des Protestantismus: die religiöse Innerlichkeit, die moralische Autonomie, die Unabhängigkeit von jeder menschlichen Auctorität, die Gebundenheit in Gott allein in allen Sachen des Heils. Luthers edler Churfürst Friedrich hat darum Wahrheit geträumt in jener Nacht nach Anschlagung der Thesen. Er hielt sich zu Schweinitz, vier Meilen von Wittenberg auf, war an den Vigilien am Allerheiligentage nach andächtigem Gelübde, die Heiligen zu ehren und den Seelen im Fegfeuer in ihrer Glut zu Hilfe kommen zu wollen, eingeschlafen, da erschien ihm im Traume ein Mönch, dem die Heiligen Zeugniß gaben, daß er von Gott gesendet sei, und der Etwas an die Schloßkirche schrieb mit so großen Buchstaben, daß der Churfürst sie erkennen konnte, und mit einer Feder, die nach Rom reichte und an die dreifache Krone des Papstes stieß, daß sie zu wanken begann. Friedrich streckte die Hand aus, um sie zu halten, erwachte und zürnte noch im Halbschlafe dem Mönch. Er schlief wieder ein und noch zwei Mal wiederholte sich ihm der Traum, immerfort sah er den Mönch schreiben, wurde zu Hilfe gegen ihn gerufen, wollte ihm wehren, konnte ihm aber die Feder nicht zerbrechen, weil man die Seele nicht aus derselben herausziehen konnte. Ach! die Kirche, die nach Luthers Namen sich nennt, hat's trefflich verstanden, aus seiner Feder die Seele herauszuziehen!

2. Das Entscheidungsrecht in Sachen der Wahrheit 1518—1520.

Mit seinen 95 Thesen hatte Luther einen Löwen geweckt, der bisher für Jeden schrecklich gewesen war, der es gewagt hatte, seine Mähne anzurühren. Was wird Rom sagen? Stimmte es, wie er hoffte, seinen Sätzen bei, so war Alles gut und die Kirche reformirte sich durch sich selbst auf friedlichem Wege. Sagte es aber Nein, was Jeder wußte, der es näher kannte, was dann? Nach den Grundsätzen des mittelalterlichen Christenthums konnte kein Zweifel sein, was dann. Rom hat gesprochen, die Welt muß schweigen. Und bisher hatte Jeder entweder geschwiegen oder war zum ewigen Schweigen gebracht worden. Der Papst kann nicht irren. Wohl hatten die großen Concilien des vorhergehenden Jahrhunderts, die zu Pisa, Constanz, Basel bewiesen, daß der Papst irren könne; sie hatten Päpste ein- und abgesetzt und sich das höhere Entscheidungsrecht zugesprochen. Seitdem ließ man sich die päpstliche Unfehlbarkeit mehr gefallen, als daß man sie allgemein glaubte. Aber daß ein Concilium nicht irren könne — dieser Glaube bildete einen nothwendigen Bestandtheil des bisherigen Denkens. Wenn das Concilium irrte, der geordnete Organismus aller kirchlichen Gewalten, so irrte die Kirche. Wenn die Kirche irrte, dann schien jede Gewißheit der Wahrheit und des Heils zu fallen. Sowie der einzelne Mensch auftrat und erklärte: ich vermöge meiner Einsicht weiß die Wahrheit besser, als ein Concil, und ich bleibe bei meiner Ueberzeugung, wenn sie auch von einem Concil für Ketzerei erklärt wird, so war das Fundament des Mittelalters erschüttert und es begann eine neue Zeit.

Wer hat die höchste Entscheidung in Sachen der Wahrheit? Diese Frage bildet das Interesse der zwei Jahre, die jetzt im Leben Luthers folgen.

Die Kirche lud ihm zuerst ihre Gelehrten auf den Hals: Tezel voran, den Marktschreier, der sich von einem Dr. Wimpina in Frankfurt a. O. 101 Sätze gegen Luther hatte aufsetzen lassen, dann den Eisenfresser Hogstraten in Köln, der schon im Vorkampf der Reformation, in der Fehde mit dem großen Humanisten Reuchlin die Fahne der Dunkelmänner vorangetragen hatte, dann den unermüdlichen Zänker und Klopffechter Dr. Eck von Ingolstadt, zuletzt von Rom selbst, aus der Umgebung der Curie, Dr. Silvester Prierias, den fanatischen Dominikaner. Keinem bleibt der Angegriffene die Antwort schuldig. Schrift folgt auf Schrift, um so heftiger und derber, je maßloser und unwissender die Gegner die päpstliche Machtfülle herausstrichen.

Da die Doctoren Nichts ausrichten gegen den allezeit schlagfertigen Mönch, rücken die Kirchenfürsten auf: zuerst der päpstliche Cardinallegat Cajetan. Vor ihn war Luther nach Augsburg berufen, nachdem ein Befehl, sich in Rom zu stellen, auf vielseitige Verwendung hin zurückgenommen worden war. Der stolze Würdenträger der Kirche glaubte den namenlosen Mönch durch den Glanz seiner Erscheinung und die Strenge seiner Vollmachten ohne Mühe erdrücken zu können. Mit ganz anderen Gegnern war der römische Stuhl fertig geworden; drei große von dem Willen der Nationen getragene Concilien hatten sich zuletzt vor ihm beugen müssen — was sollte der arme Augustiner mit der entlehnten Kutte? Am 12. October 1518 erscheint Luther zum ersten Mal vor dem Legaten; er warf sich, wie die Freunde ihn instruirt hatten, vor ihm nieder, kniete dann und sprach bescheidene Worte. Der Cardinal zählt einige seiner Irrthümer namentlich auf und verlangt Widerruf; Luther verweigert ihn, wofern er nicht widerlegt würde. Drei Tage nach einander wird er vorgeladen, aber jedes Mal scheitert die Unterhandlung an Luthers Standhaftigkeit. „Meinst Du, Dein Kurfürst werde um Deinetwillen sein Land auf's Spiel setzen?" fragte der Unterhändler des Legaten. „Das will ich nicht," erwidert Luther. „Wo willst Du dann bleiben?" „Unter dem Himmel." Dem Römling wurde es unheimlich um die deutsche Bestie mit den tiefen Augen und den wunderbaren Spekulationen im Kopf. Er unterhandelte nicht weiter mit ihm; zwei Briefe, die Luther in der Absicht, den strengen Mann zu begütigen, unterm 17. und 18. October an ihn schrieb, wurden keiner Antwort gewürdigt. Die Luft war unheimlich. Luthers Fürsprecher, Staupitz und Link, verließen eilig die Stadt, und Luther selbst, nachdem er noch eine Appellation aufgesetzt, die dem Cardinal nach seiner Abreise übergeben werden sollte, räumte einige Tage nach ihnen die unsichere Stätte. „Dr. Staupitz hatte mir ein Pferd verschafft und gab mir den Rath, einen alten Ausreuter zu nehmen, der die Wege wüßte, und Langemantel (ein Augsburger Rathsherr) half mir des Nachts durch ein klein Pförtlein aus der Stadt, da eilte ich ohne Hosen, Stiefel, Sporn und Schwert und kam bis gen Wittenberg. Den ersten Tag ritt ich acht Meilen, und wie ich des Abends in die Herberge kam, war ich so müde, stieg im Stalle ab, konnte nicht stehen, fiel stracks in die Streue." Der Kardinal hat nun „den Aal beim Schwanz", lachte er.

Was die Strenge nicht ausgerichtet hatte, sollte die Milde thun. Eben stand Luther auf dem Punkt, Wittenberg zu verlassen und in der weiten Welt ein Plätzchen zu suchen, theils um seinem Fürsten, von dem der Cardinal jetzt Auslieferung Luthers nach Rom oder Verbannung aus seinem Lande verlangte, jede Verlegenheit zu ersparen, theils damit er, ungehemmt durch solche Rücksichten, volle Freiheit hätte, zu sprechen und zu schreiben; „denn schon gehe," meldet er in einem Briefe aus jener Zeit, „seine Feder mit viel Größerem schwanger; er wisse nicht, woher diese Gedanken ihm kommen; die Sache habe kaum ihren Anfang genommen, so viel fehle dazu, daß seine römischen großen Herren schon das Ende hoffen dürften; er getraue sich zu beweisen, daß der ächte Antichrist in der römischen Curie herrsche und schlimmer sei, als der Türke."

Da gefiel es diesem Antichrist noch einmal alle Saiten christlicher Milde aufzuziehen. Der päpstliche Kammerherr, Karl von Miltiz, ein geborener Sachse, ein feiner und gewandter Weltmann, war in den letzten Wochen des Jahres 1518 über die Alpen gekommen, um den verdrießlichen Handel zu schlichten. Dem Kurfürsten Luthers sollte er vom Papste die geweihte goldene Rose, ein Zeichen ganz besonderer Huld und Gnade, ankündigen. Ueber den Ablaßunfug sprach er öffentlich seine Mißbilligung aus; Tetzel ertheilte er einen so scharfen Verweis, daß derselbe bald darauf im Aerger starb. Als er am 3. Januar 1519 mit Luther zusammentraf, behandelte er ihn mit gewinnender Freundlichkeit: „O Martine, ich hatte geglaubt, Du seiest ein alter Theologus, der etwa hinter dem Ofen sitzend also mit sich selbst disputire. Nun sehe ich, daß Du noch ein rüstiger Mann an Alter und Kräften. Wenn ich 25,000 Bewaffnete hätte, getraute ich mir nicht, Dich nach Rom zu führen; denn ich habe auf meinem ganzen Wege geforscht in der Leute Herzen, was sie von Dir dächten, und siehe da, bis ich Einen fand auf des Papstes Seiten, waren drei auf Deiner." Er stellte ihm vor, wie schweren Kummer er dem Herzen des Papstes bereitet habe, wie wenig es einem Einzelnen anstehe, so gegen die gesammte Kirche vorzugehen, wie die Einheit des Glaubens und der Kirche auf diesem Wege nicht bestehen könne.

Das wirkte. Dessen Feder sich schon mit viel größeren Dingen trug, wie wir gehört haben, der verpflichtet sich jetzt zu schweigen, sofern auch die Gegner schweigen. Der seinem Spalatin schon in's

Ohr geflüstert hatte: „der Papst zu Rom ist der Antichrist des Paulus," läßt sich bereden, einen Brief an den Papst zu schreiben, er, „der unwertheste und verachtetste Mensch und Staub auf Erden an die hohe Majestät des allerheiligsten Vaters," worin er zwar einerseits den Widerruf seiner Schriften verweigert, weil das nur neue Schmach auf die Kirche laden könnte, da seine Schriften schon zu tief in's Volk eingedrungen und Deutschland reich sei an gelehrten Männern, die auch Etwas von der Sache verstehen, andererseits aber erklärt, daß er nie die Absicht gehabt habe, der römischen Kirche und des Papstes Gewalt, über welche im Himmel und auf Erden Nichts gehe, außer allein der Herr Jesus Christus, irgend etwas abzubrechen. Und zur Beruhigung der aufgeregten Massen läßt er (Febr. 1519) ein Schriftchen ausgehen, in welchem er sich verwahrt gegen die Verdächtigungen derer, welche auf seinen Namen hin schimpflich reden von der lieben Heiligen Fürbitte, vom Fegfeuer, von guten Werken, Fasten, Beten und der römischen Kirche Gewalt. Demüthig genug nach Allem, was schon geschehen war! Wie vor dem Sturm, der Alles vor sich hinfegt, noch einmal Stille eintritt und kein Blatt sich regt und Alles Friede athmet, als hielte die Natur ihren Odem an, um sich zu sammeln zu der furchtbaren Kraft!

Zum Glück schwiegen die Gegner nicht. Den eitlen und ehrgeizigen Eck ließ es nicht ruhen; er mußte seine Fechterkünste wieder probiren. Er lud zu einer öffentlichen Disputation nach Leipzig ein, in welcher er sich erbot, eine Anzahl kirchlicher Fragen mit Dr. Carlstadt von Wittenberg, dem Freund und Amtsgenossen Luthers, auszufechten. Aber die Streitsätze, die er aufstellte, zeigten auf den ersten Blick, daß Carlstadt genannt, Luther gemeint war. „Der ungesalzene Querkopf wüthet gegen mich und meine Schriften; einen Anderen ruft er auf als Kämpfer und einen Anderen packt er an, aber es wird diese Disputation, so Christus will, übel ausschlagen für die römischen Rechte und Herkommen, auf welche Stecken Eck sich stützt."

Beide nahmen denn auch den Fehdehandschuh auf. Ende Juni 1519 zogen sie nach Leipzig, begleitet von Melanchthon, von dem Rector der Universität Wittenberg, von ungefähr 200 gesinnungstüchtigen Studenten. Der Herzog Georg gab sein Schloß für die Disputation her, die am 27. Juni mit einer feierlichen Rede, mit Gesang und Musik eröffnet wurde. Sehen wir uns die Kämpfer einen Augenblick näher an, wie sie uns ein kühler Augen- und Ohrenzeuge schildert: „Dr. Martinus ist von mittlerer Statur, von Leib wegen vielen Studirens so mager, daß man ihm fast alle Knochen zählen kann, in rechtem Alter, von heller und klarer Stimme. Seine Gelehrsamkeit und sein Verständniß der h. Schrift ist unvergleichlich, so daß er fast Alles im Griff hat. Im Leben und Umgang ist er höflich und freundlich, hat nichts Strenges und Stolzes an sich, ja er schickt sich für Jedermann. In Gesellschaften führt er einen fröhlichen und angenehmen Discurs, ist fröhlich und sicher, siehet immer munter aus, wie hart ihm auch seine Widersacher drohen, daß man wohl glauben muß, er gehe nicht ohne Gottes Beistand mit so großen Sachen um. Das wird ihm fast von Jedermann übel ausgelegt, daß er in der Widerlegung seiner Gegner stachlicher ist, als es einem Theologen ansteht, eine Untugend, welche er vielleicht mit allen Spöttlingen gemein hat. Die meisten dieser Stücke finden sich bei Carlstadt in geringerem Grade, dazu ist er kleiner von Person, siehet schwarz und verbrannt aus, hat eine unangenehme, tumpere Stimme, schwächeres Gedächtniß und ist zum Zorn geneigter. Eck aber ist von großem, vierschrötigem Leib, hat eine starke und recht deutsche Stimme, dazu starke Lenden, daß er nicht nur auf's Theater taugte, sondern auch einen Herold abgäbe, doch ist sie mehr grob, als vernehmlich; so sehr fehlt es ihm an der Annehmlichkeit, die Fabius und Cicero loben; das Maul, Augen und das ganze Gesicht präsentirt eher einen Fleischer oder Soldaten, als einen Theologum. Seinen Kopf belangend, so hat er ein treffliches Gedächtniß, und wenn der Verstand auch so gut wäre, so wäre der Mann vollkommen."

So standen sich die Kämpfer mehr als vierzehn Tage einander gegenüber. Nachdem während der ersten Woche Eck mit Carlstadt über den freien Willen gestritten, begann am 4. Juli der Kampf mit Luther. Man stritt zwei Tage lang über die Rechtfertigung durch den Glauben und die guten Werke, ohne sich näher zu kommen. Das pelagianische und das augustinische Christenthum standen sich hier schroff gegenüber, das waren Weltgegensätze, zwischen denen an Versöhnung nicht zu denken war. Da spielte Eck die Frage hinüber auf das Gebiet der päpstlichen Auctorität.

Luther stellte zuerst die Behauptnng auf, es bedürfe noch des Beweises, daß die Gewalt des römischen Papstes so alt sei, als die Kirche Christi. Sie sei nicht älter, als vier Jahrhunderte, meinte er. Da widerlegte ihn Eck sogleich, darin hatte er ihn geschlagen, aber wenn er dann hinzufügte, das Papstthum datire seit den Anfängen der lateinischen Kirche und Alles, was außer ihr sei, sei verdammt, so gab er sich eine bedenkliche Blöße, die Luther sogleich benutzte, indem er ihm einwarf, wo in der Schrift, wo in den Kirchenvätern der ersten Jahrhunderte von einem Papstthum die Rede sei, und ob er denn die ganze griechische Kirche und ihre großen Väter, einen Gregor von Nazianz und Basilius d. Gr. für verdammt halte?

Eck war in Verlegenheit, aber rasch half er sich, indem er sich auf die Concilien berief; dort sei z. B. zu Constanz das päpstliche Primat anerkannt worden, ob er denn auf die Auctorität der Concilien Nichts mehr gebe? Das Concil habe Huß und seine Sätze verurtheilt, denen zufolge der Glaube an die römische Oberhoheit nicht Bedingung des Heils sei, ob er glaube, daß das mit Recht geschehen sei oder nicht? Luther besann sich einen Augenblick und sagte dann, er sei der Meinung, das Concil habe Sätze von Huß verdammt, die vollkommen christlich und evangelisch seien. Da entstand große Aufregung im Saal und Eck erwiderte: „dann, ehrwürdiger Vater, seid ihr mir, wie ein Heide und Zöllner."

Jetzt hatte Luther den Boden der Kirche verlassen. Als ihm im Kloster zu Erfurt zum ersten Mal Etwas von Huß in die Hände gefallen war und er beim Lesen mit Staunen gewahrte, daß er mit dem verbrannten Ketzer in Manchem Einer Meinung sei, da hatte er, von plötzlicher Seelenangst ergriffen, das Buch zugeschlagen und war mit verwundetem Herzen davon geeilt, weil er meinte, bei dem bloßen Gedanken, daß der gräulich Verdammte doch Recht gehabt, müßten die Wände schwarz werden und die Sonne ihren Schein verlieren, und jetzt hatte er sich muthig für ihn bekannt und selbst die letzte der geltenden Kirchenauctoritäten verworfen*).

Und doch schrack er wieder vor dem Gedanken zurück, kaum, nachdem er ihn ausgesprochen. Es fällt ihm noch schwer, ein Concil der wirklichen Irrlehre zu zeihen; er fühlt, daß dann der Boden der Kirche wanke; er windet sich auf alle Weise; in Nebendingen, erklärt er, können Concilien irren, nicht in Sachen, welche den Glauben und das Heil der Seele betreffen, während er zugleich wieder den Satz festhält: eines einzelnen Menschen Ansicht gehe der des Papstes und der Concilien voran, wenn sie auf besseren Gründen ruhe.

---

*) Häußer, Geschichte des Zeitalters der Reformation, S. 29.

Die Disputation schloß wie alle; jede Parthei schrieb sich den Sieg zu und in den Augen der zuhörenden Menge behielt der Recht, der zuletzt gesprochen und am lautesten geschrien hatte. Aber jetzt erschienen Luthers Erklärungen zur Leipziger Disputation. Da ist jedes Schwanken überwunden; da fällt der letzte Nebel von den Augen, die Brücke wird abgebrochen und die Gegensätze treten in ihrer ganzen Schärfe und Klarheit auf. Da erklärt er in Beziehung auf die höchste Auctorität in Glaubenssachen: „ich glaube, ein christlicher Theologe zu sein und im Reich der Wahrheit zu leben; deßwegen will ich frei sein und mich keiner Auctorität sei es eines Concils oder des Kaisers oder der Universitäten oder des Papstes gefangen geben, um vertrauensvoll zu bekennen Alles, was ich als Wahrheit erkenne, sei es von einem Katholiken oder von einem Ketzer behauptet, sei es von einem Concil angenommen oder verworfen." „Warum soll ich den Versuch nicht wagen, wenn ich, der Eine, eine bessere Auctorität aufweisen kann, als ein Concil?"

Mit dieser Erklärung ist die große weltgeschichtliche Streitfrage zu einem so runden und klaren Austrag gebracht, daß jeder Zweifel gefallen ist. Wer hat das höchste Entscheidungsrecht in Sachen der Wahrheit? Niemand oder, was dasselbe sagt, Jeder, der nach Wahrheit forscht. Ich gebe mich keiner Auctorität weder eines Concils noch des Papstes noch einer Kirche gefangen, als nur der Wahrheit selber, wie sie sich mir beim aufrichtigen Forschen nach ihr erschließt. Was ich so erkenne und einsehe, das ist für mich die oberste Auctorität und das höchste Gesetz.

Mit dieser Erklärung beginnt eine neue Zeit. Von jetzt an wird es eine freie Wissenschaft geben. Die Zeit der Auctorität ist vorüber, das Zeitalter der Untersuchung und Kritik beginnt. Das bloße Vorglauben nimmt ein Ende, der Protestant wird nur glauben, was er glaubwürdig findet. Hinfort wird es keine Kirchengewalt mehr geben. Nicht mehr werden „die besten Henker auch die besten Theologen sein," wie Luther sagt, sondern die werden's sein, welche die besten Gründe haben. Jeder wird das Recht haben, vertrauensvoll auszusprechen, was er als wahr eingesehen hat, sei es mit dem Ueberlieferten oder öffentlich Geltenden im Widerspruch oder im Einklang; keine Gesellschaft, heiße sie Kirche oder Staat, wird dem Einzelnen diese Freiheit seiner Ueberzeugung mehr antasten. Es wird keinen Priesterstand mehr geben, der die Geheimnisse der Wahrheit verwaltet. Alle werden die Rechte des Priesterthums an sich reißen. Zwei gesunde Augen werden die besten Professoren sein. Man wird einsehen: die Wahrheit gefangen halten, ist Gott selbst gefangen halten, das ist, das Brod dem entziehen, der vor Hunger stirbt. Das menschliche Wissen, von der Kirche nur mäßig zugemessen und in engen Schranken gehalten, wird unermeßliche Fortschritte machen; die Vorurtheile werden von ihrem angemaßten Throne stürzen; weder der Irrthum, noch der Mißbrauch werden sich lange halten, weil jedes Glied der Gesellschaft das Recht hat, sie mit dem Lichte der erforschten Wahrheit zu beleuchten. Die Wahrheit wird von jetzt an kein Dogma sein, das von irgend einer Macht festgestellt wird, um die Geister zu binden, sondern ein Strom, der immer neue Gewässer bringt, sein Bette stets tiefer gräbt und seine Ufer ergrünen macht von frischem Leben. Wenn es, nachdem die alte Kirche gefallen ist, noch eine Kirche geben soll, so wird sie keine Zwangsanstalt mehr sein können mit irgend einer Gewalt über die Einzelnen, sondern nur die freie Vereinigung der Einzelnen, die ihr religiöses Leben durch das Mittel der Gemeinschaft fördern.

Man sieht: In der Erklärung, zu der Luther durch die Leipziger Disputation fortgetrieben worden ist, liegt nichts Geringeres, als eine neue Gesellschaft. Es fällt auch in die Augen, wie genau, was er im Ablaßstreit errungen hat, zusammenstimmt mit Dem, was die Frucht der Leipziger Disputation gewesen ist. Dort hat er den Einzelnen in dem, was sein Seelenheil begründet, unabhängig gemacht von der Kirche und auf Gott allein gestellt, mit dem er unmittelbar verkehrt. Hier macht er in der Erforschung der Wahrheit den Einzelnen frei von Kirche und Staat und stellt ihn auf die Wahrheit allein, die er sucht und erkennt. Jenes ist die moralische, dieses die theoretische Autonomie des Protestantismus, jenes die Freiheit des Gewissens, dieses die Freiheit der Vernunft.

Die protestantische Kirche nach Luther hat seine kühne That abgestumpft und sich selbst dadurch auf Jahrhunderte hinaus um ihr Salz gebracht. Wenn man sie fragte: wer hat das höchste Entscheidungsrecht in Sachen der Wahrheit? so antwortete sie: nicht der Papst, nicht ein Concil, keine Universität, kein Kaiser, sondern — die Bibel, und diese lahme und gedankenlose Antwort schleppen nun die Theologen dieser Kirche schon mehr als 300 Jahre lang durch alle ihre Reden und Schriften hindurch. Nicht der Papst, nicht das Concil, sondern — ein menschliches Buch. Als verlohnte sich's, darüber so viel Aufhebens zu machen und auch nur einen Tropfen

Blutes zu vergießen! Statt eines Papstes aus Fleisch und Blut ein papierener! Statt der Ketten aus Rom nicht minder schwere aus Jerusalem! Statt eines Concils, das dem gegenwärtigen Empfinden und Denken der Menschen einen Ausdruck geben kann, ein Buch, das seit Jahrhunderten geschlossen ist und an dem Fühlen und Denken des fortschreitenden Geschlechtes keinen Theil nimmt! Statt eines Tribunals, vor dem die Lebenden sprechen, ein solches, bei welchem die Todten das Richteramt führen. Das war in Wahrheit ein Rückschritt! Wohin hat er geführt? Daß zwei Jahrhunderte später ein Protestant, der im Sinne des Luthers von 1520 dachte, ausrufen mußte: „Luther, großer verkannter Mann, vom Joch der Tradition hast du uns erlöset, wer erlöset uns von dem unerträglicheren Joch des Buchstabens?“

Luther hat auf der Höhe seines reformatorischen Berufes, auf welcher wir ihn in den Jahren 1517 bis 1521 stehen sehen, zu dieser Verfälschung seiner Grundsätze keine Veranlassung gegeben. Es ist wahr: er hat die Lehren und Satzungen der Kirche bekämpft durch die Bibel, deren Wort und Geist er ihnen entgegensetzte; er hat der Auctorität der Päpste und Concilien die höhere Auctorität der Bibel gegenübergestellt, aber er hat es gethan aus dem ächtprotestantischen Grunde, weil er in ihr die Wahrheit fand, die er für sein eigenes religiöses Leben, wie für die Bekämpfung der kirchlichen Irrthümer und Mißbräuche brauchte. „Ich glaube, ein christlicher Theologe zu sein und im Reich der Wahrheit zu leben; daher lasse ich mich von keiner Auctorität gefangennehmen, das auszusprechen, was ich als Wahrheit erkannt habe, nämlich die Offenbarung Gottes, die ich in der Bibel finde.“ Das ist gut protestantisch gesprochen. Aber wie? wenn seine Einsichten nicht zusammengetroffen wären mit diesen und jenen Bestandtheilen der Bibel, würde er nicht mit derselben Sicherheit gesagt haben: ich lasse mich von keiner Auctorität gefangennehmen, weder eines Concils noch des Papstes, noch einer Universität, noch **eines menschlichen Buches**, um frei zu bekennen, was ich als wahr erkannt habe? Würde er nicht —? Aber er hat's ja gethan, klarer und entschiedener, als es irgend ein anderer Reformator gethan hat. In den gleichen Erklärungen zur Leipziger Disputation spricht er dem II. Buch der Makkabäer im alten, und dem Brief des Jacobus im neuen Testament trotz der Kirche die kanonische Geltung ab. Von der letzteren Schrift sagt er: der Stil dieses Briefes ist weit unter der apostolischen Würde und mit dem paulinischen auf keine Weise zu vergleichen; ein Glaube, der diesem Brief zufolge ohne die Werke todt sein soll, wäre kein Glaube, sondern nur Meinung. Wie mächtig kündigt sich der Geist des unabhängigen Denkens und der freien Kritik in so manchen Aussprüchen an, die er nicht bloß über kirchliche Auctoritäten, die ihm lange heilig gewesen waren, sondern auch über Abschnitte und Bücher der Bibel gethan hat! „Hieronymus mag man lesen der Historien willen, denn vom rechten Glauben und von der wahren Religion ist nicht ein Wort in seinen Schriften. Origenes habe ich schon in Bann gethan. Chrysostomus gilt bei mir auch nicht, er ist ein Wäscher. Basilius taugt gar Nichts, ist nur ein Mönch, ich wollte nicht ein Haar um ihn geben" u. s. w.

Von den Propheten des A. T. sagt er: „sie haben in Moses studirt; Jesaias hat alle seine Kunst aus dem Psalter genommen; sind sehr heilige, fleißige Leute gewest, haben göttlichen Sachen mit Ernst nachgedacht, darum hat Gott in ihrem Gewissen mit ihnen geredet, das haben sie für eine gewisse Offenbarung angenommen, sie haben aber nicht immer mit Gold und Silber gebaut, sind auch Stoppeln und Heu mit untergefallen. Die Historie des Propheten Jonä lautet lächerlicher und ungereimter, denn irgend der Poeten Fabeln eine, und wenn sie nicht in der Bibel stünde, so lachte ich's wie einer Lügen. Der Prediger Salomo hat weder Stiefel noch Sporn, reitet nur in Socken, gleich wie ich, da ich noch im Kloster war." Die Epistel Jacobi nennt er eine stroherne Epistel; wer sie zusammenreimen kann mit Paulus, dem will er sein Doctorbarett aufsetzen und sich einen Narren schelten lassen. Auch Pauli Beweise findet er da und dort zum Stich zu schwach. Der Hebräerbrief ist nach ihm nicht Pauli, noch irgend eines Apostels. St. Judä Brief, ein Auszug aus Petri Schriften, sei eine unnöthige Epistel. Von der Offenbarung Johannis vollends erklärt er rund: „mir mangelt an diesem Buche mehr als Eines, daß ich's weder für apostolisch noch für prophetisch halte. Mein Geist kann sich in das Buch nicht schicken und das ist mir Ursache genug, daß ich sein nicht hoch achte" u. s. w.

Auch in der nächsten Nähe Luthers, unter seinen Genossen und Mitarbeitern, machten sich in jener Zeit der ersten reformatorischen Bewegung mehrfach freie Ansichten über die Bibel geltend. Dr. Carlstadt in Wittenberg, derselbe, mit dem Luther in gemeinsamer Sache nach Leipzig gereist war, schrieb 1520 ein Buch über die kanonischen

Schriften, worin er die biblischen Bücher nach ihrer Entstehung und ihrem Werth einer Untersuchung unterwirft, die übrigens meistens mit den Anschauungen des Hieronymus zusammentrifft. Darin beweist er auf dem Wege einer Kritik, welche die spätere Zeit nur fortzusetzen hatte, daß die fünf Bücher Mosis nicht diesen zum Verfasser haben können; die beiden Bücher Samuels diesem zuzuschreiben, sei ganz unsinnig, indem ja im 25. Kapitel des ersten Buches Samuels Tod gemeldet werde. Wie hätte er die folgenden Kapitel und das zweite Buch schreiben können, wenn er gestorben war? Bei aller Betonung einer göttlichen Inspiration der Bibel läßt er doch der Individualität der Schriftsteller einen großen Spielraum offen. Die Evangelien sieht er auf ihre menschliche Entstehungsart an. Die Aechtheit des letzten Kapitels von Markus bestreitet er. Den paulinischen Charakter des Lukas erkennt er. Den Brief an die Hebräer spricht er dem Paulus ab, ebenso den Brief des Jacobus dem Apostel dieses Namens, obwohl er in einem oft und heftig hervorgehobenen Widerspruch mit Luther seinen Inhalt für gut christlich ansieht*).

Man übersehe auch nicht, wie bei Luther in dieser Zeit, da er als Reformator sprach, nicht als Theologe, das Wort Vernunft einen ganz anderen Klang hatte, als sonst. Im Jahr 1518 („Freiheit des Sermons" u. s. w.) erklärt er: „was der heilige Vater mit Schrift oder mit Vernunft bewährt, nehme ich an, das Andere lasse ich einen guten Wahn sein." Von der Brodverwandlungslehre sagt er, sie sei ohne Schrift und Vernunft. Dem Papste wirft er vor (in der Schrift: warum des Papstes Bücher verbrannt sind), er habe noch nie einen Gegner mit Schrift oder Vernunft, sondern immer nur mit Gewalt widerlegt. In der Schrift „wider die Bulle des Endchrists" 1520 sagt er von den Papisten, sie haben sich weder mit Schriften noch mit Vernunft gegründet, vielmehr wider alle Schrift und Vernunft geglaubt und gelehrt. In dem Buche: „an den Bock zu Leipzig" 1521 erklärt er: also hat auch St. Augustinus gethan und schreibt, daß er keinem Lehrer glaube, wie heilig und gelehrt er sei, er beweise denn seine Lehre mit der Schrift oder heller Vernunft. Aus welchem wir lernen, wie die Väter zu lesen sind, nämlich, daß wir nicht achten sollen, was sie sagen, sondern ob sie auch klare Schrift oder Vernunft führen." Bekannt ist seine

*) Karl Hagen, Deutschlands literarische und religiöse Verhältnisse im Reformationszeitalter. II. Band S. 250—255. Jäger, Andreas Bodenstein von Karlstadt 92—130.

Erklärung auf den Reichstag zu Worms, daß er nicht widerrufe, er sei denn widerlegt durch Zeugnisse der Schrift oder klare Vernunft, und, in einem Privatzirkel gefragt, ob er erklärt habe, nicht nachgeben zu wollen, außer widerlegt durch die Schrift, bestätigte er: „ja oder durch ganz klare und helle Gründe."

Man baue auf solche Aussprüche nicht mehr, aber auch nicht weniger, als sie tragen können. Luther hatte sich über das Verhältniß von Schrift und Vernunft keine klare Theorie gebildet; im Allgemeinen nahm er wohl an, daß der Schriftinhalt, richtig verstanden, mit den hellen Gründen der Vernunft zusammenfalle. Aber gleichwohl ist die Zusammenstellung: „Schrift oder Vernunft" keine bloße Tautologie, wozu man sie im Interesse der Kirchengläubigkeit hat machen wollen*); er stellt doch nun einmal beide ausdrücklich als ebenbürtige Mächte neben einander und im Einzelnen hat er, wie wir gehört haben, auch für die Beurtheilung der Schrift von seiner Vernunft einen sehr freien und weitgehenden Gebrauch gemacht. Wenn er das vierte Evangelium den drei anderen weit vorzieht, die Briefe des Paulus über alle stellt, wenn er erklärt, die Schriften, die Christum nicht treiben, gelten ihm Nichts, die aber Christum treiben, achte er für göttlich, auch wenn sie Pilatus oder Herodes geschrieben hätte, wenn er erklärt: „wo unsere Widersacher auf die Schrift dringen wider Christus, so dringen wir auf Christus wider die Schrift. Weil Christus selbst der Schatz ist, darum ich erkauft und erlöst bin, frage ich gar nicht nach allen Sprüchen der Schrift, wenn du noch mehr wider mich aufbrächtest; denn ich habe auf meiner Seite den Meister und Herrn der Schrift," — so hat sich der einzelne Mensch mit dem Gewicht seiner vernünftigen Erwägungen thatsächlich und kräftig über die Schrift gestellt; er wählt nach dem Maße seiner Einsicht zwischen dem Schriftinhalt, richtet kraft seines souveränen Denkens Schrift mit Schrift und spricht sich das Entscheidungsrecht über ihren Werth zu.

Wenn es demgemäß in der Christenheit keinen Gerichtshof mehr giebt, der die Wahrheit für alle feststellen kann, wenn keine Macht mehr vorhanden ist, die den Glauben befehlen kann, wenn Jeder die Wahrheit für sich suchen muß, wird dann überhaupt noch eine Gemeinsamkeit der Ueberzeugungen möglich sein? wird nicht die Gesellschaft in so viele Meinungen auseinander fallen, als sie Köpfe

*) So Köstlin, Luthers Theologie Band I, 242—386.

hat? wird nicht an die Stelle der Wahrheit der Wahn, an die Stelle der Ordnung die Willkühr treten? Luther hat auch auf diese Fragen, die man heute noch wie damals dem Protestantismus entgegenhält, die genügende Antwort für alle Zeiten gegeben: der heilige Geist wird seine Gemeinde nicht verlassen*). Mit anderen Worten: die Wahrheit ist göttlicher, daher sieghafter und überzeugender Natur und der Mensch ist auf sie eingerichtet. Es ist nur der Zweifel an der Macht der Wahrheit und der Unglaube an Gott, was uns einredet: wenn Jeder frei forschen darf, wird die Gemeinde von der Wahrheit verlassen sein. Streit und Kampf wird wohl nicht ausbleiben. Aber was ist's auch? „Aergerniß hin, Aergerniß her! Noth bricht Eisen und hat kein Aergerniß. Ich soll der schwachen Gewissen schonen, sofern es ohne Gefahr meiner Seele geschehen mag. Wo nicht, so soll ich meiner Seele rathen, es ärgere sich daran die ganze oder halbe Welt." — „Das Wort Gottes muß zu Felde liegen, werden Etliche verwundet, so geht es nach rechtem Kriegsbrauch."

So hat Luther nach allen Seiten rund und gründlich mit allen bisherigen Auctoritäten gebrochen, freilich erst nach mehrfachen, auffallenden Schwankungen, wie wir gesehen haben. Schon in der Schrift gegen Prierias hatte er ausgesprochen, daß sowohl der Papst, als auch ein Concil irren könne, aber zu Leipzig macht es ihm große Mühe, einem Concil wirkliche Irrthümer zuzuschreiben; er giebt solche nur in Nebensachen zu, um einige Wochen später in seinen „Resolutionen" die Auctorität der Concilien unbedingt zu verwerfen. Von Miltiz läßt er sich Schweigen auferlegen, wo doch das Herz voll ist und die Feder sich mit den kühnsten Gedanken trägt, und seine Rede überströmt von Frieden mit der Kirche. Mit dem Papste redet er in den Ausdrücken der tiefsten Devotion eines gläubigen Katholiken, nachdem er sich doch schon anheischig gemacht hatte, zu beweisen, daß der Papst der Antichrist des Paulus sei, und höchstens noch darüber zweifelte, ob er es selbst sei oder nur sein Apostel. Nachdem er am Schlusse seiner Schrift gegen Prierias in die heftigen Worte ausgebrochen war: „Nun fahre hin, du unseliges, verdammtes und lästerliches Rom! Der Zorn Gottes ist endlich über dich gekommen, wie du verdient hast, weil du durch so viel Gebete,

*) Fatemur, ecclesiam non deseri spiritu Christi, sed ecclesia ibi non intelligitur papa et cardinales aut etiam concilium.

die für dich geschehen sind, nur getrachtest hast, immer ärger zu werden. Wir haben Babel geheilt, aber sie will sich nicht heilen lassen, so laßt sie fahren, daß sie eine Behausung der Drachen und ein Behältniß aller unreinen Geister und aller feindseligen Vögel und ihrem Namen nach eine ewige Verwirrung bleibe voll geiziger Gözen, Meineidigen u. s. w.," so hören wir ihn in seinem Brief an den Papst von derselben Kirche reden als dem Höchsten, was es gebe im Himmel und auf Erden, ausgenommen allein Jesus Christus.

Diese Schwankungen sind in mehrfacher Hinsicht bezeichnend. Man begreift sie, wenn man die furchtbare Tiefe des Gegensatzes erwägt, der ihn mit Einem Male lostrennen sollte von Allem, woran er mit der tiefsten Ehrfurcht einer gläubigen Seele von Jugend an gehangen war. Von dem: „sei mir gegrüßt, du heiliges Rom, doppelt heilig um des Blutes der Märtyrer willen, das in dir vergossen worden ist," bis zu dem: „so fahre hin, du unseliges, verdammtes und lästerliches Rom!" welch ein Sprung und doch lagen nur sieben bis acht Jahre zwischen Beiden. Der einst Hussens Schriften entsetzt in den Winkel geworfen hatte, muß jetzt seinen Freunden gestehen: wir sind im Grunde Alle Hussiten*). Was er jetzt zerstörte, hatte er einst mit der ganzen Glut seines frommen Gefühles umfaßt. Es war nicht bloß der Kopf, der in diesem Kampfe arbeitete, es war der ganze Antheil des Gemüthes dabei. Man durfte diese Saite nur anschlagen und man war des Erfolges sicher. Miltiz hatte das verstanden. Das kühne Unterfangen des Einzelnen, die Gefahren, welche für die Einheit der Kirche, die doch Aller Mutter sei, daraus erwuchsen, der Kummer, den er dem Herzen des kirchlichen Oberhirten bereitet — das waren Erinnerungen und Gefühle, die Luther'n tief in der Seele lagen. Der einzelne Mann in vollem Aufruhr gegen Alles, was die Jahrhunderte geheiligt hatten, gegen die Ordnungen in Staat und Kirche, gegen die ganze Grundlage des öffentlichen Lebens der Völker — das war eine schwindelnde Höhe, wo es dem Auge nicht zu verargen war, wenn es für Augenblicke sich abwandte von den Abgründen, die sie eröffnete. Der Einzelne, ganz allein auf sich selbst gestellt in Allem, was sein Heil und seinen Glauben betraf, daher das Recht der Mannigfaltigkeit

*) An Spalatin, Februar 1520: „wir sind Alle Hussiten, ohne es zu wissen, Paulus und Augustin sind Hussiten; ich weiß vor Erstaunen nicht, was ich denken soll."

in Glauben und Kirche — das waren so neue und weitaussehende Grundsätze, daß heute noch nach bald vierhundert Jahren kaum die Hälfte der Protestanten sie anerkannt und begriffen hat. Werden wir uns wundern, daß der Entdecker derselben noch schwankte?

Ueberhaupt aber war Luthers Naturel auf einen großen Wechsel der Stimmungen angelegt. Freude und Schmerz, der heiligste Ernst und der heitere Scherz, Humor und Melancholie, Liebe und Zorn, der höchste Aufschwung und die tiefste Anfechtung, Trotz und Demuth, Erhebung und Fall lag nebeneinander. Er war eine Dichternatur; empfänglich für die Eindrücke der Welt und offen für Alles, was eine Menschenbrust bewegen kann, läßt er Nichts oben liegen; er fühlt tief und verarbeitet gründlich. Auf dem Grunde eines männlichen Charakters und einer festen Ueberzeugung erhebt sich eine stufenreiche Leiter der Gefühle und Stimmungen, die oft in raschem Wechsel auf und ab wogen. Nur Ein Gefühl hat er nie gekannt: die Furcht, ja „seine Löwennatur fand ein Behagen in den gefährlichsten Situationen."

Auf dieser stimmungsreichen Anlage beruhten ebenso seltene Vorzüge, wie große Schwächen. Es giebt nicht leicht eine Saite des menschlichen Herzens, für die er nicht den Ton gefunden hat. Er hat für Alles ein klassisches Wort geschaffen. Seine Aussprüche werden heute noch auf allen Gebieten angeführt und ihr Klang hat Nichts von seiner ersten Frische und Ursprünglichkeit verloren. Aber auch seine Schwächen bekamen die Zeitgenossen zu empfinden. Je nachdem eine Sache an ihn herankam, war er für oder gegen entschieden. Dann hörte er keine Gründe mehr. Er wurde starrköpfig und enge. Seine Handlungsweise wurde herb und sein Ausdruck maßlos.

Man kann vielleicht hier noch eine Anmerkung machen, die wieder einen Blick gewährt in die Eigenthümlichkeit dieser seltenen Natur. Wann war er nachgiebig und wann unerbittlich? wann schwankte er und wann war er sicher? Er war nachgiebig, wenn ein Mensch Aug in Auge gegen ihn überstand und das Wort von Munde zu Munde floß, er war unerbittlich, wenn er, die Feder in der Hand, es nur mit Grundsätzen und Gedanken zu thun hatte. Wo er ein Menschenantlitz vor sich hatte, da wurde er von seiner angeborenen Herzensgüte und Menschenfreundlichkeit übernommen. Wie schwach ist er vor Miltiz! Wie zaghaft im Aussprechen der letzten, verletzenden Folgerungen noch in Leipzig! Aber sobald er mit seiner Feder allein ist, hat er es mit seinen Gegnern nicht mehr zu thun als mit Menschen, sondern als mit verkörperten Principien und in dieser Maske schlägt er unerbittlich auf sie los bis zur Maßlosigkeit. Gustav Freitag sagt in der liebenswürdigen Charakterskizze Luthers, die er in „die Bilder aus der deutschen Vergangenheit" eingeflochten hat, über diesen Zug des großen Reformators: „Er liebte es, mit seinen Gegnern zu spielen, seine Phantasie umkleidet ihm die Gestalt des Feindes mit einer grotesken Maske, und dieß Phantasiebild neckt, höhnt und stößt er mit Redewendungen, die nicht gemäßigt und nicht immer anständig klingen. Wie hat er alle seine Gegner zerzaust! Bald durch Keulenschläge, die ein zorniger Riese führt, bald mit der Peitsche des Narren. Gern verzog er ihre Namen in's Lächerliche. Dr. Eck wurde Dr. Geck (oder noch etwas Schlimmeres), Murner erhielt Katerkopf und Krallen, Emser wurde nach seinem Wappen als Bock mißhandelt und dem abtrünnigen Humonisten Cochläus wurde sein lateinischer Name in's Deutsche (Schnecke) unter allerhand Witzen zurückübersetzt. Noch ärger, selbst den Zeitgenossen erschrecklich, war die heftige Rücksichtslosigkeit, mit welcher er gegen feindliche Fürsten losfuhr. Zwar dem Vetter seines Landesherrn, dem Herzog Georg von Sachsen, gönnte er häufig eine unvermeidliche Schonung. Beide hielten einander für eine Beute des Teufels, aber heimlich achtete jeder im Anderen eine männliche Tüchtigkeit, immer wieder geriethen sie in Zwist, aber immer betete Luther herzlich für die Seele des Nachbars. Dagegen war die ruchlose Willkühr Heinrichs VIII. von England dem deutschen Reformator in innerster Seele zuwider, ihn hat er gräulich und unendlich ausgeschimpft, und noch in der letzten Zeit verfuhr er mit dem heftigen Heinrich von Braunschweig wie mit einem bösen Schulbuben; Hanswurst war der harmloseste unter vielen dramatischen Charakteren, in denen er ihn aufführte. Sah ihn später solcher Erguß übermüthigen Eifers aus der Druckschrift an und klagten die Freunde, dann ärgerte er sich wohl selbst über seine Rauhheit, er schalt sich und bereute aufrichtig, aber die Reue half ihm wenig; er machte es das nächste Mal wieder so." Luther selbst spricht sich über die Schärfe seiner Polemik öfters in treffender Weise aus. Einst darauf angeredet, warum er doch so heftig schreibe, erwiderte er: „unser Herr Gott muß zuvor einen guten Platzregen mit einem Donner lassen hergehen, darnach fein mählig lassen regnen, so fruchtet's durch. Item: ein weidenes oder haselnes Ruthlein kann ich mit einem Brodmesser zerschneiden, aber zu einer harten Eiche muß man Barten, Beile und Aexte haben, man kann sie dennoch kaum fällen und spalten." Ein anderes Mal: „ich habe kein besseres Werk, denn Zorn und Eifer; denn wenn ich wohl dichten, beten und predigen will, so muß ich zornig sein, da erfrischt sich mein ganz Geblüte, mein Verstand wird geschärft und alle unlustigen Gedanken und Anfechtungen weichen."

Man weiß, daß Jesus gegen die Pharisäer, Lessing gegen die Göze, abgesehen von dem verschiedenen Ton der Zeiten, ähnlich verfahren sind. Jedesmal ärgern sich an diesem Thun am meisten, welche ebenso mattherzig in den Principien, wie kleinlich und gehässig gegen die Personen sind. Die Welt begreift schwer, daß diese rücksichtslose Kraft gegen falsche Grundsätze und deren Verkörperung mit überströmender Herzensgüte verbunden sein kann.

3. Die drei grundlegenden Schriften der Reformation.

Mit der Disputation zu Leipzig hatte Luther die Brücken hinter sich abgebrochen. Das Schwanken ist jetzt vorbei. Die Rücksichten sind gefallen. Die großen Dinge, mit denen seine Feder sich längst getragen hat, drängen sich im Sturm zur Geburt. Er hat die Wurfschaufel in der Hand und fegt unerbittlich die Tenne der Jahrhunderte; den Weizen sammelt er in die Scheune, die Spreu übergiebt er den Winden. Der Ruf nach Freiheit, der seit einem Jahrhundert durch die Nation gegangen, findet jetzt den Herold, auf den er gewartet. Er ist auch durchdrungen von der Größe des Augenblicks, in welchem er steht. „Die Zeit des Schweigens ist vergangen und die Zeit zu reden ist kommen, als der Prediger Salomon saget C. 3, 7," so leitet er seinen ersten Posaunenstoß gegen die römischen Mauern ein. Und im Gefühl seiner genialen Kraft spielt er mit dem weltgeschichtlichen Wagniß, das er beginnt. „Ich bin vielleicht meinem Gott und der Welt noch eine Thorheit schuldig; die habe ich mir jetzt vorgenommen, so mir's gelingen mag, redlich zu bezahlen und auch einmal Hofnarr zu werden. Gelinget mir's nicht, so habe ich doch den Vortheil, daß mir Niemand eine Kappe kaufen oder den Kamm bescheren*) muß. Es gilt aber, wer dem

*) Im Urtext: den Kamp bescheren. Die „evang. Volksbibliothek", herausgegeben von Klaiber, macht daraus S. 44 sinnlos: den Kampf bescheeren.

Anderen die Schellen anknüpft. Ich muß das Sprichwort erfüllen: was die Welt zu schaffen hat, da muß ein Mönch bei sein und sollte man ihn dazu malen. — Gott helfe uns, daß wir nicht unsere, sondern allein seine Ehre suchen."

Die drei Freiheitsmanifeste, die er vom Juni bis October 1520 auf einander folgen läßt, sein Aufruf an Kaiser und Adel deutscher Nation, sein Büchlein „von der Freiheit des Christenmenschen", endlich seine geharnischte Schrift über die babilonische Gefangenschaft der Kirche, enthalten nicht bloß die Kriegserklärung gegen Rom, worin ihm Andere, wie Hutten*) schon im April desselben Jahres vorangegangen waren, sondern auch die wesentlichen Grundgedanken der neuen Zeit, die er eröffnet: nämlich die Grundzüge einer neuen Gesellschaftsordnung, einer neuen Ethik, eines neuen Kultus.

In der ersten Schrift wälzt sich zuerst der Angriff gegen die römische Curie, gegen die Aussaugung der Völker durch dieselbe im Namen der Religion, gegen die Verkehrung des Christenthums, wie ein von Wolkenbrüchen geschwellter Bergstrom mit furchtbarer Gewalt daher.

Drei Mauern haben die Romanisten um sich gezogen, um jeden Reformversuch von sich abzuwehren. Zum Ersten: wenn man auf sie drungen ist mit weltlicher Gewalt, haben sie gesagt: weltliche Macht hat nicht Gewalt über geistliche, sondern geistliche sei über die weltliche. Zum Anderen: hat man sie mit heiliger Schrift wollen strafen, setzten sie dagegen: es gebühre Niemand, die Schrift auszulegen, als dem Papst. Zum Dritten: droht man ihnen mit einem Concil, so erdichten sie, es möge Niemand ein Concilium berufen, als der Papst. „Nun helfe uns Gott und gebe uns der Posaunen eine, damit die Mauern Jerichos wurden umgeworfen Jos. 6, 20, daß wir diese strohernen Mauern auch umblasen und die christlichen Ruthen, Sünden zu strafen, losmachen, des Teufels List und Trug an Tag zu bringen, auf daß wir durch Strafen uns bessern und seine Huld wieder erlangen. Wollen die erste Mauer zuerst angreifen! „Weltliche Macht habe nicht Gewalt über die geistliche; die geistliche stehe über der weltlichen." Woher dieser Satz? Aus einem falschen Unterschied zwischen Geistlich und Weltlich, der sich im Widerspruch mit dem Christenthum in das Bewußtsein der Völker ein-

*) In seinem Vadiscus oder „die römische Dreifaltigkeit".

geschlichen hat. Alle Christen sind zugleich Geistliche, Priester und Weltliche; Geistliche, sofern der christliche, der heilige Geist das Princip ihres inneren Lebens ist, Weltliche, sofern sie der Welt, der Menschheit dienen. Ein Bürgermeister ist ebenso gut eine geistliche Person, als ein Papst, weil er durch das Regiment, das er führt zur Bestrafung der Bösen und zum Schutz der Guten, ebenso die Zwecke des Gottesreiches fördert, wie der Papst mit seinem Predigen und Segenspenden. Will man aber diejenigen Personen, welche von der Gemeinde beauftragt sind, zu predigen, zu taufen u. s. w. in besonderem Sinne Geistliche und Priester nennen — gut! so ist das ein Gemeindeamt, wie jedes andere, und der Träger desselben ist nur durch die besondere Art seines Amtes und Werkes, nicht durch eine höhere Würde und besondere Heiligkeit des Standes, unterschieden von den Trägern anderer Gemeindeämter. Die Gesellschaft ist ein Leib mit vielen Gliedern; jedes Glied hat seinen besonderen Dienst und in dieser dienenden Stellung sind alle einander gleich. Die weltliche Obrigkeit, der Schuster, der Schmied, der Bauer sind Glieder, wie der Prediger; jeder hat sein Amt und Werk, womit er der Gesellschaft nützlich sein soll; alle diese Werke wirken zusammen, Leib und Seele zu fördern, wie die Gliedmaßen des Körpers alle einander dienen.

Meinte da der Priester, wenn der Papst oder Bischof ihn gesalbt, ordinirt, geweiht habe, dann sei ihm ein unauslöschlicher Charakter aufgedrückt und er ein Wesen höherer Gattung geworden! Wenn ein Häuflein frommer Christenlaien, etwa gefangen und in eine Wüste gesetzt, keinen von einem Bischof geweihten Priester in seiner Mitte hätte und beauftragte irgend Einen aus seiner Zahl, zu predigen, zu taufen, der wäre ein rechter Priester, als ob ihn alle Bischöfe und Päpste geweiht haben, ebenso, wenn ein Diener der Kirche von der Gemeinde abgesetzt wird, ist er ein Bauer oder Bürger, wie andere.

Darum sind auch alle Ausnahmsgesetze, welche zu Gunsten der Geistlichen geschmiedet worden sind, aufzuheben. Warum sollen der Geistlichen Freiheit, Leib und Güter so hoch geachtet sein, gerade als wären die Laien nicht auch geistlich gute Christen, wie sie? Wird ein Priester erschlagen, so liegt ein Land im Interdict, warum auch nicht, wenn ein Bauer erschlagen wird? Gleiches Recht und gleiche Pflichten für Alle. Gegen kirchliche Mißbräuche hat die bürgerliche Obrigkeit Recht und Pflicht, einzuschreiten, wie gegen andere Mißbräuche, und wenn ein Papst oder Bischof nicht recht thut, so setzt man sie ab.

Die zweite Mauer, welche die Romanisten um sich gezogen haben, ist der ersten ähnlich: „Niemand darf die Schrift auslegen oder die religiöse Wahrheit festsetzen, als der Papst.“ Sie fällt mit der ersten. Das allgemeine Priesterthum, welches den Laien zum Geistlichen macht, macht auch das Recht des Geistlichen, die Erforschung der Wahrheit, zu einem gemeinsamen. „Ein geistlicher Mensch richtet alle Dinge und wird von Niemand gerichtet“ 1. Cor. 2, 15, und: „wir haben Alle Einen Geist des Glaubens“ 2. Cor. 4, 13. Auch Christus sagt Joh. 6, 45: „Sie werden alle von Gott gelehrt sein.“ Aus diesen und vielen anderen Sprüchen sollen wir muthig und frei werden und den Geist der Freiheit nicht lassen mit erdichteten Worten der Päpste abschrecken, sondern frisch hindurch Alles, was sie thun oder lassen, nach unserem gläubigen Verstand der Schrift richten und sie zwingen, zu folgen dem besseren Verstand. Ist nicht die Eselin Bileams klüger gewesen, als der Prophet selbst? Hat Gott da durch eine Eselin geredet gegen einen Propheten, warum sollte er nicht noch reden können durch einen frommen Menschen gegen den Papst?“

Die dritte Mauer endlich: „Niemand möge ein Concil berufen, als der Papst“ fällt von ihr selbst, wo die ersten zwei fallen.

Christus sagt: „Sündigt dein Bruder wider dich, so gehe hin und sag's ihm zwischen dir und ihm allein; höret er dich nicht, so nimm noch Einen oder zwei zu dir; höret er dann nicht, so sag es der Gemeinde; höret er die Gemeinde nicht, so halte ihn als einen Heiden“ (Matth. 18, 15). Hier wird jedem Glied befohlen, für das andere zu sorgen, wie viel mehr sollen wir dazu thun, wo ein gemein regierend Glied übel handelt, welches durch seinen Handel den anderen viel Schaden und Aergerniß giebt? Wer hat das erste Concil berufen, Act. 15? Ist's St. Peter gewesen? Nein, die Apostel und Aeltesten alle. Wer hat das Concil zu Nicäa berufen? Nicht der Bischof zu Rom, sondern der Kaiser Constantinus. Darum, wo es die Noth fordert und der Papst ärgerlich der Christenheit ist, soll dazu thun, wer am ersten kann als ein getreu Glied des ganzen Körpers, daß ein recht frei Concilium werde, am meisten aber liegt dieß der weltlichen Obrigkeit ob, zumal da sie jetzt Mitpriester, mitgeistlich, mitmächtig in allen Dingen ist.

Diesem freien Concil, das er in Aussicht nimmt, legt nun Luther im weiteren Verlauf seiner Schrift alle Beschwerden vor, welche er gegen die bestehende Kirche auf dem Herzen hat. In einem furchtbaren Sündenregister wird hier das sittliche Verderben des Papstthums und seiner Kreaturen, die planmäßige Ausbeutung der Religion zu Geldzwecken, die raffinirte Plünderung der Nationen durch die römischen Praktiken, die Untergrabung aller Religion und Sittlichkeit durch dieses Regiment vorgeführt. Die Entrüstung des Patrioten, wie des Christen verleiht dem Worte eine vernichtende Gewalt. Niemals vorher ist die deutsche Sprache mit dieser Freiheit, mit so viel Fülle, mit solcher Gewalt über den Ausdruck, mit dieser Meisterschaft über alle Töne des Zorns und der Liebe gehandhabt worden. Das Bibelwort gehorcht dieser Feder, wie das derbe Volkssprichwort.

Endlich, nachdem der Kritik ihr Recht widerfahren, werden über den Trümmern des Bestehenden die Grundzüge einer neuen Gesellschaftsordnung gezeigt. Zuerst die Grundzüge einer neuen Kirche. Die Kirche wird auf ihre natürlichen Grenzen, auf die Pflege des religiösen Lebens zurückgeführt und so aus der Stellung der Herrscherin in die Stellung der Dienerin des öffentlichen Lebens herabgesetzt oder, wie man will, hinaufgerückt. Dem Papst wird die Krone und der Schlüssel abgenommen und dafür Bibel und Gebetbuch in die Hand gegeben. Auch die weltlichen Güter, die er in Welschland besitzt, soll er abgeben, denn er hat sie mit Gewalt eingenommen und besitzt sie mit Unrecht. Die Kardinäle sollen abgethan werden, oder wenn man sie noch haben will, sei's genug an Zwölfen mit bescheidenem Gehalt, ohne Macht die Leute zu brandschatzen. Die päpstlichen Legaten mit ihren Vollmachten und Dispensationen soll man zum Lande hinausjagen. Bischof und Pfarrer ist bei St. Paul Ein Ding, von Bischöfen, wie sie jetzt sind, weiß die Schrift Nichts. Jede Gemeinde habe einen Bischof oder Pfarrer. Der Priestercölibat soll fallen. Die wilden Kapellen und Feldkirchen, dahin die Wallfahrten gehen, sollen zu Boden verstört werden. Die Feste sollte man alle abthun mit Ausnahme des Sonntags, denn sie sind, wie auch die Kirchweihen, Jahrtage, Seelmessen u. s. w., nur Anlässe zu Saufen, Spielen, Müssiggang und allerlei Sünde. Die Kirche hat die richtige gemeine Straße göttlicher Gebote verlassen und allerlei selbsterfundene Gelübde und absonderliche Kirchenwerke an ihre Stelle gesetzt. Sie muß auf jene gemeine Straße wieder zurückgeführt werden. Sie muß wissen, daß seines Weibes und seiner Kinder pflegen, heiliger ist, als Wallfahren. Sie soll darnach streben, sittliche Menschen zu bilden, statt Kirchenheiliger.

Mit dieser Zurückführung der Kirche auf ihre natürlichen Grenzen wird das bürgerliche Gemeinwesen frei von dem Joche, unter dem es bisher die Kirche gehalten. Das bürgerliche Amt hat seine eigene göttliche Ordnung. „Es ist eine Schande, daß der Kaiser des Papstes Füße küsse oder zu seinen Füßen sitze oder ihm den Stegreif halte und den Zaum seines Maulpferdes, wenn er aufsitzt zu reiten, noch viel weniger soll er dem Papst huldigen und Unterthänigkeit schwören." Wenn die Romanen Dank begehren, weil sie das heilige römische Reich auf die Deutschen gebracht haben, so antwortet der Reformator mit dem ganzen Gefühl verletzter Nationalehre: „ja Namen und Titel haben sie uns gegeben, um uns zu Knechten der allerlistigsten Tyrannen zu machen. Der Papst frißt den Kern und wir spielen mit den ledigen Schalen. Sie haben allezeit unsere Einfalt mißbraucht zu ihrem Uebermuth und Tyrannei und heißen uns tolle Deutsche, die sich äffen und narren lassen, wie sie wollen. Rühmen sie sich, sie haben uns ein Kaiserthum zugewendet, wohlan! so sei es also, so gebe der Papst her Rom und was er hat vom Kaiserthum, laß unser Land frei von seinem unerträglichen Schätzen und Schinden, geb uns wieder unsere Freiheit, Gewalt, Gut, Ehre, Leib und Seele und laß ein Kaiserthum sein, wie einem Kaiserthum gebührt." Und in der Erinnerung an alle Knechtschaft und Schmach, die Deutschland von Rom erfahren, bricht er in die heftigen Worte aus: „Hörst du es, Papst, nicht der Allerheiligst, sondern der Allersündigst, daß Gott deinen Stuhl vom Himmel auf's Schierste zerstöre und in Abgrund der Hölle senke. Wer hat dir Gewalt gegeben, dich zu erheben über deinen Gott, das zu brechen und zu lösen, das er geboten hat, und die Christen, sonderlich deutsche Nation, die von edler Natur, beständig und treu in allen Historien gelobt ist, zu lehren, unbeständig, verrätherisch und treulos zu werden? Ach, Christe, mein Herr! Sieh herab, laß herbrechen deinen jüngsten Tag und zerstöre des Teufels Nest zu Rom. Hier sitzt der Mensch, davon Paulus gesagt hat (1. Thessal. 2, 3. 4), der sich soll über dich erheben und in deiner Kirche sitzen, sich stellen als einen Gott: der Mensch der Sünden und der Sohn der Verdammniß."

So hat er gründlich mit der alten Ordnung der Dinge gebrochen und die Grundlagen der neuen Welt festgestellt.

Einen ganz anderen Ton, als diese glühende und sprühende Absageschrift, trägt das zweite Büchlein dieser reformatorischen Zeit, das „von der Freiheit des Christenmenschen," ein Büchlein ganz friedlicher und aufbauender Natur, nach dem Sturm, der durch die Blätter der vorigen Schrift gefahren, ein milder Frühlingshauch seligen, in sich befriedigten Lebens, nach dem Staub der Feldschlacht gleichsam ein geheimes Zwiegespräch des versöhnten und beglückten Herzens mit Gott, und doch in der Einfachheit und Innerlichkeit seiner Begriffe ein schneidender Gegensatz gegen das ganze Wesen katholischer Sittlichkeit und Religiosität. Es behandelt die Frage: was macht den Menschen fromm? oder: worin besteht das Wesen der Religion? Die katholische Kirche hatte darauf geantwortet: das Wesen der Religion besteht in der Erfüllung der göttlichen Gebote, in der Uebung der Kirchenwerke und im Glauben an die Lehre der Kirche. Dieser Antwort setzt Luther drei scharfe Antithesen entgegen:

1. Die Erfüllung der göttlichen Gebote ist unmöglich, wenn der Mensch nicht zuvor schon fromm ist. Gutes kann ich ja nur thun, wenn ich zuvor im innersten Grunde meiner Persönlichkeit gut bin. Die Früchte machen einen Baum nicht gut, sondern ein guter Baum macht die guten Früchte. Also, daß allerwegen die Person zuvor muß gut und fromm sein vor allen guten Werken und diese folgen und ausgehen von der frommen guten Person. — Man kann ja wohlthätig, dienstfertig, enthaltsam, mäßig sein aus nichtsittlichen Beweggründen, aus Eitelkeit, aus Klugheit, aus Lohnsucht, aus Heuchelei, wie die Schale der Frucht schön und glänzend sein kann, während der Kern faul ist. Es giebt ja eine bürgerliche Rechtschaffenheit, eine gewisse Untadelhaftigkeit des Wandels, der jede Begeisterung, jeder Seelenadel, jede höhere Weihe fehlt, wie jener zweite Sohn im Gleichniß unter dem stolzen: „so viele Jahre diene ich dir und habe nie dein Gebot übertreten" ein Herz voll kleinlicher, neidischer Gesinnung verbarg. Die Werke machen den Menschen nicht gerecht, sondern ein gerechter Mensch macht fromme und gerechte Werke.

2. Will man aber den Mangel unserer Gesetzeserfüllung zudecken und sühnen durch die Uebung der Kirchenwerke, so ist zu sagen: „es hilft der Seele Nichts, ob der Leib heilige Kleider anlegt, wie die Priester und Geistlichen thun, auch nicht, ob er in Kirchen und heiligen Stätten sei, auch nicht, ob er mit heiligen Dingen umgehe, auch nicht, ob er leiblich bete, faste, walle u. s. w. Es muß noch alles etwas anderes sein, das der Seele bringe und

gebe Frömmigkeit und Freiheit. Denn alle diese oben genannten Stücke und Werke mag auch an sich haben ein böser Mensch, ein Gleisner und Heuchler, auch durch solch Wesen kein ander Volk, denn eitel Gleisner werden. Wiederum schadet es der Seele Nichts, ob der Leib unheilige Kleider trägt, an unheiligen Orten ist, wallet und betet nicht und läßt alle die Werke anstehen, die die oben genannten Gleisner thun."

Man beachte, welch' einen einfachen und allgemein verständlichen Maßstab für das Wesen der Frömmigkeit Luther hier gefunden hat: das Wesen der Religion kann in keinem Ding liegen, das auch ein böser Mensch oder ein Heuchler haben kann! Und doch überschauen so Wenige die Tragweite dieses Kriteriums. Man wende es, wie Luther gethan hat, auf's Gebet an! Wird dann noch Jemand sagen können: die Uebung des Gebetes als einer in Worten und Geberden bestehenden Handlung gehört zum Wesen der Religion, die Unterlassung aber ist ein Zeichen von Unfrömmigkeit?

3) Rechnet man endlich zum Wesen der Religion den Glauben an die Lehren der Kirche oder der Bibel, so leuchtet ein, daß auch dieser Glaube ein ebenso rein äußeres Werk sein kann, das mit dem Kern der Persönlichkeit Nichts zu schaffen hat, das ein böser Mensch und ein Gleisner ebenfalls haben kann. „Es ist nicht genug gepredigt, wenn man Christi Leben und Werk obenhin und als eine Historie und Chronikengeschicht prediget. Ihrer sind auch Viele, die Christum also predigen und lesen, daß sie ein Mitleiden über ihm haben, mit den Juden zürnen oder sonsten mehr kindische Sachen darin üben. Aber er soll und muß also gepredigt sein, daß mir und dir daraus erwachse und erhalten werde der Glaube, d. h. das volle Vertrauen und die herzliche Zuneigung zu dem Gott, der mir im Wort und Leben Jesu Christi die Zusage seiner Liebe zu mir gegeben hat. So entsteht ein Wechselverkehr zwischen Gott und Mensch, in welchem Gott sich dem Menschen kundgiebt (offenbart) als den Gnädigen und Liebenden, der durch seine Kraft im Menschen wirkt, was das Gesetz nicht wirken konnte, der Mensch aber diesen Gott ergreift und sich aneignet aus allen Kräften, mit seinem ganzen Gemüthe, mit seiner ganzen Denkkraft, mit allem Vermögen seines Willens. In diesem Wechselverkehr geht gleichsam eine Vermählung Gottes und der gläubigen Seele vor sich: Gott theilt alle seine Güter dem Glaubenden mit und füllt ihn mit göttlichen Kräften und Schätzen, das aber, was der Mensch von sich aus mitbringt,

die Schwächen und Mängel, werden ersäuft im Meere der ewigen Liebe. Dieses Empfangen und Nehmen aus der göttlichen Fülle, die liebend dem suchenden Menschenherzen sich aufschließt, nennt Luther den Glauben und von ihm sagt er mit Recht, daß er und er allein den Menschen fromm, gerecht und selig mache.

Wie verhalten sich aber die Werke zu diesem Glauben? Sie sind die natürliche Frucht, der nothwendige Ausfluß des Glaubens. Der innerliche Mensch ist jetzt mit Gott Eins, fröhlich und lustig um Christi willen und siehet alle seine Lust darin, daß er wiederum möchte Gott auch umsonst dienen in freier Liebe; da findet er aber in seinem Fleisch einen widerspenstigen Willen, der will der Welt dienen und suchen, was ihn gelüstet. Das mag der Glaube nicht leiden und leget sich mit Lust an seinen Hals, ihn zu dämpfen und ihm zu wehren. Da heben sich nun die Werke an, da muß fürwahr der Leib mit Fasten, Wachen, Arbeiten und mit aller mäßiger Zucht getrieben und geübet sein, daß er dem innerlichen Menschen gleichförmig werde, nicht hindere noch widerstrebe, wie seine Art ist, wo er nicht gezwungen wird. Dieweil die Seele durch den Glauben rein ist und Gott liebet, wollte sie gerne, daß auch alle Dinge also rein wären, vor Allem ihr eigener Leib und Jedermann Gott mit ihr liebte und lobte.

Neben dem Leibe, der dem inneren Leben des Glaubens gleichförmig werden soll, findet die Seele die Welt, vor Allem die Menschenwelt, auf welche sie nun die im Glauben empfangenen Güter auszuströmen gedrungen ist. „Wohlan, mein Gott hat mir unwürdigen Menschen aus lauter Liebe vollen Reichthum aller Frömmigkeit und Seligkeit gegeben. Ei, so will ich solchem Vater, der mich mit seinen überschwenglichen Gütern also überschüttet hat, wiederum frei, fröhlich und umsonst thun, was ihm wohlgefällt, und gegen meinen Nächsten auch werden ein Christ, wie Christus mir geworden ist, und Nichts mehr thun, denn was ich sehe ihm noth, nützlich und seliglich sein, dieweil ich doch durch meinen Glauben alles Dings in Christo genug habe." „Siehe, so fließet aus dem Glauben die Liebe und Lust zu Gott und aus der Liebe ein frei, willig, fröhlich Leben dem Nächsten zu dienen umsonst. Denn gleichwie unser Nächster Noth leidet, also haben wir vor Gott Noth gelitten und seiner Gnaden bedürfet. Darum, wie uns Gott hat durch Christum umsonst geholfen, also sollen wir durch den Leib und seine Werke nicht anders, denn dem Nächsten helfen. Also sehen wir, wie ein hoch edles Leben es sei um ein christlich Leben, das leider nun in aller Welt nicht allein darniederliegent, sondern auch nicht mehr bekannt ist noch gepredigt wird." — „So fährt der Mensch durch den Glauben über sich in Gott; aus Gott fährt er wieder unter sich durch die Liebe und bleibet doch immer in Gott und göttlicher Liebe. Gleichwie Christus sagt Joh. 1, 51: ihr werdet den Himmel offen sehen und die Engel auf- und absteigen über den Sohn des Menschen."

„Siehe, das ist die rechte christliche Freiheit, die das Herz frei machet von allen Sünden, Gesetzen und Geboten, welche alle andere Freiheit übertrifft, wie der Himmel die Erde. Welche gebe uns Gott recht zu verstehen und zu behalten."

Es fällt in die Augen: in dem Bilde, das Luther von dem Wesen der Religion und Sittlichkeit entworfen hat, spiegelt sich sein eigener Lebensgang, die innere Entwicklung, die er selbst durchgemacht hat. Daß wir weder durch die Werke des Sittengesetzes, so ernst wir's damit nehmen, noch durch die Kirchenwerke, so sauer wir's uns damit werden lassen, noch durch den Glauben an die Kirchenlehre, so ängstlich wir ihn gegen jeden Zweifel schützen, fromm werden und Frieden erlangen, das war das Ergebniß seines Klosterkampfes. Da vertiefte er sich in das Bibelwort. Hier fand er, am bestimmtesten in den Briefen Pauli, die Zusage Gottes, daß er ein gnädiger und barmherziger sein wolle, der aus Gnade die Uebertretungen des Sünders zudecken und durch seine Kraft in ihm wirken wolle, was des Menschen eigener Kraft unmöglich sei; für die Wahrheit dieser göttlichen Zusage, an welcher das zagende Herz immer wieder zweifeln wollte, fand er die Bürgschaft in der Erscheinung Christi, dessen Leben und Tod ihm nun ein Zeichen und eine Botschaft eben jener göttlichen Liebe wurde. Jetzt trat der böse, finstere Gott der Kirche in den Hintergrund und der Liebende, Gnädige, Freundliche füllte mehr und mehr sein Bewußtsein. Es entstand ein neues Verhältniß zu Gott: das Verhältniß des Kindes, das dem Wort des Vaters vertraut und dankend die Gaben nimmt, die er ihm anbietet, wie es ihm wiederum sein ganzes Herz schenkt, und in diesem liebenden Nehmen und Geben fröhlich und glücklich wird, und in dieser inneren Freude, der Mutter alles Guten, Gutes zu thun und Andere zu beglücken sich gedrungen fühlt. So stand er jetzt da auf der Höhe seines reformatorischen Werkes, frei und stark in seinem Gott, furchtlos aller Welt und ihren Gewalten gegenüber, im Besitz einer überschwenglichen inneren Gottesfülle, und doch zugleich brennend vor Verlangen, sein Leben Gott zum Opfer zu geben in thatkräftigem Wirken und der Welt zu dienen mit dem, was Gott ihm geschenkt hatte.

Es leuchtet aber auch ein: mit dem, was Luther persönlich erlebte und in seiner Schrift über die Freiheit eines Christenmenschen niederlegte, hat er die verschütteten Quellen ächter Frömmigkeit und Sittlichkeit wieder entdeckt und Allen eröffnet. Was den Kern seiner Schrift ausmacht, ist, um es kurz zu sagen, eine Religion ohne Lohnsucht. In der katholischen Welt suchte man mit seiner Frömmigkeit immer Etwas zu verdienen; der endliche Mensch rechnete und marktete mit dem unendlichen Gott, der ihm ferne stand, um den Preis des Himmels, der außer ihm lag; aus dieser Quelle des Eigennutzes und der Lohnsucht flossen die Gesetzes- und Kirchenwerke, denen er sich unterzog. Hier aber will der Mensch Nichts verdienen. Wenn er Gott hat hat er Alles, was er suchte; er spricht: „wenn ich nur dich habe, so frage ich Nichts nach Himmel und Erde;“ im Glauben hat er volles Genüge. Was er hinfort thut, geschieht nicht, um einen Himmel zu verdienen, sondern weil er den Himmel in sich hat, der sich aufschließt und seinen Segen über die Welt ergießt. Wie der Baum nicht fragt: was verdien ich?, sondern gleichsam zum Dank für die schöne Welt, in der er gepflanzt ist, für Regen und Sonnenschein und sommerliche Lüfte grünes Laub treibt und goldene Früchte aus seiner innersten Natur, so will der Mensch, überwunden von der ewigen Liebe, die er in sich erfahren, Nichts weiter, als wieder lieben und in dieser Liebe selig sein.

Und diese Religion selbstloser Liebe ist unmittelbar zugleich eine Religion der Freiheit. Wenn man unsere Schrift aus der Zeit der Erneuerung des Christenthums mit einer Urkunde aus den Anfängen des Christenthums vergleichen wollte, so könnte es nur die Epistel Pauli an die Galater sein. Beide, gering von Umfang — es sind beide Male nur wenige Blätter —, diese zwar geharnischt und zornig, jene im Tone vorherrschend friedlich, begegnen dem gleichen Feind: sie retten „die Freiheit eines Christenmenschen“, die eine von dem Joch des Judaismus, die andere von der Knechtschaft des in jüdisches Wesen zurückgesunkenen Romanismus. Freiheit ist der Grundton Beider. Wie Paulus den äußerlichen Satzungen des Judenthums den durch die Liebe thätigen Glauben entgegensetzt (Gal. 5, 6), so bilden bei Luther der Glaube, durch welchen der Mensch frei ist der Welt gegenüber, und die Liebe, durch welche er sich der Welt dienstbar macht, den Mittelpunkt der christlichen Ethik. Wie bei Paulus „das neue Geschöpf“ (Gal. 6, 15), — das Einzige, um was es sich in der Religion handelt — das Maß der Dinge ist, so trägt bei Luther der Gläubige das Maß seines Handelns in sich selbst. Des Menschen Sohn ist Herr nicht nur über den Sabbath (Marc. 2, 28), sondern über alle Dinge. Diesem freien sittlichen Menschen erscheinen nun die kirchlichen Vorschriften über heilige Zeiten und Handlungen, über Beten und Fasten, sofern sie als Gesetze binden wollen, nur als die dürftigen Anfangsgründe einer unmündigen Zeit, als Stockmeisterei des Gesetzes, welcher der Freie nicht mehr bedarf, weil er dieses in sich trägt (Gal. 4, 9. 10. 3, 25).

Hatte Luther in dem Aufruf an den Adel deutscher Nation die Grundzüge einer neuen Gesellschaftsordnung gezeichnet, in der Freiheit des Christenmenschen den Umriß einer neuen Ethik entworfen, so giebt er den Plan eines neuen Gottesdienstes in der dritten der hieher gehörigen Schriften, über die „babilonische Gefangenschaft der Kirche“.

Das neue Babel, will er zeigen, habe das Volk des neuen Bundes durch einen erdichteten Gottesdienst, der nur Menschensatzung sei, in einer ähnlichen Knechtschaft gehalten, wie das alte Babilon das Volk des alten Bundes. Daher der Titel der Schrift. Schon am Schlusse seines Aufrufes an Kaiser und Adel hatte Luther diese Schrift in Aussicht gestellt als diejenige, die noch tiefer in's faule Fleisch einschneiden werde. „Wohlan!“ — hatte er dort gesagt — „ich weiß noch ein Liedlein von Rom und von meinen Widersachern. Jucket sie das Ohr, ich will's ihnen auch sagen und die Noten auf's Höchste stimmen.“ Er hat sie auf's Höchste gestimmt. Die Beschwerden, die Luther in jener ersten Schrift gegen Rom erhoben, hatte dieses seit einem Jahrhundert in allen Tonarten gehört, sogar aus dem Saale der Reichsversammlungen; sein Ohr hatte sich daran gewöhnt. Es waren Eiterbeulen am Körper, die Jeder bemerkte, es waren unheilige Mißbräuche, die man sich im Stillen selbst eingestand; aber hier wüthete die glühende Zange im Inneren des Körpers, hier drang die Zerstörung in's Heiligthum selber ein. Rom fühlte das. „Wenn Luther nur diese Eine Schrift über das babilonische Gefängniß der Kirche widerrufen wollte!“ rieth nachher auf dem Reichstag zu Worms eine einflußreiche Stimme. Luther unterwirft in dieser Schrift nicht bloß die Messe und die sieben Sacramente der Kirche an der Hand der Bibel einer vernichtenden Untersuchung und führt die sieben zurück (anfänglich noch auf 3, bald aber) auf die zwei, Taufe und Abendmahl nach ihrer schriftmäßigen Einsetzung, sondern er weist auch diesen, wie allen kirchlichen Handlungen, im religiösen Leben eine Stellung an, welche dem Gottesdienste der Kirche an's Herz ging. Ihr Werth und ihre Wirksamkeit soll gebunden sein an den Glauben, d. h. an die fromme Selbstthätigkeit des feiernden Menschen. In Taufe und Abendmahl bietet sich an und theilt sich mit ein Göttliches, nämlich die göttliche Gnade zur Vergebung der Sünden im Wort und in dem dasselbe verbürgenden äußeren Zeichen, aber dieses Göttliche wird des Menschen Theil nur, wenn er's nimmt, wenn er ihm mit vertrauendem Herzen entgegenkommt. Und auch ohne Sacrament kann er desselben theilhaftig werden. Was in demselben dem Menschen sich anbietet, ist ja schon der Inhalt jeder Predigt, jeder evangelischen Verkündigung. Der Glaube, ohne den das Sacrament Nichts nützt, bedarf des Sacramentes nicht unbedingt; „ich kann des Sacraments täglich genießen, wenn ich die Worte Christi für mich bilde und meinen Glauben darin übe." „Dem Glaubenden sind alle Dinge möglich (Mark. 9, 23), während die Sacramente Nichts anderes sind, als Zeichen, die zum Glauben reizen." Im „Sermon von der Messe" sagt er von der Taufe, man solle sie üben, wiewohl ohne sie der Glaube genugsam sei. Schon 1519 hatte er „im Sermon von dem hochwürdigen Sakrament des h. Leibes Christi", wo er die Austheilung des h. Mahles unter beiden Gestalten empfahl, hinzugefügt: „nicht darum, daß Eine Gestalt nicht genug sei, so doch wohl allein des Glaubens Begierde genug ist, wie St. Augustin spricht: was bereitest du den Bauch und die Zähne? glaube nur, so hast du das Sacrament schon genossen." Am kräftigsten spricht er seine Ansicht „im Unterricht der Beichtkinder" aus: „Wenn der Priester dich vom Altar ausschließen will, so laß fahren Sacrament, Altar, Pfaff, Kirchen. Denn das göttliche Wort ist mehr als alle Dinge, welches die Seele nicht mag entbehren, mag aber wohl des Sacraments entbehren; so wird dich der rechte Bischof selber speisen geistlich mit demselben Sacrament. Laß dir nicht seltsam sein, ob du dasselbe Jahr nicht zum Sacrament gehest." Die Sacramente sind demnach für Luther äußere Zeichen, dazu bestimmt, den Glauben zu reizen, weil wir „arme Menschen, die wir in den fünf Sinnen leben, ein äußeres Zeichen neben den Worten nöthig haben, daran wir uns halten können." Aber getreu seiner Ausführung über die Freiheit des Christenmenschen erklärt er den Glauben, das Wesen der Religion von diesem Aeußeren nicht abhängig.

4. Der Held der Nation.

Während Luther an den drei Schriften arbeitete, die wir vorhin nach ihrem Hauptinhalt betrachtet haben, waren auch seine Widersacher nicht unthätig. Eck war schon im Anfang des Jahres (1520) nach Rom gereist, um die Curie zu einem entscheidenden Vorgehen gegen den Neuerer und seine verhaßtesten Anhänger zu bewegen. Auf sein unermüdliches Andringen hin wurde endlich dem halb widerstrebenden Papste (Leo X.) die berühmte Bannbulle vom 15. Juni 1520 abgedrungen. Nach einem pomphaften Eingang, in welchem Christus selbst, Petrus, Paulus und alle Heilige zum Schutze der angefochtenen Kirche sich zu erheben aufgerufen werden, zählt sie 41 Sätze aus Luthers Schriften als ketzerisch auf. Sie zu lehren oder anzunehmen wird bei Strafe des höchsten Bannes, des Verlustes aller Würden, Aemter, des geweihten Begräbnisses, der Acht und Aberacht u. s. w. verboten. Die Schriften Luthers, soweit sie jene Sätze enthielten, sollen verbrannt werden. Luther selbst und diejenigen seiner Freunde, die in die Bulle mit eingeschlossen wurden, sollen binnen 60 Tagen sich entweder in Person in Rom zum Widerruf stellen oder denselben in gehöriger Form schriftlich einsenden; wo nicht, sollten sie als Ketzer verdammt und alle Geistlichen und Weltlichen gehalten sein, sie zu fangen, festzusetzen und auf Verlangen nach Rom zu liefern. Mit dem Interdict wurden alle Orte bedroht, wo er oder seine Anhänger sich aufhalten würden.

Im September begann die Verbreitung der Bulle. Hieronymus Aleander, einst ein Freund der freien Richtung, jetzt ein verbitterter Dunkelmann, hatte sie für die Rheingegenden übernommen, Eck, dem es als einem persönlichen Feind des Gebannten am schlechtesten anstand, für Norddeutschland. Bald loderten an mehreren Orten in Löwen, in Leiden, in Cöln, in Mainz die Feuer, welche Luthers Schriften verbrannten. Da gedachte auch der Reformator, mit seiner Antwort nicht mehr zu zögern. Am 10. Dezember begab sich ein feierlicher Zug von Doctoren, Studenten und Bürgern, zu welchem Luther durch einen Anschlag am schwarzen Brett eingeladen hatte, vor das Elsterthor zu Wittenberg, und die Bulle, deren Vorgänger so manchen stolzen Kaiser gestürzt, so manchen frommen Reformer den Flammen überliefert hatten, wurde mitsammt den päpstlichen Rechtsbüchern dem Feuer übergeben unter dem Ausruf Luthers: „weil du den Heiligen Gottes (Christus) gelästert, so verzehre dich das ewige Feuer.“

So hatte Luther mit jenem glücklichen Griff, mit dem er das Einzelne und Persönliche zu einem Symbol für das Allgemeine zu erheben verstand, das Ergebniß seines bisherigen Kampfes und die große Aufgabe der Zeit in eine runde, allgemein verständliche, weithin leuchtende That gefaßt, die, wie die Feuersäule Mosis, so lange über seinem Volke stehen bleiben wird, bis der letzte Römling seine Gauen verlassen hat.

Damals war es einen Augenblick nahe daran, daß der Feuerschein in alle Herzen gedrungen wäre. Luther war jetzt der Held der Nation. Alle vorwärtsdrängenden Kräfte der Zeit, alle Mächte der Bewegung sammelten sich in ihm und um ihn. Den nationalen Bestrebungen, die seit einem Jahrhundert immer wieder und immer schärfer aufgetreten waren, hatte er in seinem Aufruf an Kaiser und Adel einen Ausdruck gegeben, so glühend und gewaltig und volksthümlich, wie er selbst einem Hutten nicht gelungen war. Zugleich hatte er diesen Bestrebungen einen religiösen Unterbau verschafft, durch den allein sie vor dem Schicksal eines bloßen Flickwerks an einem doch morschen Gebäude bewahrt blieben. Ein religiöses Gebäude, das auf dem Glauben ruhte, konnte weder durch den Witz der Aufklärung, noch durch ein, wenn auch noch so edles, nationales Pathos, es konnte nur durch die Gewalt einer neuen religiösen Ueberzeugung gestürzt werden. Aber auch die religiösen Ueberzeugungen, die Luther in dieser Zeit aussprach, hatten, wie wir gesehen, noch den vollen Zug der Freiheit. Das Scholastisch-theologische trat noch in den Hintergrund gegen die großen Grundgedanken einer neuen religiösen Ethik, denen alle frommen Herzen im Wesentlichen zustimmen konnten. Noch trug er zwar die Mönchskutte, aber ihr Träger hatte alles mönchisch enge Wesen abgelegt; unter dem Klostergewande schlug das Herz eines ritterlichen Helden und eines Propheten. Dazu kam die hinreißende Gewalt der Persönlichkeit: die Reinheit des Lebens und die Lauterkeit der Bestrebungen, die so tief abstach gegen die verdorbenen Kreaturen, welche die Kirche gegen ihn in's Feld führte, die Furchtlosigkeit des Auftretens im Besitz eines fast schwärmerischen Gottvertrauens, die

Haltung und Gemessenheit des ganzen Wesens bei allem Sturm der Leidenschaft. Das Alles riß die Nation fort zu einer Bewunderung und Liebe, wie sie nicht leicht ein anderer Held der Geschichte zu seinen Lebzeiten sich erworben hat.

Luthers Schriften fanden einen unerhörten Absatz. Die Ausgabe von seinen Werken, welche Frobenius in Basel besorgte, ging nicht nur in die deutschen Länder, sondern auch nach Italien, Spanien, England, Frankreich, Niederlande: sie wurde so begierig gekauft, daß man im Jahr 1519 nicht einmal in Basel mehr ein Exemplar haben konnte, es mußte eine neue Auflage veranstaltet werden. Auf einer Frankfurter Messe im Jahr 1520 verkaufte ein Buchhändler allein 1400 Exemplare von Luthers Büchern *).

Die Ritter des Geistes, wie des Schwertes schaarten sich um den Mönch von Wittenberg. Erasmus, später mit Luther verfeindet, gab kurz vor dem Reichstag zu Worms dem Churfürsten Friedrich auf die Frage, was er von Luther halte, die berühmte Antwort: Luther hat in zwei Dingen gefehlt, daß er dem Papst an die Krone und den Mönchen an die Bäuche gegriffen hat. Ulrich von Hutten, unter den Geistern der Reformationszeit in Deutschland der Größte nach Luther, gleichsam die weltliche Ergänzung desselben, beugte sich in edler Bescheidenheit vor der überragenden Größe. „All' meinen Dichterruhm will ich ablegen, um Dir, o Mönch, treu nachzufolgen wie ein Schildknappe," schrieb er ihm. Der einst den Kampf Luthers im Ablaßstreit als ein Mönchsgezänk begrüßt hatte, weil es ein Glück für die Welt sei, wenn die Pfaffen sich gegenseitig auffressen, der sitzt jetzt zu den Füßen des Meisters, um von ihm zu lernen. Er bereichert seine humanistischen und politischen Bestrebungen, denen er bisher allein gelebt hatte, durch die religiösen Motive, die Luther vertritt, verschmäht die Zierlichkeit seiner lateinischen Sprache, schreibt deutsch, wie Luther, in Prosa und Versen und durchzieht die Städte von Franken bis in die Niederlande, um überall für Luther zu werben. Von seinem früheren Beschützer, Albrecht von Mainz, in Folge eines päpstlichen Mahnschreibens aufgegeben, den Dolchen und dem Gift der Römlinge ausgesetzt, findet er Schutz auf der Ebernburg bei seinem Freunde Franz von Sickingen, der, obwohl nur Ritter, die Macht eines Reichsfürsten besaß.

*) Hagen l. c. II. Band S. 97.

Die Ebernburg, in dem Winkel, den die Einmündung der Alsenz in die Nahe bildet, auf einem steilen Felsen gelegen und von Franz als sein Hauptsitz mit stattlichen Wohnräumen und festen Werken versehen, war in den Jahren 1520—22 einer der merkwürdigsten Schauplätze der deutschen Geschichte. Herbergen der Gerechtigkeit nannte Hutten die Burgen seines Freundes. Außer ihm öffneten sie sich auch Anderen, die wegen ihrer Begeisterung für die Kirchenverbesserung Verfolgung erlitten. Kaspar Aquila war einst Franzens Feldprediger gewesen, dann Pfarrer in der Gegend von Augsburg geworden, bis seine Anhänglichkeit an die Reformation ihn in den bischöflichen Kerker zu Dillingen brachte. Es gelang ihm, zu entfliehen, und die Schlösser seines ehemaligen Herrn gewährten ihm mit Weib und Kindern Schutz und Brod. Martin Bucer, der nachmalige Straßburger Reformator, war aus dem Dominikanerorden getreten, bei Sickingen fand er eine Zufluchtstätte. Der Weinsberger Oekolampad, später als der schweizerische Melanchton und Reformator von Basel hochberühmt, war aus dem Brigittenkloster Altenmünster entflohen, auch ihm öffnete sich die Ebernburg. Reuchlin's Landsmann, Johann Schwebel, hatte den heil. Geistorden verlassen und war in seiner Heimath nicht mehr sicher; Sickingen stellte ihn als Geistlichen an und richtete ihm bald hernach auf Landstuhl (einer anderen Burg Sickingen's) die Hochzeit aus*). Auch Luthern hatte Sickingen eine Zufluchtstätte auf seinen Burgen angeboten.

Aber nicht nur ein Asyl für die Bedrängten, auch eine Waffenschmiede gegen die Dränger war die Ebernburg. Hutten hatte eine eigene Druckerei errichtet; von da entsandte er seine Pfeile so zahlreich, daß die Gegner nicht mehr zu Athem kamen, bald in Briefen, bald in Gesprächen, bald in Reimen, bald in glühenden Aufrufen an die Nation, ein unermüdlicher, geist- und charaktervoller Agitator für Luther und seine Sache.

Ein überaus schönes Bild bietet der Winter von 1520 auf 21 auf der Ebernburg dar. Hören wir Hutten selbst, wie er sich in einem Briefe an Luther ausspricht: „Der Einzige, welcher mit unerschütterlicher Standhaftigkeit sich unser annimmt, ist Franz von Sickingen, und auch diesen hätte man neulich bald zum Wanken gebracht, indem man ihm einige ungeheure Dinge zeigte, die in Deinen Büchern stehen sollen. Um die ungünstigen Eindrücke zu

*) Strauß, Ulrich von Hutten, 2. Theil S. 79.

vertilgen, welche man auf Franzens Gemüth gemacht, begann ich ihm Deine Schriften vorzulesen, welche er bis dahin kaum gekostet hatte. Er fand bald Geschmack an diesem Vorlesen, und wie er allmählig ahnte, welch ein Gebäude und auf welchem Grunde Du es aufgeführt, fragte er ganz verwundert: ist denn wirklich Jemand kühn genug, alles Bisherige einzureißen? und wenn er den Muth hat, besitzt er auch hinreichende Kraft dazu? Ich aber habe ihn allmählig so begeistert, daß jetzt fast kein Abendessen vorüber geht, bei welchem er sich nicht Etwas aus Deinen oder meinen Schriften vorlesen ließe. Als Einige seiner Bekannten und Freunde ihn neulich ermahnten, eine so bedenkliche Sache zu verlassen, antwortete er: die Sache, welche ich vertheidige, ist gar nicht bedenklich oder zweifelhaft, sondern die Sache Christi und der Wahrheit. Auch verlangt es das Wohl unseres Vaterlandes, daß Luthers und Huttens Rathschläge gehört und der wahre Glaube vertheidigt werde."

Am gastlichen Tische der Ebernburg — setzt Strauß unter dieses Bild — sitzen in den Winterabenden zwei deutsche Ritter in Gesprächen über die deutscheste Angelegenheit. Der Eine Flüchtling, der Andere sein mächtiger Beschützer, aber der Flüchtling, der Jüngere, ist der Lehrer, der Aeltere schämt sich des Lernens nicht, wie der ritterliche Lehrer selbst neidlos dem größeren Meister, dem Mönch zu Wittenberg, sich unterordnet*).

Wir sehen: Adel und Bildung war schon für Luther gewonnen. Aber auch der gemeine Mann lauschte mit begierigem Ohr seinem Worte. Das war nicht mehr Latein, das nur die Gelehrten verstanden, das war einmal deutsch gesprochen, und die innersten Tiefen des Volksgemüths wurden von dem Klange mächtig erweckt. Der Ruf nach nationaler und religiöser Freiheit, den Luther so kräftig erhob, erinnerte das Volk an die nur zu lange getragenen Lasten ungeheurer Knechtschaft und der gesunde Volksverstand hatte es schnell heraus, auf welcher Seite Licht, auf welcher Dunkelheit sei. Ueberdieß war der Held, der ihm diese Güter anbot, durch den tiefen Zug der Innerlichkeit und Gemüthlichkeit so grunddeutsch, daß des Volkes Herz zu ihm hingerissen werden mußte. Hatte Miltiz schon im Anfang des Jahres 1519 auf seinem Wege von Rom nach Norddeutschland unter fünf Menschen kaum zwei oder drei gefunden, welche noch die Parthei des Papstes hielten, so gestaltete sich dieses Verhältniß

*) Strauß l. c. S. 140.

gegen das Ende des Jahres 1520 natürlich noch viel günstiger für Luther unter der Macht der fortschreitenden Ideen und unter dem Einfluß der entscheidenden Schritte, die Luther seitdem gethan hatte. Der Zug der beiden Bullenträger durch Deutschland war daher nichts weniger als ein Triumphzug. Selbst an den Orten, wo die Bulle veröffentlicht wurde, wo man die Bücher Luthers und sein Bildniß verbrannte, geschah dieß nicht ohne Gefahr der päpstlichen Commissäre. In Mainz wäre Aleander beinahe gesteinigt worden. Auch wurde Luthers Bildniß gar nicht verbrannt, sondern ein anderes untergeschoben, dasjenige Ecks oder eines anderen Romanisten. Auf ähnliche Weise ging es in Löwen. Hier hatten die Magister durch Bestechung dafür gesorgt, daß Luthers Bücher verbrannt wurden. Aber die Studenten und andere Leute trugen die Bücher der Sophisten und Scholastiker herbei, so daß mehr von diesen, als von jenen verbrannt wurden.

Eck ging es in seinem Bezirk nicht besser. In Bamberg, wo er die Bulle veröffentlichen wollte, wurde er mit der entschiedensten Verachtung aufgenommen. Der Bischof erklärte, er sei lutherisch, sein ganzer Hof sei es, er müßte alle seine Räthe entlassen, wenn er Eck willfahren sollte. Noch schlimmer erging es ihm in Leipzig; er durfte nicht wagen, seine Wohnung zu verlassen und entfloh endlich bei Nacht aus der Stadt. Aehnlich in Erfurt*). Selbst wer Luthers religiöse und kirchliche Anschauungen nicht theilte, stimmte doch in dem Einen Hauptzweck mit ihm zusammen: in der politischen und kirchlichen Lossagung von der römischen Knechtschaft. So der Primas der deutschen Kirche, Albrecht von Mainz, an dessen Hofe Huttens und Luthers Freund, Capito, als Hofprediger und Rath eine einflußreiche Stellung einnahm.

Was wäre bei diesem Stande der öffentlichen Stimmung aus Europa geworden, wenn an der Spitze der öffentlichen Dinge in Deutschland ein Mann gestanden wäre, der die Zeichen der Zeit verstanden hätte? Die kirchliche Auctorität war lahm gelegt — das hatte der Erfolg der Bulle gezeigt; die weltliche sollte ihr jetzt nach mittelalterlichem Recht den Arm leihen. Wenn die Bannstrahlen der Kirche die Seele nicht vermochten zu tödten, so sollte die Acht des Kaisers den Leib vernichten.

Selten ist wohl ein Regierungsantritt mit größeren Hoffnungen

*) Hagen l. c. S. 126.

und gespannterer Erwartung begrüßt worden, als derjenige Carls V. von Spanien, den die deutschen Churfürsten an der Stelle seines verstorbenen Großvaters Maximilian am 28. Juni 1519 zum König gewählt hatten. Die Machtfülle, die er zum deutschen Kaiserthum mitbrachte als ein Fürst, in dessen Reichen die Sonne nie unterging, bestach zum Voraus die Einbildungskraft. Das „junge Blut", in einer gährenden und sturmbewegten Zeit mit der höchsten, aber auch schwierigsten Aufgabe betraut — er war neunzehnjährig, als er den deutschen Kaiserthron bestieg — erweckte Etwas, wie Rührung und Mitleid. Die Reformparthei erwartete von ihm die Durchführung ihrer Ideen. An ihn vor Allem hatte Luther seine Vorschläge über Besserung des christlichen Standes gerichtet, und Hutten begrüßte seinen Eintritt in Deutschland mit mehreren Sendschreiben, in welchen er ihm die Lage der Dinge in seinem Sinne erklärte und in den dringendsten Worten an's Herz legte. Sollte das junge Blut kalt bleiben gegen die Wünsche einer jugendlich aufstrebenden Nation, die überdieß mit dem Interesse eines großen und unabhängigen Kaiserthums so ganz übereinstimmten? Wem hatte er die Krone zu verdanken? Vor Allem der Entschiedenheit des Churfürsten Friedrichs von Sachsen, des Gönners der Reformation, und den eifrigen Werbungen des Ritters Franz von Sickingen, den er auch zum Dank für seine Ergebenheit am Tage der Kaiserkrönung zu Aachen durch hohe Ehre auszeichnete, während hingegen der Papst und seine Legaten Alles aufgeboten hatten, seine Wahl zu hintertreiben und dem französischen König die deutsche Krone aufzusetzen. Dadurch schien die Stellung des neuen Kaisers zu den Fragen und Partheien der Zeit klar vorgezeichnet zu sein.

Aber nie sind höhere Erwartungen bitterer getäuscht worden. Karl hatte manche Eigenschaften eines tüchtigen Regenten und Menschen: er wußte mit gegebenen Größen vortrefflich zu rechnen, verwickelte Verhältnisse entwirrte er leicht und an einmal gefaßten Planen hielt er mit der ganzen Zähigkeit seines melancholisch schwerfälligen Temperamentes fest. Er war kein rachsüchtiger Mensch; er neigte sich von Natur eher zur Milde als zur Strenge; seine Aufrichtigkeit ist außer Zweifel. Aber er war zum Unglück Deutschlands ein Kind jener vielhundertjährigen Traditionen Spaniens, welche sein Nachfolger in die Worte faßte: Lieber gar nicht, als über Ketzer herrschen*).

*) Vergleiche über den spanischen Geist Buckle's Gesch. der Civilisation in England, übers. von A. Ruge. II. Band.

Er gehörte nicht zu den Naturen, die sich begeistern lassen. Die Jugend lag in den Jahren, nicht im Herzen. Es fehlte ihm an Ideen und Ueberzeugungen. Für die religiöse Volksbegeisterung in Deutschland würde ihm das Verständniß auch dann gemangelt haben, wenn er nicht als ein Fremder in ein Land gekommen wäre, dessen Sprache er kaum verstand. Festus und Paulus haben sich noch nie verstanden. Der Zögling der Mönche sah die Religion als etwas Gegebenes an, das man lenken und für seine Zwecke benützen muß; er behandelte sie als Politiker ohne eigentliche innere Theilnahme dafür. Daß Nichts in der Welt mächtiger sei, als der religiöse Gedanke, davon hatte er keine Ahnung. Luther auf dem Reichstag zu Worms vermochte dem Gefühl des Spaniers keinen höheren Ausdruck abzuringen, als den Ausruf: „der hätte mich nicht zum Ketzer gemacht," und am Abend seines Lebens fand er, der die Würfel einer der größten Epochen der Weltgeschichte in der Hand gehabt hatte, ohne sie zu gebrauchen, nur Eines zu bereuen: daß er den Mönch in Worms nicht dem Henker übergeben habe. In der Einsamkeit des Klosters St. Jost, in welchem er seine letzten Lebensjahre zubrachte, habe er, erzählt man, sich mit der Kunst beschäftigt, zwei Uhren so einzurichten, daß der Gang der einen dem der andern vollkommen gleich bliebe. Das Problem hat er schon auf der Höhe seines Lebens zu lösen gesucht: das Papstthum und das Kaiserthum hat er so zu richten gesucht, daß keines den Gang des anderen störe. Was sich nicht richten ließ, wie eine Uhr, das war nicht seine Sache.

Auf den Anfang des Jahres 1521 hatte der Kaiser den ersten Reichstag, auf welchem er sich der Nation persönlich zeigen wollte, nach Worms ausgeschrieben. Neben anderen wichtigen Sachen sollte die brennende Kirchenfrage erledigt werden. Von Seiten der Reichsstände schien sich die Sache gut anzulassen. Schon in der Wahlcapitulation, die der Kaiser hatte unterzeichnen müssen, war ihm der Schutz der Concordate deutscher Nation gegenüber dem Papst zur Pflicht gemacht. Jetzt lagen dem Reichstag 101 Beschwerden deutscher Nation vor, hauptsächlich gerichtet gegen das Aussaugungssystem des römischen Stuhles. Von dieser Seite schien die Stimmung für Luthers Sache günstig. Um so weniger Gutes versprach das Betragen des Kaisers. Schon daß man ihn bei seiner Fahrt den Rhein herauf statt mit Kriegern, rings mit Pfaffen umgeben sah, machte einen üblen Eindruck*). Die Kirchenfrage schien er als er-

*) Hutten in seinem Sendschreiben an den Kaiser. Strauß l. c. S. 179.

ledigt zu betrachten, noch bevor sie zur Verhandlung kam: er hatte Luthers Bücher verboten und das Verbot im ganzen Reiche anschlagen lassen. Es fragte sich: soll man Luther kommen lassen und hören? Die Stände wünschten es, die päpstlichen Gesandten tobten dagegen. Es sei ein Schimpf gegen die Kirche, den Gebannten und zum zweiten Mal Verfluchten (eine zweite Bannbulle war von Januar 1521 datirt) vor einer Reichsversammlung auftreten zu lassen; Luthers Sache sei schon entschieden, sie gehöre nicht mehr vor Kaiser und Reich. Diese haben nur den Beschluß des Papstes auszuführen.

Aber von der anderen Seite drohte die öffentliche Stimmung. Dem Reichstag brannte der Boden unter den Füßen. Das kaiserliche Verbot der lutherischen Bücher wurde von dem Volk von den Kirchthüren heruntergerissen; dem Kaiser zum Trotz bot man sie auf den Straßen und in den Wirthshäusern feil. Hutten warf von der Ebernburg aus fast täglich seine feurigen Pfeile in die Stadt; der Dichter Hermann von dem Busche, mit grauen Haaren noch voll jugendlicher Leidenschaft, führte in Worms selbst mündlich nicht minder wilde Reden gegen Luthers Widersacher, als Hutten schriftlich von der Ebernburg heruntersandte. Ein Mauernanschlag besagte, daß 400 vom Adel in Verbindung mit dem Landvolk sich für Luther verschworen haben. Am meisten Schrecken verbreitete die Kunde, daß Sickingen auf seinen Burgen eine zahlreiche Mannschaft versammelt halte und nur den Ausgang der Sache Luthers erwarte. Man befürchtete einen schweren und blutigen Aufstand gegen Karl und den ganzen Clerus.

Mitten zwischen diesen beiden Feuern entschied man sich für eine halbe Maßregel. Luther sollte vorgerufen werden, aber nicht um sich zu verantworten, sondern nur um sich zu erklären: ob er auf den Artikeln wider den heiligen christlichen Glauben beharren oder sie widerrufen wolle? Der Kaiser versprach sicheres Geleit. Mit diesem Beschluß, dem Ausfluß der Feigheit und Schwäche, begann jene Verpfuschung einer großen Sache, welche auf Jahrhunderte hinaus so unheilvolle Folgen nach sich zog. Die Schuld trägt nicht der Kaiser allein mit seinem römischen Anhang — von denen war nichts Besseres zu erwarten — die Schuld tragen die deutschen Fürsten, welche in einer großen Stunde sich klein und feige erwiesen. Sie gestatteten, daß der Mann, der ihren eigenen Klagen gegen die römischen Ausschreitungen nicht bloß den schärfsten Ausdruck, sondern auch die einzige Bürgschaft ihrer dauerhaften Abstellung verschaffte, zum Voraus als ein Schuldiger, als ein Verbrecher erklärt wurde. Die religiösen Positionen Luthers gegen römische Lehre und Cultus hatten wenige Fürsten sich Mühe [gegeben kennen zu lernen — dafür waren die meisten zu unwissend und gleichgiltig gegen höhere Interessen —; was sie davon hörten, wie von der Bestreitung der Messe, des Fegfeuers, der sieben Sacramente, des Heiligenkultus, mag den Meisten zu kühn geklungen haben, während Einige, wie Herzog Georg von Sachsen, zum Theil aus religiöser Ueberzeugung, zum Theil aus Besorgniß für die Religiosität des gemeinen Mannes, es verwarfen; aber die Billigkeit verlangte unter allen Umständen, daß man, sei's durch eine Disputation mit den Gelehrten der Kirche, sei's durch ein Concilium, welches ja Luther verlangt hatte, der Untersuchung Raum gab, ob er nicht auch in diesen Stücken ebenso Recht habe, wie in denjenigen, in welchen sie ihm Recht gaben. Was die päpstlichen Nuncien verlangt hatten, war logisch und klar. Was die Reichsstände mehr zugaben, als verlangten, war eine unlogische Halbheit, die ihren Grund in der Schwäche hatte. Man hatte Luther verurtheilt, ehe man ihn hörte, wozu ihn noch hören wollen? Die Vertheidigung hatte man ihm im Voraus abgeschnitten, wozu also die Vorladung? Selbst diejenigen Fürsten, die jetzt schon auf Luthers Seite standen, zeigten keinen Muth. Sein Churfürst ließ Alles ohne Protest geschehn; er ging in Worms wie auf Eiern, und fürchtete sich schrecklich vor dem Ketzernamen, den jede Kundgebung zu Gunsten Luthers nach sich zog. Den Reichstag verließ er, wie viele Andere, ehe noch das Urtheil über Luther gefällt war.

Auch das dynastische Interesse spielte bei den Fürsten des Reichstags eine große Rolle. Sie hatten eine Ahnung von den Folgen, welche die „Freiheit des Christenmenschen" für die Freiheit des politischen Menschen haben würde. Diese Seite der Bewegung kam bei mehreren ihrer Zusammenkünfte ausdrücklich zur Sprache. Wenn Luther später den Reichstag zu Worms einen „schändlichen" nannte und darin den Anfang einer heillosen Tragödie sah, so hat er ganz richtig geurtheilt.

Aus dieser Schwäche und Zerfahrenheit hebt sich das Bild des Reformators nur um so größer und glänzender. In den ersten Tagen des April trat er die Reise an, abgeholt vom kaiserlichen Herold und begleitet von treuen Freunden. Die Reise war ein Triumphzug. In Weimar und Erfurt zwang ihn die Menge, zu predigen. Am letzteren Ort wurde er feierlich vom Rector der Universität, Crotus Rubianus (dem Verfasser der Dunkelmännerbriefe) und vierzig Reitern zwei Meilen weit abgeholt. Ein freundlich gesinnter Priester, der ihm das Bildniß des als Ketzer verbrannten Savonarola übersandte, ermahnte ihn gleichwohl, bei der erkannten Wahrheit mit breitem Fuße aushalten zu wollen. Als man ihm prophezeite, er werde wie Huß zu Staub verbrannt werden, erwiederte er: „wenn sie gleich zwischen Wittenberg und Worms ein Feuer anzündeten bis an den Himmel hinan, will ich doch im Namen des Herrn erscheinen und dem Behemoth in sein Maul zwischen die großen Zähne treten und Christum bekennen und denselben walten lassen.“ Selbst der kaiserliche Herold, als er das Mandat, Luthers Schriften auszuliefern und zu verbrennen, in allen Städten angeschlagen sah, fragte diesen: „Herr Doctor, wollt Ihr fortziehn?“ Noch fast vor den Thoren von Worms ließ ihn sein besorgter Spalatin, des Churfürsten Hofprediger, abmahnen, zu erscheinen. Aber diese Natur war nicht zu brechen. „Und wenn so viel Teufel zu Worms wären, als Ziegel auf den Dächern, ich wollte doch hinein.“

Am 16. April, Vormittags 10 Uhr, kommt er endlich an; einige tausend Menschen begleiteten ihn zu seiner Herberge. Alles will den wunderbaren Mann sehen, der dem Papst so kühn an die dreifache Krone gegriffen. In seiner Wohnung gehen bis in die späte Nacht Fürsten und Gelehrte aus und ein. Schon am Nachmittag des folgenden Tages wird er vorgeladen; an der Thüre des Reichssaales ruft ihm Frundsberg sein biederes „Mönchlein, Mönchlein!“ warnend und ermunternd zu. „Ob er die vorliegenden Schriften als die seinigen anerkenne?“ wird er zuerst gefragt. Nachdem man ihre Titel genannt, bekennt er sich zu allen. „Ob er zu ihnen stehe, so wie sie seien, oder ob er das Anstößige darin widerrufen wolle?“ Das ging schnell. Er hatte erwartet, Kaiserliche Majestät werde eine redliche Besprechung zwischen ihm und „einem Doctor oder Fünfzigen“ veranstalten; jetzt sollte er in eine einzige Antwort Alles legen, was ihm auf dem Herzen brannte. Wie schnell war „weniger behauptet, als es die Sache erforderte, oder mehr, als der Sache gemäß war?“ Das war schwer zu beantworten. Er selbst war ja mit seinen Schriften lange nicht in Allem zufrieden. Er hatte hier zu tadeln, daß er in den Sachen noch zu nachgiebig, dort, daß er gegen Personen zu heftig geschrieben habe. Er bat sich in ehrerbietigen Worten Bedenkzeit aus und der Kaiser gewährte ihm einen Tag.

Am folgenden Abend wird er wieder in den Saal geführt, als schon die Fackeln brannten. Nach einem Verweise wegen der erbetenen Bedenkzeit werden wieder die gleichen Fragen an ihn gerichtet. Um sie zu beantworten, mustert er seine Bücher; er theilt sie in drei Klassen. Die ersten seien diejenigen, welche den Glauben und die Sittenlehre so evangelisch und schlicht behandeln, daß auch die Gegner keinen Anstoß daran genommen haben; da werde man keinen Widerruf verlangen. Die zweite Art sei gegen das Papstthum und seine Satzungen gerichtet, welche die christliche Welt an Leib und Seele verwüstet haben, so daß die Gewissen gefangen und gepeinigt, auch Hab und Gut der hochberühmten deutschen Nation durch unglaubliche Tyrannei verschlunden und ersäuft worden sei. Würde er da widerrufen, so würde er nur diese Tyrannei bestärken und der Gottlosigkeit und Bosheit Thür und Thor öffnen. Die dritte Art sei gegen Privatpersonen gerichtet, welche die römische Tyrannei vertheidigt haben. Da bekenne er, heftiger und schärfer gewesen zu sein, als dem christlichen Wesen und Stand gezieme. Er sei eben kein Heiliger, sondern ein Mensch. Er wolle aber seine Lehre auf keinem anderen Wege festhalten, als sein Herr Jesus Christus die seinige, der, als er von Hannas wegen seiner Lehre befragt und von einem Diener auf den Backen geschlagen worden sei, gesagt habe: Habe ich übel geredet, so beweise, daß es böse sei. Er fordere daher Alle auf, ihn seiner Irrthümer zu überführen, dann wolle er der Erste sein, seine Bücher in's Feuer zu werfen. Er vermesse sich zwar nicht, so hohen Häuptern Lehren zu ertheilen, aber er habe geglaubt, seinem deutschen Heimathlande seinen Dienst nicht entziehen zu sollen.

Auf die Deutschen machte diese Rede im Ganzen einen mächtigen Eindruck; den Spaniern und Italiänern gefiel sie natürlich nicht. Er habe nicht zur Sache geredet; zum Disputiren sei man nicht da; man verlange eine schlichte, einfältige Antwort, ob er widerrufen wolle oder nicht. „Wohlan denn! weil Eure Kaiserliche Majestät und Gnaden eine schlichte Antwort begehren, so will ich eine geben, die weder Hörner noch Zähne haben soll*): „es sei denn, daß ich durch Zeugniß der Schrift, oder mit öffentlichen, klaren und hellen Gründen überwunden und überwiesen werde (denn ich glaube weder dem Papst noch den Concilien allein nicht, weil es am Tag

*) Ein bildlicher Ausdruck von den Spitzfindigkeiten der Scholastik hergenommen, so viel als: schlicht und unmißverständlich.

und offenbar ist, daß sie oft geirrt haben und ihnen selbst sind widerwärtig gewest), so kann und will ich Nichts widerrufen, weil weder sicher noch gerathen ist, Etwas wider das Gewissen zu thun. Hier steh' ich, ich kann nicht anders, Gott helfe mir. Amen*)."

Das war der schönste Tag im Leben unseres Helden, ein Tag so rein und groß, wie er vielleicht keinem Zweiten zu Theil geworden ist. Schade, daß zu seinem vollen Glanze Eines fehlte: die Märtyrerkrone. Er hatte sie verdient und mehr als Ein Mal ohne Bangen zu ihr aufgeschaut. Sie hätte sein Bild gleich dem des Achilles in dem bezaubernden Reize unverwelklicher Jugend der Einbildungskraft der Nachwelt eingeprägt. Die Stimmung der deutschen Nation schützte den Angefochtenen und die Vorsorge seines Fürsten bot ihm gegen die Pfeile der kaiserlichen Reichsacht ein Asyl auf der Wartburg. Jetzt hat die Feder des Biographen in das Buch dieses Lebens noch 25 Jahre einzuzeichnen, an deren Ende das lebensmüde Wort steht: „es ist ein Wunder und sehr ärgerlich Ding, daß, nachdem die reine Lehre des Evangeliums wieder an den Tag gekommen ist, die Welt immer ärger geworden ist. Jedermann zieht die christliche Freiheit nur auf fleischlichen Muthwillen. Wenn ich es vor meinem Gewissen könnte verantworten, so würde ich lieber dazu rathen und helfen, daß der Papst mit allen seinen Gräueln wieder über uns kommen möchte, denn so will die Welt regiert sein: mit strengen Gesetzen und mit Aberglauben. Ich bitte Gott um ein gnädiges Stündlein, daß er mich von hinnen nehme und den Jammer nicht sehen lasse, der über Deutschland kommen muß." Welch' ein Abstand zwischen diesem lebensmüden Wort, dieser Hoffnungslosigkeit auf dem Antlitz des Greisen und jenem festlichen Triumphzug von Wittenberg nach Worms und von Worms auf die Wartburg!

Den ebenso deutlichen, als romantischen Markstein zwischen diesen zwei Lebensabschnitten Luthers bildet die Wartburg. Wenn sie für den stürmischen Helden die natürliche Pause war, in welcher er sich sammelte nach den aufregenden Kämpfen, die ihn Schritt für Schritt fortgerissen hatten, wie er für die weiteren, die auf ihn warteten, Kraft und Grundlage suchte in ruhiger Umschau und allseitiger Vertiefung in das Bibelwort, so bietet sie für den Betrachter seines Lebens von selbst den Ruhepunkt, um, den raschen Gang der sich drängenden Ereignisse aufhaltend, einen Ueberblick zu nehmen, gleichsam die Warte, von der aus die ganze Bahn dieses vielbe-

*) Siehe Anhang Anmerkung 1.

wegten Lebens sich offen legt. Der Unterschied zwischen den beiden Abschnitten ist freilich groß genug. Mit der Wartburg verändert sich die Scene vollständig. Bisher kämpfte er gegen eine längstbestandene Macht, die von dem Richterstuhl der fortgeschrittenen Zeit verurtheilt war; von jetzt an wirft er sich in den Kampf mit neuen Mächten, die aus demselben Herzen der Zeit hervor kamen, aus dem er selber entsprungen war. Bisher hatte er seine gewaltigen Schläge gegen den Rückschritt und die Anmaßungen einer freiheitsmörderischen Macht geführt; von jetzt an ist es der Fortschritt und die Freiheit, wogegen er glaubt im Interesse des ächten Fortschritts und der wahren Freiheit Front machen zu müssen. Bis dahin ist er an der Spitze aller vorwärtsdrängenden Ideen der Zeit gestanden, von jetzt an stellt er sich in den Dienst der conservativen Interessen. Bis jetzt hatte er alle voranstrebenden Kreise seiner Nation im Sturmschritt auf seine Seite gerissen, die Ritter, die Bürger, die Bauern, die Gelehrten; von jetzt an entfremdet er sich einen Stand um den anderen: die schwärmerischen Anhänger des Fortschritts im Kampf gegen Bilderstürmer und Wiedertäufer, die Bauern im Kampf auch gegen ihre berechtigten Forderungen, die besten Bundesgenossen im Abendmahlsstreit, die Philosophen und Humanisten in der Fehde mit Erasmus; und durch diese Entfremdung der besten Kräfte im eigenen Lager verleiht er dem gemeinsamen Feinde, dem Katholicismus, wieder eine Stärke, welche die Sache der Reform nach allen Seiten einschränkt, zu Zeiten fast erdrückt.

Auf der Wartburg war ihm der Feind, an dessen Sturz er sein Leben gesetzt hatte, gleichsam noch auf den Fersen; seine ganze Phantasie war noch von ihm eingenommen; wenn er in seiner einsamen Zelle an seiner Bibel saß, trat derselbe in der Gestalt des Versuchers zu ihm und auf den düsteren Waldpfaden des Gebirges, die er, um sich Bewegung zu machen, durchstreifte, sah er sich von ihm umgeben. In jede Beschäftigung drängte er seine fürchterlichen Krallen und in jedem Ding sah der Aufgeregte sein Bild. „Ich bin," schreibt er an Spalatin, „zwei Tage auf der Jagd gewesen und habe die süßlich bittere Lust der großen Helden auch kosten wollen. Zwei Hasen und ein paar arme Rebhühnerchen wurden gefangen. Hab aber auch unter Netzen und Hunden theologische Gedanken gehabt. Und so viel Lust mir die Gestalt und das Ansehen solcher Sachen gemacht, so sehr hat mich das darunter versteckte Bild gerauert. Denn was bedeutet dieses Bild, als daß der Teufel durch seine gottlosen Meister und Hunde, nämlich die Bischöfe und Theologen, die unschuldigen Thierlein jage und fange? Ach! die einfältigen gläubigen Seelen fielen mir dabei zu sehr in die Augen. Es ist noch ein schrecklicher Geheimniß dazu gekommen. Da wir ein arm Häschen auf mein Bemühen lebendig behalten und ich es in den Aermel meines Rockes gesteckt und ein wenig davon gegangen, haben unterdessen die Hunde den armen Hasen gefunden und ihm durch den Rock das rechte Hinterbein zerbissen und die Kehle zerwürgt, daß wir ihn todt gefunden. So wüthet auch der Papst und Satan, daß er die geretteten Seelen verderbet und sich wenig um meine Mühe kümmert."

Nach der Wartburg trat dieser Feind mehr in die Ferne. Der Schutz eines bedeutenden Fürsten, die Sicherheit in einem unterdessen evangelisch gewordenen Lande, dem bald andere Fürsten und Länder folgten, verminderte zwar Luthers Abscheu gegen römisches Wesen nicht im Geringsten, gestattete ihm aber, mit Ruhe und einem gewissen Behagen auf die Ränke des Romanismus herabzuschauen. Aber dafür trat ihm anderes Gewild in seinen Weg; es war in seinen eigenen Revieren aufgewachsen, aber er ließ diese Gemeinschaft nicht gelten; es wollte in demselben Walde frei leben, aber er bestritt ihm dieses Recht. Die Wiedertäufer, die „Zwingel", die Schwenkfeld, die Erasmus — sie waren in seinen Augen, wie einst die Bischöfe und Cardinäle, nur Füchse und Wölfe, die ihm seine Saaten zertraten. So verengte sich sein Gesichtskreis, wie die Welt um ihn. Aus einem Helden der ganzen Nation wurde er ein Partheihaupt, aus dem Reformator der gesammten Kirche der Stifter einer engen Separatkirche.

War er denn ein Anderer geworden? Aus einem Volksmann ein Fürstenknecht, aus einem Fahnenträger der Freiheit ein Reactionär? War er von sich selbst abgefallen? Wer ihm schon bisher scharf in's Auge geschaut hat, der wird diesen Vorwurf von ihm abwenden. Er wird in Luthers bisherigem Entwicklungsgang überall die Fingerzeige auf sein späteres Handeln entdeckt haben. Er wird zwar einen ganz eigen gearteten, aber bei allen einzelnen Widersprüchen doch in sich einigen Charakter finden. Man muß, wo man sein Handeln in dieser letzten Periode seines Lebens unbegreiflich findet, immer von der großen Bühne der Welt, auf die er hinausgestellt worden ist, den Blick zurückwerfen in die stille Klosterzelle, in welcher er 15 Jahre lang um sein Seelenheil sich abgequält hat, und manches Dunkel wird sich lichten, manches Unbegreifliche wird sich lösen.

Ein Vorwurf wird bleiben, wenn man die 25 Jahre nach der Wartburg überschaut und er ist kein leichter: Luther ist stehen geblieben. Luther nach der Wartburg bietet nicht mehr das Bild eines stetig fortschreitenden, lernenden, sich bildenden, sondern das Bild eines fertigen, crystallisirten Menschen. Es lassen sich keine zwei Namen nennen, in welchen das innerste Fühlen und Denken des deutschen Volkes so sehr culminirt, welche die Tiefe und Fülle deutschen Geistes so rein und allseitig in sich dargestellt haben, als Luther und Göthe. Beide sind die ausgeprägtesten Typen ihres Zeitalters auch darin, daß der eine, nachdem er die Höhe des Lebens erreicht hat, sich abschließt und verengt in einem fertigen Dogmatismus, der Andere in unablässigem Drange sich bildet und sterbend noch nach „mehr Licht" sich sehnt. Bezeichnet dieser sich und seine Zeit durch das schöne Dichterwort:

> Weite Welt und breites Leben,
> Langer Jahre redlich Streben,
> Stets geforscht und stets gegründet,
> Nie geschlossen, oft geründet,
> Aeltestes bewahrt mit Treue,
> Freundlich aufgeschlossnes Neue,
> Heitern Sinn und reine Zwecke:
> Nun man kommt wohl eine Strecke!

so läßt sich dagegen die Gestalt des späteren Luther am besten vorstellen und festhalten in zwei Bildern: das eine in Marburg, da er im Begriff, mit Zwingli über das Abendmahl zu disputiren, mit Kreide auf den Tisch die biblischen Worte schrieb: das ist mein Leib, und nun, verbohrt in den Buchstaben, sich gegen die einleuchtendsten Gründe seines Gegners hartnäckig verschloß, das andere in Wittenberg, da er eines Tages mit großen Buchstaben auswendig an die Thüre seines Studirzimmers die Worte schrieb: „es lehren etliche Professoren nicht lauter über das heilige Abendmahl," ein Schrecken für die ganze Universität*).

Luther hatte Anlagen zu einem großen Denker; er verband viel gesunden Menschenverstand mit einem großen speculativen Tiefsinn; aber es fehlte ihm vollständig der Geist der unbefangenen Prüfung, die Ruhe der unintereſsirten Untersuchung. Die reine Gasflamme der Erkenntniß wird stets getrübt durch die pathologische Glut seines stürmischen Wesens. Er nimmt sich nicht die Mühe, auch nur von Einem seiner Gegner zu lernen. Durch den ersten unmittelbaren

*) Siehe Anhang Anmerkung 2.

Eindruck, den er gleichsam instinctmäßig von ihnen in sich aufgenommen, ist seine Ansicht für immer bestimmt; nun hört und erwägt er ihre Gründe nicht mehr; er macht eine willkührliche Fratze aus ihnen, auf die er in blindem Wüthen losschlägt; er schleudert ihnen die heftigsten Gegenschriften zu, aber das Beste, was man zu Gunsten einiger derselben annehmen kann, ist: er kann die Schriften, gegen die er schreibt, nicht gelesen haben*). So turbulent verfährt er mit ihnen; so sehr verkehrt er ihre Sätze in's Schiefe, so blind schießt er über sein Ziel hinaus. — Zum Fortschreiten in der Wahrheit fehlte Luthern die Hauptsache: der Zweifel. Ohne den Zweifel fehlt der Trieb der Wissenschaft. Hierin dachte Luther noch ganz mittelalterlich und katholisch. Hier galt die Wahrheit als die fertige, von Gott geoffenbarte, Eine, und an dieser hing die Seligkeit. Der Zweifel galt als eine Einflüsterung des Teufels, der den Menschen um sein Seelenheil bringen will. Wer zweifelte, fuhr zur Hölle und verdiente, aus der Gesellschaft ausgerottet zu werden; nur wer glaubte, wurde selig. So dachte auch Luther. An der „reinen Lehre" hing ihm Alles. War die Wahrheit etwas Disputables, ein Gegenstand der freien Untersuchung, so war die Seligkeit ungewiß, dann wurde er wieder hinausgerissen in jenes uferlose Meer der Aengste und Gewissensnöthen, aus denen herauszukommen er sich in das sichere unantastbare Gotteswort geflüchtet hatte. Dieses zu bewahren, um der Seligkeit sicher zu bleiben, alle Zweifel und Gegenreden als Einflüsterungen des Teufels von sich zu weisen und das Ohr dagegen zu verschließen — das war Luthers Hauptbestreben von dem Augenblick an, da er seine neue Kirche in's Leben einführte. Daher diese Hartköpfigkeit, die er fremden Ansichten entgegensetzte, die Halsstarrigkeit der Ansichten, unter der Freunde — man denke an Melanchton — und Feinde litten. So blieb er nicht bloß selber stehen, sondern er wurde auch der Tyrann seiner Zeitgenossen und der Begründer einer stagnirenden Kirche auf Jahrhunderte hinaus.

Doch es ist Zeit, mit diesen allgemeinen Bemerkungen abzubrechen; sie mögen nun ihre Farbe suchen bei der lebendigen Fülle der Ereignisse.

*) „Unter allen Büchern, so die Feinde der Wahrheit wider mich geschrieben haben, hab ich gar keins ausgelesen, denn des Erasmi Diatribe, doch hab ich dieselbe auch so gelesen, daß ich oft gedachte, sie unter die Bank zu werfen, denn Alle, so bisher wider mich geschrieben haben, die haben mir in einem oder zween Blättern Argumenta gnug gegeben, die anderen hab ich Pilato geopfert und — mit Züchten zu reden — den H. dran gewischt." Tischreden.

Dritter Theil.

Der Kirchenstifter.

„Niemand, der alten getrunken hat
will alsobald neuen, denn er spricht:
der alte ist milder.“

Luc. 5, 39.

1. Die „Bilderstürmer“.

Geredet, gepredigt, geschrieben war bisher viel und scharf gegen die bestehende Kirche, aber geschehen war noch gar nichts, um die neuen Anschauungen in die Praxis des kirchlichen Lebens einzuführen. In den Schriften an den Adel deutscher Nation, über die Freiheit des Christen, über die babilonische Gefangenschaft der Kirche war der Verfassung, der Ethik, dem Kultus der Kirche das Todesurtheil gesprochen, und Luther hatte diesem Urtheil auf dem Tage zu Worms vor den Augen der Nation das Siegel aufgedrückt, aber noch bestand Alles, was die Theorie als Greuel verworfen hatte, in der Praxis zu Recht und wurde täglich geübt. Und nicht am wenigsten in Wittenberg selbst. Glänzender und ausgeprägter, als in der Schloß- und Stiftskirche zu Wittenberg trat das katholische Wesen kaum zu Rom vor die Augen. Die Frömmigkeit des Churfürsten Friedrich hatte sie kurz vor dem Beginn der Reformation neu gebaut und mit Allem glänzend ausgestattet, was dem Aberglauben des Zeitalters diente. Von einer Pilgerreise nach Jerusalem, durch schriftliche Gesuche an alle Erzbischöfe, Bischöfe, Aebte und Prälaten des Reiches, überall, wo Reliquien vorhanden, ihm davon mitzutheilen, durch kostspielige Einkäufe hatte er eine ungeheure Menge von Bildern und Reliquien zusammengebracht. Da waren 338 Stücke von heiligen Jungfrauen und 1663 von heiligen Wittwen, 363 von heiligen Beichtigern, gegen 1200 von Märtyrern, 331 von Christus, z. B. Kleider, Zähne, Haare, Stücke vom Berge Sinai, von den unschuldigen zu Bethlehem ermordeten Kindern, Milch von der heiligen Jungfrau, Fäden, die sie gesponnen, Stroh und Heu aus dem Stalle, in welchem Christus geboren u. s. w. Auf einem Flügel des großen Altarbildes von Kranach war der heilige Bartholomäus abgebildet und zu Füßen desselben, auf den Knien betend, der Churfürst; der linke Flügel zeigte seinen Bruder Johann in gleicher Stellung zu den Füßen des Apostels Jakobus.

Welche Contraste: die neue Lehre und, was das Auge täglich sah! Die Messe war längst als gottwidrig verurtheilt, und noch wurde sie täglich in aller Pracht celebrirt, abgehalten von Priestern, die nicht mehr an sie glaubten, mitgemacht von einer Menge, welcher ihre Verwerflichkeit in Predigten, Schriften und Reden seit Jahren nachgewiesen worden war.

Die schriftgemäße Einsetzung des Abendmahles „unter beiderlei Gestalt", mit Brod und Kelch war längst allem Volke aus den Evangelien und aus Paulus bewiesen, aber Niemand hatte bisher den Versuch gewagt, diese Feier in der Gemeinde einzuführen. Daß die Unterschiede der Speisen, die Vorschriften über Fleisch, Butter, Eier, Fische, die Feier von Fasttagen willkührliche Menschensatzungen seien im Widerspruch mit klaren Worten Christi, ein Zwang, den der Papst den Gewissen auferlegt hatte, und als verdienstliches Werk betrachtet, religionswidrig, war längst nachgewiesen, aber noch fand sich in der Praxis des kirchlichen Lebens Jeder von diesen Dingen gebunden. Daß das Mönchthum als ein verdienstliches Werk und die erzwungene Ehelosigkeit der Geistlichen gottwidrig sei, war der Gemeinde immer und immer wieder gelehrt worden; aber noch hatte kein Geistlicher gewagt, sich zu verehelichen*), und Tausende von Mönchen und Nonnen warteten vergeblich auf die Stunde ihrer Befreiung.

Dieser Widerspruch zwischen Theorie und Praxis, zwischen einer neuen Weltanschauung und einer abgelebten Form des öffentlichen Lebens mußte mit jedem Tage unerträglicher werden. Es war so natürlich, daß man endlich einmal anfing, abzuthun, was man als Mißbrauch und Aberglauben erkannt hatte.

Den Anfang machten die Bewohner des Augustinerklosters in Wittenberg noch im October 1521 durch den Beschluß, daß die Klostergelübde aufgehoben seien und Jedem der Austritt frei stehe, sowie durch Einstellung des Meßgottesdienstes. Es half Nichts, daß der Prior sich gegen diese Neuerungen sträubte. Auch die Universität, die vom Churfürsten aufgefordert wurde, einzuschreiten, konnte Nichts beschließen, da sie in ihren Ansichten getheilt war. Karlstadt war der Meinung, man sollte zuerst gegen den Meßunfug predigen, dann die ganze Gemeinde von Wittenberg zusammenberufen und erst

*) Jacob Seydler, Leutpriester in Meißen, der in die Ehe getreten war, war auf Befehl des Herzog Georg von Sachsen im Gefängniß hingerichtet worden.

unter ihrer Beistimmung die Messe abthun, sonst leide die Liebe Gefahr. Die Mönche meinten: vielmehr leide der Glaube Gefahr, wenn man die Messe noch länger bestehen lasse. Melanchton vertheidigte das Verfahren des Klosters. Habe Paulus die Beschneidung ganz abgethan in seinen Gemeinden, warum wir nicht die Messe? Man müsse einmal anfangen; wer die Hand an den Pflug gelegt, dürfe nicht zurückschauen. Ueberdieß haben die Mönche nicht nöthig, auf die Wittenberger Gemeinde zu warten, da sie eine eigene kirchliche Gemeinde bilden*).

Die Aufregung wuchs mit jedem Tag; schon waren 13 Mönche ausgelaufen und hetzten Bürger und Studenten gegen den Prior und die treu gebliebenen Mönche. Anfang Dezember wurde auch die Stadtgemeinde und die Universität in die Bewegung hineingerissen. Docenten und Bürger verhinderten die Abhaltung der Messe. Man trägt, da der Priester sie beginnen will, die Meßbücher weg und treibt die Priester von den Altären. Man sollte die abgöttischen Altäre mit Lauge abwaschen, eines Henkers Amt sei nützlicher, als das der abgöttischen Pfaffen — hörte man im Volke sagen. Da der zur Beilegung der Aergernisse eingesetzte Ausschuß sich abermals nicht einigen konnte, setzten die muthigeren Mitglieder desselben, Karlstadt, Melanchton voran, ein Separatvotum an den Churfürsten auf, worin sie der entstandenen Bewegung im Wesentlichen Recht gaben und die ängstlichen Bedenken des Fürsten widerlegten.

Einen entscheidenden Schritt vorwärts that Karlstadt in den letzten Tagen des inhaltsreichen Jahres. Schon lange hatte er keine Messe mehr gehalten und wenn die Reihe an ihn gekommen war, andere Domherren für sich eintreten lassen. Seitdem er aber so heftig gegen die Messe predigte, beschlossen die Domherren, ihm hinfort diese Gefälligkeit nicht mehr zu erweisen. Darauf antwortete er in einer Predigt vom 22. December: wenn sie ihn auf diese Weise nöthigen, Messe zu lesen, so werde er, wenn seine Zeit komme, eine evangelische Messe halten, wie sie Christus gehalten und eingesetzt habe. Schon am kommenden Christfest führte er dieses Versprechen aus. Zuerst betrat er die Kanzel und setzte in einer Predigt über „die Empfahung des h. Sacraments“ die Bedingungen für eine würdige Feier der h. Handlung aus einander. Hernach trat

*) Aus dem Brief des Felix Ulscenius an Capito vom 23. Oct. 1521, mitgetheilt von Jäger, Carlstadt S. 508.

er an den Altar, las den Meßcanon bis zum Evangelium, dann aber ließ er die Ceremonien und den ganzen Opferdienst sammt der Elevation weg. Endlich theilte er Brod und Wein dem Volke aus mit den biblischen Einsetzungsworten. Dieses Vorgehen Karlstadts fand großen Beifall bei der Bevölkerung. Das Volk blieb nun von allen weiteren Messen weg und „Alle sagten, es sei nicht mehr der Karlstadt, also köstliche Dinge predige er." Noch vor Neujahr fand sich die Gemeinde von Wittenberg bewogen, dem Rathe sechs Artikel vorzulegen mit der Erklärung, „dabei zu bleiben, ihr Hab und Gut, Leib und Leben darüber zu lassen. 1) Daß man einen Jeden das Wort Gottes frei soll predigen lassen; denn das Wort Gottes mag und will nit gefangen sein. 2) Alle gezwungene Meß abthun, denn es hat mancher Pfaff 5, 6, 7 oder mehr Messen den Tag in der Woche zu halten, da er deren keine mit Andacht, Hunger, Begierde, aus Lieb, mit Lust und Freud, ja mit gutem Gewissen halten kann. 3) Abthun Requiem, Begängniß, Vigilien, Brüderschaft, Votivmessen u. s. w., aus dem Grund, daß die Meß Niemandes Nutz ist, außer dem, der ißt und trinkt nach dem Befehl Christi. 4) Daß Niemand verboten werde beide Gestalt, wie man es nennt, Brodes und Weines. 5) Bier- und Schenkhäuser, da man ungebührlich Saufen hält, abthun. 6) Hurenhäuser, deren in der Stadt viele sind, austilgen und abthun, unangesehen, daß sie unter dem Rector oder Bischof gehören."

Der Rath übersandte diese Artikel dem Churfürsten, der sagen ließ, man solle warten, bis er eine Ordnung vorschlage. Das dauerte voraussichtlich sehr lang; aber Reformen, die einmal ein öffentliches Bedürfniß geworden sind, lassen sich durch die Befehle eines ängstlichen Fürsten nicht mehr aufhalten. Am Neujahrstag strömten mehr, als tausend Menschen dem neuen Abendmahl zu, desgleichen am Sonntag darauf, am 6. Januar; Karlstadt predigte alle Freitage zwei Mal, und ein Berichterstatter jener Tage versichert, daß wohl alles Volk an diesen Predigten Theil genommen habe; „die vor nie oder wenig zur Predigt gangen sein, versäumen jetzund keine." Ja es wurden tägliche Morgen- und Abendgottesdienste eingerichtet, in welchen Abschnitte aus dem alten und neuen Testamente ausgelegt wurden. Geschah so das Mögliche zu einer allseitigen Aufklärung des Volkes, so schien es jetzt an der Zeit, durch eine bleibende Gemeindeordnung die Reform zu befestigen und weiter zu entfalten. Am 24. Januar 1522 legte Karlstadt dem Rath und der Universität eine von ihm ausgearbeitete Gemeindeordnung vor. Nach derselben sollte aus sämmtlichen Kircheneinkünften und Kirchengütern ein gemeinschaftlicher Kasten gebildet werden, jedoch mit Belassung der jeweiligen Pfründner in ihrem Einkommen bis zu ihrem Tode, wofür sie dann statt Messe und Vigilien Seelsorge üben und arme Kranke besuchen sollten. Aus diesem Kasten sollen nun vor Allem die zur Arbeit untüchtigen Armen und namentlich die Waisen unterstützt und armen Handwerkern durch unverzinsliches Darlehen unter die Arme gegriffen werden; ferner sollen aus diesem Kasten behufs der Abschaffung des übermäßigen Zinsfußes von 5 oder 6 Prozent Darlehen zu 4 Prozent gemacht werden. Endlich soll man aus diesem Fond armer Leute Kinder, die Talent zeigen, studiren lassen, damit man allezeit gelehrte Leute haben möge, die das Evangelium predigen, und es auch für's weltliche Regiment nicht an geschickten Leuten fehle. Dagegen soll in Zukunft keinerlei Art von Bettel, auch nicht von Mönchen und fahrenden Schülern geduldet werden; wer nicht in die Stadt gehöre und auf dem Bettel ertappt werde, soll ausgewiesen, die Anderen zur Arbeit getrieben werden; auch keine Stationirer oder Kirchbitter sollen geduldet werden, da mehr als genug Kirchen gebaut seien. Ebensowenig sollen uneheliche (!) Personen in der Stadt sich umtreiben dürfen, man solle sie zur Ehe anhalten und wenn sie in ihrem Wesen fortfahren, vertreiben und diejenigen Einwohner, welche sie bei sich hegen, bestrafen. Um dieses Alles ausführen zu können, sollen da, wo der Armenkasten nicht ausreiche, die nöthigen Mittel durch eine nach dem Vermögen zu berechnende jährliche Steuer aufgebracht werden, zu welcher auch die Priester beizuziehen seien.

Mit dieser socialen Reform verband Karlstadt die kirchliche. Der Gottesdienst wird neu organisirt, der Einfachheit des späteren Protestantismus gegenüber immer noch reich und mannigfaltig genug; unerbittlich aber wird den Bildern das Urtheil gesprochen und an die Stelle der Messe die einfache biblische Abendmahlsfeier gesetzt. Rath und Universität hießen diese Gemeindeordnung gut. Neue Unterhandlungen der churfürstlichen Commissare mit Rath und Universität zeigten nur, wie tief diese Reformen schon in den Gemüthern eingewurzelt waren; selbst in der dringenden Nothwendigkeit, die Bilder aus den Kirchen zu entfernen, stand die Universität entschieden zu Karlstadt; nur wünschte man, daß es dabei anständig hergehe und die Obrigkeit die Sache an die Hand nehme. „Daß aber Etliche ungeschickt damit sein umgegangen, ist ohne unsere Schuld und Zuthun, auch sind die Uebertreter zum Theil vom Rath gestraft, Etliche sind entwichen." Uebrigens bemerkt die Universität, daß die tumultuarischen Scenen durch die altgläubigen Mitglieder des Kapitels hervorgerufen worden seien; „denn sie machen es selbst mit ihren argen Worten, daß Etliche aus dem Volk dieß Ding (die Entfernung der Bilder) ohne uns zu sehr und bitter angreifen und dawider reden."

Natürlich machte dieses Vorgehen der Wittenberger im ganzen Reiche großes Aufsehen. Das Beispiel fand in benachbarten Landschaften und Städten Nachahmung. Dem Churfürsten wurde von allen Seiten heiß gemacht. Die Bischöfe drohten, sich drein zu legen. Selbst das Reichsregiment zu Nürnberg führte eine drohende Sprache. Herzog Georg von Sachsen machte seinem fürstlichen Vetter heftige Vorwürfe. Die Spannung zwischen der altgläubigen und der Fortschrittspartheі, sowie zwischen Hof einerseits, Bürgerschaft und Universität Wittenberg andererseits war hochgestiegen.

Da entschließt sich Luther, selbst zu kommen. Er war lange genug gesessen; seine energische Natur bedurfte des Handelns und Eingreifens. Keine Abmahnung des ängstlichen Fürsten vermochte ihn zurückzuhalten. Er wußte sein Leben unter dem Schutz eines viel höheren Herrn, als eines sterblichen Fürsten. Noch als Ritter Georg gekleidet stieg er von der Wartburg nieder. Die Nacht, die er unterwegs im schwarzen Bären zu Jena zubrachte, ist durch die anziehende Schilderung eines Augenzeugen, des Johann Keßler von St. Gallen berühmt geworden; sein Verkehr mit schweizerischen Studenten und deutschen Kaufleuten in der Herberge zeigt denselben, der so eben von Borna aus eine von fast übermenschlichem Selbst- und Gottesgefühl strotzende Epistel an den Churfürsten abgesandt hatte, nach der Seite seiner liebenswürdigsten Menschlichkeit. Am 6. März 1522 erschien er in Wittenberg und wirkte mit dem Zauber seiner gewaltigen Erscheinung auf alle Kreise der Bevölkerung. Acht Tage nach einander ließ er sich öffentlich hören und sprach sein Urtheil über die Vorgänge aus.

Mit Recht sind diese acht Reden Luthers immer als ein höchst bedeutungsvolles Denkmal ächtlutherischen Geistes und als Meisterstücke populärer Beredsamkeit bewundert worden. Sie sind reich an goldenen Worten und tiefen Wahrheiten. Sie verfehlten auch ihres Erfolges nicht. Mit ihnen ist Luther augenblicklich wieder

Meister der Situation geworden; es ist ihm gelungen, was selten gelingt, den tieferregten Volksgeist im ersten Rausch der Revolution aufzuhalten. Aber weder jene Vorzüge, noch dieser Erfolg können das Urtheil der unbefangenen Nachwelt hemmen, daß er in der Behandlung der Wittenberger Vorgänge nicht eben glücklich gewesen ist. Es mangelte ihm durchaus eine natürliche und unbefangene Auffassung der Sachlage. In dem Briefe an den Fürsten, in welchem er seinen Wiedereintritt in die öffentliche Wirksamkeit ankündigt, spricht sich in einer großartigen Weise die Stimmung eines genialen, von seiner weltgeschichtlichen Mission durchdrungenen Geistes aus, aber etwas mehr prosaische Nüchternheit und praktischer Takt wäre ohne Zweifel in diesem Augenblick für die Weltgeschichte von größerem Nutzen gewesen. Man hat bisher durchgängig, geblendet vom Glanze des lutherischen Namens, die Wittenberger Reformversuche in der künstlichen und willkührlichen Beleuchtung betrachtet, unter welche sie Luther gestellt hat! Rücken wir sie wieder in ihr natürliches Licht!

Was war denn in Wittenberg geschehen? Ein reifer Apfel war vom Baume gefallen. Man hatte Reformen eingeführt, die unmittelbar aus dem Geiste des von Luther religiös erregten und bearbeiteten Volkes flossen, welche die natürliche Folge seiner ganzen bisherigen Lehrwirksamkeit waren, deren Dringlichkeit er zu einem großen Theil in seinen Schriften von der Wartburg her in den stärksten Ausdrücken ausgesprochen hatte, denen er sich, wenn er selbst dagewesen wäre, keine Stunde länger hätte entziehen können, die er selbst in allen wesentlichen Punkten anerkannte und stehen ließ. Nun sehe man, wie Luther eifert! Der Teufel hat die Suppe eingebrockt — das ist der Alles beherrschende Gesichtspunkt, unter welchen er diese Wittenberger Vorgänge stellt. „Wir streiten hier nicht wider den Papst, Bischof und weltliche Fürsten, denn das sind grobe Köpfe, die man wohl erkennen kann, daß sie irren und nur grob Ding fürgeben, sondern wir streiten wider den Teufel, wider die Geister der Bosheit unter dem Himmel, nicht wider Fleisch und Blut. Laßt euch nicht dünken, daß der Satan schlafe und stille halte; ja, er greift's an allen Orten und mit allen Listen an. Er hat gar mancherlei Künste; gehet ihm eine nicht fort, so hat er bald eine andere: wir sind ihm viel zu schlecht und einfältig, er ist ein Tausendkünstler. Er siehet das wahre Licht des Evangelii so klärlich aufgehen, daß er ihm nicht darf gerade unter Augen sehen, derhalben wollt' er ihm gerne zur Seiten beikommen und sein Heil allda versuchen, ob er neben einreißen könnte. Ich kenne ihn wohl, er kennt mich wohl, ich hoffe aber, ich sei sein Meister" — so verrückt er schon in der ersten Predigt die natürliche Auffassung einer so einfachen Sache.

Hören wir nun, was er zu tadeln findet. Es sind drei Punkte: 1) daß man ohne Ordnung, 2) daß man zu eilig verfahren sei, 3) daß man wieder einen neuen Zwang aufrichte.

Den ersten Punkt berührt er nur vorübergehend. Ohne Ordnung — er meint zu demokratisch. Es hätte nicht sollen von Einzelnen und Bürgerversammlungen ausgehen; es hätte der Obrigkeit sollen überlassen werden. Freilich welcher Obrigkeit? Die neue Kirche hatte noch keine. Die bisherige Kirchengewalt war durch die Reformation lahm gelegt; von den Bischöfen konnte man nicht erwarten, daß sie Messe und Bilder abschaffen. Daß die kirchlichen Rechte der Bischöfe auf die weltliche Obrigkeit, auf den Fürsten und seine Räthe überzugehen haben, war noch neu. Eine neue Kirchenordnung war noch nicht da. Helfe, wer kann! Wir hörten, wie es gegangen ist. Bürger und Studenten verlangen stürmisch die Reform. Rath und Universität sind einverstanden. Waren Rath und Universität nicht auch Obrigkeit, Träger einer amtlichen Gewalt? Nur der Churfürst wollte nicht. Sollten kirchliche Reformen von seinem Winke abhängen? Seit wann galten die Fürsten als die Organe der Kirchengewalt? Hatte Luther nicht oft genug geklagt und gesagt, daß es dem Fürsten am Glauben fehle?

Daß er Alles in Ordnung gefunden hätte, wenn nur er, Luther, diese Reformen durchgeführt hätte, verhehlt er nicht. „Wenn der Teufel denjenigen, so dieß Spiel haben angefangen, beim Sterben diese Sprüche oder dergleichen wird fürhalten: „alle Pflanzen, die mein himmlischer Vater nicht gepflanzt hat, die werden ausgereutet (Luther meint Alle, die sich zu Lehrern und Reformern aufwerfen, ohne von Gott dazu berufen zu sein) Matth. 15, 12 oder den aus dem Propheten Jeremia: „ich sandte die Propheten nicht, dennoch liefen sie, ich redete Nichts mit ihnen, dennoch predigten und weissagten sie Jerem. 23, 21, wie wollen sie bestehen? Sie werden gewißlich zur Hölle fahren müssen. Ich aber will dem Teufel wohl eine Sprütze (Spitze?) für die Nase halten, daß ihm auch die weite Welt soll zu enge werden. Denn ich weiß und bin's gewiß, daß ich solches mein Predigtamt nicht von mir selb's hab angenommen, noch mich eingedrungen, sondern bin hiezu gefordert und auch wider meinen Willen allhier zu predigen erwählet. Darum habt ihr Unrecht gethan, daß ihr ein solch Spiel ohne mein Geheiß und Zuthun habt angefangen." Daß er sich darüber ärgerte, Andere ernten zu sehen, wo er gesät hatte, ist menschlich, aber vergessen hat er doch, daß Karlstadt, der die Bewegung leitete, Dr. der Theologie und verordneter Prediger war — wenn auch allerdings nicht an der Schloßkirche — und etwas stark ist es für einen Reformator, der mit Menschensatzungen so unerbittlich abgefahren war, Leute, die etwas Gottwohlgefälliges gethan haben, zur Hölle zu schicken, nur weil ihnen der Amtsrock, die von Menschen ertheilte Weihe dazu fehlte.

Der zweite Tadel, der immer wiederkehrt, betrifft die zu große Eile. Es hätte nicht so pressirt. Man hätte mit den Schwachen mehr Geduld haben sollen. Man hätte die Mißbräuche erst aus den Herzen wegpredigen sollen, dann wären sie von selbst gefallen. „Mit dem Wort nimmt Gott das Herz gefangen; wenn das eingenommen ist, so hast du den Menschen schon gewonnen. Alsdann muß das Ding zuletzt von ihm selbst fallen und aufhören. Wenn nun aber darnach aller Muth und Sinn zusammenstimmet und der Sachen zugleich Eins werden, so daß keine Schwachheit mehr vorhanden ist, da thue man denn ab, was nicht recht ist. Wo aber noch nicht Aller Gemüth und Herz dabei sind, da laß es Gott walten, da bitte ich dich drum; denn du richtest nichts Gutes an." — „Darum soll man das Wort frei gehen lassen und nicht unsere Werke dazu thun. Wir haben jus verbi, und nicht executionem, das ist, das Wort sollen wir predigen, aber die Folge Gott heimgestellt sein." — „Nehmt ein Exempel an mir. Ich bin dem Papst, dem Ablaß und allen Papisten entgegengestanden, aber mit keiner Gewalt, mit keinem Frevel, mit keinem Stürmen, sondern Gottes Wort hab ich allein getrieben, gepredigt und geschrieben, sonst hab ich gar Nichts dazu gethan. Dasselbe Wort, wenn ich geschlafen hab oder bin guter Dinge gewesen, hat so viel zuwege gebracht, daß das Papstthum so schwach und unmächtig worden ist, daß ihm noch nie kein Fürst noch Kaiser so viel hat können abbrechen. Ich hab's nicht gethan; das einige Wort, von mir gepredigt oder geschrieben, hat solches Alles ausgericht und gehandelt. Wenn ich auch hätte mit Gewalt und Ungemach hierinne gefahren, ich sollt wohl ein solch Spiel angefangen haben, daß Deutschland wäre dadurch in groß Blutvergießen gekommen. Aber was wäre es? Ein Narrenspiel wäre es gewesen und ein Verderbniß an Leib und Seel. Ich bin stille gesessen und habe das Wort lassen handeln. Was meint ihr wohl, daß der Teufel gedenke, wenn man solch Ding will mit Rumor ausrichten? Er sitzt hinter der Höllen und gedenkt also: O wie sollen mir die Narren so ein fein Spiel zurichten! also wollt' ich's haben, mir wird ein Theil aus dieser Beute wohl werden, laß sie also fortfahren, das ist eben ein Spiel für mich, an dem ich meine Lust habe. Mit solchem Stürmen geschieht dem Teufel kein groß Leid, sondern dann macht man ihm bange, wenn wir das Wort treiben und dasselbe allein wirken lassen, dasselbige ist allmächtig und nimmt die Herzen gefangen. Wenn das Herz gefangen ist, so muß das Werk von ihm selber fallen und zu Trümmern gehen."

Gewiß vortreffliche Grundsätze! nur passen sie nicht recht auf den Fall, auf welchen sie hier angewendet werden. Gepredigt hat man in Wittenberg genug gegen die Mißbräuche, ehe man sie abschaffte. Täglich zwei Mal, hörten wir, wurde gepredigt und alles Volk strömte mit einem vorher nie gesehenen Interesse diesen Predigten zu, und eine Folge dieser Predigten waren die Bürgerversammlungen mit ihren Artikeln, die sie dem Rath vorlegten, waren die Entscheidungen des Klosters, des Rathes und der Universität. Aber sind diese Grundsätze so, wie sie hier von Luther ausgesprochen werden, überhaupt für diese Welt? Es liegt darin ein kühner, großartiger Idealismus, der aber vollständig unpraktisch ist. Er macht jede Reform in der Welt unmöglich. Wenn man, wie Luther verlangt, mit einer Reform warten müßte, bis Jedermann von ihrer Nothwendigkeit überzeugt ist, bis kein Schwacher mehr übrig ist, der aus geistiger Beschränktheit sich daran ärgert, und kein Selbstsüchtiger, der sie aus Eigennutz verabscheut, so würden die Dummen und Interessirten die Welt regieren und ein Fortschritt wäre unmöglich. Luther ist gegen die Bilder in der Kirche, wie Karlstadt; er wünscht, sie wären in der ganzen Welt abgethan; daß er sie aus Kunstsinn, aus ästhetischen Gesichtspunkten beibehalten wissen wollte, wie eine spätere Zeit zu seinen Gunsten gegenüber der vermeinten Verstandesnüchternheit eines Zwingli fabelte, davon findet sich wenigstens in diesen acht Reden auch nicht die leiseste Andeutung. Aber er will sie nicht entfernt wissen, so lange es glaublich ist, daß auch nur noch ein Einziger religiöse Förderung aus denselben ziehe. Da sind richtige Grundsätze so in's Maßlose überspannt, daß sie in keiner Zeit zum Maßstabe reformatorischen Wirkens gemacht werden könnten; Luther selbst hat nie nach dieser Maxime gehandelt.

Luther vergöttert das Wort gegenüber der That. Das Wort ist der reinste Ausdruck des Geistes, aber ist die Welt nur Geist, nicht zugleich Stoff? Warum hat der Mensch nur jus verbi, nicht auch executionem? Sind wir nur zum Reden geboren, nicht auch zur That? Kein Werk, das Menschenhand gebaut, zerfällt von selbst; Menschenhand muß es wieder zerstören. Luther in seinem Idealismus hatte wenig Sinn und Interesse für äußere Organisation. Wie er Glaube und Werke scharf von einander schied und neben der inneren Glaubensseligkeit den letzteren eine mehr untergeordnete Stelle anwies, so schied er Geist und Form. Das Aeußere war ihm mehr oder weniger gleichgiltig. Daß der Geist zu seiner gesunden Entfaltung und naturgemäßen Wirksamkeit auch der entsprechenden Form bedürfe, erkannte er nicht. Zwingli verfuhr hierin ganz anders. Während wir hier Luther auf Seiten der Aengstlichen und Conservativen sehen im Kampfe gegen die praktischen Reformen, die doch aus den Grundsätzen der Reformation flossen, sehen wir im Gegentheil Zwingli für die neuen Formen im Kampfe mit den Aengstlichen und Bedenklichen. Während der Disputation zu Bern wurden die Bilder und Altäre aus den Kirchen weggenommen und Zwingli warnte in einer Predigt vor denen, welche verlangten, man solle die Gözen zuerst aus dem Herzen thun und dann erst aus den Augen. Die liebevolle Schonung der Schwachen kannte und übte Zwingli so gut als Luther; man weiß, daß er, nachdem er bereits die schriftgemäße Austheilung des Abendmahles in die kirchliche Gemeindeordnung aufgenommen hatte, die Messe für die Schwachen noch fortbestehen ließ; man kennt sein schönes Wort: „es läßt sich das Kind nicht von der Bank, bis daß du ihm einen Stuhl hast dargestellt, so lange es nicht ohne fremde Hilfe gehen kann; also soll man auch diejenigen, so des Evangeliums nicht vollkommen berichtet sind, nicht übereilen mit Abthun der Gözen, bis daß ihnen der Glaube an den einigen wahren Gott recht an's Herz gelegt worden." Aber er schlug als praktischer Mann den Werth einer äußeren Organisation der Kirche höher an, als Luther, und beeilte sich, sein Werk unter Dach zu bringen.

Luther, maßlos, wie er immer war, in Verfolgung eines Gedankens, der gerade auf seinem Wege lag, treibt den Grundsatz von der Schonung der Schwachen auf eine Spitze, auf welcher er unwahr wird. Ist denn die Rücksicht auf die Schwachen ein absoluter sittlicher Grundsatz, der kein Maß und keine Schranke hat? Hat er nicht seine Schranke an der Wahrheit und sein Maß an der Ueberzeugung? Muß ich, um das Gewissen des Schwachen zu schonen, mein starkes Gewissen unbedingt und unter allen Umständen opfern? Luther selbst handelte und sprach sonst nicht so. Er war es gewesen, der in seinen beiden Schriften von den Klostergelübden und vom Mißbrauch der Messe von der Wartburg herunter zu sofortigen und energischen Reformen aufgerufen hatte. Er hatte erklärt: „darum sollen wir unser Gewissen stärken und den Worten Gottes fest und beständig anhangen, welche uns sagen, daß das Meßpfaffenthum vor Gott Nichts ist." Er hatte es als unbegreiflich bezeichnet, daß Gott den grausamen Irrthum des allerheiligsten Sacramentes so lange habe dulden mögen. Er erkennt in dem Umstande, daß durch das Meßopfer täglich so viele Seelen ewiglich verderbt und verdammt werden, einen grausamen Zorn Gottes, und sagt: „darum rathe ich allen Priestern, daß sie von Stund an Buße thun, die Messe nachlassen und wieder Laien werden." Er nennt die Meßpriester „Baalspriester", deren Amt und Priesterthum man niederwerfen müsse, „Priester des Teufels", deren Amt und Priesterthum durch den Teufel in die Welt geführt sei, und ruft aus: „darum sehe ein jeglicher Christenmensch die große unzählige Menge der Mönche und Pfaffen an, mit ihren Messen, Opfern, Gesetzen, Lehren und allen ihren Werken, so wird er nichts Anderes sehen, denn des Teufels eigen Volk und Diener, ein ungläubig Volk der Verderbung, welches dem Zorn Gottes ewiglich verfallen ist." Er fordert alle, die da Christen sein wollen, auf, die Messe, durch Wirkung des Teufels mit Betrügung der ganzen Welt zu einem Opfer wider das Evangelium, wider den Glauben und wider die Liebe gemacht, umzustoßen, abzuthun, „und sollen nicht ansehen, daß etliche fromme Leute ohne Sünde dieselbe in einem christlichen Irrthum gebrauchen können und sollen allen Fleiß fürwenden, daß wir die Weise und Form, wie es Christus eingeführt hat, wieder herfürbringen*)." Nach solchen Aussprüchen

*) Schenkel, das Wesen des Protestantismus, 2. Auflage S. 44. Vergeblich sucht Köstlin (Luthers Theologie, 2. Band S. 74) die Folgerungen zu entkräften, die Schenkel aus solchen Lutherworten gezogen hat.

und Aufforderungen kann Luther den Wittenbergern zürnen, daß sie die Messe so eilig abgethan, und gute Lust bezeugen, sie den Stürmern zum Trotz wieder einzusetzen! Seltsamer Widerspruch! Eine Einrichtung, die er als einen vom Teufel erfundenen Greuel ansieht, durch welchen täglich viele tausend Seelen ewig verdammt werden, hätte sollen noch länger beibehalten werden um einiger hartnäckiger, am Bestand der Messe pekuniär interessirter Anhänger des Alten willen, während, wie wir gehört haben, das Volk von der Messe wegblieb, sobald es Gelegenheit hatte, eine Abendmahlsfeier nach biblischer Einsetzung zu halten. Das heißt doch den Grundsatz von der Schonung der Schwachen auf eine ungereimte Spitze treiben!

Verwandt mit diesem zweiten Vorwurf, den Luther gegen die Reformen in Wittenberg erhebt, ist der dritte, daß man nämlich einen neuen Zwang einführe, wieder ein Gesetz aufrichte, aus dem Freisein ein Mußsein mache und so vom evangelischen Geiste wieder in's Papstthum zurücksinke. Die Grundsätze, die er über diesen Punkt aufstellt, sind ächt freiheitlich und groß. „Summa summarum: predigen will ich's, sagen will ich's, schreiben will ich's, aber zwingen und dringen mit Gewalt will ich Niemand; denn der Glaub will willig und ungenöthigt sein, und ohne Zwang angenommen werden.“ Es giebt Dinge, von denen gilt das Mußsein, das sind die Werke, welche von Gott geboten oder verboten sind und welche die hohe Majestät Gottes also zu thun verordnet hat. Aber selbst von diesen gilt, daß ich Niemand mit den Haaren dazu oder davon ziehen soll, sondern das Wort soll ich frei predigen und wirken lassen ohne unser Zuthun. Denn ich kann keinen gen Himmel treiben oder mit Knütteln zuschlagen.“ Ein Beispiel. Die Winkelmesse ist offenbar gottwidrig, aber gleichwohl soll ich sie keinem nehmen, der sie nicht, durch's Wort belehrt, von selber fallen lasse. Die Feier des Abendmahls unter beiderlei Gestalt ist offenbar schrift- also gottgemäß, gleichwohl soll ich keinen dazu zwingen, wie es diejenigen thun, die daraus eine Gemeindeordnung, also ein Gesetz gemacht haben.

Andere Werke aber sind frei, die kann Jeder lassen oder halten, wie er will. Sie sind zu verwerfen, wenn sie als äußere Gesetze aufgebürdet werden, aber ebenso verwerflich ist es, wenn man sie verbietet. Wer beichten will, möge es thun. Aber die Kirche soll die Beichte nicht vorschreiben. Solcher freier Dinge giebt es noch viele: ob man das Abendmahl unter einer oder beiderlei Gestalten nehmen, im Kloster bleiben, Bilder in der Kirche haben, die Fasten halten wolle oder nicht: das Alles ist für das Wesen des Glaubens gleichgiltig, da gilt weder Gebot noch Verbot. Da handle Jeder nach seinem Gewissen und sorge dafür, daß er in seinem Gewissen sicher sei.

Gewiß sind diese Grundsätze ächt protestantisch und bilden den Kern der lauteren Geistes- und Gewissensfreiheit. Nur schießen sie in der Anwendung, die Luther hier von ihnen macht, wieder weit über's Ziel. Daß Einzelne die Messe für sich nicht mehr feierten, wie die Augustiner, das billigte er. Aber daß die Feier des Abendmahles nach biblischer Einsetzung zu einer „gemeinen Ordnung" gemacht wurde, das verwarf er als kirchlichen Zwang. Aber dann ist jede kirchliche Gemeindeordnung ein Zwang und Luther hat ihn selbst geübt. Wenn die Aufhebung der Klöster, nachdem sie von der öffentlichen Meinung verurtheilt sind, ein verwerflicher Zwang ist, dann kann die Gesellschaft niemals einen kirchlichen Mißbrauch entfernen, ohne einen Zwang zu üben. Das von Luther geltend gemachte Princip würde jede Kirche unmöglich und den unbeschränkten Individualismus zum obersten Gesetz machen.

Die Stellung, welche Luther den freien Stücken in der Religion, den sogenannten *ἀδιάφορα*, anweist, ist ganz richtig, aber er hat völlig übersehen, daß gewisse Dinge, die an sich unschuldig und gleichgiltig sind, durch die Umstände sehr wichtig werden können. Nein! die Messe, das Fasten, die Bilder, die Klöster, der Cölibat waren damals keine *ἀδιάφορα*, keine unschuldigen Dinge; denn in ihnen concentrirte sich der Gegensatz des katholischen Wesens gegen die neue evangelische Wahrheit. Die Messe war das Herz des Katholicismus, das Fasten war ein Kirchengebot, das den Gewissen einen ungöttlichen Zwang auflegte, an die Bilder hing sich der ganze Heiligencultus der Kirche, im Klosterleben und im Cölibat der Geistlichen sprach sich die Lehre von den verdienstlichen Werken am handgreiflichsten aus; das waren in der Wirklichkeit keine freien und unschuldigen Stücke. Wer auf ihre Entfernung einen großen Werth legte, handelte vollständig richtig, während Luther auch hier wieder in abstractem Idealismus die Gesetze der Wirklichkeit übersah. Luther selbst erklärt in der vierten Predigt: wenn dich Jemand drauf dringen wollt, wie denn der Papst gethan hat mit seinen närrischen, tollen Gesetzen, du solltest nicht Fleisch essen auf den Freitag, sondern Fische, deßgleichen in der Fasten Fische und nicht Fleisch, Eier oder Butter essen oder nicht essen und so fortan, da sollst du dich mit keiner Weise an deiner Freiheit, die dir Gott gegeben hat, dringen lassen, sondern ihnen zu Trotz das Widerspiel thun und frei sprechen: ja, eben darum, daß du mir verbeutest, Fleisch zu essen, und unterstehst dich, aus meiner Freiheit ein Gebot zu machen, so will ich dir's zu Trotz essen. Und also sollst du in allen Dingen thun, die da frei sind. Deß nimm ein ander Exempel. Wenn mich der Papst oder sonst Jemand zwingen wollt, ich müßte die Kappen tragen, so wollt ich ihm zu Trotz die Kappen ablegen, Gott gebe, er lachte oder sähe sauer dazu, ja wenn er gleich rasend oder unsinnig, toll und thöricht darüber würde. Denn was mir Gott nicht verbeut und ich's frei hab' zu thun oder zu lassen, da soll mir kein Mensch, ja kein Teufel noch kein Engel irgend ein Gebot daraus machen und sollt es auch Leib und Leben kosten." Aber gehörten nicht alle die Dinge, auf deren Abschaffung Karlstadt und die Seinen drangen, eben in diese Klasse der vom Papst dem Christen auferlegten und für seine Seligkeit gebotenen Dinge? Was war also zu tadeln, wenn sie im Bewußtsein ihrer christlichen Freiheit sagten: wir thun das nicht mehr, weg mit diesen Geschichten? War denn die Beschneidung nicht auch ein ἀδιάφορον und doch erklärte Paulus Gal. 5, 2: „Siehe, ich Paulus sage euch, daß, wenn ihr euch beschneiden lasset, Christus euch Nichts nützen wird."

Das herbe Auftreten Luthers gegen die Wittenberger Stürmer hat etwas Auffallendes. Im Einzelnen war an diesen Vorgängen gewiß Vieles mit Recht zu tadeln; Ausschreitungen und Rohheiten Einzelner lassen sich bei solchen Reformversuchen niemals vermeiden. Daß er das Heft wieder zur Hand nahm, war gewiß an der Zeit. Aber zu diesem grundsätzlichen Angriff lag in der Natur der Dinge keine Veranlassung.

Es kommt Manches zusammen, um dieses Auftreten Luthers zu erklären. Einmal seine lange Abwesenheit vom Schauplatz jener Vorgänge: natürlich waren ihm von seinen ängstlichen Freunden die Dinge im schlimmsten Lichte dargestellt, die Ausschreitungen Einzelner, die Rohheiten der Menge vor allem Anderen berichtet worden. Einseitig unterrichtet, trat er von seiner einsamen Festung in eine unruhig wogende Menge und sogleich auf die Bühne. Dazu kam das Unbehagen, ein Werk, das er doch begonnen hatte und wofür man ihn allein verantwortlich machte, in anderen, untergeordneten Händen zu sehen, das Heft sich aus der Hand gerissen zu wissen, und doch an jeder Wunde, die das Schwert macht, Schuld sein zu müssen.

Der Gedanke an das Urtheil der Welt, welche an diesen kühnen Neuerungen auf dem praktischen Felde der Kirche noch größeren Anstoß nehmen mußte, als an den bisherigen nur theoretischen Verneinungen, machte ihm bange für den Fortgang seines Werkes.

Endlich war es überhaupt jene seiner Natur eingeborene zähe Anhänglichkeit an das Bestehende, der tief conservative Zug seines Wesens, der, wie er ihm früher nur schwer und langsam erlaubt hatte, mit altgewohnten Anschauungen zu brechen, so nun seine Schritte hemmte, da es galt, längst bestandene Einrichtungen wegzuthun. Daß einer so gründlich conservativen Natur ein so tiefer Bruch mit der Vergangenheit, wie die Reformation war, zugemuthet wurde, war eine seltsame Fügung, aus der allein das Widerspruchsvolle dieses eigenthümlichen Charakters erklärt werden kann. Die Messe hat er als einen Greuel erkannt, und doch, da sie nun abgethan ist, ist's ihm zu schnell gegangen und er kann mit dem Gedanken spielen, sie denen zum Trotz, die so rasch mit ihr abgefahren sind, noch einmal aufzurichten. Die Bilder wünscht er in der ganzen Welt abgethan und doch will er von ihnen nicht lassen. Er verdreht in offenbar sophistischer Weise*) das deutliche Bibelwort: „du sollst dir kein Bild noch Gleichniß machen," um nur nicht zugeben zu müssen, daß ihre Abschaffung durch Gottes Wort geboten sei. Aber am schrecklichsten ist ihm der Gebrauch, den diese Reformer eingeführt hatten, daß jeder Communikant den Abendmahlsbecher selbst in die Hand nehme. „Ihr habt euch in diesem Stücke grob vergriffen und an diesem köstlichen Schatz allzufreventlich gehandelt, daß auch nicht Wunder wäre, wenn Gott euch alsbald gestrafet hätte. Das Andere hätte Gott alles konnt leiden, aber mit diesem Stück so freventlich zu handeln, das kann und mag er nicht leiden. Und werdet ihr in diesem Stück nicht abstehen, darf mich kein Kaiser noch König noch sonst Jemand von hinnen jagen; ich will wohl ungetrieben selber von euch laufen. Ich darf wohl und frei sagen, daß mir meiner Feinde keiner, wiewohl sie mir viel Böses beigebracht, so viel Leides gethan hat, als eben ihr, meine Freunde, in diesem Stück. Ihr habt mich hierinnen recht troffen." Beides ist begreiflich, daß jene so handelten, dieser so fühlte. Nachdem der

*) Es heiße wohl: du sollst kein Bild machen, aber nachher auch: du sollst sie nicht anbeten, es sei also nur dasjenige Machen verboten, das mit dem Zweck der Anbetung verbunden sei.

Glaube an die Verwandlung des Brodes und Weines in den Leib Christi gefallen, war auch die altabergläubige, ehrfurchtsvolle Scheu vor den Abendmahlselementen dahin und überdieß schienen die Einsetzungsworte das Ergreifen des Brodes und Kelches als den ursprünglichen Brauch der ersten Christen vorauszusetzen. Luther dagegen hatte jene Scheu von seiner langen Gewohnheit her beibehalten und durch den neuen ihm eigenen Glauben, als sei im Brod und Wein der wirkliche Leib Christi, in sich befestigt. Daher erschien ihm jenes Thun als ein Frevel am Heiligthum. Von diesem Gefühl beherrscht, machte er Nichts daraus, die Schrift zu drehen. Daß die Worte: „nehmet, esset, das ist mein Leib" voraussetzen, die Jünger haben's mit den Händen gegriffen, ist auch ihm „ungezweifelt und gewiß," aber handumkehr sucht er diese Gewißheit durch sophistische Erklärungskünste*) wieder in Zweifel zu ziehen. Er glaubt, eines noch sichereren Bibelwortes zu bedürfen, um gegen den Anlauf des Teufels in dieser Sache zu bestehen. Zwar will er nicht behaupten, daß die Wittenberger gesündigt haben, indem sie den Leib Christi mit den Händen ergriffen, und in kräftig reformatorischem Geiste spricht er sich gegen die abergläubige Scheu aus, mit welcher in der katholischen Kirche gottesdienstliche Gegenstände behandelt wurden**), aber gut haben sie nicht gehandelt, dieweil sich die ganze Welt über diesem Stück ärgere. „Denn dieser Brauch ist in der ganzen Christenheit, daß man das hochwürdige Sakrament von des Priesters Händen empfahe." Und einmal im Fahrwasser katholischer Anschauungen und Gefühle versinkt er immer tiefer in diesen Grund. Das Ergreifen oder Nichtergreifen des Kelches wird ihm zu einer Sache, bei der es sich um des Teufels Anläufe, also um Seligkeit und Unseligkeit handelt; Etwas, das handgreiflich unter die ἀδιάφορα, unter die freien und unschuldigen Stücke gehört, wird ihm plötzlich zu einer Sache, die Gott anlanget, und seine Schlußermahnung über diesen Streitpunkt lautet: „Derwegen, lieben Freunde, laßt uns säuberlich und weislich

*) Nehmen müsse nicht nothwendig ein Ergreifen mit den Händen bedeuten, von Christus am Kreuz stehe auch: er habe den dargebotenen Essig genommen.

**) In dem ersten Abdruck der acht Sermone spricht sich der reformatorisch-protestantische Geist da und dort frischer und schärfer aus, als in den späteren Ausgaben. Dort wird der Tadel weniger gegen das Belassen des Kelches selbst gerichtet, als dagegen, daß man daraus einen Zwang macht und das Wesen des Christenthums in diese Aeußerlichkeit setzt.

in den Sachen handeln, so sie Gott anlangen, denn Gott kann keinen Schimpf leiden. Die Heiligen mögen noch Schimpf dulden (er meint die Zerstörung der Bilder), aber mit Gott ist es ein viel anderes. Derhalben so tretet davon ab, darum bitt ich euch." Hier ist von protestantischem Geist wenig mehr zu merken. Daß man das hochwürdige Sacrament nicht mehr aus Priesters Händen empfängt, daß Laien wagen den Kelch selbst in die Hand zu nehmen, obgleich dieses Thun auch nach Luthers Ansicht biblisch begründet ist, das trifft ihn tiefer, als Alles, was seine papistischen Feinde ihm angethan haben, um deßwillen droht er Wittenberg zu verlassen, das ist ihm eine Sache, die Gott anlanget und Gottes Ehre verletzt. Da spricht nicht mehr der Reformator, sondern der Mönch, das ist derselbe Luther, der 20 Jahre später, im Jahr 1542, als bei Vertheilung des Abendmahles einige Tropfen verschüttet wurden, mit Bugenhagen aus seinem Stuhle sprang und nebst den administrirenden Geistlichen die Tropfen mit der Zunge auflecktc und durch sein ganzes Wesen an den Tag legte, wie sehr der Unfall ihn im Innersten erschütterte.

Die Stellung, welche Luther zu den Bewegungen in Wittenberg einnahm, wurde in mehr als Einer Hinsicht verhängnißvoll für ihn und sein Werk.

Wir finden hier den Reformator zum ersten Mal auf der Seite der Reaction und es sollte nicht das letzte Mal sein. Bisher war er der unaufhaltsam Voranschreitende gewesen, jetzt ist er der Hemmende. Er hat die protestantischen Grundsätze nicht eigentlich verläugnet, aber er ist vor ihrer energischen Durchführung erschrocken. Der kräftige Antrieb zum Handeln, der von der Bürgerschaft ausgegangen war, ist zurückgedrängt und die Freudigkeit energischer Aktion ist gelähmt.

Aber noch viel schlimmer ist, daß die kirchliche Reform aus den Händen der Gemeinde, die sie so kräftig angefaßt hatte, in die Hände des Fürsten hinübergespielt wird. Nachdem Papst und Bischöfe als die bisher einzigen Vertreter der religiösen und kirchlichen Interessen gestürzt waren, fiel die Besorgung dieser letzteren naturgemäß nicht dem weltlichen Fürsten, sondern der religiösen und kirchlichen Gemeinschaft zu. Wir sahen, wie schön und richtig die kirchliche Gemeinde in Wittenberg diesen ächt protestantischen Grundsatz gehandhabt hat. Die Bürgerversammlungen stellten ihre Forderungen, der Rath und die Universität genehmigte diese und so wurden sie zur Gemeindeordnung. Sie betraten ganz den Weg, von welchem der kirchliche Protestantismus nie hätte abweichen sollen, sie legten, wie zu der Apostel Zeiten (Act. 6, 1—8) die Kirchengewalt in die Hände der Kirchgemeinde. Luther ist es gewesen, der hier zum ersten Mal thatsächlich die Organisation der kirchlichen Dinge dem Fürsten übertragen hat. Wenn er den Reformen vorwirft, daß sie unordentlich, d. h. ohne die Obrigkeit geschehen seien, so meint er damit eben den Fürsten. Von jetzt an werden religiöse Angelegenheiten, welche doch Sache der freien Ueberzeugung, des Glaubens sind, wie staatliche Gesetze behandelt, die von oben herab, im Kabinet des Fürsten und seiner Räthe gemacht und vorgeschrieben werden! von jetzt an kommt der schreckliche Grundsatz auf: cujus regio, ejus religio, d. h. wem Land und Volk gehört, der hat auch die Religion zu bestimmen, die im Lande gelten soll. Da wäre es am Platze gewesen, von einem Zwang, von einem neuen päpstlichen Gesetz zu reden. Luther durfte die bitteren Früchte dieses Systems theilweise selbst noch genießen. Wie freudig hatte sich Rath und Bürgerschaft von Wittenberg bereit erklärt, das Kirchenvermögen zu Gemeindezwecken, zur Unterstützung der Armen, zur Hebung der Schulen, zur Förderung aller Bildungsinteressen zu verwenden! Aber wie wenig fiel für alle diese Zwecke ab, sobald die Fürsten das Kirchenvermögen in die Hände bekamen! Wie oft mußte Luther in seinen späteren Schriften bittere Klage darüber führen*)!

Endlich hat Luther hier zum ersten Mal Kampfgenossen, welche auf seiner Seite zu behalten von höchster Wichtigkeit für sein Werk gewesen wäre, sich entfremdet und zu Gegnern erzogen. Zum ersten Mal war er mit den Geistern, die er heraufbeschworen, feindlich zusammengestoßen. Es war ihm gelungen, sie durch die Macht seines Ansehens zu bändigen, aber mit ihnen fiel ein gutes Stück ächt protestantischen Geistes zu Boden, und wer will sich wundern, daß sie nun, vom Meister verstoßen und verletzt, den Stachel erlittenen Unrechts im Herzen, excentrische Bahnen betraten und den Namen Luthers in grimmigem Hasse hinfort gleichbedeutend setzten mit Reaction? Die unbefangene Geschichtsbetrachtung muß erklären: Bisher hatten sie nichts Unrechtes gethan. Wegen der paar Excesse, die bei der Bewegung in Wittenberg von Einzelnen verübt wurden, wird kein Vernünftiger Himmel und Erde in Bewegung setzen wollen, denn Aehnliches kommt bei allen Umwälzungen vor. Luther selbst und die Geschichte hat jenen Wittenberger Reformern Recht gegeben. Die musterhafte Gemeindeordnung, welche Karlstadt dem Rath und

*) Vgl. C. Hagen l. c. III, S. 182ff.

der Universität vorgelegt, ist hernach von Luther und seinen Freunden zur Grundlage ihrer Organisation des Kultus, des Armen- und Kirchenwesens gemacht worden. Daß Karlstadt selbst Anfangs langsamer fahren wollte, um die Liebe nicht zu verletzen, und daß er nur durch den vorwärtsdrängenden Geist der Bevölkerung von einem Schritt zum anderen getrieben wurde, hat unsere Erzählung gezeigt. Die Beichte vor dem Abendmahl, welche Karlstadt abgeschafft hatte, hat freilich Luther wieder hergestellt; aber daß Karlstadt die Leute zum Abendmahl geführt habe, wie die Säue zur Tränke, ist ein unverdienter Vorwurf gewesen, denn er bereitete sie durch die vorangehende Predigt und durch seine ganze Lehre vom Abendmahl in sehr ernster Weise auf die kirchliche Handlung vor und die Privatbeichte ist doch auch in der lutherischen Kirche später als Etwas, was der Protestantismus nicht ertragen kann, gefallen. Die Austheilung des Brodes und Weines durch den Priester hat freilich Luther wieder eingeführt, aber die erste Wittenberger Sitte, vor der Luther sich so entsetzte, ist in einen großen Theil der reformirten Kirchen übergegangen, die Elevatio, die Luther aus Trotz gegen Karlstadt wieder einführte, hat er doch später selber wieder abgeschafft, was großes Aufsehen und viel Gerede erweckte.

Die Marien- und andere Heiligenbilder, soweit sie dem katholischen Kultus gedient hatten und Ausfluß oder Veranlassung der Kreaturvergötterung gewesen waren — und um andere Bilder in der Kirche, um Gemälde und bildliche Darstellungen heiliger Geschichten handelte es sich in dem Streit um die „Oelgötzen" überhaupt nicht — sind doch aus den lutherischen Kirchen verschwunden. Das Abendmahl unter beiderlei Gestalt ist zur gemeinen Ordnung gemacht worden, ohne daß Jemand meinte, damit einen neuen päpstlichen Zwang aufzurichten. Die Meßgewänder und übrigen katholischen Cerimonien sind gleichfalls gefallen; die Fasttage sind aufgehoben worden und die Klöster haben sich auf den Ruf Luthers geleert — kurz Alles, was die sogenannten Bilderstürmer wollten. Und doch waren sie vor dem ganzen Volke an den Pranger gestellt worden, wie ungeschickte Schulknaben, und ihr ganzes Thun war als eine List des Teufels geschildert. Welche Existenz blieb nach alle dem einem Karlstadt, dem anerkannten Haupt der Bewegung, noch in Wittenberg übrig? Ob ohne dieses durch die Sache selbst so wenig gerechtfertigte Auftreten Luthers die beiden Männer, wie bisher, im Ganzen friedlich hätten neben einander leben und fortwirken können, ist eine Frage, die nicht mit Sicherheit beantwortet werden kann. Luthers Herrschernatur duldete Keinen neben sich, der eigene Wege ging, und Karlstadt war seinem großen Gegner weder nach Charakter noch nach Genialität ebenbürtig; seinem Charakter fehlte die Lauterkeit und Gewissenhaftigkeit; es war in ihm eine trübe Mischung von Gelehrsamkeit, scharfem Verstand und phantastischem Wesen. Aber daß an dem, was er von jetzt an geworden ist und gethan hat, Luther eine große Schuld trägt, kann nicht geläugnet werden und eine gerechte und billige Würdigung Karlstadt's fehlt unserer Litteratur noch bis heute. Ist es zu verwundern, daß er, verwundet und aufgeregt durch eine Niederlage, die er in dieser Weise nicht verdient hatte, einen anderen Wirkungskreis suchte und im Unmuth gegen den siegreichen Gegner, der eine so conservative Stellung einnahm, sich in Extreme treiben ließ? Daß der Name Luthers von jetzt an für ihn und für viele zu einem energischen Handeln geschaffene Naturen ein Gegenstand des tiefsten Hasses wurde? Der Kampf gegen „die himmlischen Propheten" folgt dem gegen die Bilderstürmer.

2. Wider die „himmlischen Propheten".

Bisher hatte es sich innerhalb der Reform um Dinge gehandelt, über welche unter allen Trägern derselben im Wesentlichen Uebereinstimmung herrschte, die Frage war nur gewesen: wie schnell und auf welchem Wege? Aber schon waren aus dem aufgewühlten Boden der Zeit Gestalten aufgestiegen, bei deren Anblick alle bisherigen Leiter der geistigen Zeitbewegung überrascht und erstaunt waren. Schon traten Forderungen auf, die weit über den Punkt hinauseilten, auf welchem Luther den öffentlichen Geist festgehalten hatte. Waren sie unausweichliche Folgerungen aus dem, was Luther gethan hatte, naturgemäße Fortbildungen oder aus Mißverstand und bösem Geist entsprungene Verirrungen?

Noch während Luther in seinen Studien auf der Wartburg begraben lag und die Wittenberger in vollem Zuge ihrer Reformen waren, erschienen am Johannisfeiertag (27. Dez.) 1521 seltsame Gesellen in kriegerischer Tracht. Sie nannten sich Propheten Gottes. Sie waren versprengte Reste einer schwärmerischen Rotte in Zwickau, welche, nachdem ihr der Rath das Predigen verboten und ihre Versammlungen geschlossen hatte, sich nach allen Winden zerstreute. Ihr

Erscheinen erweckte in dem stürmisch bewegten Wittenberg große Sensation; ihre kriegerische Rüstung entzückte Bürger und Studenten; ihr schwärmerischer Religionseifer, ihre neuen Behauptungen setzten Alles in Erstaunen. Ihr Anführer wollte in Prag gewesen, aber wegen der Offenbarungen, die er von Gott gehabt, von der Menge verfolgt worden sein, aber die Steine, die man nach ihm geworfen, seien wunderbarlich ohne Schaden von ihm abgefallen. Melanchton nahm ihn oft auf sein Zimmer, unterredete sich mit ihm und hatte gewaltigen Respect. Er verbot den Studenten, man soll ihn nicht vexiren, und schrieb an den Churfürsten, er soll Martinum herschicken, der sei allein geschickt, diese Geister zu prüfen. Auf ihn berief sich auch der neue Prophet, erklärte übrigens: Martinus habe meistentheils Recht, aber nicht in allen Stücken, es werde noch ein Anderer über ihn kommen mit einem höheren Geist. Auch sagte er: der Türke werde in Kurzem ganz Deutschland einnehmen; alle Pfaffen werden erschlagen werden, ob sie schon Weiber nehmen; in fünf oder zehn Jahren werde eine solche Aenderung in der Welt werden, daß kein Unfrommer oder böser Sünder solle lebend überbleiben; dann werde das Reich Gottes auf Erden beginnen und Ein Glaube und Eine Taufe sein. Die Kinder, die man jetzt taufe, ehe sie Vernunft haben — das sei keine Taufe u. s. w.

Die guten Zwickauer gingen bald wieder, wie sie gekommen waren; aber der gleiche Same ging überall auf, wo die Reform hinkam, am üppigsten und zum Theil blutig in Süddeutschland und der Schweiz in den Wiedertäuferunruhen. Für Luther concentrirte sich der Kampf gegen diesen neuen Geist in der Person seines Collegen Karlstadt*).

Dieser konnte die erlittene Niederlage nicht verwinden. Schon einige Wochen nachher mußte er in einer Streitschrift gegen Emser einige Seitenbemerkungen gegen Luther einflechten, welche Senat und Rektor der Universität bewogen, die ganze Schrift sogleich zu confisciren und zu unterdrücken. Von jetzt an hielt er sich ein Jahr lang ziemlich still; seine Vorlesungen, an denen nur ihre unregelmäßige Abhaltung bedauert wurde, waren sehr besucht und Luther rechnet sie in einem Brief vom 2. Jan. 1523 neben denen Melanchton's zu den besten. Doch dauerte die Spannung und das gegenseitige Mißtrauen fort und Melanchton spricht die Befürchtung aus,

*) C. F. Jäger, Andreas Bodenstein von Carlstadt S. 300–406.

der unruhige Kopf werde, den vermeintlichen Schimpf noch rächend, die evangelische Sache durch ein neues Aergerniß compromittiren. Mit dem Sommer 1523 brach er das Stillschweigen und entfaltete plötzlich eine staunenswerthe literarische Regsamkeit; im Laufe weniger Monate giebt er neun Schriften bald ethischen, bald dogmatischen Inhalts heraus; er untersucht das Wesen und die Entstehung der Sünde, Gottes Verhältniß zum Bösen, das Endschicksal des Menschen, die Fürbitte der Maria u. s. w. — lauter objectiv gehaltene Untersuchungen, in welchen er seinen Handel mit dem großen Mitstreiter der Reformation unberührt läßt. Aber im Herbst desselben Jahres eröffnet sich ihm ein neuer Wirkungskreis, den er freudig ergreift, um den Druck abzuschütteln, unter welchem er bisher gelitten. Die Pfarrstelle in Orlamünde war im Besitz des Archidiaconus von Wittenberg, welches Amt eben Karlstadt neben seiner theologischen Professur bekleidete, wurde aber durch einen Vicar versehen. Zerwürfnisse mit der Gemeinde zwangen diesen, einen gewissen Conrad Glück, die Stelle aufzugeben und Karlstadt sah es nun für Recht, wie für Pflicht an, dort dann und wann zu predigen. Bald wählte ihn die Gemeinde zu ihrem ordentlichen Pfarrer; er nahm diesen Ruf an, ohne auf seine Stellungen in Wittenberg zu verzichten, was nach der Sitte jener Zeit nichts Auffallendes hatte, wie denn auch der Fürst vorläufig keinen Anstoß daran nahm. Jetzt begann er eine Kirchenreform in seinem Sinn. Mit dem katholischen Wesen wurde nach allen Seiten entschiedener gebrochen, als es in Wittenberg geschehen war. Die Bilder und Altäre wurden aus der Kirche entfernt, die Beichte, die Elevation der Hostie und die lateinische Sprache im Gottesdienste abgeschafft. Alles, was an das frühere Opfer erinnerte, selbst das Wort „Messe“ als gleichbedeutend mit Opfer (nach Karlstadt's sonderbarer Deutung des Wortes) und „Sacrament“ wurde abgethan. Um zu zeigen, daß der evangelische Pfarrer kein Priester mehr sei, und den Unterschied zwischen Geistlichen und Weltlichen auch äußerlich abzuthun, legte Karlstadt die Priesterkleidung ab und trug grauen Rock und Filzhut; überzeugt, daß die Gelehrten-Grade und -Titel aus dem Hochmuth herstammen und Neid und Stolz wecken, wie denn auch Christus gewollt habe, daß Keiner sich Vater nenne und Alle sich als Brüder fühlen, legte er seinen Titel ab und begnügte sich mit seinem einfachen Vornamen Andreas. Seine Zeit theilte er zwischen Pfarramt, Schriftstellerei und ländlicher Arbeit. Am wichtigsten war aber die neue Ansicht, die er jetzt über das Abendmahl aufstellte. Aus Vernunft- und Schriftgründen, welche letztere freilich oft sehr gewaltsam und sonderbar lauteten, bewies er, daß im Abendmahl der Leib Christi nicht gegenwärtig sei; es sei nur zum Gedächtniß des Todes Jesu eingesetzt und der begehe diese Handlung würdig, der mit gläubigem Gemüthe, „mit hitziger Andacht“ sich in diesen Tod versenke und seinem alten Wesen absterbe. Aehnlich stellte er sich zur Taufe. Er dachte darüber im Ganzen, wie die Zwickauer. Die Lutherischen warfen ihm vor, er habe die Kindertaufe ein Hundebad genannt. Wenigstens erklärte er: das Wasserbad sei nur ein äußerliches Ding und Nichts mehr, denn Wasser. Wer die Taufe recht nehmen wolle, der müsse Buße thun, das alte Leben verlassen und ein neues an sich nehmen. Und gegen Luther bemerkt er: „wer die Taufe bis auf die Zeit weigere und denen weigere, die nicht glauben, bis sie Gläubige seien geworden, der treibe das rechte Hauptstück des Glaubens und dämpfe es nicht.“

Um seine Ansichten, ungehindert durch die Censur der Wittenberger, veröffentlichen zu können, errichtete Karlstadt eine eigene Druckerei in Jena; „achtzehn Schriften stehen von ihm in Aussicht,“ verbreitete die geschäftige Sage und Luther glaubte es. Da meinte man doch nicht länger zusehen zu dürfen. Die Universität rief Karlstadt nach Wittenberg zurück; er erschien auf ihren Ruf am 2. April 1524, aber die Unterhandlungen mit ihm zerschlugen sich. Jetzt wendet sich der Rath von Orlamünde an den Churfürsten, und rechtfertigt die Pfarrwahl Karlstadts mit Berufung theils auf das jeder Christengemeinde zustehende Recht, ihre kirchlichen Angelegenheiten selber zu ordnen, theils auf die Pflichtverletzungen von Seiten des früheren Vicars. Die Orlamünder nannten den Versuch der Universität, ihnen einen Pfarrer zu setzen, ein papistisches Recht. Am 18. Mai erfolgte der Churfürstliche Befehl, daß Karlstadt seine Pfarrstelle niederlege und die Orlamünder sich den Anordnungen der Universität zu fügen haben. Karlstadt gehorchte dem Befehl, blieb aber in der Gemeinde und die Aufregung dauerte fort. Da zu gleicher Zeit Thomas Münzer, mit dessen aufrührerischen Planen übrigens weder Karlstadt noch seine Gemeinde etwas zu schaffen haben wollte, von dem benachbarten Altstadt aus durch seine heftigen Schriften gegen Luther und Fürsten die sächsischen Lande zu revoluzioniren suchte und weithin Anklang fand, entschloß sich Luther, mitten in das Feuer zu treten. Mitte August reiste er in's Thüringische, um den erhitzten Volksgeist zu dämpfen. Unterwegs erhielt er von den Orlamündern die nicht freundlich gehaltene Einladung zu einer Unterhandlung. In Jena kam es zu heftigen Auftritten zwischen Luther und Karlstadt. Jener hatte eine lange Predigt, der auch Karlstadt beiwohnte, gegen die Schwärmerei und den Aufruhrgeist gehalten, der mit Bildersturm, Verachtung der Sacramente beginne und mit Mord und Gewaltthat endige. Karlstadt bat um eine Unterredung. Luther gewährte sie und lud ihn in seine Herberge zum Bären ein. Hier verwahrte sich Karlstadt vor Allem gegen den Vorwurf des Aufruhrs; er habe mit dem Münzerischen Geiste Nichts gemein. Luther erwiderte, er habe Karlstadts Namen nicht genannt; fühle er sich getroffen, so möge er es haben. Karlstadt warf ihm nun vor, daß er vom Sacrament falsch lehre. Da Luther Beweise verlangte, erbot sich Karlstadt zu einer Disputation zu Wittenberg oder Erfurt. Luther lud ihn nach Wittenberg ein und versprach ihm freies Geleit. Der Wortwechsel wurde heftiger, Einer machte dem Anderen Vorwürfe. Karlstadt warf Luther seine Herrschsucht und seinen Despotismus vor; dieser tadelte am Anderen seinen ungemessenen Ehrgeiz und seine Ruhmsucht. Auf Karlstadt's Klage, daß Luther ihm durch Verbot seiner Schriften die Vertheidigung abgeschnitten, bot ihm Luther die volle Freiheit an, zu schreiben, was er wolle, und als Karlstadt daran zweifelte, bot er ihm einen „Goldgulden" zum Pfand; ein Handschlag und ein Bescheidtrunk bekräftigte die gegenseitige Herausforderung.

Luther setzte seine Wanderung fort. Als er in Kahla predigte, mußte er erst die zerbrochenen Crucifixe an die Seite schieben, die man ihm auf die Kanzel gelegt hatte. Am 24. August kam er nach Orlamünde, wohin er eine zweite Einladung von der Gemeinde erhalten hatte. Die eben in der Ernte begriffenen Bürger strömten alsbald in die Stadt. Luther schalt sie wegen des groben Briefes, den sie an ihn geschrieben. Als er auf den Bildersturm zu reden kam, widerlegten sie ihn aus Moses. Ein Handwerker trat in höchstem Eifer vor ihn hin: „Hörst Du es? ich mag Dich wohl „Du" heißen, bist Du ein Christ?" „„Heiß mich nur, wie Du willst."" „Wohlan! wenn Du dem Mose nicht folgen willst, so mußt Du doch das Evangelium leiden; Du hast das Evangelium unter die Bank gestoßen, nein! nein! es muß herfür, nicht unter der Bank bleiben." „„Was sagt denn das Evangelium?"" „Jesus seit im Evangelii*), weiß nit, wo es steht, meine Brüder wissen's wohl, daß Gott spricht: ich will meine Braut nackt haben und ihr das Hemde nicht anlassen. Also muß man die Bilder all' abbrechen, daß wir der Kreaturen los und rein werden." Hans, spann ein! soll da Luther seinem Kutscher zugerufen haben. Nach heftigen Wechselreden brach Luther die Unterredung mit den Orlamündern ab und reiste fort; Worte der Verwünschung geleiteten ihn zum Thore hinaus.

Nun erfolgte das Verbannungsdecret des Churfürsten gegen Karlstadt, welches auch durch das Anerbieten der Orlamünder, ihn als Pfarrer zu entlassen und nur als Bürger bei sich zu behalten, nicht abgewendet werden konnte. Ende Septembers oder Anfang Octobers 1524 zog er fort. Er schrieb noch zwei Abschiedsbriefe an die Orlamünder, einen an die Männer, den anderen an die Frauen, worin er sich unterzeichnete: Andreas Bodenstein, unverhört und unüberwunden vertrieben durch Martinum Lutherum. Die Gemeinde wurde mit allen Glocken zusammengerufen und die Briefe vorgelesen. Von den Thränen seiner ihm unbedingt ergebenen Gemeinde begleitet verließ er das sächsische Land.

Das Brod der Verbannung war sauer genug für den Geächteten. In den eben von den Bauernunruhen gährenden Ländern und Städten fand er nirgends eine bleibende Statt. Wir sehen ihn in den nächsten Monaten unstet durch das Fränkische und die Schweiz ziehen; er kommt nach Rothenburg an der Tauber, nach Straßburg, Basel, Zürich. Weib und Kinder hat er in der größten Armuth zurückgelassen. Aber den Anklang, den seine Ansichten, besonders über das Abendmahl, finden, die wesentliche Uebereinstimmung mit hervorragenden Männern der kirchlichen Reform überall, wohin er kommt, hält ihn aufrecht und ermuthigt ihn zu neuen Schriften gegen die lutherische Abendmahlsfeier. Jetzt fügt auch Luther zu der Waffe der Gewalt die Waffe des Wortes und schleudert seine Schrift: „wider die himmlischen Propheten", eine seltsame Mischung von Fanatismus und Wahrheit, von Rabulistik und Vernunft, gegen den unermüdlichen Ruhestörer und beleuchtet mit jener souveränen Gewalt der Rede, die ihm in Scherz und Ernst, in Humor und Sarkasmus zu Gebote stand, das ganze Treiben Karlstadts und der ihm verwandten Geister von seinem Standpunkte aus.

---

*) So berichtet Luther „wider die himmlischen Propheten".

Der Angegriffene vertheidigt sich noch gegen seinen starken Gegner nicht ohne Geschick in einer eigenen Schrift, aber schon sind ihm die Flügel gelähmt. Die äußerste Noth seiner Familie, die furchtbare Niederlage, die seitdem die radikalen Elemente der Zeit in der Niederschlagung des Bauernaufstandes durch die Fürsten erlitten hatten, die damit verbundene eigene Muthlosigkeit, zwingen ihn, sich zu demüthigen. Im Juni 1525 bietet er seinem Gegner eine Versöhnung an. Daß er an der politischen und socialen Revoluzion, die so traurig geendet hatte, keinen thätigen Antheil genommen, indem sein vorwärtsdrängender Eifer sich stets nur auf die gründliche Durchführung der kirchlichen Reform gerichtet hatte, konnte er mit Grund der Wahrheit nachweisen, wenn er sich auch unter den Bauernhaufen, unter welche er etwa gerathen war, nicht eben immer fest benommen hatte. Widerrief er auch seine Lehre vom Abendmahl nicht, so erklärte er doch wenigstens, nicht die Absicht gehabt zu haben, damit etwas Gewisses aufzustellen.

Luther ging auf das Anerbieten ein, und machte dem Fürsten unterm 12. September 1525 den Vorschlag, Karlstadt, falls er sich gehörig reinigen könne und genügenden Widerruf thue, den Aufenthalt auf einem Dorfe in der Nähe Wittenbergs zu gestatten unter der Bedingung, daß er in Zukunft nicht mehr predige, auch Nichts mehr schreibe, sondern „ewiglich schweige und sich von seiner Arbeit nähre.“ Um diesen Preis hätte er freilich anderswo ebenso gut leben und — hungern können. Er hatte als Lohn für seine Unterwerfung die Wiedereinsetzung in sein Lehramt an der Universität erwartet. Unter die specielle Aufsicht der weltlichen und kirchlichen Behörden gestellt, siedelte er sich in Kemberg an, und der Mann, der nach Luther ohne Zweifel unter den Trägern der kirchlichen Reform in Deutschland der Bedeutendste und Selbständigste war, mußte sich zwei Jahre lang durch einen Handel mit Lebensmitteln kümmerlich seinen Unterhalt verschaffen.

Unterdessen wird die Ansicht, die zuerst Karlstadt über das Abendmahl aufgestellt hatte, mehr und mehr zu Ehren gezogen; die Schweizer Reformatoren pflichten ihr bei, führen sie selbständig mit neuen, besseren Gründen aus und die Zahl ihrer Freunde nimmt auch in Deutschland mit jedem Tage zu. Neue Kämpfer treten mit geschärften Waffen gegen Luther auf; sollte der alte in seinen Kramladen sich einschließen lassen? Sollte er allein schweigen, wo alle Anderen reden durften? Er bittet den Churfürsten im September 1527 um

Erlaubniß, seine Ansicht vorlegen zu dürfen. Es wird ihm gestattet und bald überbringt er dem Kanzler Brück nach Torgau eine ausführliche Darstellung seiner Abendmahlslehre. Luther, dem diese Schrift zur Begutachtung vorgelegt wird, ist auf's Höchste aufgebracht über den Verfasser, in welchem er einen verbissenen, undankbaren (!) und unzuverlässigen Menschen sieht. Daß die Schweizer den wundesten Fleck so schonungslos aufdecken dürfen, verdrießt ihn genug; er will nicht, daß er auch von einer Hand in nächster Nähe berührt werde. Er trägt darauf an, daß man den gefährlichen Mann unter noch strengere Aufsicht stelle, von Neuem zum Stillschweigen zwinge und nicht aus dem Lande lasse. Aber es gelingt dem Gequälten, ehe man sich seiner versichert hatte, den Händen des Mächtigen zu entrinnen und die freie Schweiz zu erreichen, wo er nach wechselnden Schicksalen als Prediger und Professor in Basel 1541 gestorben ist.

Karlstadt war gewichen und unterlegen, aber was mit ihm? Man hat sich gewöhnt, auf die Bestrebungen Karlstadts, der Zwickauer Propheten, der Wiedertäufer mit ziemlicher Geringschätzung herabzublicken, als wären sie nicht, wenn auch noch vielfach in trüber Gährung und verworrener Gestalt, wesentliche Seiten des protestantischen Geistes, sondern Auswüchse excentrischer, ehrgeiziger Köpfe oder gar Rückfälle in das katholische Wesen*). Und doch sind dieselben Erscheinungen auch in anderen Ländern unter ganz anderen Verhältnissen im Begleite der kirchlichen Reformation gewesen. Man schaue auf England! Cromwell's glorreiches Heer, das den Absolutismus der Fürsten und Bischöfe gebrochen hat, — das sind die Zwickauer Propheten auf einem anderen Volksboden und ein Jahrhundert später. Der demokratische Geist, der dort ein tausendjähriges Reich durch eine neue Ordnung des bürgerlichen, politischen und kirchlichen Lebens verlangte, die Unabhängigkeit jeder Gemeinde, ihre kirchliche Angelegenheiten selber zu ordnen, die Betonung des Geistes und der göttlichen Offenbarung an den Einzelnen, gegenüber dem geschriebenen Wort, jene Volksprediger, die Buße fordernd die

*) So auch J. Köstlin in seiner „Theologie Luthers". Das Bild vollends, welches Dorner in „seiner Geschichte der protestantischen Theologie" (1867) S. 133 entwirft, enthält einen wahren Knäuel von theologischem Unsinn: „im Anabaptismus lebt das enthusiastische, von der Schrift, also dem objectiven Urchristenthum losgerissene subjectivistische Princip, das sich nur seit dem Montanismus in die Form der Hierarchie verpuppt hatte, wieder auf."

Provinzen durchzogen und unter der Kirchenthüre die amtlichen Prediger unterbrachen, mit dem Ruf: „der Buchstabe tödtet, der Geist macht lebendig,“ die Geringschätzung der kirchlichen Gnadenmittel neben der Bekehrung — in allen diesen Zügen spricht sich der gleiche Geist aus, der sich in Deutschland in den Bewegungen Karlstadt's und der Zwickauer Bahn brechen wollte. In England bezeichnet dieser Geist bei allem Trüben und Phantastischen, das ihm anklebte, einen der glorreichsten Abschnitte der Geschichte dieses Volkes, und die Volksfreiheit, die er zur Herrschaft brachte, konnte nie mehr ausgetilgt werden. In Deutschland erlagen die gleichen Bestrebungen an der übermächtigen Gewalt, mit welcher Luther seine Zeit fortriß und ihr den Stempel seines Wesens aufgedrückt hat. Man darf wohl sagen: im Kampf mit „den himmlischen Propheten“ hat er den Charakter und das Schicksal des kirchlichen Protestantismus auf einige Jahrhunderte hinaus bestimmt. Sehen wir genauer, wie?

Es waren drei Fragen, um welche es sich handelte: Amtsrock oder persönliche Ueberzeugung? Wort oder Geist? Cerimonie oder Glaube? Hören wir, wie Luther jede derselben löst!

Amtsrock oder persönliche Ueberzeugung? Das hieß: hat jede Christengemeinde das Recht, ihre kirchlichen Dinge selbständig zu ordnen? Und weiter: hat jeder Christ das Recht, seine religiöse Ueberzeugung dem Volke mitzutheilen, respective zu predigen? Orlamünde nahm jenes erstere Recht mit allem Nachdruck für sich in Anspruch; ihren Prediger zu wählen, die Bilder aus ihrer Kirche zu entfernen, das Abendmahl nach biblischer Einsetzung und mit Ausschließung der dem gemeinen Mann unverständlichen lateinischen Sprache zu feiern, zu singen oder nicht zu singen in ihrem Gottesdienste, das hielten sie für ein selbstverständliches Recht ihrer protestantischen Glaubensfreiheit, dagegen erklärten sie die Anmaßung der Universität, ihnen vorschreiben zu wollen, was sie singen, beten, hören sollen, für eine „papistische Ordnung“. Wir wissen, daß Melanchton ursprünglich der gleichen Ansicht gewesen ist; die Augustinergemeinde hatte er für vollberechtigt erklärt, die Messe abzuschaffen, weil sie eine eigene Kirchgemeinde für sich sei. Luther dagegen hatte die kirchlichen Anordnungen, welche der Rath und die Bürgerschaft in ihrer Kirche vorgenommen, in seinen Sermonen als einen Unfug gerügt, weil sie ohne den Fürsten vorgenommen worden seien. Früher (1523) hatte er in einer eigenen Schrift einer christlichen Versammlung wenigstens das Recht zugesprochen, ihre Prediger zu wählen und abzusetzen. Auch jetzt will er dieses Recht ihr nicht unbedingt entziehen, nur soll dann die Gemeinde den Pfarrer aus ihren Mitteln besolden und auf den Beitrag des Fürsten verzichten. Doch liegt ihm diese Competenz der Gemeinde nicht recht. Die Ordnung ist ihm doch, daß die Obrigkeit der Gemeinde den Pfarrer setze. „Will eine Gemeine einen Pfarrherrn haben, so bitte sie solchen zuerst demüthiglich von der Obrigkeit. Will die Obrigkeit nicht, so wähle sie einen eigenen und nähre denselben von ihren eigenen Gütern, und lasse der Obrigkeit ihre Güter. Will aber die Obrigkeit solchen ihren erwählten und ernährten Pfarrherrn nicht leiden, so fliehe er in eine andere Stadt und fliehe mit ihm, wer da will, wie Christus lehret. Das heißt christlich und evangelisch eigne Pfarrherrn wählen und haben. Wer anders thut, der handelt unchristlich, als ein Räuber und Frevler"*). Früher hatte Luther einen unerträglichen Glaubenszwang darin gesehen, wenn eine Gemeinde eine kirchliche Ordnung traf, ehe alle Schwachen dafür gewonnen waren. Daß ein Fürst aus eigener Willkühr der Gemeinde einen Prediger setzt, mit dem sie nicht übereinstimmt und eine Gottesdienstordnung aufzwingt, die gegen ihr Gewissen ist, darin sieht er keinen Glaubenszwang — die Gemeinde kann ja auswandern, wenn der Prediger ihr nicht gefällt! Daß ein Fürst das Recht habe, in seinem Lande diejenige Religion einzuführen, welche er wolle, wogegen, wer sie nicht annehme, auswandern könne oder ausgewiesen werde, folgte jetzt von selbst. Mit Orlamünde hatte man angefangen: man hatte der Gemeinde gegen ihren Willen ihren Prediger wegdecretirt und diesen selbst aus dem Lande verjagt. Das wurde jetzt die neue kirchliche Praxis. Mit der Gemeindeautonomie, die Luther in ihren ersten Anfängen erstickt hatte, war auch die Glaubensfreiheit gefallen; mit der Hinüberleitung der Kirchengewalt in die Hände der Obrigkeit war der alte Glaubenszwang, nur von unbefugteren Werkzeugen ausgeübt, wieder aufgerichtet. An die Stelle der Hierarchie trat die Cäsareopapie.

Die Schrift wider die himmlischen Propheten athmet einen herb antidemokratischen Geist. Der „Pofel" wird in allen Variationen mit Spott und Hohn überschüttet. Daß ihn seine Gegner wegen dieser Haltung einen Fürstenknecht schimpfen, das schmerzt Luther tief und er kommt in jener Schrift oft darauf zu reden. Man

*) „Ermahnung zum Frieden auf die 12 Artikel der Bauerschaft in Schwaben." Zu Artikel I.

weiß, daß er diesen Vorwurf nicht verdient hat. Er hat den Freunden, wie den Feinden unter den Fürsten gegenüber sich eine Unabhängigkeit der Sprache und des Handelns bewahrt, wie eine spätere Zeit sie Keinem gestattet hätte. Daß er aber durch seine Grundsätze, wie durch den Mangel an Vertrauen auf das Volk den fürstlichen Absolutismus hat begründen helfen, ist unläugbar.

Mit dieser Lösung der Gemeindefrage war ein großes und gutes Stück protestantischen Geistes gefallen. Aber behielt wenigstens der einzelne Christ das Recht, seinen religiösen Glauben ungehindert auszusprechen? Die neuen Propheten hatten dieses Christenrecht im weitesten Umfang für sich in Anspruch genommen; obwohl keine ordinirten Prediger, sondern einfache Leute aus dem Volke, durchzogen sie lehrend und predigend die Provinzen, wo Ort und Gelegenheit sich bot, wofür sie sich auf den Geist, der sie treibe und erleuchte, auf die innere Berufung durch Gott stützten. So haben's die Apostel, so Stephanus, so Paulus, so die ersten Christen alle gemacht. Karlstadt wollte, daß jedermann im Volke das Recht habe, dem angestellten Prediger einzureden und beständige Urkunde aus der heiligen Schrift zu fordern. Dafür berief er sich auf die für diese Frage klassische Stelle 1. Cor. 14. Dort sind es gar keine amtlich angestellten Prediger, welche den christlichen Gottesdienst führen und leiten, sondern einfache Gemeindeglieder, welche von ihren Geistesgaben in der Gemeindeversammlung Gebrauch machen. Die Einen predigen (weissagen), die Anderen reden in Zungen, die Dritten legen die Zungenrede aus. Wenn Einem, der sitzt und zuhört, eine plötzliche Geistesoffenbarung zu Theil wird, so soll der Redende aufhören, und diesen zum Worte kommen lassen, verlangt Paulus.

Sieht man daraus nicht, fragt Karlstadt, daß der Prediger still schweigen und hören soll, was Gott den Laien offenbar gemacht hat. „Sind doch heut zu Tag viele Handwerker besser in Gottes Lehr bewandert, als Pfaffen, so die Boßkugel und Kegel werfen. Gott lehret selbst, daß die Laien den gekrönten Doctoren und Meistern vorgehen. Was ist Amos, was andere Propheten gewest? seind's alle Pfaffen gewest? Sie sind Hirten gewest und haben die Wahrheit verkündigt den Pfaffen."

Luther hatte Anfangs ähnliche Ansichten. Daß die Idee des allgemeinen Priesterthums die Betrauung eines Einzelnen mit dem Predigt a m t e durch den Willen der Gemeinde nicht ausschließe, hatte er, wie wir gehört haben, schon in seiner Schrift an den Adel deutscher

Nation ausgesprochen und hierin ging Karlstadt mit ihm einig. Hinwiederum hatte auch Luther von 1. Cor. 14 Anfangs eine ähnliche Anwendung auf die Zeitfrage gemacht, wie Karlstadt. In der noch von der Wartburg her veröffentlichten Kirchenpostille hatte er mit Berufung auf das Beispiel des Stephanus gesagt, dieser gebe mit seinem Exempel einem Jeglichen die Macht, zu predigen, an welchem Orte man ihn hören wolle, es sei im Haus oder auf dem Markt, und in 1. Cor. 14 sieht er nur gefordert, daß nicht Alle zugleich predigen, sondern Einer nach dem Andern; er vergleicht eine rechte Predigt mit einem geordneten Tischgespräch, bei welchem Einer um den Anderen seine Meinung ausspreche. Wiederum leitete er aus derselben Stelle das Recht für den Einzelnen ab, wenn er Einen unrecht predigen höre, seine Lehre zu richten und ihn abtreten zu heißen*).

Mit dem Auftreten der Zwickauer und dem Treiben Karlstadt's ändern sich auch über diesen Punkt seine Anschauungen. Von jetzt an verlangt er für die öffentliche Lehrberechtigung entweder amtliche Berufung durch Gemeinde oder Obrigkeit oder aber Erweisung der inneren Berufung von Gott durch Wunder und Zeichen. Gott breche seine alten Ordnungen nicht mit einer neuen, er thue denn große Zeichen dabei; darum solle man Niemand glauben, der auf seinen Geist und inwendiges Fühlen poche, er beweise denn seinen Beruf zugleich durch Wunderthaten. Auf Karlstadt, auf welchen sie gemünzt ist, paßt nun freilich diese Theorie eigentlich nicht. Karlstadt ist ja von der Gemeinde Orlamünde gewählt worden, hatte also den Titel, der nach Luther zur öffentlichen Lehrwirksamkeit berechtigte. Darum wird nun dieser Wahlact selber von Luther in der Schrift gegen die himmlischen Propheten auf alle Weise angefochten. Er verlangt von Karlstadt die Briefe, welche den Beweis liefern, daß er sich nicht selber der Gemeinde zuvor angetragen habe — um was es sich für die Gültigkeit einer Wahl doch eigentlich gar nicht handelt. Was zu Karlstadt's Gunsten sprach, das Anrecht, das er als Archidiacon von Wittenberg an jene Stelle eigentlich hatte, die Zerwürfnisse der Gemeinde mit seinem Vicar und in Folge dessen die Vacanz der Stelle, das Alles verschweigt Luther vollständig und preist dafür den vertriebenen Vicar als einen sehr tüchtigen Pfarrer, ungeachtet die Klagen der Gemeinde gegen ihn nicht unbegründet waren.

*) Vgl. darüber Jul. Köstlin, Luthers Theologie, II. Band S. 130.

Als die Karlstadtianer durch die Gewaltmaßregeln, die man überall gegen sie anwandte, an der öffentlichen Aeußerung ihrer Grundsätze verhindert und auf ein geheimes Wirken beschränkt wurden, bildet Luther seine Ansicht gegenüber den „Schleichern und Winkelpredigern"*) noch bestimmter aus; in jedem Kirchspiel habe der Pfarrer allein Befugniß, zu lehren; hier dürfe kein Anderer ohne sein Wissen und Wollen sich unterstehen, seine Pfarrkinder weder heimlich noch öffentlich zu lehren. Jetzt giebt er auch der Stelle 1. Cor. 14 eine neue, ihrem ursprünglichen Sinn völlig fremde Deutung. Er findet jetzt darin einen strengen Unterschied zwischen den Propheten, die lehren dürfen, und dem Pöbel, der nur zuhöre; unter jenen seien nur die amtlich angestellten Pfarrherrn zu verstehen. Die Anschauung ist nun diese: in der Kirche seien unter dem Volke die Propheten als die ordentlichen Pfarrherrn und Prediger gesessen und haben Einer oder Zwei den Text gesungen oder gelesen; über den Text habe Einer, an dem es gewesen, geredet und ihn ausgelegt; darauf habe ein Anderer Etwas mögen dazu reden, bestätigend oder noch besser erklärend. Aus den „Unkundigen" 1. Cor. 14, 16, d. h. denen, welche das in Zungen Geredete nicht verstehen, werden jetzt auf einmal „Laien", wie Luther in seiner Bibel wirklich übersetzt, d. h. alle nichtgeistlichen Gemeindeglieder, die nur zu hören und zu schweigen haben. Das ausschließliche Recht, das er so den evangelischen Geistlichen einräumt, verweigert er jetzt auch dem papistischen Prediger nicht. „Solches soll man also festhalten" — sagt er in der Auslegung des 82. Psalms vom Jahr 1530 —, „daß auch kein Prediger, wie fromm oder rechtschaffen er sei, in eines Papisten oder ketzerischen Pfarrers Volk zu predigen oder heimlich zu lehren sich unterstehen soll ohne desselbigen Pfarrherrn Wissen und Willen." Wie von solchen Grundsätzen aus jemals hätte eine Reformation entstehen können, darüber spricht er sich nicht aus. Daß unter diesem Gesichtspunkt betrachtet, auch Petrus und Paulus in jeder jüdischen oder heidnischen Gemeinde, die sie lehrend betraten, Schleicher und Winkelprediger waren, hat er vergessen.

So sind die Gemeinden den Geistlichen gegenüber mundtodt gemacht, der Unterschied zwischen Geistlichen und Laien ist von Neuem eingeführt; die Hierarchie ist wieder in voller Blüthe, die Glaubens- und Gewissensfreiheit ist gründlich ausgerottet. Niemand darf ohne

*) Büchlein von den Schleichern und Winkelpredigern, 1532.

Bewilligung der Geistlichkeit weder heimlich noch öffentlich lehren. Die Gemeindeglieder sind rechtlos dem Inquisitionsgericht der Priester überantwortet. Wenn aber doch Jemand heimlich oder öffentlich Etwas lehrte, was der Pfarrer nicht wollte? Die Geschichte Karlstadt's hat gezeigt, welches Mittel die neue Kirche gegen solche hartnäckige Schafe in Bewegung setzte: die Ausweisung aus dem Lande. Ganz ungescheut verkündet und empfiehlt von jetzt an Luther diese neue Art der Glaubensverfolgung. In seinen Briefen an Fürsten fordert er diese auf, keine Sekten im Lande zu dulden, die Bilderstürmer zu strafen und zwar im Wiederholungsfalle als Aufrührer, also mit dem Tode. In der Verordnung vom Jahr 1527, welche zum Zweck einer allgemeinen Kirchenvisitation der chursächsischen Lande den Visitatoren in die Hand gegeben wurde, lautete ein Artikel: „die Prediger schädlicher Meinungen sollen des Landes verwiesen werden, und wo einige vom gemeinen Volk unrechte Meinung vom Glauben hegen, soll man selbige unterrichten, und wenn man sie nicht zurecht bringen könnte, ihnen eine gewisse Zeit bestimmen, binnen welcher sie das Ihrige verkaufen und sich anderswohin begeben könnten, mit Vorbehalt gebührender Strafe gegen die Widerspenstigen." Luther hat Karlstadts grauen Rock und Filzhut*) mit unendlichem Spotte übergossen. Dieser Spott würde heiter stimmen, wenn in den Falten des neuen lutherischen Kirchenrockes nicht so viel Katholicismus versteckt läge.

Die zweite Streitfrage lautete: Wort oder Geist? Welches ist die Quelle der religiösen Erkenntniß? Ein geschriebener Buchstabe oder die fortgehende Offenbarung Gottes in Vernunft und Gewissen?

Von den Zwickauern haben wir gehört, daß sie sich auf neue Offenbarungen beriefen, die ihnen unmittelbar von Gott zu Theil geworden seien. Gegenüber dem äußeren Bibelwort dringen sie auf das innere Wort, das der göttliche Geist im Herzen spreche. Besonders war es Thomas Münzer, der diesen Gedanken in bewußtem Gegensatz gegen Luther geltend machte. Er eiferte gegen diejenigen,

*) Auf diese Spottreden, als suchte er in solchem äußeren Narrenwerk das Wesen des Christenthums, erwiderte Karlstadt in seinem Antwortschreiben auf die „himmlischen Propheten": „Was schadt mir ein gemein Kleid! Geb ich doch durch einen grauen Rock kein Anzeig verdächtiger Heiligkeit, wie Dr. Luther mit seiner heiligen Kappen thut. Sag her, Luther, wo ich darauf gedrungen hab? wer mir zu Gefallen einen grauen Rock gekauft?"

welche behaupten, daß sich Gott in der Gegenwart nicht mehr offenbare. Freilich müsse man sich, um Gott zu hören, ganz von dem äußerlichen Welttreiben entfernen und seinen Sinn nur auf Gott wenden. „Die Gelehrten verhindern dem Wort seinen Gang, welches von Abgrund der Seelen herkommt, wie Moses sagt Deuteron. 39: „Das Wort ist nicht weit von dir, sieh! es ist in deinem Herzen.“ Nun fragst du vielleicht, wie kommt es denn in's Herz? Antwort. Es kommt von Gott oben hernieder in einer hohen Verwunderung. Und diese Verwunderung, ob es Gottes Wort sei oder nit, hebet sich an, wenn Einer ein Kind ist von 6 oder 7 Jahren. Darum redet St. Paul Röm. 10 vom innerlichen Worte, zu hören in dem Abgrund der Seelen durch die Offenbarung Gottes. Und welcher Mensch dieses nicht gewahr geworden ist durch das lebendige Zeugniß Gottes, der weiß von Gott Nichts gründlich zu sagen, wenn er gleich hunderttausend Bibeln hätt' gefressen *).“

Neben dieser Freiheit vom geschriebenen Worte läuft aber nun bei dieser ganzen Richtung völlig unvermittelt eine sklavische Abhängigkeit von Vorschriften und Zuständen der Bibel, besonders des alten Testamentes, freilich nur, soweit sie ihnen convenirt und zur Bestätigung ihrer Forderungen dient. Das Abthun der Bilder stützten sie, wie wir gehört haben, durch eine Vorschrift des A. T.? Karlstadt erlaubt einem Manne die Polygamie mit Berufung auf Abraham und ähnliche jüdische Heilige. Für die Ausrottung gottloser Obrigkeiten, welche Münzer in Aussicht stellte, bot das A. T. Exempel genug. Ueberhaupt mußte das Bestreben dieser Richtung, eine neue sociale und religiöse Volksgemeinde zu gründen, ihren Blick vorherrschend auf das A. T. führen, in welchem das Gottesreich in einer politischen Volksgemeinde verwirklicht erscheint.

In den Parthien, in welchen Luther sich mit den ebengenannten Ideen seiner Gegner auseinandersetzt, liest sich sein Buch wider „die himmlischen Propheten“ heute noch mit wahrem Genuß. Man fühlt: hier ist er Meister; seine Sprache ergeht sich mit vollkommener Leichtigkeit. Mit künstlerischem Behagen zeichnet er die Züge seiner Gegner besser und schärfer, als sie sich selbst kannten. Bald knapp und gedrungen und scharf wie Stahl, bald in reichlicher Breite ein

*) Aus einer Predigt Münzers, 1824 gehalten „auf dem Schloß zu Altstadt vor den Herzogen und Vorstehern zu Sachsen.“ Vgl. K. Hagen l. c. IV. S. 113.

mächtiger Strom bringen seine Worte heran. Vortrefflich schildert er den Widerspruch: auf der einen Seite Nichts, als Geist, Geist, auf der anderen sklavisches Hängen an biblischen Vorschriften und Zuständen. Er wirft ihnen vor, daß sie, die den h. Geist mit allen Federn gefressen zu haben meinen, ganz im Fleisch ersoffen seien. Köstlich schildert er die Schwärmerei dieser neuen Offenbarungen, die Extravaganzen dieser neuen Mystik. Jeder Rülze, dem's in der Nacht träume, wolle eine Offenbarung von Gott haben. Wenn man sie fragt, wie man denn zum heiligen Geist komme, so schicken sie Einen in's Schlaraffenland und sagen: stehe in der Langeweile, wie ich gestanden bin, so wirst du es auch erfahren. Da wird die himmlische Stimme kommen und Gott selbst mit dir reden. So unvermittelt, ohne Stütze oder Brücke zum Geist aufsteigen wollen, heißt er auf den Wolken fahren und mit dem Winde reiten.

Ueberraschend freisinnig beurtheilt er endlich das Abhängigkeitsverhältniß dieser Schwärmer zur Bibel, besonders zu Moses. Wenn sie auf Grund einer mosaischen Vorschrift die Bilder aus den Kirchen entfernen, so erwartet er, daß sie in Orlamünde auch die Beschneidung wieder einführen werden. Wenn man das Abendmahl genau nach Christi Vorgang halten müßte, so müßte man es auch in dem gepflasterten Saal zu Jerusalem halten. Was geht uns Moses an? Die zehn Gebote hält man, weil sie Naturgebote sind, weil die Naturgebote, die Sittengesetze, wie sie in Vernunft und Gewissen allen Menschen sich ankündigen, nirgends so fein und so kurz zusammengestellt sind. Was geht uns der jüdische Sabbath*) an? Man feiert Sonntag, weil man ihn braucht, weil die Natur Menschen und Vieh zwingt, dann und wann zu ruhen. Wer der Ruhe nicht bedarf, der breche den Sonntag und ruhe auf einen anderen Tag, wie die Natur giebt. Die Magd, die am Sonntag auf Befehl ihrer Frau kocht und das Haus reinigt, mache sich ja kein Gewissen daraus; sie handelt gottwohlgefällig. „Wo nun Moses Gesetz und Naturgesetz ein Ding sind, da bleibt das Gesetz (nur daß es jetzt im Glauben aufgelöst, d. h. erfüllt wird). Darum ist Bilderei und Sabbath und Alles, was Moses mehr und über das natürliche Gesetz hinaus gesetzt hat, weil es natürlich Gesetz nicht hat, frei, ledig und kann's Jeder damit halten, wie er will, und ist alleine dem jüdischen Volke gegeben: nicht anders, als wenn ein

---

*) Karlstadt hatte eine Schrift über den Sabbath geschrieben.

Kaiser in seinem Lande besondere Gesetze und Ordnungen machte, wie der Sachsenspiegel in Sachsen, und doch gleichwohl die gemeinen, natürlichen Gesetze, wie Eltern ehren, nicht morden u. s. w., durch alle Lande gehen und bleiben. Darum laß man Mose der Juden Sachsenspiegel sein und uns Heiden unverworren damit, gleichwie Frankreich den Sachsenspiegel nicht achtet und doch in dem natürlichen Gesetze wohl mit ihm stimmt." So hat es Paulus, so hat es schon Jesaias mit den Stücken gehalten, die nicht im Gewissen begründet sind. „Denn Coloss. 2, 16. 17 spricht Paulus frei und helle: laßt euch Niemand Gewissen machen über Speise und Trank oder eines Theiles Tagen, nämlich den Feiertagen, Neumonden oder Sabbathen, welches ist der Schatten von dem, was künftig ist. Hier hebt St. Paulus den Sabbath ja mit Namen auf und heißt ihn den vergangenen Schatten, weil der Körper, welcher Christus selbst ist, kommen ist. Item: Gal. 4, 10. 11: ihr haltet Tage, Monden, Feste und Jahrzeiten, ich fürchte, daß ich umsonst an euch gearbeitet habe. Hie heißt er verlorne Arbeit, Tage und Feste zu halten, unter welchen der Sabbath auch ist. Auch hat solches zuvor Jesaias verkündigt 66, 23: es wird ein Sabbath am andern und ein Neumond am andern sein, d. h. täglich wird's Sabbath sein im neuen Testament, kein Unterschied der Zeit. Und Dank müsse haben der fromme Paulus mit Esaias, daß sie uns so lange zuvor von den Rottengeistern erlöst haben; wir müßten sonst an des Sabbaths Tage sitzen und das Haupt in die Hand fassen und der himmlischen Stimme warten, wie sie gaukeln. Ja, wenn Karlstadt weiter vom Sabbath würde schreiben, müßte der Sonntag noch weichen und der Sonnabend gefeiert werden; er würd uns wahrlich aller Dinge zu Juden machen."

Gewiß höchst freisinnige und rationelle Grundsätze! Nur fragt man sich unwillkührlich: wer ist der, der hier diese freie Sprache führt, der hier in so fortreißender Beweisführung auf Vernunft, Gewissen, Natur sich beruft gegenüber dem Bibelwort? Es ist derselbe, der sonst und zu eben derselben Zeit in der gleichen sklavischen Abhängigkeit vom Bibelbuchstaben gestanden ist. Hatte Karlstadt auf Grund des alten Testamentes einem Manne die Doppelehe gestattet, so gestand Luther, als dieser Fall zu öffentlichen Verhandlungen führte, daß auch er nicht verhindern könne, wenn Jemand mehrere Weiber nehmen wolle, denn es streite nicht gegen die h. Schrift, wenn er auch wünscht, daß die Vielweiberei bei den Christen, die auch Dasjenige unterlassen sollen, was an und für sich erlaubt ist, wegen des zu meidenden Aergernisses nicht vorkommen sollte — so schrieb er unterm 13. Jan. 1524 und noch in den Tischreden lesen wir: „Lamech ist der Erste gewesen, der zwei lebende Weiber gehabt hat, Jakob vier und sind heilige Diener Gottes gewesen. Aber solche Exempel können wir nicht brauchen, denn wir leben unter unserer Obrigkeit und gebrauchen unserer weltlichen Gesetze*).“

Hatte Karlstadt das Abthun der Bilder auf Grund eines alttestamentlichen Verbotes verlangt, so verbietet Luther das Abthun der Leibeigenschaft um dieselbe Zeit mit Berufung auf das alte Testament. „Es soll kein Leibeigener sein, weil uns Christus alle befreiet hat. Was ist das? Das heißt christliche Freiheit ganz fleischlich machen. Hat nicht Abraham und andere Patriarchen und Propheten auch Leibeigene gehabt? Leset St. Paul, was er von den Knechten, welche zu der Zeit alle leibeigen waren, lehret. Darum ist dieser Artikel stracks wider das Evangelium und räubisch.“

Und hat nicht Luther gerade im Streit mit Karlstadt über das Abendmahl an einen Bibelbuchstaben die Ewigkeit gehängt? Wie nahe lag es von den freien Ansichten aus, die er eben über das Verhältniß von Naturgebot zu Bibelgebot, des Innerlichen (des Glaubens und der Liebe) zu allen äußerlichen Stücken der Religion ausgesprochen hatte, auch das Abendmahl auf die gleiche Linie zu stellen, wie den Sabbath und die Bilder, es also der inneren Gesinnung gegenüber für untergeordnet, für mehr oder weniger gleichgiltig anzusehen, wie es Karlstadt that?

Ueber ihr Verhalten zum Bibelwort hatten Luther und Karlstadt sich im Grunde Nichts vorzuwerfen. Beide sind gleich abhängig wo es ihren Ansichten dient, und gleich frei, wo es ihnen nicht zusagt. Karlstadt hat weder aus dem alten Testament die Beschneidung und die Opfer und die anderen jüdischen Dinge, noch aus dem neuen die Fußwaschung nach Evang. Joh. und Anderes herübernehmen wollen. Die kirchlichen Neuerungen, die er einführte, flossen aus seinem protestantischen Gefühl, das mit den katholischen Ueberlieferungen gründlicher gebrochen hatte, als Luther; das Bibelwort wurde nur als Stütze verwendet. Aber ebensowenig fiel es Luther ein, von der freien Stellung zum Bibelbuchstaben, die er im Kampf mit Karlstadt eingenommen hatte, irgend einen weiteren Gebrauch zu

*) Siehe Anhang Anmerkung 3.

machen. Er hat sich sein Verhältniß zur Schrift so wenig klar gemacht, als dieß Karlstadt gethan. Je nach Gelegenheit des Gegenstandes, um den es sich handelt, oder der Gegner, mit denen er zu thun hat, ist er bald ihr Sklave, bald ihr Herr. Sein Denken und Reden ist überhaupt mehr intuitiv und instinctiv, als methodisch geordnet. Wir sahen, wie mächtig er gegen allen Glaubenszwang eiferte, zu gleicher Zeit, da er den größten Glaubenszwang verkündete und einführte, ohne den Widerspruch mit sich selbst zu fühlen. Es ist oft purer Trotz, was sein Denken und Handeln bestimmt. Karlstadt eifert gegen den Gebrauch des Wortes „Opfer" (Messe) für das Abendmahl. Luther hält gleichfalls die Vermischung der Opferidee mit dem Abendmahl für eine teuflische, seelenverderbende Erfindung. Aber Karlstadt zum Trotz will er fortfahren, es ein Opfer zu nennen. „Wohlan, ich heiße jetzt auf's Neue das Sacrament ein Opfer, obwohl ich weiß, daß es keines ist; nur weil mir's der Gott dieses Rottengeistes, der Teufel, wehren will, so will ich thun, was ich nicht will und lassen, was er will."

Karlstadt hatte in Orlamünde die lateinische Sprache aus dem Gottesdienst entfernt und eine deutsche Abendmahlsliturgie entworfen. Luther empfindet das Bedürfniß tief und weiß auch — sicher viel besser, als Karlstadt — was die Herstellung einer wahrhaft deutschen „Messe" erfordere. Aber aus Trotz will er's vorläufig liegen lassen, wie es liegt. „Ich wollt heute gerne eine deutsche Messe haben, ich gehe auch damit um, aber ich wollte gerne, daß sie eine rechte deutsche Art hätte. Denn daß man den lateinischen Text verdollmetscht und lateinischen Ton behält, ich laß es geschehen, aber es lautet nicht artig noch rechtschaffen. Es müssen beide Text und Noten, Accent, Weise und Geberde aus rechter Muttersprach und Stimme kommen, sonst ist's alles ein Nachahmen, wie die Affen thun. Nun aber der Schwärmergeist dringet, es müsse sein, will ich mir der Weile nehmen und weniger dazu eilen, denn vorhin, nur zu Trotze den Sündenmeistern und Seelenmördern, die uns zu Werken nöthigen, als von Gott geboten, die er nicht gebeut."

Was war doch natürlicher und einfacher, als der Kampf gegen die lateinische Sprache im Gottesdienst eines deutschen Landes, nachdem einmal der Glaube, also die religiöse Selbstthätigkeit aller Einzelnen als dasjenige erklärt worden war, was dem Gottesdienst allein seinen Werth verleihe? Anstatt Karlstadt für diesen Vorgang zu danken und ihm nachzumachen, muß derselbe zum Sündenmeister und Seelenmörder gestempelt werden, dem zum Trotz man unterläßt, was man selbst für gut hält. Und diesem Trotz sind jetzt die schwächsten Gründe gut genug. Was schadet's, wenn die Abendmahlsliturgie lateinisch ist? Das Volk versteht doch die Predigt, die voran geht, und wenn es nur die Worte „nehmet, esset“ u. s. w., welche es aus der vorgehenden Predigt merkt, deutlich im Herzen hat, so kann es würdig die Feier begehen. Freilich! aber warum soll es die liturgischen Formeln und Gebete nicht auch verstehen dürfen? Paulus verbietet 1. Cor. 14 nicht den Gebrauch der lateinischen Sprache. Freilich nicht; denn sein „Zungenreden“ hat überhaupt mit fremden Sprachen Nichts zu thun. Aber Karlstadt befand sich in vollster Uebereinstimmung mit dem Geiste und der Beweisführung jenes Kapitels aus dem 1. Corintherbrief, wenn er aus dem Kultus Alles entfernt wissen wollte, was nicht allen Theilnehmern verständlich und erbaulich ist.

Man hat treffend die Reformation in der Verengung, welche sie durch Luther annahm, in der Ausschließung so mancher Kräfte und Bestrebungen, welche in der Zeit sich regten und nach Geltung rangen, mit dem Rheine bei Bingen verglichen, der sich verengt, um mit zusammengehaltener Kraft die Hindernisse zu durchbrechen, die sich seinem Laufe entgegenstellen*). Man kann eine geschichtliche Nothwendigkeit darin erblicken, daß Luther die Eingebungen und Offenbarungen, deren sich die neuen Propheten rühmten, unerbittlich zurückwies und der gährenden Zeit, die in dem plötzlichen Hinausstürzen aus einer tausendjährigen Auctorität in das ziellose Meinen und Träumen der Einzelnen den Compaß verloren haben würde, in einem handgreiflich geschriebenen Worte einen festen Halt zu geben suchte. Es ist dieß die natürliche Schranke, wie sie jeder geschichtlichen Erscheinung anhängt, aber es muß zugleich zugestanden werden, daß diese Schranke, mit der ihm eigenthümlichen furchtbaren Einseitigkeit von Luther festgehalten, die verderblichsten Folgen nach sich gezogen und einen neuen, nicht weniger verwerflichen Katholicismus erzeugt hat. Es ist wahr: der Geist, den diese Propheten dem Wort gegenüberstellten, war noch zuchtlos, die Offenbarungen, deren sie sich rühmten, waren unvermittelt und formlos, aber Luther verkannte auch das Wahre und Berechtigte, welches darin lag: die fortgehende Offenbarung Gottes an den Menschengeist oder, was

*) Siehe Anhang Anmerkung 4.

dasselbe ist, die auf dem Wege der Forschung fortschreitende und neue Gedanken zu Tage fördernde Wahrheit, indem er ein Wort der Vergangenheit als die letzte Offenbarung Gottes betrachtete und in ihn dem menschlichen Geiste die unübersteigliche Schranke setzte. Welche Selbsttäuschung! Als wäre er selber nur ein Nachbeter von St. Peter und St. Paul gewesen! Er selber hat eine Reihe sittlicher Wahrheiten zu Tage gefördert und sein Volk damit befruchtet, von denen Petrus uud Paulus kaum eine Ahnung hatten. Er selbst war eine neue Offenbarung Gottes und in seinem kerndeutschen Wesen von dem semitischen Geiste durch eine viel tiefere Kluft geschieden, als er selber ahnte. Indem er aber im Kampfe mit diesen himmlischen Propheten dem Geiste stärker und bewußter, als vorher, das geschriebene Wort entgegensetzte und jede andere Quelle für die Erkenntniß der Wahrheit ausschloß, hat er jenes Joch des Buchstabens aufgebracht, das noch unerträglicher ist, als das der Tradition und an die Stelle der mittelalterlichen Scholastik, die er glücklich gestürzt hatte, einen neuen Scholasticismus gesetzt, der in der kirchlichen Theologie des 16. und 17. Jahrhunderts — ach! noch des 19. — seine Früchte reichlich getragen hat.

Persönliche Ueberzeugung oder Amt und Obrigkeit? Wort oder Geist? Es kam noch eine dritte Frage hinzu, um welche der Streit sich drehte: Cerimonie oder Glaube?

Von den Grundsätzen der Reformation aus war diese Frage leicht gelöst: der Glaube allein rechtfertigt, das bedeutete: das innere Verhältniß der Seele zu Gott ist allein das Entscheidende, alles Kirchenwerk dagegen hat nur relative, untergeordnete Bedeutung und gehört unter die freien Stücke. Luther selbst war es gewesen, der diesen Grundsätzen ihren klassischen Ausdruck gegeben hatte.

Wir haben es schon aus seiner Schrift über die Freiheit des Christenmenschen erfahren, wie frei Luther über jeden äußeren Gottesdienst gedacht hat. Das Wesen der Frömmigkeit könne in keinem Dinge gesucht werden, das auch ein Gleisner oder böser Mensch thun könne, hatte er gesagt. Da nun ein Gleisner beten, die Kirche besuchen, zum Abendmahl gehen kann, so können diese Uebungen für die Religion nur von untergeordneter Bedeutung sein. Er rechnet daher in vielen seiner Aussprüche den äußeren Gottesdienst unter die unnöthigen und freien Stücke und stellt das Sacrament auf Eine Linie mit Essen und Trinken, Kleidervorschriften, Beten, Fasten, Klöstern u. s. w. Der Glaube besitzt nach ihm alle himmlischen

Güter auch ohne das Sacrament; in diesem empfängt der Mensch Nichts, was ihm nicht auch schon in jeder Predigt dargeboten würde. Die Sacramente sind daher nur sinnbildliche Zeichen, wie man auch den Regenbogen Noa's ein Sacrament nennen könnte, oder Erinnerungsmittel, daher Veranschaulichungen der geistigen Güter für den schwachen Menschen, der etwas Sichtbares als Stütze für seinen Glauben braucht. Ebenso ist der äußere Gottesdienst überhaupt nur um der Einfältigen und des jungen Volkes willen nöthig, damit sie im göttlichen Wort unterrichtet werden. Die bereits Christen sind, bedürfen der Dinge keins, denn sie haben ihren Gottesdienst im Geiste. Darum hat er auch den Gottesdienstordnuugen nie einen großen Werth beigelegt. Als er seine deutsche Messe herausgab, bat er um Gottes willen, kein nöthiges Gesetz daraus zu machen, noch Jemandes Gewissen damit zu verstricken. Er will deßwegen, daß alle Sacramente frei seien und in keiner Weise die Seligkeit des Menschen bedingen. „Es sollen alle Sacramente frei sein für Jedermann; wer nicht getauft sein will, der laß es anstehen. Wer nicht will das Sacrament (Abendmahl) empfangen, der hat sein Macht. Wer nicht will zur Beichte gehen, der hat sein Macht." „Des göttlichen Wortes und des Glaubens mag die Seele nicht entbehren, mag aber wohl des Sacramentes entbehren."

Daß darum der einzige Gottesdienst, der unbedingten Werth habe, das sittliche Leben sei, hat er in der Zeit seines Kampfes gegen den Romanismus unzählige Male ausgesprochen. Mit dem Unterschied zwischen Geistlichen und Weltlichen, sofern Alle geistlich sind, welche vom Geiste getrieben werden, hörte auch der Unterschied zwischen geistlichen (kirchlichen) Verrichtungen und weltlichen Werken auf. Die Hausfrau, die ihre mütterlichen Pflichten erfüllt, ist ihm die wahre Heilige, nicht die Nonne, die sich im Kloster einsperrt. Knecht und Magd, die ihrem Beruf obliegen, sind ihm gottwohlgefälliger, als der Kapuziner, der ein härenes Gewand trägt und seine Horen hält. Er kannte kein größeres Wonnegefühl, als, wenn man die Last und Arbeit des Tages getragen habe, sagen zu können, man habe größere und frömmere Werke gethan, als aller Mönche Heiligkeit zusammen. Wie er dem äußerlichen Gottesdienst gegenüber die innerliche Frömmigkeit zu Ehren gezogen, so hat er im Gegensatz zu dem sogenannten geistlichen das weltliche Leben wieder in seine Rechte eingesetzt.

Aber derselbe, der in der entscheidenden Stunde des großen Kampfes die Fahne der reformatorischen Ideen vorangetragen hat, ist doch der religiösen Grundstimmung seines Gemüthes nach stets ein ächter Katholik gewesen und geblieben, und aus dieser religiösen Grundstimmung allein läßt sich seine sonderbare Stellung zum „Sacrament“, diese Qual seines Lebens, dieses Gift für seine sonst so große und edle Seele, dieses Unglück für die Reformation, vollständig begreifen. Erinnern wir uns wieder, was den Mittelpunkt der lutherischen Frömmigkeit ausmachte! Es war die Gewißheit der Seligkeit, welche Gewißheit durch den Glauben jener Zeit die bestimmte Färbung erhielt: komme ich nach dem Tode in den Himmel oder in die Hölle? Sind mir meine Sünden von Gott vergeben oder nicht? Wir wissen, daß Luther diese Gewißheit, nachdem ihm die kirchlichen Wege zu derselben unbrauchbar geworden waren, einfach mit einem herzhaften Glauben ergriffen und in sein Herz geschlossen hat. Aber war denn dieser Glaube immer so fest und seiner Sache sicher? Wir kennen die Zweifel und Anfechtungen, denen Luther Zeit Lebens in dieser Beziehung unterworfen war, und in seinen religiösen Ansprachen sind es die blöden verzagten Gewissen, die bekümmerten Seelen, in welchen des Todes Angst ist und fürchten sich vor der Hölle, welche er immer vorherrschend im Auge hat. Wie gut kam es diesem Glauben, Stützen zu finden, an welchen er sich in seinen schwachen Stunden aufranken konnte? Wenn dieselben nur nicht menschliche Rohre, wie im Papstthum, sondern von Gott selbst gesetzte Säulen waren! Aber so schienen ja Taufe und Abendmahl zu sein. Sie waren in der Bibel, also nach Luthers Voraussetzung von Gott selber vorgeschrieben; sie waren von Jesus, also nach Luthers Dogmatik von Gott selbst eingesetzt. Wozu? um dem blöden und verzagten Gewissen greifbare und sichtbare Pfänder seiner Seligkeit zu geben. Indem Gott befiehlt, das Kind in seinem dreieinigen Namen zu taufen (Matth. 28, 19), giebt er ihm die feierliche Erklärung, daß er es dem Teufel und der Hölle entreißen und ihm ein gnädiger Gott und Vater sein wolle. Indem er im h. Mahle spricht: nehmet, esset, das ist mein Leib, der für euch gegeben wird; trinket Alle daraus, das ist mein Blut, das vergossen wird für Viele zur Vergebung der Sünden,“ giebt er mir die feierliche Versicherung, daß er mir die Sünden vergeben wolle und daß ihm so viel an mir und meiner Erlösung gelegen sei, um selbst das Blut seines eigenen Sohnes für einen nicht zu großen Preis zu achten. Sollte der Glaube solche thatsächliche göttliche Erklärungen nicht hoch achten, dieselben sich immer wieder vorhalten und sich daran aufrichten? „Wenn mich der Teufel auf's Thun und Lassen bringet, daß ich bei mir disputire, das hast du gethan, jenes hast du gelassen, so hat er gewonnen und ich liege darnieder, es sei denn, daß ich mich durch Gottes Gnade ermanne, aufraffe und das Schwert ergreife und sage: daß ich das gethan, jenes gelassen habe, unverzagt! Denn ich glaube durch Christum Vergebung der Sünden, und hab dessen ein gewiß Pfand, daß ich getauft bin. Dazu hab ich den wahren Leib des Herrn, der für mich gegeben ist, das Blut meines lieben Herrn und Heilandes Jesu Christi, das für mich vergossen ist, zur Vergebung der Sünden empfangen*)." Wenn die Zweifel wegen der Seligkeit oder Unseligkeit im Geiste sich regen wollen, so räth er, diese Gedanken nur schnell von sich zu werfen und sich mit festem Glauben an Das zu halten, was Gott in Taufe und Abendmahl versprochen hat. „Gegen jene Zweifel hat Gott gesetzt die Taufe, sein Wort, das Sacrament des Altars, seines lieben Sohnes wahren, natürlichen Leib als gewisse Zeichen und Pfand, auf denselbigen sollen wir fest stehen, trotzen, pochen und sagen: ich bin getauft, ich glaube an Jesum Christum, ich habe das Sacrament empfangen. Was liegt mir daran, ob ich versehen bin oder nicht?**)"

Von hier aus überschaut sich leicht die eigenartige, von allen anderen Trägern des Reformationsgedankens so stark abweichende Stellung, welche Luther zu den sogenannten Sacramenten einnahm; sie war keineswegs ein Werk sonderbarer Laune, seltsamen Eigensinns oder unbegreiflicher Verranntheit in einen Schriftbuchstaben, sie war das ganz natürliche Erzeugniß seiner so ganz eigenartigen religiösen Entwicklung. Sie ist nur aus seinem Klosterkampfe zu begreifen. Die Hauptsache wurde jetzt das Wort, das bei den beiden Handlungen gesprochen wird, weil in diesem Gott dem Sünder seine Geneigtheit, ihm die Sünde zu vergeben, förmlich ankündigen läßt. Das muß der vom Tod, Hölle, Teufel und Gericht erschreckte und an seiner Seligkeit zweifelnde Sünder in's Herz fassen und festiglich daran glauben, „daß es ein ewig, lebendig, allmächtig Gotteswort sei, das von Sünden und Tod frei machen und ewig behalten könne, und bringe Alles mit sich, was es deutet, nämlich Christum mit seinem Fleisch und Blut und Alles, was er ist und hat."

*) Tischreden, Ausgabe 1576, S. 201.
**) Ebendaselbst S. 230.

So bietet freilich Taufe und Abendmahl Nichts, was nicht der Glaube auch sonst schon ohne das Sacrament hätte; denn die Sündenvergebung, die Bereitwilligkeit Gottes, den Sünder als sein Kind anzunehmen, wird ja im ganzen Evangelium Jesu Christi, in jeder Predigt, verkündigt und angeboten. Freilich! aber es muß dem verzagten Sünder von Wichtigkeit sein, für diese Gewißheit, die ihm immer wieder zweifelhaft werden will, möglichst viele Stützen zu haben, um sich daran unter den Anfechtungen des Teufels und in den schwachen Stunden des Lebens aufzuranken. Wenn Gott dem Sünder den Gefallen erwiesen hat, ihm seine Gnade außer seinem Worte noch durch besondere Zeichen versichern zu lassen, warum sollte der Sünder diese göttlichen Zeichen gering achten? Aber noch mehr! Man könnte denken, mit der eben entwickelten Gedankenreihe werde die lutherische Sacramentslehre abgethan sein, denn sie erfülle alle Bedürfnisse des Glaubens. Dieser brauchte zu seiner Beruhigung außer dem allgemeinen Gotteswort in der gesammten evangelischen Heilspredigt noch ein specielles, bekräftigendes, das er in sichtbaren Handlungen und Zeichen greifen und an's Herz drücken konnte, außer dem noch idealen und geistigen Wort noch etwas Massives, Handliches. Das hatte er in den beiden Handlungen, wie Luther sie auffaßte. Das Wasser in der Taufe konnte schlecht Wasser bleiben, das Brod und der Wein im Abendmahl konnten schlecht Brod und Wein bleiben, nichts weiter; der Glaube hatte daran doch Alles, was er zu brauchen schien: nämlich eine specielle und förmliche Erklärung der Sündenvergebung aus dem Munde Gottes.

Aber man weiß, daß Luther noch weiter ging. Zwar in der Taufe ließ er das Wasser Wasser bleiben, obwohl ein durch die Verbindung mit dem Worte heilskräftiges Wasser, aber Brod und Wein im Abendmahl sollten zugleich den wirklichen Leib und das Blut Jesu in sich enthalten, so daß, wer Brod und Wein genoß, denselben Leib Jesu, der von Marien geboren am Kreuze gehangen hatte, aber jetzt zur Rechten Gottes sitzend, allgegenwärtig sein sollte, in seinen Körper aufnahm. Mit dieser Anschauung, die Luther durchaus eigenthümlich ist, trat er in Widerspruch mit allen selbständigen und unabhängigen Trägern des Reformationsgedankens, und die entgegengesetzte Ansicht, welche Karlstadt und später Zwingli vertraten, wäre ohne Luthers Uebermacht im ganzen Reformationsgebiet durchgedrungen; so sehr drängte sie sich, nachdem einmal die katholische Verwandlungslehre gefallen war, Jedem von selbst auf. Luther selbst hatte eine Zeit gehabt, da ihm die Karlstadtische Ansicht nahe genug gelegen war. Unterm 15. Dez. 1524 hat er das Bekenntniß abgelegt: „Das bekenne ich, wo Dr. Karlstadt oder Jemand anders vor fünf Jahren mich hätte berichten mögen, daß im Sacrament Nichts, denn Brod und Wein sei, der hätte mir einen großen Gefallen than. Ich hab wohl so harte Anfechtungen darob erlitten und mich gerungen und gewunden, daß ich gern heraus gewesen wäre, weil ich wohl sahe, daß ich damit dem Papstthum hätte den größten Puff können geben. Ja, wenn noch heutigen Tages möchte geschehen, daß Jemand mit beständigem Grund beweisete, daß schlecht Brod und Wein da wären, man dürft mich nicht so antasten mit Grimm. Ich bin leider allzu geneigt dazu, so viel ich einen Adam spüre." Wenn man Luther darüber hört, was ihn zu jener eigenthümlichen Anschauung geführt habe, so antwortet er: das Wort ist mir zu stark. „Das ist mein Leib; das ist mein Blut." Aber wie oft hat Luther, wo es sein Glaubensinteresse fordert, aus einem „Ist" der Bibel ein „Bedeutet" gemacht? Ueberdieß ist es nicht einmal wahr, daß er sich streng an's Wort hielt. Die katholische Verwandlungslehre nimmt die Einsetzungsworte genau und streng, aber wo steht: in, mit, und unter diesem Brode, das gleichwohl Brod bleibt, ist der wahre Leib Christi? Es war nicht der Buchstabe, der ihn fesselte, es war sein religiöses Bedürfniß, das auch hier entschied. Für's Erste war seinem conservativen Geiste der Sprung von der Messe zum Karlstadtischen Abendmahl zu groß, die Gewohnheit, mit welcher er die Hälfte seines Lebens hindurch in Schauern heiliger Ehrfurcht im Abendmahl den gegenwärtigen Gott geschaut hatte, drückte mächtig auf ihn. Aber er würde diesen Sprung gleichwohl gewagt haben, wie so viele andere ebenso kühne, wenn nicht für's Zweite ein wirkliches Gemüthsinteresse in der Anschauung, die er jetzt aufstellte, eine Befriedigung gefunden hätte. Je mehrere Stützen der allen Anfechtungen und Zweifeln ausgesetzte Glaube zur Verfügung hat, desto besser kann er sich halten; zerbricht ihm der Teufel eine, so ergreift er die zweite und dritte. Und je massiver diese Stützen sind, desto weniger brechen sie in der Hand. Ein Wort, durch den Mund des Priesters den verzagten Gewissen im Sacrament nahe gebracht, ist doch nur ein Wort, ein Hauch, etwas Geistartiges, Unfaßbares; aber der Leib Jesu Christi, derselbe, der für meine Sünden am Kreuze gehangen — wenn Gott den mir darreicht, da habe ich ein festes, handgreifliches Pfand meiner Sündenvergebung, wie sollt' ich da noch länger zweifeln? Darauf will ich pochen gegen alle Anfechtungen der Hölle und des eigenen Herzens.

Schauen wir uns wieder um nach der Alternative, welche diesen Abschnitt beherrscht hat: Cerimonie oder Glaube? so lautet sie jetzt bei Luther: mehr Cerimonie, als Glaube, und was von diesem übrig geblieben ist, verräth oft kaum mehr einen protestantischen Athemzug.

Die heilige, kirchliche Handlung beherbergt Luther'n zufolge auch vor und ohne jede Selbstthätigkeit des Subjects göttliche Gnadenkräfte in sich. In Taufe und Abendmahl ist das göttliche Gnadengeschenk da, ob du es annimmst oder nicht, wie ein Goldstück — Luther gebraucht selbst diese Vergleichung —, das in meiner Hand liegt, da ist, auch wenn du es nicht annimmst. Das Verheißungswort, das sich in der Taufe mit dem Wasser verbindet, hat die Kraft, den Glauben im Herzen des unmündigen, heute geborenen Kindes hervorzubringen. Wenn Bileams Esel oder der Teufel selbst die Sacramentsworte spräche, so würde doch ihre göttliche Kraft und Wirksamkeit nicht gehemmt. Der Leib Jesu, im Abendmahl dargereicht, wird auch vom Ungläubigen genossen und in seinen Körper aufgenommen; in den Körper des Gläubigen aufgenommen, erzeugt er neben den geistigen Wirkungen die größten körperlichen Veränderungen; er verwandelt ihn aus einem sinnlichen in einen geistlichen Körper und verleiht Unsterblichkeit. Wir befinden uns hier mitten in dem Zauberkreise mittelalterlicher Magie und Phantastik. Ob unter dem Worte der Einsegnung ein Stück Brod sich in einen Menschenleib verwandelt oder ob dieser sich nur unter jenem verbirgt, ist dieselbe Art der Magie. Das Wort, das nach Luther im Sacrament ewig und allmächtig umwandelnde Gotteskräfte mit sich führt, ist dasselbe, mit welchem die katholische Kirche Brod, Wein, Oel, Salz, Kerzen, Wasser, Glocken, Saaten, Fahnen, Waffen weihte und ihnen übernatürliche Kräfte verlieh.

Wenn aber die Cerimonie so viel gilt, was ist dann der Glaube, ohne welchen sie keinen Werth haben soll? Eine ausgestreckte Hand, die das göttliche Gnadengeschenk in Empfang nimmt, und da dieses Gnadengeschenk die Sündenvergebung ist, so schrumpft jetzt der Glaube ein auf die zweifellose Gewißheit, die der Fromme gegen die Anfechtungen des Teufels, gegen die Zweifel des eigenen Verstandes und Herzens sich immer wieder mit Gewalt einredet, daß die Verheißungsworte in Taufe und Abendmahl auch ihm gelten, daß das

Verdienst Christi von Gott auch ihm zugerechnet werde, der Glaube wird „ein tröstliches, lebendiges Verlassen auf Christi gegebenes Verdienst*).“ Wie das Christenthum für Luther zusammenschrumpft zu einer Botschaft der Sündenvergebung, so schrumpft der Glaube, von welchem er früher so Heiliges und Großes ausgesagt, zusammen zum Fürwahrhalten dieser Botschaft, die im Evangelium, am kräftigsten aber in den Einsetzungsworten der Taufe und des Abendmahls dem Sünder entgegengebracht wird. Hier durchschauten sich die beiden Gegner vollständig in ihrer entgegengesetzten Geistesrichtung: die Beschränkung des Christenthums auf die Sündenvergebung erschien Karlstadt als ein ganz dürftiger Auszug aus der reichen Fülle des Evangeliums. „Das Evangelium von Christus steht nicht allein in der Verkündung der Gnade Christi, welche sich in Vergebung der Sünde erweist, sondern es ist reicher; denn es sind unermeßliche Güter und Schätze in Christus, die er allen denen mittheilen will, die an ihn glauben. Ist das kein Evangelium, daß wir Alle aus der Fülle Christi schöpfen? Wo bleibt das Evangelium vom Geiste Christi? Wo die reichen Gaben des Messias, von denen Jesaias spricht? Es ist nicht genug, daß der Christ weiß, wie ihn Christus erlöst in Sündenvergebung, sondern er muß wissen, daß er von Gott den ganzen Reichthum der Schätze schöpfen muß, was Dr. Luther nicht anzeigt, sondern setzet Alles auf eine einzige Zeile: die Vergebung der Sünden.“

Luther hinwiederum zeichnet scharf und treffend den Charakter der Karlstadtischen (und Zwingli'schen) Theologie. „Karlstadts Theologie ist nicht höher gekommen, denn daß sie lehret, wie wir Christo nachfolgen sollen, und aus Christus nur ein Exempel und Gebieter macht, daraus Nichts, denn Werke gelernt werden. Er lehret Christum nicht, wie er unser Schatz und Gottes Geschenke ist, daraus der Glaube folgt, welches doch das höchste Stück ist, und er meinet solches Alles zu verschmücken mit diesen Worten: brünstige Erkenntniß, hitzig Gedächtniß u. dgl. Und fällt also wieder fern vom Glauben auf die Werke.“

Der Glaube hört bei Luther auf, eine Action zu sein, er wird ein leidender Zustand — selbst im neugeborenen Kinde weckt der Geist den Glauben bei der Taufe. Bei Karlstadt dagegen ist der

*) Vom Anbeten des Sacraments des h. Leichnams Christi 1524. Irmischer 1840 S. 417.

Glaube ein thatkräftiges energisches Ergreifen aller göttlichen Schätze und Güter, welche in Christus dem Glaubenden angeboten werden.

Wenn Karlstadt von dem Communikanten verlangt, daß er sich mit Andacht und Inbrunst, „mit hitziger Kunst" in den Tod Jesu versenke, so wird er von Luther heftig ausgescholten. Diese Selbstthätigkeit des Subjects, das sich aus innerem Trieb dem Göttlichen entgegenneigt, wäre ja wieder ein Werk, aber der Glaube macht allein selig, nicht die Werke. „Wenn ich nach Karlstadtischer Lehre das Gedächtniß und Erkenntniß Christi mit solcher Brunst und Ernst übete, daß ich Blut schwitzte und darüber verbrennte, es wäre Alles Nichts und ganz verloren. Denn da wäre eitel Werk und Gebot. Ja Christus am Kreuze mit alle seinem Leiden und Tod hilft Nichts, wenn's auch auf's allerbrünstigste, hitzigste und herzlichste erkannt und bedacht wird, es muß Alles noch ein Anderes sein. Was denn? Das Wort, das Wort, das Wort, hörest du, Lügengeist? Das Wort thut's. Denn ob Christus tausendmal für uns gegeben und gekreuzigt würde, wäre es Alles umsonst, wenn nicht das Wort Gottes käme und theilet's aus und schenkt mir's und spräche, das soll dein sein. Die Vergebung der Sünden hat Christus erworben am Kreuz, das ist wahr, aber er hat sie nicht ausgetheilt oder gegeben am Kreuz. Das letztere geschieht durch's Wort im Abendmahl, wie auch im Evangelio, wo es gepredigt wird. Will ich nun meine Sünde vergeben haben, so muß ich nicht zum Kreuze laufen, denn da finde ich sie (die Vergebung) noch nicht ausgetheilt; ich muß mich auch nicht zum Gedächtniß und Erkenntniß des Leidens Christi halten, wie Karlstadt alfenzet, denn da finde ich sie auch nicht, sondern zum Sacrament oder Evangelium, da finde ich das Wort, das mir solche am Kreuze erworbene Vergebung austheilet und schenkt*)." Eigensinniger Gott, nach welchen Gesetzen regierst du die Welt? Das Heil hast du deinem Menschengeschlechte am Kreuz erworben, aber du theilst es da nicht aus. Ich weiß nicht, warum? aber du willst es einmal so. Du sprichst: schau nicht auf, o Mensch, zum Kreuz, dieses Aufrichten deiner Augen wäre schon werkstolz; laß nicht dein Herz erglühen von dem, was dort geschehen ist. Was geht mich dein Herz an? Kann auch menschliche Herzensregung zum Heil Etwas beitragen? Mein bleibe alles Verdienst. Sieh dort den Altar, dort steht der Priester, der trägt mein Wort im Munde,

*) Wider „die himmlischen Propheten". Irmischer S. 286.

und in dieses habe ich mein Gnadengeschenk verschlossen, glaube dem Wort und du hast es.

So wird der Glaube das unbedingte Vertrauen auf's Wort, zunächst im Kampfe mit Karlstadt auf das Einsetzungswort im Abendmahl, weiterhin aber, da dieses nur göttlich sicher ist, wenn das Buch, darin es steht, göttlich sicher ist, ein unbedingtes Vertrauen auf das Bibelwort. Von jetzt an fällt ihm der Glaube zusammen mit der Rechtgläubigkeit, und da der Glaube allein selig machen soll, hing die Seligkeit an der Orthodoxie. Jetzt sind die Sacramente nicht mehr äußerliche Stücke, die für Jeden frei sind, jetzt heißt es: Gott hat beschlossen, die innerlichen Stücke: den Glauben und den heiligen Geist Keinem zu geben ohne die äußerlichen, nämlich sein Wort und die heiligen Zeichen*). Jetzt kann Luther um ein Häkchen des Bibelwortes mit einer Wuth kämpfen, als gelte es die Ewigkeit. Und in diesem Kampfe verwirren sich alle seine Begriffe. Mit dem Wort „Glauben" wird ein tolles Spiel getrieben. Er kann nicht läugnen, daß das Wörtlein „ist" häufig in der Bibel so viel sagt, als „bedeutet" oder genauer, daß es oft nur eine symbolische Aussage enthält, so: Gott ist meine Burg, oder wenn Petrus ein Fels genannt wird, auf welchen Christus seine Gemeinde baue. Aber nur beim Abendmahl soll es diese Bedeutung nicht haben. Dort verbiete der Glaube anzunehmen, daß Christus seine Gemeinde auf einen natürlichen Felsen baue, aber der Glaube verbiete nicht anzunehmen, daß im Brod und Wein wirklich Leib und Blut Christi sei. Als ob der Glaube, wie er ihn in seiner reformatorischen Periode auffaßte, als eine ethische Beschaffenheit des menschlichen Gemüthes, mit dem einen oder mit dem anderen irgend etwas zu schaffen hätte. Ein unbefangener Sinn würde gesagt haben: das eine, wie das andere, verbietet die Vernunft oder eine verständige Exegese anzunehmen.

Mit der Wiederaufnahme des katholischen Begriffs vom Glauben als dem bloßen Fürwahrhalten einer Lehre leitet er von Neuem die berüchtigte rabies theologorum und die Buchstabenzänkerei in der Religion mit seinem Beispiel ein und wird den folgenden Geschlechtern zum verderblichen Vorbild. Daß Jeder zur Hölle fährt, der seine Auslegung der Abendmahlsworte nicht annimmt, versteht sich ihm mit jedem Schritt auf dieser Bahn immer mehr von selbst.

---

*) Siehe Anhang Anmerkung 5.

Er redet ganz in der katholischen Weise wieder von den neuen „Ketzern“, die verdammt sind. Das wird jetzt sein gewöhnlicher Sprachgebrauch. Wenn über Glaubensfragen die Ansichten auseinandergehen, so muß „der eine oder der andere Theil des Teufels sein“, das ist ihm jetzt selbstverständlich. Natürlich ist er mit seiner Ansicht Gottes und die Anderen sind des Teufels *).

Von jetzt an wird auch seine feindselige Stellung zur menschlichen Vernunft zum System. In der Schrift wider die himmlischen Propheten handelt ein eigenes Kapitel „von Frau Hulda, der klugen Vernunft.“ Jedes menschliche Forschen und Untersuchen, jede Frage nach dem Wie? wird abgeschnitten durch das einfache: da steht's. „Uns ist nicht befohlen, zu forschen, wie es zugehe, daß unser Brod Christus Leib wird und ist. Gottes Wort ist da, das sagt's: da bleiben wir bei und gläubens; da beiß dich, du armer Teufel, und forsche darnach, so lange, bis du erfahrest, wie es zugehe.“

Das hat Luther deutlich erkannt und oft wiederholt: wenn man die Vernunft mitreden lasse zu den Dogmen der Kirche, dann falle nicht bloß die Gegenwart des Leibes im Abendmahl, dann falle der ganze Kirchenglaube zusammen. Wie soll die Gottheit Christi vor der Vernunft bestehen? „Bei der Vernunft lautet es ja so thöricht, Mensch ist Gott, als, Brod ist Leib. Und weil sie Eins läugnen, werden sie gar bald und frisch das Ander auch läugnen. Du sollst Wunder sehen, wie klug die Vernunft sein wird, sonderlich im tollen Pöbel, und den Kopf schütteln und sagen: ja, Gottheit und Menschheit sind zweierlei Ding, so unermeßlich von einander geschieden, als ein ewiges von einem zeitlichen, wie kann denn eins das ander sein oder Jemand sagen: Mensch ist Gott?“ — „Es ist kein Artikel des Glaubens, welcher nicht über Vernunft sei von Gott gestellet. Und eben dieß ist eine Ursache, die Dr. Karlstadts Irrthum verräth, daß er so vom Glauben und Gottes Wort redet, daß die Vernunft es gerne und williglich aufnimmt, die sich doch sonst wider alle Gottes Wort und Artikel des Glaubens auflehnet.“

Man kann allen diesen Anschauungen Luthers den inneren Zusammenhang und die Folgerichtigkeit nicht absprechen. Der absoluten göttlichen Auctorität gegenüber, die Luther mit der gesammten Reformation dem Menschenwerk und der Menschensatzung der römischen Kirche entgegengesetzt hat, kann das Menschliche nur passiv

*) Siehe Anhang Anmerkung 6.

und selbstlos sich verhalten. Wenn das göttliche Gnadengeschenk sich im Wort und Sacrament allmächtig darbietet, so kann die menschliche Thätigkeit nur im Hinnehmen bestehen, der Glaube kann nur die Hand sein, die ausgestreckt ist, damit das göttliche Goldstück hineinfallen könne. Ebenso, wenn die Wahrheit von Gott geoffenbart ist in einem Buche, so kann die menschliche Thätigkeit nur in der unbedingten Unterwerfung unter dieses Wort bestehen; die Vernunft hat nur anzunehmen und zu leiden. Der mechanische Dualismus zwischen Gott und Welt, der die katholisch-lutherische Weltanschauung beherrscht, verdammt die menschlichen Thätigkeiten des Glaubens und der Vernunft zu rein selbstlosen Gefäßen für den göttlichen Inhalt. Daß Luther ganz folgerichtig und in voller Uebereinstimmung mit den Positionen, die er im Kampf gegen die himmlischen Propheten eingenommen hat, im Kampf mit Erasmus den freien Willen des Menschen der Absolutheit Gottes opfert, im Kampf mit Zwingli endlich die menschliche Seite in der Person Jesu von der göttlichen aufzehren läßt, wird sich später zeigen.

Man darf sich aber auch gegen die nothwendigen Folgen solcher Anschauungen nicht verschließen. Man ist gewohnt, alle Segnungen der Reformation Luther zuzuschreiben, dagegen die Geistesverödung und religiöse Dürre, welche die nächsten zwei Jahrhunderte nach ihm kennzeichnet, auf Rechnung seiner unwürdigen Nachfolger zu setzen. Aber diese Nachfolger sind nur auf der gleichen Linie fortgewandelt. Die völlige Unfruchtbarkeit des sittlichen Lebens durch einen Glauben, der nichts weiter war, als ein blindes Vertrauen auf das Sacrament und auf das in demselben wirksame Verdienst Christi, der Zank um den Buchstaben und die Streichung der Liebe aus der Reihe der christlichen Tugenden, das gänzliche Absterben des wissenschaftlichen Strebens und die Ertödtung des Wahrheitssinnes, die lutherischen Magistri nostri, welche den Kölnern der epistolae virorum obscurorum in keinem Punkte nachstanden — will man sich wundern, daß der Katholicismus einen neuen Aufschwung nahm, im Jesuitismus eine verlorene Position um die andere wieder eroberte? Durch die Verkennung und Niederwerfung des protestantischen Geistes, der in Karlstadt, wie verworren und trübe auch, seine Forderungen an die Zeit stellte, hat Luther den Protestantismus um sein Salz gebracht; er hat ihm Wunden geschlagen, von denen er sich heute noch nicht erholt hat, und der kirchliche Kampf der Gegenwart ist geradezu ein Kampf der Geistesfreiheit gegen das Lutherthum.

Die Gegenwart, gewitzigt durch die Erfahrungen dreier Jahrhunderte, hat freilich gut urtheilen. Es sind jedoch auch Zeitgenossen gewesen, welche die schiefe Bahn, auf der Luther seine Zeit mit sich fortriß, mit großem Schmerz beobachteten und mit scharfem Urtheil trafen. Karlstadt war gefallen, aber die Nachrufe, die Freunde ihm widmeten, enthielten bittere Pillen für den Sieger. So erschien von dem Rothenburger Schulmeister Valentin Ickelschammer ein Schriftchen unter dem Titel: „Klag etlicher Brüder an alle Christen von der großen Ungerechtigkeit und Tyrannei, so Andres Bodenstein von Karlstadt jetzo vom Luther zu Wittenberg geschieht.“ Neben Manchem, was einen einseitigen und beschränkten Standpunkt verräth, enthält es doch manches Wahre und Treffende. Der Verfasser findet, daß „Dr. Luther nach dem Papste schmecke.“ Er rügt scharf Luthers unchristliche Härte gegen theologische Gegner. „Daß du den irrenden Menschen also über die kalten Klingen kannst springen lassen, ist bei mir einfältigem Bruder also angesehen, daß du in diesem deinem Schreiben ein unchristlich, bitter Herz und gar ein hitzig, „räuterisch“ Gemüth gehabt hast.“ — „Solche deine trotzige Lehre und eigenwilliges Wissen stieß mich oft und hart und wollt doch je nicht gern, daß deine Sach nicht recht sein sollte. Du machst auch, daß ich im neuen Testamente suchte, wo Christus und seine Apostel dergleichen gescholten hätten. Ich fand wohl, daß Beide die pharisäischen Pfaffen hart angefochten haben, aber mich däucht, es hätt eine andere Meinung ihres Zorns, ich fand in ihren harten Worten einen ernsten und göttlichen Eifer, so waren's auch nicht ganze Bücher voll Lästerwort, es war auch nit Hui und Trotz, jagten auch nie Keinen aus dem Land.“ Luthers Eigensinn und Herrschsucht wird scharf gegeißelt. „Hüte dich, Luther, daß die alte Prophezeiung nicht wahr werde, daß ein schwarzer Mönch alles Unglück anrichten müsse. Deine Freiheit ist so groß, wenn dir jetzt Einer, dem du ein wenig abgünstig wärest, schriebe, Christus sei Gottes Sohn, so dürftest du einen Streit mit ihm anheben, auf daß du etwas Anderes fürbrächtest, also gern hörst du dein eigenes Gesang.“ Er bittet ihn, in seinen Schriften mehr scharf und gelehrt, als polterisch uud „huisch“ zu sein. Das Unrecht, das an Karlstadt geschehen, wird eindringlich hervorgehoben. Daß du unsern Bruder Andream von Karlstadt so anschnurrest und machst, daß man den frommen und theuren Mann in vielen Städten und Herbergen verbeut, das sollen dir, Luther, alle Christen danken. Ich frag allhier dein Gewissen, ich frag deine Nachbauren Philipp Melanchton und Pomeranus (denn diese Zwei hab ich allewege für treuer angesehen, als dich), ich frag auch alle Christen, ob du der Sache recht thust. Das weiß ich, wenn dich dein biblischer Geist anders lehrt, als daß du hingehen solltest zu diesem Mann, seiner Lehre Grund und Ursach zu hören, auf daß die Wahrheit ohne solch fährliches Gezänk an Tag käme, ja daß du ihm den Zorn etlicher Fürsten und Städte, den du ihm mit deinem giftigen Schreiben über den Hals bracht hast, legen hülfest oder trügest diese Fährlichkeit zugleich mit ihm, so ist er nicht gut und wenn du schon einen Berg auf den anderen trügest mit deinem Glauben." Daß überhaupt neben diesem Glauben, den Luther aufrichtete, das Leben und die Werke zu kurz kommen, hat der Mann sehr richtig beobachtet. Interessant ist, wie er dieses an dem Leben und Treiben Luthers selbst nachzuweisen sucht. „Ich weiß deiner Handlungen viel, bin eine Weil selbst ein Wittenberger Student gewest. Ich will aber nit von dem güldenen Fingerlein, das viel Leut ärgert, noch von dem hübschen Gemach sagen, das über dem Wasser steht, darin man trunk und mit anderen Doctoribus und Herren fröhlich war, wiewohl ich über dieses letzt oft meinem Schulgesellen geklagt und mir die Sach gar nicht gefiel, daß man so viel nöthlicher Sachen ungeachtet bei dem Bier mocht sitzen. Ueber diese geringe Sache klagte einmal zu Nürnberg in Dr. Pirkheimers Hause eines Kaufmanns Knecht zu Leipzig, der sagt, er hielt Nichts von dir, du könntest die Laute wohl schlagen und trügst Hemden mit Bändlein, darum ich ihn damals gern einen Narren, aus Liebe, die ich zu dir trug, gescholten hätt'. Nun, ich sollte wohl irre werden: das gefiel mir zu derselben Zeit übel, daß du das gottlos und toll Wittenbergisch Leben also entschuldigest und sagest, wir können ja nit Engel sein, und man hätt mir schier eine Glosse über den Text gemacht: an ihren Früchten sollt' ihr sie erkennen. Du rühmst dich der rechten Lehre des Glaubens, und klagst, daß man euer schwach Leben strafe. Wir richten keinen Sünder, wie ihr thut, wir sprechen aber, wo nicht christlichen Glaubens Werke folgen, da sei der Glaub weder recht gepredigt noch angenommen, und sagen von euch, was lang hat Rom müssen hören: wie näher Wittenberg je böser Christen." Nun führt er an, daß Luther besonders gegen die Unzuchtsünden in der Stadt viel zu wenig Energie gezeigt und gewissen Magistris und Collegen Alles habe durchgehen lassen*).

Ein sehr vernünftiges Wort in diesen Sachen sprach auch ein Anonymus in einer Schrift, in welcher er sich über das Verhältniß Luthers und Karlstadts ausspricht und seine Meinung über den Abendmahlsstreit darlegt. Er bekämpft Luthers Meinung als ebenso schrift-, wie vernunft-widrig; aber er tadelt auch Karlstadt, der seine richtige Ansicht mit allzu rabulistischen und verworrenen Gründen gestützt habe, auch viel zu heftig diejenigen verdammt habe, welche seine Meinung nicht theilen; vor beiden Fehlern haben sich Zwingli und Oekolampad gehütet, zwei getreue Diener Gottes, die wahrlich nicht weniger arbeiten zu der Ehre Christi, als die allergrößten Meister. An Luther hat er Mehreres auszusetzen, so: daß er es bei Veranlassung des Abendmahlsstreites für gefährlich erkläre, in Glaubensartikeln zu wanken, als wäre die Gegenwärtigkeit des Leibes Christi im Brod ein Artikel des Glaubens, von dem das Heil des Menschen abhänge, ferner, daß er die Wahrheit einer Lehre darnach bemesse, daß sie 1) sicher und gewiß mache, den, der sie hat; 2) muthig und freudig, solches auch zu bekennen wider Tod und Teufel, wogegen der Ungenannte es für gefährlich ansieht, sich an diese Regel zu halten, weil gerade diejenigen, welche die schlechtesten Gründe haben, am frechsten schreiben, Zwingli und Oekolampad und viele Andere seien ihrer Sache gewiß genug, wenn sie auch nicht so trotzen und pochen, als die da von Paulus gelernt haben, mit Furcht und Zittern das heilig theuer Wort Gottes zu handeln; endlich, daß Luther die Leute vor Karlstadt's und Zwingli's Ansicht warne. Vielmehr sei Luther zu ermahnen, Niemandes Lehre zu verachten. „Es ist noch viel Wahrheit, die auch der Luther nit weiß." Daß eine solche Zertrennung der Gemüther entstehen soll über Dinge, die Luther selbst wohl ein klein Narrenwerk genannt hatte, kann der Anonymus nicht begreifen. „Sind wir doch so fein Eins in den Hauptstücken, wie mag uns doch so viel am äußerlichen Ding gelegen sein, das für sich selbst zur Seligkeit nicht noth ist! Ohne die Liebe sind wir gar Nichts; ohne den Glauben der fleischlichen Gegenwärtigkeit Christi im Brod mögen wir Christen und Dr. Luthers Freunde sein. „Wer ein Prophet oder geistlich ist, der erkenn', was ich schreibe! Wer

*) Vergl. Jäger, Karlstadt S. 483—490.

unwissend sein will, der sei unwissend! Wer zanket, der wisse, daß wir den Brauch nicht haben."

Aber es war zu spät für solche vernünftige und besonnene Mahnungen. Luthers Geist beherrschte die Zeit.

3. Wider die „mörderischen und räuberischen" Bauern.

Luther hatte den Weg zum Himmel für die Menschen wieder leichter gemacht; an die Stelle der zahllosen, mühseligen Kirchenwerke, durch welche der Mensch bisher um seine Seligkeit sich abgerungen hatte, hat er den Glauben an das Verdienst Christi gesetzt, welches dem Sünder im Evangelium, insbesondere aber in den beiden kirchlichen Sacramenten angeboten wurde. Luther begnügte sich damit; denn er hatte nun, was er in einem langen, furchtbaren Seelenkampfe gesucht hatte, was den Mittelpunkt seines ganzen inneren Lebens ausmachte: die Gewißheit der Seligkeit. Aber sollten sich alle Anderen, die nicht die gleiche gemüthliche Entwicklung durchgemacht hatten, ebenfalls damit begnügen? Wer machte dem armen Volke die Erde leichter?

Erdrückende Erdenlasten hatte das Mittelalter, je weiter es vorschritt, auf die Schultern der Massen gelegt. Adel und Geistlichkeit hatten gut leben, jener vom Raub, diese vom Aberglauben, aber der gemeine Mann war von allen Seiten gedrückt. Die Abschaffung des Faustrechts, welche in Luthers Jugendzeit fiel, hatte zwar der Willkühr der Junker und dem Plünderungssystem des Adels ein Ende gemacht, aber um so mehr suchten diese Stände sich zu erholen am Bauer, der ihnen unterworfen war, der, früher frei auf seinem Grund und Boden, im Laufe der Zeit durch Gewalt oder durch freien Willen, um an einem Mächtigen Schutz zu haben, diesem zu eigen geworden war. Die Reformation grub den Aberglauben ab, aber die Reichthümer, die er Klöstern und Stiftern eingebracht hatte, flossen nicht in die Taschen des Volkes, sondern in die Kasse der Fürsten. Unzählig waren die Titel — oft durch Vertrag entstandene und verbriefte, oft aber auch nur durch Gewalt und Mißbrauch auferlegte —, unter welchen der gemeine Mann von Fürst und Junker und Kirche ausgebeutet wurde. „Was half's, wenn eines Bauern Acker so viel Gulden, als Halmen und Körner trug — die Obrigkeit nahm nur desto mehr und machte ihren Pracht damit größer und schlauderte das Gut so hin mit Kleidern, Fressen,

Saufen, Bauen und dergleichen, als wäre es Spreuer*). Man kann den Zustand des Volkes in jener Zeit nicht schlagender bezeichnen, als durch folgendes Exempel, das Luther einmal anführt: Eine Wittwe stand und betete für ihren Tyrannen auf's Allerandächtigste, daß ihn Gott ja lange lasse leben. Der Tyrann hört's und verwundert sich, weil er wohl wußte, daß er ihr viel Leids gethan hatte, und solch Gebet seltsam war. Er fragte sie, warum sie so für ihn betete? Antwortete sie: ich hatte zehn Kühe, da dein Großvater lebte, der nahm mir zwo; da betete ich wider ihn, daß er stürbe und dein Vater Herr würde. Da das geschah, nahm mir dein Vater drei Kühe; abermal betete ich, daß du Herr würdest und dein Vater stürbe. Nun hast du mir vier Kühe genommen, darum bitte ich nun für dich, denn ich sorge, wer nach dir kommt, nimmt mir noch die letzte Kuh mit Allem, was ich habe.

Lange schon gährte es in diesen rechtlos gewordenen Massen und ein furchtbares Gewitter sammelte sich aus der Tiefe an. Schon 1476, 1491, 1498, 1503 war es am Main, am Rhein, in Süddeutschland und den Niederlanden zu sehr ernsthaften Aeußerungen des grollenden Volksgeistes gekommen, und die Ursachen der Unzufriedenheit hatten sich nicht gemindert, sondern nur vermehrt. Keiner von all' den Mißbräuchen, mit denen der Bauer vom Landesherrn, von der geistlichen Gutsherrschaft und vom Edelmann geschunden wurde, war abgestellt worden, im Gegentheil seine Lage verschlimmerte sich von Tag zu Tag. Die mißlungenen Befreiungsversuche hatten nur gedient, die Zügel in der Hand der Herren noch straffer anzuziehen. Dann waren mit dem steigenden Luxus der Zeit auch die Ansprüche an das Lastthier der Gesellschaft, die Bauern, ungeheuer gewachsen. Den Kaufherren in den Städten, welche die Reichthümer der eben erst entdeckten neuen Welt sammelten, suchten es Herren und Ritter in Prunk und Pracht nachzuthun, und da der Landfriede ihnen ihr Lieblingsgewerbe, den Raub der Städte und Kaufleute, gelegt hatte, blieben nur die Bauern übrig, die nun noch planmäßiger geschunden wurden, als früher. Neue Auflagen wurden gemacht und die alten rechtlichen wurden widerrechtlich gesteigert. In manchen Ländern kam die Nothwehr der gequälten Bauern zu heftigem Ausbruch, so in Würtemberg 1514 in dem Aufstand des

*) Luther an die Fürsten und Herren.

„armen Konrad“ gegen die wahnsinnigen Blutsaugereien des Herzog Ulrich.

Jetzt kam die Reformation. Sie hatte das Volksgemüth in seinen untersten Tiefen aufgeregt, sie hatte längst gebundene Kräfte befreit, sie hatte dem vorhandenen Gährungsstoff einen Ausweg gezeigt. Alles, was die Zeit auf dem Herzen hatte, legte sich naturgemäß in diese Eine That. Ueberdieß hatte die Reformation den Geist der Prüfung wach gerufen, und das Ideal, an welchem sie die kirchlichen Mißbräuche prüfte und richtete, schien ebenso die socialen Mißbräuche zu verdammen. In der Bibel stand Nichts von diesen prunkenden Päpsten, von diesen hochfahrenden Bischöfen und Cardinälen, von Klöstern und Cölibatären, aber es stand auch Nichts darin von diesem klaffenden Unterschied der Stände, von Bedrückern und Unterdrückten, Nichts von all' den Titeln, unter welchen das Volk von den herrschenden Kreisen ausgeplündert wurde; da las man wieder, wie alle Brüder seien, wie Christus alle durch sein Blut erlöst habe, wie zwar in der Welt die Herren herrschen und die Großen Gewalt üben, daß es aber in der christlichen Gesellschaft nicht so gehalten werden solle, in welcher vielmehr einer dem anderen zu dienen verpflichtet sei. Hatte nicht Jesus sich an die Armen, die Mühseligen und Beladenen gewandt und der herrschenden Welt der vornehmen Pharisäer den Krieg erklärt? Luther las die Bibel nur von ihrer religiösen Seite und auch hier wiederum nur in derjenigen Richtung, welche seinem Gemüthsbedürfniß entgegenkam und sein nach Gewißheit des Himmels ringendes Herz befriedigte. Alles Andere sah er nicht darin. Sollten Andere das nicht darin sehen, was *ihrem* Bedürfniß entgegenkam? Ein neuerer Schriftsteller hat gesagt: „die Evangelien gehören zu den muthigsten, ja verwegensten Neuerungsschriften; kein Blatt davon dürfte heutigen Tages die Druckerlaubniß erlangen. Es stecken Mirabeau's, Rousseau's, Diderot's und Fichte's und Börne's und noch viele Andere darin.“ War es zu verwundern, daß die geknechteten Menschen jener Zeit diese Bücher eigens auch einmal aus dem Standpunkt der Freiheit betrachteten? Die ganze Bibel war denn doch nicht ein Buch der Könige und neben dem: „seid unterthan der Obrigkeit, auch der schlechten,“ neben dem: „gebt dem Kaiser, was des Kaisers ist“ stand doch ein ganzes Buch, die Offenbarung Johannis, in welches Luther sich freilich nicht finden konnte, das aber auf jedem Blatt einen Geist der kühnsten, glühendsten Auflehnung gegen die ganze bestehende

Ordnung der Dinge athmet und auf den Trümmern der schlechten Gegenwart ein tausendjähriges Reich verheißt.

Durch die Reformation erhielt der Geist der Freiheit, der in den unterdrückten Massen vorher dunkel gegährt, Klarheit, Princip und religiöse Weihe und es ist sehr bezeichnend, daß die Bauern, wie in den zwölf Artikeln geschah, alle ihre Forderungen mit Bibelstellen belegten. Und man kann nicht sagen, daß diese Forderungen im Geringsten unbillig gewesen seien. Man muß vielmehr die Besonnenheit und Selbstbeschränkung dieses lange und grausam unterdrückten Standes bewundern. Die „zwölf Artikel", welche, wahrscheinlich von einem Prädikanten in Waldshut abgefaßt, von Süddeutschland aus in zahllosen Flugblättern durch das ganze Reich verbreitet wurden, bildeten im Anfang der Bewegung das anerkannte Programm der ganzen Bauernschaft. In der Einleitung wird dem Leser vorgestellt, die Bauern wollen Nichts, als was sie auf Grund des Evangeliums verlangen können, nicht sie seien darum Empörer, sondern die, welche der Lehre Christi zuwider ihnen ihr Recht versagten. Sie wollten nicht Gewalt und Aufruhr, denn sie wissen wohl, daß das Evangelium die Religion der Liebe und des Friedens predige. Komme es doch zu schlimmen Dingen, so sei das nicht ihre Schuld. Sie vertrauen aber auf Gott. „Der die Kinder Israels, als sie zu ihm schrien, erhört und aus der Hand Pharaos erledigt, sollte er nicht noch heute die Seinigen erretten können? Ja, er wird sie erretten und in einer Kürze (2. Mos. 3, 14. Luc. 18, 8). Darum, christlicher Leser, lies die nachfolgenden Artikel nnd nachmals urtheile."

1. Eine ganze Gemeinde soll einen Pfarrer selbst wählen, auch Gewalt haben, denselben wieder zu entsetzen, wenn er sich ungebührlich hielte (1. Timoth. 3. Tit. 1)*). Der erwählte Pfarrer soll das Evangelium lauter und klar predigen, ohne allen menschlichen Zusatz, Menschenlehre und Gebot (Apostelg. 14).

2. Nur der im alten Testament verordnete große Zehent soll ferner entrichtet werden und zwar so, daß, nachdem für das Auskommen des Pfarrers gesorgt ist, der Ueberschuß den Dorfarmen zu Gute komme und ein Sparpfennig für Kriegszeiten zurückgelegt werde.

*) Es ist ein Irrthum, wenn Häußer (Gesch. des Zeitalters der Reform.) S. 110 sagt, Luther habe dieses nicht verlangt. 1523 hatte Luther eine Schrift ausgegeben: „Grund aus der Schrift, daß eine christliche Versammlung Recht haben solle, Lehrer zu berufen, ein- und abzusetzen."

Den kleinen Zehnt aber wollen sie nicht mehr geben, denn Gott, der Herr hat das Vieh dem Menschen frei erschaffen (1. Mos. 1).

3. Sie wollen nicht mehr für „Eigenleute“ gelten, da uns Christus alle mit seinem kostbaren vergossenen Blute erkauft hat. Die Schrift lehrt, „daß wir frei sind und wir wollen frei sein. Nicht, daß wir gar frei sein, keine Obrigkeit haben wollen, das lehrt uns Gott nicht.“ Gerne wollen sie ihrer gewählten und von Gott gesetzten Obrigkeit in allen ziemlichen und christlichen Sachen gehorsam sein.

4. Wildpret, Geflügel, Fische sollen frei sein, wie sie Gott erschaffen hat, und „wir wollen nicht länger dulden, daß uns das Unsrige, was Gott dem Menschen zu Nutz hat wachsen lassen, die unvernünftigen Thiere zu Unnutz auffressen.“

5. Die Wälder, welche die Herren an sich gerissen haben, sollen wieder Eigenthum der Gemeinden werden, welche den Nutzen daraus ziehen dürfen, aber zugleich ihre Ausreutung verhindern sollen.

6. Die Beschwerung mit Frohndiensten soll beschränkt werden.

7. Ueberhaupt soll der Bauer zu nichts gezwungen werden, wozu er nicht laut der Vereinbarung der Herrn und Bauern verpflichtet ist.

8. Die Gülte ist so, daß der Bauer darüber zu Grunde geht; sie soll nach der Billigkeit neu geordnet werden.

9. Die willkührlichen Strafen und stets neuen Ansätze sollen aufhören (also bessere Gerechtigkeitspflege).

10. Die Wiesen und Aecker, die man den Gemeinden entfremdet, sollen ihnen zurückgegeben werden.

11. Der „Todfall“, mittelst dessen Wittwen und Waisen um ihr Erbe gebracht werden, soll ganz aufhören.

12. All diese Sätze soll man nach der Schrift prüfen, und falls sie hieraus widerlegt werden, aber auch nur dann, abthun.

Man sieht: das waren billige und gemäßigte Forderungen, kirchliche Freiheit und Predigt des Evangeliums, Befreiung von den drückendsten Feudallasten. Sie konnten bei einigem guten Willen bewilligt werden ohne eine Auflösung aller bestehenden Bande und Verhältnisse; sie enthielten wesentliche Verbesserungen, aber auf Grundlage der bestehenden Ordnung. Das alte Recht wurde ausdrücklich anerkannt, das alte Unrecht aber verworfen*). Die Bauern waren

---

*) Häußer a. a. O. S. 111—112.

auch von dem christlichen Charakter ihres Vorgehens so fest überzeugt, daß sie sich ausdrücklich auf Luther beriefen und seine Meinungsäußerung über ihr Programm herausforderten.

Luther antwortete sogleich (Anfang 1525) in einer eigenen Schrift: „Ermahnung zum Frieden auf die zwölf Artikel der Bauerschaft in Schwaben". In der Einleitung begründet er seine Einmischung in diesen Handel theils durch das Anerbieten der Bauern im zwölften Artikel, bessere Belehrung gerne und willig anzunehmen, theils durch seine Stellung als Eines, der gerechnet sei unter denen, die göttliche Schrift jetzt auf Erden handeln, den auch die Bauern in einem ihrer Zeddel mit Namen nennen und rufen, theils mit der Größe und Fährlichkeit der Sache, die beides, Gottes Reich und der Welt Reich betreffe. Hierauf wendet er sich zuerst an die Fürsten und Herren. Niemand anders habe man diesen Unrath und Aufruhr zu danken als ihnen, sonderlich den blinden Bischöfen und tollen Pfaffen und Mönchen, die noch heutiges Tages verstockt, nicht aufhören, zu toben wider das heilige Evangelium, wie sie auch im weltlichen Regiment nichts anderes thun, als schinden und schätzen, Pracht und Hochmuth führen, bis der arme, gemeine Mann es nicht länger kann noch mag ertragen. Daher als eine Strafe Gottes die Menge falscher Lehrer und Propheten im Volke, daher nun auch die drohende Haltung der Bauern. „Denn das sollt ihr wissen, lieben Herrn, Gott schafft's also, daß man nicht kann noch will noch soll eure Wütherei die Länge dulden. Ihr müßt anders werden und Gottes Wort weichen. — Und wenn ich Lust hätte, mich an euch zu rächen, so möcht ich jetzt in die Faust lachen und den Bauern zusehen oder mich zu ihnen schlagen und die Sachen helfen ärger machen, aber da soll mich mein Gott vor hüten, wie bisher. — Darum laßt euch rathen, meine Herrn, und weicht ein wenig um Gottes willen dem Zorn. Einem trunkenen Mann soll ein Fuder Heu weichen, wie vielmehr sollt ihr das Toben und störrige Tyrannei lassen und mit Vernunft an den Bauern handeln, als an den Trunkenen oder Irrigen. Fahet nicht Streit mit ihnen an, denn ihr wisset nicht, wo das Ende bleiben wird. Sucht's zuvor gütlich, weil ihr nicht wisset, was Gott thun will, auf daß nicht ein Funke angehe und ganz Deutschland anzünde, daß Niemand löschen könnte. — Sie haben zwölf Artikel gestellt, unter welchen etliche so billig und recht sind, daß sie euch vor Gott und der Welt den Glimpf nehmen und den Psalm 107. V. 40 wahr machen, daß sie Verachtung schütten über die Fürsten. Doch sind sie fast alle auf ihren Nutz und ihnen zu gut gestellet. Ich hätte wohl andere Artikel wider euch zu stellen, die gemein Deutschland und Regiment betreffen, wie ich gethan hab im Buch an den deutschen Adel, daran wohl mehr gelegen wäre. Aber weil ihr die habt in den Wind geschlagen, müßt ihr nun solche eigennützige Artikel hören und leiden, und geschieht euch eben recht, als denen nicht zu rathen ist."

Nachdem er so den Fürsten die Meinung gesagt, kehrt er sich in einer viel längeren und eingehenderen Ansprache an die Bauerschaft. Er findet ihr Vorhaben unter allen Gesichtspunkten verwerflich. Vorausgesetzt, ihre Forderungen wären begründet, so sei es nicht recht, daß sie fordern, noch weniger, daß sie, das Schwert in der Faust, fordern. Das sei gegen Gottes Wort, wie gegen das natürliche Recht, gegen Gottes Wort, denn dieses spricht: Wer das Schwert nimmt, der soll durch das Schwert umkommen (Matth. 26,52) und: eine jegliche Seele soll der Obrigkeit unterthan sein mit Furcht und Ehren (Röm. 13, 1), gegen natürliches Recht, denn es ist klar, daß Niemand kann sein eigner Richter sein. Wenn Zwei streiten, muß ein Dritter da sein, der entscheidet. Wenn ein König sich mit Eiden seinen Unterthanen verpflichtet, nach vorgestellten Artikeln zu regieren, und hält sie nicht, solltest du ihn darum angreifen und Solches rächen? Wer hat dir's befohlen? Es müßte ja hier zwischen euch eine andere Obrigkeit kommen, die euch beide verhörte und den Schuldigen verurtheilte. Ueberdieß, wohin würde es führen, wenn Jeder sein eigener Richter wäre? Es gäbe eitel Mord und Blutvergießen; denn sobald Einer sähe, daß ihm Jemand Unrecht thäte, würde er zufahren und selbst richten und strafen; ist nun das nicht zu leiden von einer einzelnen Person, so ist's auch von keiner Rotte zu leiden.

Aber das Alles ist nur das natürliche Recht, das auch Heiden und Türken erkennen und halten; aber diese Bauern nennen sich Christen. Wissen sie, was des Christen Recht ist? Leiden, leiden, Kreuz, Kreuz ist des Christen Recht, dieß und kein anderes. „Ihr sollt dem Uebel nicht widerstehen, sondern wer dich zwingt eine Meile Weges, mit dem geh zwei, und wer dir den Mantel nimmt, dem gieb auch den Rock dazu, und wer dich auf einen Backen schlägt, dem biet den anderen auch dar (Matth. 5, 39ff.). Paulus straft die Corinther, daß sie um's Gut rechten und nicht das Unrecht leiden (1.Cor.6,7). Und unser Herzog Jesus Christus spricht Matth. 5,44:

wir sollen Gutes wünschen denen, die uns beleidigen und wohlthun unseren Uebelthätern. An diesen Sprüchen greift wohl ein Kind, daß christlich Recht sei, nicht, sich sträuben wider Unrecht, nicht, zum Schwert greifen, nicht, sich wehren, sondern dahingeben Leib und Gut, daß es raube, wer da raubet, wir haben doch gnug an unserem Herrn, der uns nicht lassen wird, wie er verheißen hat."

Darum ist unter den zwölf Artikeln der Bauern kein einziger, der auch nur ein einziges Stück vom Evangelium richtig lehret, sondern Alles ist dahin gerichtet, daß sie Leib und Gut frei haben. Und Summa, sie setzen alle von weltlichen, zeitlichen Sachen, daß sie Gewalt und Gut haben wollen, Nichts Unrechtes leiden, so doch das Evangelium sich weltlicher Sachen gar Nichts annimmt und das äußerliche Leben allein in Leiden, Unrecht, Kreuz, Geduld und Verachtung zeitlicher Güter und Lebens setzt. Alle die Dinge, um welche die Bauern sich so kümmern, gehen den Christen gar Nichts an; er fragt auch nicht darnach; er läßt rauben, nehmen, drücken, schinden, schaben, fressen und toben, wer da will, denn er ist ein Märtyrer auf Erden. „Darum lasse ich eure Sache sein, wie gut und recht sie sein kann; weil ihr sie aber selber wollet vertheidigen und nicht Gewalt noch Unrecht leiden, mögt ihr thun und lassen, was euch Gott nicht wehrt. Aber den christlichen Namen, den christlichen Namen sage ich, den laßt stehen und macht den nicht zum Schanddeckel eures ungeduldigen, unchristlichen Fürnehmens; den will ich euch nicht lassen, noch gönnen, sondern mit Schrift und Wort euch abreißen nach meinem Vermögen, so lang sich eine Ader regt in meinem Leibe."

Aber was sollen die Bauern nun thun? Gott fleißig anrufen und beten. Das ist die einzige Waffe des Christen, und wer sie braucht, wird Wunder von Gott erleben. „Ihr führet die Kinder Israel zum Exempel an, daß Gott ihr Rufen erhöret und sie erlöset habe. Warum haltet ihr euch aber nicht an dieses Exempel? Rufet auch so zu Gott und harret, bis er euch einen Mosen sende, der mit Zeichen und Wundern beweise, daß er von Gott gesandt sei. Die Kinder Israel rotteten sich nicht wider Pharao, sie hulfen auch ihnen selber nicht, wie ihr fürnehmet. Darum ist solch Exempel stracks wider euch und verdammet euch."

Aber wenn die Fürsten und kirchlichen Machthaber das Evangelium wehren? Dann verlasset Land und Stadt und ziehet dahin, wo das Evangelium frei bekannt werden darf. Denn das Evangelium ist eine öffentliche Lehre, die unter dem Himmel frei daher gehet, an keinen Ort gebunden, wie der Stern, der Christus Geburt den Weisen aus den Morgenländern, in der Luft laufend, anzeigte.

Da es also zwischen den Herren und Bauern so steht, so sind beide gleich unchristlich; denn auf beiden Seiten handelt es sich um zeitlich Gut, mit welchem das Christenthum Nichts zu schaffen hat, darum werden sich beide aufreiben und Gott wird einen Buben mit dem andern stäupen. Und wenn es zum Blutvergießen kommt, so werden auf beiden Seiten, die da erschlagen werden, ewiglich verloren sein, als die in ihren Sünden sterben ohne Reu und Gnade im Zorn Gottes, da ist keine Hilfe noch Rath für. Denn die Herren würden darum streiten, daß sie ihre Tyrannei und Verfolgung des Evangeliums und unrechte Beschwerungen der Armen bestätigten, das ist greulich unrecht und wider Gott, wer darinnen funden wird, muß ewiglich verloren sein. Wiederum, die Bauern würden streiten, ihre Rotterei und Mißbrauch des christlichen Namens zu verfechten, welches auch höchlich wider Gott ist; wer darin und darüber stirbt, muß auch ewiglich verloren sein, da hilft auch Nichts für.

Um dieses Unglück und den unermeßlichen Jammer, der aus einem solchen Bürgerkriege für Deutschland entstehen müßte, zu verhüten, giebt endlich Luther den treuen Rath, daß man aus dem Adel etliche Grafen und Herren, aus den Städten etliche Rathsherren erwählte, welche nach beiden Seiten hin das Billige feststellten. „Wohlan, ich habe, wie mir mein Gewissen Zeugniß giebt, euch allen christlich und brüderlich treu genug gerathen. Gott gebe, daß es helfe. Amen."

Daß er es brüderlich treu meinte mit beiden Partheien, wird dem Reformator Jedermann gern glauben. Man wird der Selbstlosigkeit und Unerschrockenheit dieses gewaltigen Charakters die Bewunderung nicht versagen können. Mitten im wildesten Partheigetriebe seiner Zeit, unter dem Toben roher Leidenschaft steht er einsam auf einer Höhe, von der er die Welt tief unter sich sieht, auf einem Standpunkt, der nur ihm eigen ist. Er sagt seine Meinung derb und kräftig und weiß, daß er es mit Allen verdirbt. Die Herren werden ihm, den sie sonst schon als den Stifter alles Unheils verabscheuen, noch gründlicher zürnen; die Bauern werden ihn Heuchler und Fürstenknecht schelten; er verachtet den Zorn der Einen, wie der Anderen. Was er den beiden Partheien zumuthet,

Verzichtleistung auf diesen ganzen irdischen Tand, den kein Christ so wichtig halte, daß er mit dem Bruder rechte, klingt seltsam genug für die menschliche Natur, wie wir sie aus der Wirklichkeit kennen, aber er spricht es aus seinem eigenen, selbstlosen Herzen; so war er immer gewesen; früher und jetzt hätte er Leben und Gut jeden Augenblick ohne Schmerz und Zagen in die Schanze geschlagen. Wenn er eine Freude daran gehabt hätte, diesen Fürsten und Junkern und Bischöfen und Stiftern und Klöstern, welche seinen Namen täglich mit unendlichen Schmähungen und Verläumdungen übergossen und seine Lehre hemmten und verfolgten, diese Bauern auf den Hals zu laden und mit ihrer Hilfe den Widerstand zu brechen und seine Lehre durchzusetzen, Niemand würde ihn darum klein nennen dürfen; die Klugheit hätte das vielleicht jedem Anderen angerathen, auch für sittliche und gewissenhafte Charaktere konnte hier eine schwere Collision entstehen. Für ihn war sie nicht da. Er wollte seinen Grundsätzen treu bleiben, brach darüber die ganze Welt. Es hat vielleicht in der Weltgeschichte keinen Zweiten gegeben, der durch die Eigenartigkeit seiner Gesichtspunkte und die unabhängigen Wege, welche sein Denken und Fühlen betrat, seiner Zeit gegenüber eine so souveräne Stellung eingenommen hat.

Daß freilich seine Stellung der brennenden Zeitfrage gegenüber eine unfruchtbare bleiben mußte und seine treu gemeinten Worte in die Luft verflogen, war sehr begreiflich. Das war denn doch ganz neu, daß ein Volk seinem Fürsten mit gebundenen Händen überliefert sei, vielmehr galt bisher die tiefgewurzelte Rechtsanschauung beim deutschen Volke, daß sein Verhältniß zum Fürsten auf einem Vertrag beruhe, der gelöst werden dürfe, sobald der Fürst ihn breche. Dieser Gehorsam gegen die Obrigkeit, wie ihn Luther aus einigen Bibelstellen ableitete, stand im Widerspruch mit der ganzen deutschen Geschichte.

Das Andere, daß der Christ gleichgiltig sein müsse gegen alles bloß Weltliche und Zeitliche in der ausschließlichen Werthschätzung des Himmels, war freilich nicht neu, das war ächt katholisch, darin bestand eben das sogenannte geistliche Leben, das war das Ziel der katholischen Heiligen; aber die Kirche war wenigstens so besonnen gewesen, dieses Ideal nur ihren Mönchen und Priestern zuzumuthen, es als evangelischen Rath für die wenigen Auserwählten, nicht als sittliche Pflicht für Alle darzustellen, und in das gesunde Bewußtsein der Völker ist dieser Grundsatz, der alles Weltleben zum bloßen Schein macht, im Grunde nie eingedrungen.

Und die Anwendung, welche Luther von diesem Grundsatz machte, war denn doch auch gar zu handgreiflich zu Gunsten der Herrschenden und zu Ungunsten der Unterdrückten. Wenn des Christen Recht ist, „Kreuz, Kreuz, Leiden, Leiden," wenn es Pflicht des Christen ist, sich das Seine ohne Klage und Gegenwehr nehmen zu lassen, warum rieth man dann nicht den Herren: seid Christen und laßt euch das Eure von diesen Bauern nehmen und begnüget euch mit dem himmlischen Herrn, der euch nicht verlassen wird? Man sieht nicht ein, warum dieses Christenrecht nur den Bauern gelten soll. Das ist ja jene Religion, welche den Unterdrückern die Erde giebt und die Unterdrückten auf den Himmel und das Gebet verweist. Hier durchkreuzten sich im Kopfe des Reformators zwei Grundsätze, die einander ausschließen: auf der einen Seite eine spiritualistische Anschauung vom Christenleben — die völlige Apathie gegen alles weltliche Leben —, welche jede bürgerliche Ordnung und Obrigkeit ausschließt, auf der anderen der Gehorsam gegen die Obrigkeit, welcher den Bestand einer bürgerlichen Ordnung voraussetzt. Diese beiden Anschauungen gehen wirr durch einander und erzeugen einen Knäuel von Widersprüchen.

Auch in dieser Frage bewährt Luther seine unberechenbare Natur. Der wehrhafte, naturkräftige Mann, der sich als Ritter Georg mit Schwert und Ritterbarett so gut ausgenommen hatte, der als Student, wie noch auf der Wartburg und später gern auf die Jagd gegangen war, der uns in seinem ungezügelten Trotz gegen alle Mächte der Welt, gegen Himmel und Hölle oft wie ein Held aus den Niebelungen, wie der grimmige Hagen gemahnt, spricht wieder ganz als Mönch, der das Christenleben nur im Dulden findet. Und doch fiel es ihm nicht ein, nach dieser Mönchsmaxime zu handeln und den linken Backen dem darzureichen, der ihm den rechten schlug. Er erzählt in seinen Schriften mit vielem Behagen, wie er sich eines Feindes, der ihn auf dem Wege anfiele, erwehren würde, welche Waffen er in seinem Hause habe, um Leben und Eigenthum gegen jeden Eindringling zu vertheidigen. Was er sich selbst erlaubt, das soll einem ganzen Volke seinen Räubern gegenüber verboten sein? Ist nicht das Recht der Nothwehr ebenso gefährlich in der Hand des einzelnen Bürgers, wie eines ganzen Volkes? Ist nicht die Grenze, wo die Selbstvertheidigung erlaubte Nothwehr und wo sie Frevel ist, unmöglich genau zu bestimmen? Gleichwohl erlaubt jede Gesetzgebung die Nothwehr. Für die Privatwehr läßt er die natürliche Ordnung der Dinge gelten — Gewalt soll durch Gewalt abgewehrt werden, für die Selbstwehr eines Volkes gegen seine Bedrücker dagegen soll auf einmal eine übernatürliche Ordnung der Dinge gelten: wehre dich nicht, sondern bete und du wirst Wunder von Gott erfahren. Warum sollte nicht ebenso der von einem Räuber oder Mörder Angefallene lediglich auf das Gebet, das Wunder von Gott wirken kann, verwiesen werden? Die vernünftig natürliche Betrachtung der Dinge liegt hier wieder im Kampf mit der mönchisch theologischen.

Und die Hoffnung, die Luther auf die herrschenden Stände setzte, daß sie freiwillig einen Theil ihrer Gewalt abtreten würden, verrieth doch mehr Idealismus und Gutmüthigkeit, als diese Welt verträgt. Ein Churfürst Friedrich der Weise, mild, wie er war, und im Sterben liegend, mochte im Angesicht des drohenden Volkes seinem ohnehin weniger gedrückten Lande gegen den Rath Luthers einen Theil der Lasten freiwillig abnehmen, aber die Geschichte zeigt kein Beispiel, daß die herrschenden Stände ihre Vorrechte anders abgegeben haben, als der Gewalt weichend. „So wie die Menschen einmal sind, ist es nur ein gutmüthiger Traum, zu glauben, daß große und wohlthätige Umgestaltungen auf friedlichem, gesetzlichem Wege sich bewerkstelligen lassen. Das Dumme, Unnütze, Abgelebte weicht nicht Vernunftgründen und Rechtsworten, sondern nur handgreiflichen Motiven."

Und endlich war denn doch der Vorschlag zur Güte, den Luther zu guter Letzt machte, auch gar zu unpolitisch. Im Angesichte einer Revoluzion der Rath, aus dem Adel einige Herren und Grafen und aus den Städten einige Rathsherren zu wählen und in ihre Hand die Entscheidung zu legen! Die klagende Parthei, die Bauern, gar nicht vertreten, ohne jede Möglichkeit, ihre Interessen geltend zu machen!

Es war begreiflich, daß die Antwort Luthers auf ihre zwölf Artikel den gedrückten Bauern wie Hohn klang und ihre Wuth nur vermehrte. Noch hatte er die Feder nicht niederlegt, als der Sturm schon da und dort losbrach. Nur zu lange hatten sie gewartet. Man hatte Unterhandlungen mit ihnen angeknüpft, aber man hatte sie verrathen. Man hatte ihnen Versprechungen gemacht, mit denen sie sich zufrieden gaben; aber man lachte sie aus und rüstete.

Man hielt sie hin mit Vorspiegelungen, bis man sich stark genug fühlte, sie mit vereinten Kräften niederzuwerfen. Jetzt ließen sie sich nicht mehr halten. Im Februar und März 1525 ging es an allen Enden und Ecken los, im Schwarzwald, im Hegau, am Bodensee, in Kempten, in Salzburg, bald schlossen sich die Bauern in Franken an, eine ähnliche Bewegung eilte von Würzburg bis Nürnberg, bald regte sich's am Mittelrhein, in der Pfalz, im Elsaß, am Taunus. Es läßt sich denken, daß die lange zurückgehaltene Sichel rasch und unerbittlich mähte: in einigen Monaten waren anderthalbtausend Klöster und Ritterburgen, ein schönes Stück Mittelalter, weggefegt und dem Boden gleich gemacht.

Kaum hatte Luther den Ausbruch der Gewaltthat vernommen, als er seine Feder in Blut tauchte. Es erschien jetzt die schreckliche Schrift „wider die mörderischen und räuberischen Rotten der Bauern." Dreierlei greuliche Sünden, erklärt er, laden diese Bauern auf sich, daran sie den Tod verdient haben an Leib und Seele mannigfaltig. Zum ersten, daß sie ihrer Obrigkeit Treu und Huld geschworen haben, unterthänig und gehorsam zu sein. Weil sie aber diesen Gehorsam brechen muthwillig und mit Frevel, haben sie damit verwirkt Leib und Seel als die treulosen, meineidigen, lügenhaften, ungehorsamen Buben und Bösewichter. Zum anderen, daß sie Aufruhr anrichten, rauben und plündern mit Frevel Klöster und Schlösser, die nicht ihr sind, damit sie als die öffentlichen Straßenräuber und Mörder allein wohl zwiefältig den Tod an Leib und Seele verschulden. Denn Aufruhr ist wie ein groß Feuer, das ein Land anzündet und verwüstet. Darum soll sie zerschmeißen, würgen, stechen heimlich oder öffentlich, wer da kann, gleich als wenn man einen tollen Hund todtschlagen muß. Zum dritten, daß sie solch' schreckliche, greuliche Sünde mit dem Evangelium decken und nennen sich christliche Brüder, und dienen dem Teufel unter dem Schein des Evangelii, daran sie wohl zehnmal den Tod verdienen an Leib und Seele. Ich achte auch, daß der Teufel den jüngsten Tag fühle, daß er solche unerhörte Stück fürnimmt, als wollte er sagen: es ist das letzte, darum soll es das Aergste sein und will die Grundsuppen rühren und den Boden gar ausstoßen. Da siehe, welch' ein mächtiger Fürst der Teufel ist, wie er die Welt in Händen hat und in einander mengen kann.

Jetzt belehrt Luther die Fürsten über ihre Pflichten. Die katholischen Fürsten, wenn sie schon das Evangelium nicht leiden, werden aufgefordert, dreinzuschlagen, denn es handle sich hier nicht mehr um das Evangelium. Die protestantischen Fürsten sollen zuerst beten, weil sie hier nicht bloß fechten wider Fleisch und Blut, sondern wider die geistlichen Bösewicht in der Luft, welche mit Gebet müssen angegriffen werden (Ephes. 6, 12. 13), dann zum Ueberfluß, obwohl es die Bauern nicht werth sind, mit ihnen noch einmal unterhandeln, darnach, wo das nicht helfen will, flugs zum Schwert greifen. „So soll nun die Obrigkeit hie getrost fortdringen und mit gutem Gewissen drein schlagen, so lange sie eine Ader regen kann. Denn hier ist der Vortheil, daß die Bauern böse Gewissen und unrechte Sache haben, und welcher Bauer darüber erschlagen wird, mit Leib und Seel verloren und ewig des Teufels ist. Aber die Obrigkeit hat ein gutes Gewissen und rechte Sachen und kann zu Gott also sagen mit aller Sicherheit des Herzens: siehe, mein Gott, du hast mich zum Fürsten gesetzt und mir das Schwert gegeben gegen die Uebelthäter Röm. 13, 4, willst du nun mich durch sie tödten lassen, wohlan, so geschehe dein Wille, so sterbe ich doch im Gehorsam deines Befehls und meines Amtes. Darum will ich strafen und schlagen, so lange ich eine Ader regen kann. Also kann's geschehen, daß, wer auf der Obrigkeit Seiten erschlagen wird, ein rechter Märtyrer vor Gott sei, wiederum, was auf der Bauern Seite umkommt, ein ewiger Höllenbrand ist. Solch wunderliche Zeiten sind jetzt, daß ein Fürst den Himmel mit Blutvergießen verdienen kann besser, als Andere mit Beten." Ueberdieß gilt es, die Tausende, welche wider ihren Willen von den Bauern zur Theilnahme am Aufruhr gezwungen worden und dadurch der Hölle verfallen, herauszureißen und zu retten. „Darum, liebe Herren, löset hier, rettet hier, helft hier, erbarmt euch der armen Leute, steche, schlage, würge hie, wer da kann. Bleibst du darüber todt, wohl dir, seliglicheren Tod kannst du nimmermehr überkommen."

Die Herren und Junker hatten solche Ermahnungen nicht nöthig. Katholische und protestantische Fürsten vergaßen des Religionshaders und führten ihre wohlgerüsteten Heere gegen die ebenso schlecht bewaffneten, als geführten Bauernhaufen. Bei Frankenhausen unterlagen Münzers Schaaren den vereinten Anstrengungen des Landgrafen Philipp von Hessen, des Churfürsten Johann, der unterdessen seinem Bruder Friedrich in der Regierung gefolgt war, und der Herzoge Georg und Heinrich von Sachsen (15. Mai 1525), in Würtemberg machten der Hauptmann des schwäbischen Bundes, Truchseß von Waldburg und die Churfürsten von Pfalz und Trier dem Aufstand ein Ende, die Haufen im Elsaß und an der Tauber wurden niedergemetzelt, die wehrlosen Dörfer und Höfe verbrannt und was sich an Resten des Aufruhrs noch vorfand, auf's Grausamste gestraft, „so lange sich eine Ader regte.“

Das Geschlecht von heute kann sich, obwohl es auch unterdrückte Revoluzionen gesehen hat, keine Vorstellung machen von dem rauhen und brutalen Geiste der Zeit, deren Sohn Luther war. Einige weniger bekannte Züge jener schrecklichen Bauernverfolgung mögen daher hier Platz finden. Als das Adelsheer bei Schladming, unter Sigmund von Dietrichstein, ein anderes im Salzburgischen, ein drittes in den tyrolischen Bischofsländern von den Bauern aufs Haupt geschlagen war, wurden eiligst die Helden von Pavia gegen sie berufen, Niclas Salm, Georg von Frundsberg u. s. w. Man instruirte sie: es sei gar nicht nöthig, die Gefangenen zum Geständniß zu bringen oder mit offenen Rechten zu überwinden; sie sollten nur mit Rädern, Viertheilen, lebendig Schinden, mit glühenden Zangen zerreißen, Riemen aus der Haut schneiden und aller grausamen Strafe ohne Weiters fürgehen. — Augen und Zunge ausreißen war eine halbe Begnadigung. Das Brandmarken und Abschneiden eines Ohrs, der Finger oder der Nase traf mitunter ganze Gemeinden. — Markgraf Casimir von Brandenburg ließ 85 Bauern auf einmal die Augen ausstechen, weil sie gewünscht, ihn nie mehr zu sehen. Der Bischof von Würzburg ritt mit dem Henker im Lande herum, wechselweise wider die Bauern und wider die Evangelischen. Das Köpfen wurde zu einem gnädigen Spaß und scherzhaften Dilettantismus. Georg von Truchseß ließ die Ausschüsse der würzburgischen Gemeinden in großer Zahl vor sich kommen, nachdem die Hinrichtungen vorüber waren. Sie knieten truppweise, und Hans, des Truchsessen lustiger Knecht, ging im Mantel mit verborgenem Schwert hinter ihnen auf und nieder. Der Truchseß fragte: ob Niemand unter ihnen beim Aufstande mitgelaufen? und war dieß nicht der Fall: welche aus ihnen die Bibel gelesen? oder gar, welche aus ihnen lesen oder schreiben könnten? Den Bejahenden hieb dann der lustige Hans ganz unvermerkt die Köpfe herunter zu großem Gelächter und Beifallklatschen der umstehenden Junker. — Man berechnet die Anzahl der niedergemetzelten Bauern auf drei bis vier mal Hunderttausend*).

*) von Hormayr, die goldene Chronik von Hohenschwangau S. 185.

Luther hatte wieder gesiegt; aber über den Trümmern der rauchenden Dörfer, über den Leichen von hunderttausend dem Evangelium treu ergebenen Bauern, die nur für ihre natürlichen Menschenrechte gekämpft, beim Anblick der Rohheit und Barbarei, mit der die Sieger die Besiegten behandelten, des Hohnes, mit dem sie ihren Fuß auf den Nacken der Unterdrückten setzten, schien es doch Manchem, Luther habe nicht geredet und gehandelt, wie es einem Diener der Religion geziemt. Kein Ausdruck des Mitgefühls mit Irrenden, deren Irrthum durch die furchtbare Noth so menschlich und verzeihlich war! Kein Wort des Erbarmens, der Mahnung zum Maßhalten in der Verfolgung des Sieges, zur Schonung der Gefangenen, zu menschlicher Behandlung der Unglücklichen, sondern: würgen, stechen, hauen, so lange eine Ader sich regt. Anfangs war er noch so billig gewesen, das Thun der Fürsten für ebenso unchristlich zu erklären, als das der Bauern, und ihnen, wenn sie in ihrem harten Verhalten gegen ihre Untergebenen umkommen, den Himmel abzusprechen, nachher machte er sie zu Märtyrern, die den seligsten Tod der Welt sterben, obwohl sie von ihren drückenden Lasten keine einzige nachgelassen hatten und in ihrem unchristlichen Sinn verharrten. Sonst hatte er gesagt: der Glaube allein mache selig, jetzt vergißt er sich bis zu dem im Munde eines Predigers schrecklichen Wort: mit Blutvergießen kann man den Himmel jetzt besser verdienen, als sonst mit Beten. Sonst war ihm kein Werk, auch das heiligste nicht, verdienstlich, jetzt soll es ein so blutiges sein!

Luther sah sich genöthigt, gegen den weitverbreiteten Unwillen, der sich gegen ihn erhob, sich zu rechtfertigen; er that es bald nach der Niederlage der Bauern in dem „Sendschreiben von dem harten Büchlein wider die Bauern" an den Mansfeldischen Kanzler, Kaspar Müller, der in dieser Angelegenheit an ihn geschrieben hatte. „Auf Eure Schrift hab' ich müssen durch den Druck antworten, weil des Klagens und Fragens über mein Büchlein so viel wird, als sollt es unchristlich und hart sein. Wie wohl ich mir fürgenommen hatte, meine Ohren zu verstopfen und die blinden, undankbaren Herzen, die nur Ursache suchen, sich an mir zu ärgern, in solchem Aergerniß stecken zu lassen, daß sie darinnen verfaulen müssen. Sie rufen: da sieht man Luthers Geist, daß er Blutvergießen ohne alle Barmherzigkeit lehret; der Teufel muß aus ihm reden. Wohlan, wenn ich's nicht gewohnt wäre, daß ich gerichtet und verdammt werde, möchte mich dieß bewegen. Aber ich weiß keine größere Hoffahrt in mir, denn daß mein Thun und Lehren zuerst muß herhalten und sich kreuzigen lassen. Es gilt Niemand Nichts, er könnte denn den Luther urtheilen; der Luther ist das Maal und Ziel des Widersprechens, an dem muß sich Jedermann versuchen, ob er möchte Ritter werden und das Kleinod gewinnen. Jedermann hat in solchem Fall einen höheren Geist, als ich, ich aber muß ganz fleischlich sein." — Weil aber der Kanzler Müller Unterricht begehre, nicht für sich, sondern um diesen Leuten das Maul zu stopfen, wiewohl das vergebliche Arbeit sein werde, so wolle er ihm darin einen übrigen verlorenen Dienst thun.

Zum Ersten soll man Alle, welche sein Büchlein tadeln, unbedingt selber für Aufrührerische halten und behandeln; sie mengen sich selbst unter die Aufrührerischen, indem sie sich derer erbarmen, welcher sich Gott nicht erbarmt, sondern will sie gestraft wissen. Solchen soll die Obrigkeit auf die Hauben greifen, daß sie das Maul zuhalten und merken, daß es Ernst sei. Dünkt sie solche Antwort zu hart? „Aber ein Aufrührerischer ist nicht werth, daß man ihm mit Vernunft antworte; denn er nimmt Nichts an, mit der Faust muß man solchen Mäulern antworten, daß der Schweiß zur Nasen ausgehe. Die Bauern wollten nicht hören, da mußt man ihnen die Ohren aufknäufeln mit Büchsensteinen, daß die Köpf in der Luft sprungen. Wer Gottes Wort nicht will hören mit der Güte, der muß den Henker hören mit der Schärfe."

Diese Antwort wäre eigentlich genügend, aber damit der fromme Gott vor solchen Richtern bestehen möge, will er sein Wort wider solche frevle Mäuler vertreten.

„Sie werfen mir vor, daß Christus lehret: seid barmherzig, wie euer Vater im Himmel barmherzig ist (Luc. 6, 36), item: des Menschen Sohn ist nicht kummen, die Seelen zu verderben, sondern selig zu machen und dergleichen. Und da meinen sie, jetzt sei der Luther gefangen, über dieses Stücklein könne er nicht springen. Wohlan ich danke meinen lieben Meistern. Denn wo mich solches diese hohen Geister nicht hätten gelehrt, wie wollt' ich's gewußt oder erfahren haben? Wie sollt ich wissen, daß Gott Barmherzigkeit fordert, der ich bisher mehr, denn sonst Keiner, in tausend Jahren, von der Barmherzigkeit gelehrt und geschrieben habe?"

Barmherzigkeit! jetzt, nachdem die Bauern geschlagen sind! warum rühmtet ihr dieselbe nicht, da sie tobeten, schlugen, raubten, brannten und plünderten? Warum waren sie nicht auch barmherzig den Fürsten und Herren? Da war Niemand, der von Barmherzigkeit sprach. Wer jetzt die Barmherzigkeit anruft, der thut's nicht, weil er die Barmherzigkeit lieb hat, sondern er fürchtet sich seiner Haut und möchte gern unter diesem Titel der Ruthe und Strafe Gottes entlaufen. Nicht so, lieber Gesell, du mußt herhalten und ohne Barmherzigkeit sterben. Du möchtest Böses thun und den Zorn Gottes gleichwohl nicht leiden. Ja komm morgen wieder, wir wollen dir ein Küchlein dazu backen.

Es sei ein Unterschied zu machen zwischen den Aufrührern, die sich freiwillig ergeben und auf friedliches Mahnen und Erbieten hin die Waffen niedergelegt haben, und denen, die nicht sehen und hören wollten. Jene habe er nie geheißen, ohne Erbarmen niederzumetzeln, aber „dieser erbarme sich nur Niemand, sondern haue, steche, würge, schlage drein, als unter die tollen Hunde, wer da kann und wie er kann, damit man Fried und Sicherheit erhalte. Wie gefällt dir das? Bin ich noch kein evangelischer Prediger, der Gnad und Barmherzigkeit lehret? Bin ich dir's nicht, so liegt Nichts daran. Denn du bist ein Bluthund und aufrührerischer Mörder und Verderber des Landes."

Denn man muß wohl unterscheiden, wo die Barmherzigkeit hingehört und wo nicht. Es giebt zweierlei Reiche: eins ist Gottes Reich, das andere ist der Welt Reich. Jenes ist ein Reich der Gnaden und Barmherzigkeit, denn da ist eitel vergeben, schonen, lieben, dienen, wohlthun, dieses ist ein Reich des Zorns und Ernstes, denn da ist eitel strafen, wehren, richten, zwingen die Bösen und schützen die Frommen. Die Sprüche nun, die von der Barmherzigkeit sagen, gehören in Gottes Reich und unter die Christen, nicht in das weltlich Recht. Denn ein Christ soll nicht allein barmherzig sein, sondern auch allerlei leiden, Raub, Brand, Mord, Teufel und Hölle. Aber das weltlich Reich, welches nichts ist, denn göttlichen Zorns Diener, soll nit barmherzig, sondern streng, ernst und zornig sein in seinem Amt und Werk. Denn sein Handzeug ist nit ein Rosenkranz oder ein Blümlein von der Liebe, sondern ein gezücktes Schwert.

„Sagt man aber: die Herren mißbrauchen ihres Schwertes, und würgen auch gar zu greulich;" antwort ich: was geht das mein Büchlein an? was legst du fremde Schuld auf mich? Mißbrauchen sie der Gewalt, so haben sie es von mir nicht gelernt. Giebt's die Zeit und Sache, daß ich's thun soll, ich werd die Fürsten und Herren wohl auch angreifen. Denn so viel es mein Amt des Lehrens betrifft, gilt mir ein Fürst ebenso viel als ein Bauer. Sie sind mir auch jetzt schon nicht allzuhold, da liegt mir Nichts dran."

„Hätt' man aber meinem Rath am Ersten gefolgt, da der Aufruhr anfing, und flugs einen Bauern oder hundert drangewagt und auf die Köpfe geschlagen, daß sich die Anderen daran gestoßen hätten, so hätte man damit viele Tausend erhalten, die nun haben müssen sterben, und wären wohl daheim geblieben.

„Aber es ist Gottes Will also geschehen, uns auf beiden Seiten zu witzigen. Erstlich die Bauern, daß sie lernten, wie ihnen zu wohl ist gewest und gute Tag im Fried nicht mochten erleiden, daß sie hinfürder Gott lernten danken, wenn sie eine Kuh mußten geben, auf daß sie der anderen mit Frieden genießen mögen. Denn es ist allezeit besser, die Hälfte des Gutes mit Frieden und Sicherheit besessen, denn das ganze Gut alle Augenblick in Fahr unter Dieben und Mördern haben. Die Bauern wußten nicht, wie köstlich Ding es sei um Fried und Sicherheit, daß Einer mag seinen Bissen und Trunk fröhlich und sicher genießen und dankten Gott nit darum; das mußt er sie jetzt auf diese Weise lehren, daß ihnen der Kitzel verging."

„Den Herren war Solches auch nütz, daß sie erführen, was hinter dem Pöbel steckt, und wie ihm zu vertrauen wär, auf daß sie hinfürder lernten, recht regieren, Land und Straßen bestellen. War doch kein Regiment noch Ordnung mehr, es stand Alles offen und müßig. So war auch keine Furcht noch Scheue mehr im Volk, ein Jeglicher that schier, was er wollte. Niemand wollt Nichts geben und doch prassen, saufen, kleiden und müßig gehen, als wären sie allzumal Herren. Der Esel will Schläge haben und der Pöbel will mit Gewalt regiert sein. Das wußte Gott wohl. Darum gab er der Obrigkeit nicht einen Fuchsschwanz, sondern ein Schwert in die Hand."

„Sagt man, um Barmherzigkeit zu erwecken, es seien unter den Aufrührerischen viele Unschuldige gewesen, die gegen ihren Willen gezwungen worden seien mitzumachen! Was ist das für eine Entschuldigung? Dem Zwang widerstehn und darüber als Märtyrer sterben, das war Christenpflicht. Ja sprichst du: Herr Gott, wer Solches gewußt hätte! So sage ich auch: Herr Gott, was kann ich dafür? Unwissen entschuldigt nicht. Sollte ein Christ nicht wissen, was ihm zu wissen ist? Warum lernt man's nicht? warum hält man nit gute Prediger? Man will mit Willen unwissend sein. Das Evangelium ist in deutsche Land kummen, viel verfolgen es, wenige begehren es, viel weniger nehmen es an, die es annehmen, stellen sich so laß und faul dazu, lassen Schulen vergehen, Pfarren und Predigtstühle fallen. Was ist's denn Wunder, ob uns Gott auch heimsucht, und uns dadurch ermahnt, damit wir auch einmal witzig und wissend werden?"

Endlich verwahrt sich Luther gegen den Vorwurf, als begünstige er die rasende und unsinnige Tyrannei der Herren, die auch nach der Schlacht nicht mögen Blutes satt werden, Bestialitäten, wie man sie an der schwangeren Wittwe des gefallenen Thomas Münzer verübte. „Ich hab es Beides gesorget: würden die Bauern Herren, so würd der Teufel Abt werden, würden aber solche Tyrannen Herren, so würd seine Mutter Aebtissin sein. Derhalben hätt ich Beide, die Bauern gern gestillt und fromme Obrigkeit unterrichtet. Jene haben ihren Lohn, diese aber wollen auch nicht hören, wohlan, sie werden ihren Lohn auch haben: höllisch Feuer, Zittern und Zähneklappern in der Hölle wird ihr Lohn sein ewiglich, wo sie nicht Buße thun."

„Solches habe ich, mein Herr und Freund, auf Eure Schrift wollen antworten; hoffe, ich hab mehr als genug gethan. Hat aber Jemand noch nicht genug daran, der sei immerhin weise und klug, fromm und heilig in Gottes Namen und laß mich einen Narren und Sünder bleiben. Wiewohl ich wollte, man ließe mich mit Frieden, man wird mir doch Nichts angewinnen, und soll recht bleiben, was ich lehre und schreib, sollt auch alle Welt drüber bersten."

Ob wohl diese Rechtfertigungsschrift versöhnlich gewirkt und irgend Jemand überzeugt hat? Schwerlich. Man darf das Geschlecht unserer Reformatoren, das eben vom Faustrecht herkam und einen fast undurchdringlichen Wald von Mißbräuchen auszureuten hatte, nicht nach dem Maße unserer heutigen humaneren und milderen Begriffe beurtheilen. Sie alle sind bis auf einen gewissen Grad Schreckensmänner. Auch der sonst milde, besonnene und geistesfreie Zwingli hatte seine Härten; Calvin ohnehin ist so fleisch- und blutlos, wie das unerbittliche Princip. Von Luthers Wesen können wir das Herbe und Rauhe des Mittelalters nicht trennen. Mit festem Tritt steht er in seiner Zeit, nicht eben säuberlich fahrend, eisenfest, markig, rauh, von harter Rinde, ein Waldrechter, der mit der groben Bauernaxt dreinfährt. Aber hier wird denn doch die

Härte zur Barbarei und Gefühllosigkeit. Die Schrift gegen die mörderischen und räuberischen Bauern kann man ihm verzeihen, wenn man seinen Abscheu gegen Aufruhr überhaupt, insbesondere aber den Schrecken in's Auge faßt vor dem Untergang aller christlichen und sittlichen Civilisation Deutschlands, den er von einem Sieg des Bauernaufstandes sicher erwartete. Aber jetzt war der Aufstand gedämpft, die Gebeine der Unglücklichen bedeckten die deutsche Erde, die Sieger badeten ihre Hände im Blut — und diese Sprache! Keine Erinnerung an die Sieger, daß sie mit ihren Bedrückungen des armen Mannes jetzt aufhören, daß sie dem ausgesogenen Volke jetzt freiwillig einen Theil der unerträglichen Lasten abnehmen sollen! Diese Fürsten und Junker und Bischöfe, deren Wütherei und Schinderei er früher unerträglich gefunden hat, die sollen aus ihrem Sieg nichts Anderes lernen, als die Zügel noch straffer anzuziehen und ihr Volk mit Skorpionen zu züchtigen. Sie haben jetzt erfahren, was hinter dem Pöbel steckt und wie ihm zu vertrauen ist. Sie werden jetzt erinnert, daß der Esel Schläge haben und der Pöbel mit Gewalt regiert sein will; sie werden jetzt daran gemahnt, daß die Obrigkeit keinen Fuchsschwanz, sondern ein Schwert in der Hand hat.

Kein Mitgefühl für die armen Erschlagenen, sondern der kalte Hohn über ihrem Grabhügel: sie haben's zu gut gehabt und wußten es nicht; der Kitzel mußte ihnen vertrieben werden. Wie gern werden sie in Zukunft dem Junker die Kuh aus dem Stalle geben, froh, daß sie die anderen in Frieden behalten können! Keine Barmherzigkeit mit den Gefangenen oder mit denen, welche sonst dem Tode entronnen sind! Denn es ist deutlich, daß Luther nur für diejenigen, welche vor der Schlacht sich ergeben haben, Barmherzigkeit verlangt, für diejenigen aber, die, das Schwert in der Hand, ergriffen oder sonst der Theilnahme am Aufstand überwiesen worden sind, Niedermetzelung ohne Erbarmen fordert. Jetzt noch, nachdem der Aufstand unterdrückt ist und viele Stimmen im Volke milde Behandlung der Geretteten wünschen, mahnt er von Neuem: da erbarme sich nur Niemand, sondern haue, steche, würge, schlage drein, als unter die tollen Hunde; denn nach seiner Ansicht über den Unterschied des Gottesreiches und Weltreiches würde eine Obrigkeit pflichtvergessen handeln, wenn sie den überführten Uebelthäter ohne die auf das Verbrechen gesetzte Strafe ledig ließe, das Reich der Welt kennt nach ihm nur Recht, keine Gnade*). Darum sind ihm Alle, die jetzt von Milde sprechen, Bluthunde, die mit den Aufrührern unter Einer Decke stecken, und er räth, die Obrigkeit soll Jedem, der das Maul aufmache, mit der Faust antworten, daß der Schweiß zur Nasen ausgehe. Daß es Menschen geben könne, die den Aufstand der Bauern mißbilligen, aber doch nicht vergessen haben, wie sehr die andere Parthei durch ihre greulichen Bedrückungen dazu gereizt, und darum jetzt Mitleiden fühlen für die Unglücklichen und Barmherzigkeit rufen, das fällt ihm nicht ein, so nahe dieses Gefühl ihm selber liegen mußte, nachdem er in seiner ersten Schrift die unerträgliche Schinderei der Herren so heftig gescholten hatte. Selbst die Unwissenheit entschuldigt nicht in seinen Augen. Wenn diejenigen, welche von den Bauern zum Mitgehen gezwungen worden sind, sich entschuldigen, daß sie die Christenpflicht des Widerstandes bis zum Tode nicht gekannt haben, so kann ihnen Luther die Frage entgegenhalten: „warum stellet ihr keine evangelischen Prediger an? warum laßt ihr das Evangelium nicht in euer Land eindringen? warum laßt ihr Pfarren und Predigtstühle eingehen?" — als wären daran diese Unglücklichen Schuld, welche freie Predigt und evangelische Pfarrer von ihren Herren vergeblich begehrt hatten, als wäre das nicht eben den Fürsten zu sagen, die allein das Eindringen des Evangeliums in ihren Ländern verhinderten!

Wohl protestirt Luther gegen den Mißbrauch, den die Herren nach dem Siege von ihrer Gewalt machen, aber damit meint er keineswegs die Niedermetzelung eines jeden am Aufstand Betheiligten, sondern nur die willkührlichen Grausamkeiten, den Hohn mit den Gefangenen, die Plünderungen, die Schändung der Weiber u. s. w. Aber hatte er denn durch die gräßlichen Mordbefehle, die er von seinem Studirzimmer in die Welt schickte, diesen wilden Geist nicht angefacht und gestachelt?

Ueberschaut man die ganze Stellung, welche Luther zum Bauernkriege eingenommen hat, so wird man von derselben Erscheinung überrascht, der wir bisher auf allen Punkten seit der Wartburg begegnet sind: er kämpft für die religiöse Weltanschauung des Mittelalters gegen den Geist der anbrechenden neuen Zeit, den er nicht versteht. Die Volkserhebung des 16. Jahrhunderts war „das prophetische Vorbereitungswerk der neueren Weltgeschichte." Sie wollte

*) Siehe Anhang Anmerkung 7.

neben der kirchlichen Reform und aus dieser abgeleitet eine Reform des bürgerlichen und socialen Lebens. Sie wollte die Religion nicht auf den jenseitigen Himmel eingeschränkt wissen, sondern mit ihrem Himmelsthau die Erde tränken. Sie ahnte in den „irdischen Dingen" eine Welt hoher heiliger Güter, die des sittlichen Strebens der Menschen werth sind. Sie eröffnete und weihte durch das vergossene Blut die neue Zeit ein mit ihrem Ringen nach socialen Verbesserungen, mit ihrer Werthschätzung der diesseitigen Arbeit und des Eigenthums, mit den Grundsätzen der Freiheit und Gleichheit der Stände, der Gerechtigkeit für Alle.

Luther hatte für diesen Geist kein Verständniß und stellte ihm schroffer, als es je ein Mönch gethan hatte, den Geist des katholischen Christenthums, es wäre zu viel, wenn man sagte, des Christenthums überhaupt entgegen. Denn wie wenig auch im N. T. die sittliche Bedeutung des „weltlichen" Lebens zu ihrem Rechte kommt, wie hervorragend auch die Stelle ist, welche die von der Welt abgewandte, in Gott befriedigte Innerlichkeit des Gemüthes dort einnimmt, die Messiasidee, welche Jesus sich aneignete, und der Glaube an ein tausendjähriges Reich, welcher allen Christen eigen war, d. h. an die Vollendung des Gottesreiches auf Erden, trug doch, wie phantastisch auch, die Keime einer durchgreifenden Weltumgestaltung in sich; das Reich, das Jesus gründen wollte, war keineswegs, wie ein Christ des zweiten Jahrhunderts von seinem alexandrinischen Standpunkt es umdeutet (Evang. Joh. 18, 36) nur „ein Reich von jener Welt," sondern ein irdisch-diesseitiger Zustand der menschlichen Gesellschaft, in welchem, den Weissagungen der alttestamentlichen Propheten gemäß, eine vollkommene sittliche Gerechtigkeit im Bunde mit vollkommener materieller Wohlfahrt das Theil aller Völker werden sollte. Das Christenthum trägt starke, sociale Elemente in sich, und die Kirche, indem sie es auf das jenseitige Seelenheil des Einzelnen beschränkt, hat es seiner ursprünglichen Natur bis zur Unkenntlichkeit entfremdet. Eben dieses Christenthum der Kirche, wie es im Katholicismus seine Ausbildung erhalten hatte und allen seinen Anschauungen, seinem „geistlichen" Leben, seiner Verachtung des Profanen, seiner Ascese, seiner ausschließlichen Sehnsucht nach dem Himmel, seinem Mönchthum und Cölibat zu Grunde lag, führte Luther noch einmal in den Kampf gegen den Geist der neuen Zeit, der im Bauernkriege so mächtig an die Pforten der Zukunft geklopft hatte. Frei oder leibeigen —

was kümmert der Christ sich drum, wenn er nur seines Seelenheils gewiß ist? „Ein Leibeigener kann wohl ein Christ sein und christliche Freiheit haben, gleichwie ein Gefangener oder Kranker Christ ist, obwohl er nicht frei ist.“ Streit um Mein und Dein, Streben nach zeitlichem Gut — der Christ kennt das nicht. „Das Evangelium nimmt sich weltlicher Sachen nicht an und das äußere Leben besteht allein in Leiden, Unrecht, Kreuz, Geduld und Verachtung zeitlicher Güter und Lebens.“

Im Bauernkrieg hat der Mönch aus dem Innersten des Katholicismus gesprochen, nicht der Reformator aus dem Geiste einer neuen Zeit. Aus diesem katholischen Rest, der als Folge seiner religiösen Entwicklung so tief in Luthers Wesen zurückgeblieben war, erklärt sich allein seine Stellung zum Bauernkrieg; alle anderen Erklärungsgründe verschwinden vor diesem Einen als untergeordnet. Man hat gesagt, daß Luther, wenn auch herstammend aus Bauernblut, doch von frühester Jugend an in Mansfeld, in Eisenach, in Erfurt, in Wittenberg sich ausschließlich in den Kreisen des Bürgerthums bewegt habe und daher dem Denken und Fühlen der Bauern ferne gestanden sei. Man hat angeführt, daß er von den Bauern in und um Wittenberg, welches, an den Grenzen deutscher Civilisation gelegen, mit seinen schlechten Hütten und Strohdächern an die Wenden und Slaven erinnerte, die seine Nachbarn waren, auf die viel intelligenteren und gebildeteren Bauern am Rhein und in Süddeutschland einen falschen Schluß gezogen und von ihnen nur das Schlimmste erwartet habe*).

Man kann auch daran erinnern, daß er die ersten Eindrücke der socialen Bewegung durch Thomas Münzer erhalten hatte, der in seiner Nähe, von Altstädt aus, zuerst die Ausrottung aller Fürsten und eine wüste Umwälzung aller Zustände gepredigt hatte. Das Alles mag mitgeholfen haben, aber es ist von untergeordneter Bedeutung.

Ob die Bauern gesiegt hätten, wäre Luther auf ihre Seite getreten, wer weiß es? Thatsache ist, daß ihre Sache einen vielversprechenden Anfang nahm; Prälaten, Edelleute, Städte unterwarfen sich ihnen der Reihe nach, und daß Luthers Churfürst voranging, ihre gerechten Forderungen zu gewähren, wissen wir; ebenso ist Thatsache, daß der Bürgerstand, seitdem Luther, der sein Orakel geworden

*) Siehe Anhang Anmerkung 8.

war, gesprochen hatte, sich von der Bewegung abwandte. Was geschehen wäre, wenn sie gesiegt, welche Gestalt die kommenden Jahrhunderte der europäischen Gesellschaft angenommen hätten? Müßige Frage! Die Geschichte antwortet nur: was die Bauern im Sturme erobern wollten, mußte in den drei Jahrhunderten, die folgten, oft durch das Blutbad schwerer Revoluzionen hindurch mühsam errungen werden, und das jetzige Geschlecht hat Ursache, mit Achtung zu diesen ersten Märtyrern der Volksfreiheit aufzuschauen.

Aber die Folgen, welche die gewaltsame Niederwerfuug jener so gerechten Bewegung nach sich zog, liegen in den Blättern der Geschichte klar genug verzeichnet. Mit dem Unterliegen der Bauern war die Volkskraft gelähmt; der politisch und kirchlich rege Sinn, die eifrige Theilnahme an den öffentlichen Dingen, die sich in jenen Tagen der Bewegung so verheißungsvoll kund gegeben, war auf Jahrhunderte hinaus geknickt*). Die Reformation hatte aufgehört, Volkssache zu sein, sie hatte ihren universellen deutschen Charakter verloren. Sie wurde vorherrschend Fürstensache. Unmittelbar nach dem Bauernkriege treten ihr eine Reihe von Fürsten bei, angelockt durch die materiellen Vortheile, die sie in Aussicht stellte, und den Zauber des unbedingten Unterthanengehorsams, den Luther unter ihre obersten Artikel setzte. Aber ebenso verbissen sich nun die anderen Fürsten in den alten Glauben, der sich neu consolidirte, denn es war kein Volksgeist mehr da, der die Widerstrebenden mit sich fortriß. Aus diesen Verhältnissen entspann sich der dreißigjährige Krieg, ein Fürstenkrieg, geführt von Söldnern, in welchem das Volk keine Stimme hatte, sondern nur als Schlachtopfer gut genug war. Man mag sich den Schaden, den ein Sieg der Bauern der Civilisation zugefügt hätte — aber was für eine Civilisation war das am Ende? — so groß denken, als man kann, würde er größer gewesen sein, als die Wunden, welche der dreißigjährige Krieg der deutschen Gesittung geschlagen hat? Man mag die Verwirrung aller socialen und politischen Verhältnisse Deutschlands, von welchen die siegreiche Volksbewegung hätte begleitet sein können, in der Phantasie ausmalen, wie man will: Eines hätte das siegreiche Volk damals ohne Zweifel zu Wege gebracht, woran seitdem drei Jahrhunderte vergeblich arbeiten; es hätte die Klöster, Stifter, Bisthümer, mit Einem Wort den Romanismus von der deutschen Erde weg-

*) Häußer l. c. S. 112.

gefegt. Und welches Unglück wäre groß genug gewesen gegen dieses Eine Glück?

Mit der Niederlage der Volksbewegung war die Volkskraft gelähmt, die Religion aber, von Luther aus dem Volksleben hinausgeworfen, aus dem „Reich der Welt“ verwiesen in's Himmelreich, verlor Kraft und Geist in dem Maße, daß der Fortbestand des Katholicismus als einer nothwendigen Ergänzung fast eine Wohlthat wurde; Aberglaube und Pfaffengezänk wurde ihr vorherrschendes Merkmal. Und das Staatsleben erhielt von jetzt an sein Gepräge durch den Despotismus. Der fürstliche Absolutismus, bisher noch schwankend und erst in der Bildung begriffen, bekam durch Luther seine religiöse Weihe und wurde zum System. Eine größere Strafe für seine schiefe Stellung in dem großen Volkskampfe konnte dem nicht werden, der die größte Befreiungsthat durchgesetzt hatte und so unabhängig handelte und dachte, wie Wenige, und schlagender kann die räthselhafte Doppelnatur seines Wesens nicht bezeichnet werden, als durch die Thatsache, daß sich seitdem das Junkerthum von Gottes Gnaden auf seinen Namen beruft*).

4. Wider Erasmus.

Man wird in den bisher geschilderten Kämpfen Luthers einen gemeinschaftlichen Grundzug leicht beobachtet haben: die Herabdrückung des menschlichen Thuns gegenüber dem göttlichen zu möglichster Bedeutungslosigkeit. Gegenüber der angreifenden und praktisch reformirenden Thätigkeit der „Bilderstürmer“ wird der Grundsatz geltend gemacht: das Wort muß es allein thun, vor ihm wird das Werk von selber fallen; der Mensch hat nur das Recht des Wortes, nicht das Recht der Ausführung. Gegenüber den himmlischen Propheten mit ihrer Betonung der religiösen Selbstthätigkeit des Frommen im Glauben und in der Vernunft wird der Glaube zum bloßen Gefäß herabgedrückt, in welches die himmlische Gnadengabe sich ergießt, und die Vernunft wird zur Frau Hulda, welche dem Schriftwort gegenüber einfach zu schweigen hat. Im Bauernkrieg endlich wird jede menschliche Selbsthilfe verworfen und das Dulden und Beten als das einzige Recht des Christen empfohlen. Es war nur

*) Merkwürdige Belege dafür, wie schnell die Fürsten jener Zeit das „neue Evangelium“ begriffen, liefert Hagen l. c. Band III. S. 147.

der grundsätzliche Abschluß dieser Anschauungen, wenn der freie Wille (d. h. der Wille überhaupt) dem Menschen abgesprochen wurde. Dieß geschah in dem Streit mit Erasmus.

Erasmus hatte ohne Zweifel der Reformation unermeßliche Dienste geleistet. Alle Strahlen, welche der Humanismus in die Nacht des Mittelalters hinauswarf, hatten sich in ihm, wie in einer Sonne gesammelt. Das klar verständige Element, welches der Humanismus aus seinen klassischen Mustern schöpfte und im Gegensatz gegen die trübe Phantastik des Mittelalters pflegte, war eben in des Erasmus nüchterner und rationeller Natur am stärksten vertreten. Durch die Formvollendung seiner Schriften, durch das schöne Latein, das er schrieb, durch die Einfachheit seines Stils entwöhnte er die lernbegierigen Zeitgenossen von der Barbarei und Geschmacklosigkeit der Theologen. Durch seine Förderung der alten Sprachen, für welche sein glänzender Vorgang zahllose junge Talente begeisterte, vermittelte er das richtige Verständniß der biblischen Schriften, die unter dem Schutt der kirchlichen Traditionen unkenntlich geworden waren. Und er selbst lenkte seine schriftstellerische Thätigkeit unmittelbar auf das Gebiet der Kirche und Religion. Nicht nur geißelte er die Unwissenheit und Lasterhaftigkeit der Mönche mit bitterer Satyre und scharfem Witz; durch seine moralisch-religiösen Schriften, durch seine Uebersetzung und Auslegung der neutestamentlichen Bücher verbreitete er dem überwuchernden Cerimonienwesen der Kirche gegenüber den Sinn für eine einfache Religiosität des Herzens und der Gesinnung. In seiner Jugend, wie Luther, aber gegen Willen und Neigung Mönch, später vom Papste seiner Gelübde entbunden, hatte er trotz der reichen und umfassenden Weltbildung, die er auf seinen Reisen in Italien, Frankreich, England, Deutschland sich angeeignet, das Interesse für Kirche und Religion nicht verloren.

Schon 1515 war von ihm eine Auslegung des ersten Psalms erschienen, welche kräftige Grundzüge einer reinen christlichen Tugendlehre enthielt und worin er sich zugleich über die herrschenden Verirrungen des religiösen Lebens, besonders über die Vernachläßigung der Bibel frei und scharf aussprach, die Unbekanntschaft mit ihr als die Quelle aller herrschenden Laster und Thorheiten darstellte und forderte, daß sie nicht bloß von den Gelehrten, sondern auch von den Ungelehrten in den Landessprachen gelesen werde. 1516 gab er sein neues Testament heraus. Er leistete dadurch Großes für Kritik und richtiges Verständniß des Grundtextes und zeigte daneben in kürzeren oder längeren Ausführungen den Unterschied der Schultheologie und der Lehre Christi, schalt auf die Theologen und Bischöfe, die sich aus den Dienern der Kirche zu deren Beherrschern aufgeworfen und Christi Gesetz verunstaltet und zu einer unerträglicheren Last, als selbst das Judenthum gemacht hätten *).

Als daher der junge Luther seine ersten Schläge gegen die Ausartungen des Kirchenthums führte, fehlte ihm der Beifall des ergrauten Veteranen nicht, und ein Wort von ihm galt in den Kreisen der Großen und der Gebildeten wie ein Orakel. In einem Schreiben an den Churfürsten Albrecht von Mainz erklärt er ihn, obwohl er seine Person gar nicht, seine Schriften nur ungenau kenne, für einen Mann, aus dem helle Funken einer evangelischen Frömmigkeit hervorleuchten, der daher, wenn er auf die rechte Bahn geleitet werde, Vieles für Christi Lehre thun könne; darum seien auch überall die rechtschaffenen Leute auf seiner Seite. Bald darauf, 1519, spricht er das Wort für ihn beim Churfürsten von Sachsen; das sehe man aus Allem, schreibt er, daß Luther frei sei von Geldsucht, wie von Ehrgeiz und einen unklagbaren Wandel führe; man könne kaum annehmen, daß ein Solcher in eine Ketzerei verfalle. Wichtiger aber noch war das berühmte Wort, das er in Köln kurz vor dem Reichstag zu Worms gegen den gleichen Fürsten äußerte: Luther habe zwei Verbrechen begangen, er habe dem Papst an die Krone und den Mönchen an die Bäuche gegriffen.

Luther seinerseits sah Anfangs bewundernd zu Erasmus auf. Frühe zwar fühlte er etwas in sich, was ihn von der ganzen Art und Sinnesweise seines großen Zeitgenossen trennte; schon 1516 hatte er an des Erasmus Erklärung des Römerbriefes Ausstellungen gegen Freunde zu machen, bald darauf (1517) schrieb er an seinen Freund Lange in Erfurt: „ich lese unsern Erasmus, aber von Tag zu Tag entfällt mir mehr das Vertrauen zu ihm. Ich fürchte, er treibe Christum und die Gnade Gottes zu wenig, in welcher er gar unwissend ist. Das Menschliche ist bei ihm weit gewaltiger, als das Göttliche. Es ist Einer darum noch kein wahrhaft weiser Christ, weil er ein guter Grieche oder Hebräer ist.“ Aber noch 1519 richtete Luther an Erasmus ein Schreiben, das nach solchen brieflichen Auslassungen ebenso seltsam und räthselhaft ist, wie einst seine demüthige Unterwerfung unter den Papst, in dem Briefe an Leo X.,

*) Jürgens, Luthers Leben III. Band S. 365.

nach den heftigsten Angriffen auf den päpstlichen Stuhl. In den demüthigsten Ausdrücken wirft er sich dem großen Gelehrten zu Füßen, rühmt seinen trefflichen Geist als einen solchen, der seine und aller Anderen Erkenntniß mehre; er ersucht ihn, ihn in seine Freundschaft aufzunehmen als einen Bruder in Christo, der ihm ergeben sei und ihn herzlich liebe, dem es übrigens lieber gewesen wäre, in dem Winkel, den er wegen seiner Unwissenheit verdiene, verborgen zu bleiben, als durch ein sonderbares Verhängniß an die Sonne gestellt zu werden. Es war ohne Zweifel die aufmerksame Notiz, welche Erasmus seit der Ablaßgeschichte von Luther nahm, wie dieser eben aus Capito's Munde vernommen hatte, sowie die schmeichelhafte Anerkennung, mit welcher er sich eben in der Vorrede zu seinem biblischen Handbuch über Luther ausgesprochen hatte, was dessen Gemüth in jenem Augenblicke so geneigt gegen Erasmus machte und ihn die tiefen Differenzen vergessen ließ.

Aber auf die Dauer konnten diese nicht zurückgedrängt werden; zu verschieden waren die beiden Naturen, wie ihre Ziele.

Schon daß Luthers rasch aufsteigendes Gestirn die Sonne, die seitdem am Mittagshimmel so einsam geglänzt hatte, zurückdrängte, verletzte den Ehrgeiz des verwöhnten Gelehrten. Und mit dem Glanze seines Namens erblaßte auch der Glanz der Studien, die an diesem Namen hingen. Mit Luther gewann das theologische Interesse die Oberhand über das Interesse allgemeiner Bildung, welches Erasmus mit allen Humanisten vertrat. Wo das Lutherthum hindrang, sah er die Wissenschaften weichen*). Aus dem humanistischen Lager, in welchem er bisher als Feldherr zu gebieten hatte, sah er eine tüchtige Kraft um die andere in das reformatorische übergehen. Ihm selbst gestattete diesen Uebergang weder sein Alter — er war 1467 geboren — noch sein Naturell. In Luther und Erasmus sind Charaktergegensätze, wie sie besonders in Zeiten der Bewegung stets hervortreten, zu einem typischen Ausdruck gekommen: der Reformer in der Studirstube, der hüstelnde, schmächtige Gelehrte mit der zarten Stimme und dem feinen, ironischen Lächeln, der die Wahrheit und den Fortschritt will, aber nicht so lärmend von unten herauf, sondern fein ordentlich von oben herab mit Hilfe der Herrschenden und Großen durch Verbreitung gelehrten Wissens, Geschmacksverfeinerung, Geistesaufklärung, auf der anderen Seite der Reformer mitten im

*) „Ubicunque regnat Lutheranismus, ibi litterarum est interitus."

Volksgewühl, mit den starken Knochen, dem trutzigen Gesicht, der durchdringenden Tenorstimme, ein Rufer im Streit, der, selbst ganz Leidenschaft, an das Gemüth, an die Leidenschaft appellirt, der nur die Wahrheit will, breche darüber die ganze Welt und ärgere sich daran, wer wolle. Wenn die Wahrheit nicht durchdringen kann, weil sie auf Brustharnische stößt, so wird der Eine mit zierlichem Anstand einige fein befiederte Pfeile absenden, der Andere wird einen Spitzmeißel von Stahl nehmen und mit einem Schmiedehammer ein Loch durch die Eisenplatte schlagen. Man braucht nicht zu fragen, welcher von Beiden durchdringen wird. Nur „diese Consequenz" — sagt einmal Bogumil Golz — „macht den sittlichen Charakter und den Mann; sie allein leistet in dieser Welt der verwickeltsten Verhältnisse und Wirren einen imponirenden Effect, nicht aber die Heiterkeit, Ruhe und Harmonie, welche die Aesthetiker und Ethiker empfehlen und zur Schau tragen." Der Eine sieht jeden Tag das Märtyrerthum vor sich und fragt nicht darnach, der Andere spricht: „mögen Andere das Märtyrerthum suchen, ich halte mich dieser Ehre nicht werth. So verhaßt ist mir die Zwietracht, daß mir auch die Wahrheit nicht gefällt, wenn sie Unfrieden stiftet*)." Dieser temporisirt und diplomatisirt nach allen Seiten, er wollte, wie er offen gestand, lieber einen Theil der Wahrheit fahren lassen, als den Frieden durch die ganze stören; er sprach den Grundsatz aus, man sei nicht verpflichtet, immer die Wahrheit zu sagen. Jener läßt seiner „reinen Lehre" keine Linie abdingen, er opfert ihr seine besten Bundesgenossen, er könnte seine eigene Sache zu Grunde gehen sehen, ehe er da das geringste Zugeständniß machte. Erasmus hat Ansichten und Maximen, Luther hat Ueberzeugungen; jener ist eine reflectirende und rechnende, Luther eine begeisterte, pathetische Natur. Darin sind beide Männer einander gleich, daß sie die Gewalt, den Aufruhr, die Entfesselung der Volksleidenschaften verabscheuen. Ihr Leben fällt in die Zeit des Uebergangs von dem Vorherrschen der Körperkraft, der Rohheit, des Selbstwillens zur Geltung der geistigen Kraft, der Bildung, des Gesetzes, der Ordnung, und Beide leiten mit gleich sicherer Hand ihr Geschlecht von der Faust zum Geist. Aber der Eine verabscheut den Aufruhr als aristokratischer Gelehrter, der ein Feind von allem Rohen ist, der Andere, selbst derb und na-

*) „Affectent alii martyrium, ego me non arbitror hoc honore dignum. Mihi adeo invisa est discordia, ut veritas etiam displiceat seditiosa."

turkräftig, aus religiöser Ueberzeugung. Dieser kennt keine Weltrücksichten; selbst, was seiner Sache dienen könnte, weist er zurück, wenn ihm der religiöse Ernst und die Gewissenhaftigkeit zu fehlen scheint. Als Erasmus die ersten Briefe der Dunkelmänner las, soll er so unbändig gelacht haben, daß ihm ein Drüsengeschwür aufbrach, wodurch er gesund wurde; Luther aber, obwohl ihm der Sinn für Humor und Witz keineswegs mangelte, ärgerte sich über die Narrenpossen und sah in dem Verfasser der Briefe einen Hanswurst. So furchtbar Ernst nahm er's mit der Sache, daß er ein Gelächter darüber nicht ertragen konnte.

Aus dieser Geistesverfassung ergeben sich Tugenden und Fehler von selbst. Luther wird oft hart, rücksichtslos, ungerecht, aber seine Gesinnung hat immer etwas Nobles, Großes, Selbstloses. Man weiß immer, woran man mit ihm ist. Er dient der Sache, der Idee; ihr opfert er jede Rücksicht, auch die eigne Person. Erasmus ist voll von Rücksichten und Bedenklichkeiten, aber sein Herz ist den Beweggründen nicht verschlossen, welche aus der Selbstsucht fließen; er kann klein, gehässig, enge werden; er sinkt unter Umständen, wie in seinem Betragen gegen Hutten, bis zum Unedlen herunter. Das ist das Schicksal aller Vermittler in entscheidenden Zeiten. Milde, versöhnlich, friedlich möchten sie auf beiden Seiten die verletzenden Ecken abstoßen. Aber dieses ängstliche Abwägen, dem der durchschlagende Gedanke fehlt, macht kleinlich und enge. Gegen diejenigen, welche auf der gleichen Bahn weiter gehen, als sie, unliebenswürdig, weil sie ihre wohlgemeinten Bestrebungen durch sie compromittirt glauben, treten sie mit stärkerem Druck des Fußes auf die andere Seite, auf die sie doch nicht gehören, und so herüber und hinübergestoßen fühlen sie sich überall unbehaglich und enden mit Verdruß über sich und ihre Zeit, die sie nicht mehr verstehen.

So erging es Erasmus. Mit jedem Jahre sprach er seine Unzufriedenheit mit dem Gang der Reformation unverholener aus. Er tadelte nicht bloß, was fast alle Zeitgenossen thaten, den Ton der Polemik, den Luther führte, das maßlose Zürnen und Schelten, den Eigensinn und die Rechthaberei, und wenn er auch diese Heftigkeit der Sprache dann und wann durch die Heftigkeit des Widerstandes und die Furchtbarkeit der Mißbräuche gerechtfertigt fand, so schienen ihm doch wieder die Mittel schrecklicher als die Krankheit. Sondern er stieß sich auch an manchen Lehren, die Luther aufstellte, z. B. daß alle Werke der Heiligen Sünden seien, daß der freie Wille ein eitles Wort sei, daß der Glaube allein gerecht mache, die Gnade Alles, der Mensch Nichts thue. Was sollte das Volk, was sollte die Jugend mit solchen paradoxen, sittengefährlichen Lehren anfangen?

Diese mißmuthige Stimmung des großen Gelehrten der Reformation gegenüber suchten natürlich die Katholiken zu nützen. Fürsten und andere hohe Gönner, selbst der Kaiser lagen ihm an, gegen Luther zu schreiben. Der Hauch eines solchen Mannes würde die lutherischen Mauern umblasen. Der Schmeichelei der Großen konnte eine Natur, wie Erasmus, nicht widerstehen. Auch ein Schreiben Luthers an ihn vom Jahr 1524 machte die Sache nur schlimmer; Luther will ihn um der Sache willen abmahnen, gegen die Reformation zu schreiben, aber er thut dieß im Ton des Mitleids, das sich im Gefühl einer weltgeschichtlichen Mission zu dem zurückgebliebenen, seiner Zeit nicht mehr gewachsenen Gelehrten hernieder läßt, der besser von Anfang an bei seinen Griechen und Römern geblieben wäre, da ihm für ein Werk, wie die Reformation, sowohl Herz als Geist fehle.

Im September 1524 erschien Erasmus Schrift: de libero arbitrio diatribe (über den freien Willen, eine Untersuchung). Darin stellt er im Wesentlichen folgende Gesichtspunkte auf: die Freiheit sei diejenige Kraft des menschlichen Willens, vermöge welcher der Mensch sich dem, was zum ewigen Heil führt, entweder zuwenden oder sich von ihm abkehren könne. Wie sehr auch Vernunft und Wille durch die Sünde gelitten habe, so sei diese Kraft doch nicht vertilgt, und wenn auch ein Hinken übrig geblieben, so daß wir vor der Wirksamkeit der Gnade mehr zum Bösen, als zum Guten geneigt seien, so sei doch der Wille im Menschen nicht ausgelöscht. Hart sei die Meinung derjenigen, welche behaupten, der Wille habe nur das Vermögen zu sündigen und sei der göttlichen Gnade gegenüber, wie das Wachs in der Hand des Künstlers, der jede beliebige Form daraus mache, oder wie der Thon in der Hand des Töpfers. Am härtesten sei die Meinung, daß der freie Wille ein leerer Name sei, daß Gott sowohl das Böse, als das Gute in uns wirke, daß Alles, was geschehe, nach ewiger Nothwendigkeit geschehe. Weder das alte noch das neue Testament sei für eine solche Lehre. Manche Stellen, die dafür zu sprechen scheinen, wie die Erzählung von Pharao's Verstockung, wie das 9. Kapitel des Römerbriefes, erhalten, in ihrem Zusammenhang erklärt, einen anderen Sinn; die ganze Redeweise der Bibel setze das Thun- und Lassenkönnen des Menschen voraus. Er verkenne keineswegs die richtige

Tendenz und religiöse Abzweckung der lutherischen Lehre, die göttliche Gnade zu erheben und den Stolz des Menschen auf das Verdienst seiner Werke abzuschneiden. Aber man sollte das zu erreichen suchen, ohne die menschliche Freiheit ganz und gar zu läugnen. Wenn man sage, jedes gute Werk komme von Gott als seiner Quelle, es gezieme dem einfachen Gehorsam des christlichen Sinnes, daß der Mensch ganz vom Winke Gottes abhänge, auf Gottes Verheißungen sein ganzes Vertrauen setze und in der Anerkennung seiner eigenen Unwürdigkeit Gottes unergründliche Barmherzigkeit rühme, so daß er seinen eigenen Handlungen kein Lob noch Verdienst zuschreibe, sondern die ganze Ehre Gott allein gebe, so sei er (Erasmus) damit ganz einverstanden und diese Sprache gefalle ihm wohl, wenn man aber übertreibe und das Thun des Menschen soweit herabsetze, daß man sogar alle Werke der Frömmsten für Sünde erkläre und Alles, was wir thun, auf eine absolute Nothwendigkeit zurückführe, dann werde sein Geist von Bedenken erfüllt. Pelagius habe der menschlichen Freiheit zu viel beigelegt, im Kampf gegen ihn habe Augustin ihr zu viel genommen; ähnlich gehe es dessen Nachfolger, Luther. Man müsse zwischen Gnade und Freiheit einen Mittelweg suchen. Bei allen guten Werken gehöre Anfang (die Anregung) und Vollendung der Gnade an, aber beim Fortgang sei der menschliche Wille mitbetheiligt, sofern er die Kraft habe, der göttlichen Anregung zu folgen oder zu widerstreben; beim Werke der menschlichen Bekehrung wirken zwei Ursachen zusammen, die Gnade als die erste und oberste, der Wille als die zweite, die ohne die erste nichts vermag. Die Läugnung dieser Freiheit würde die göttliche Gerechtigkeit aufheben, da Gott Ursache der Verdammniß so Vieler würde, und die Einen zur Verzweiflung, die Anderen zu leichtsinniger Sicherheit führen. Weil man menschliches Verdienst zu hoch erhoben, so habe Luther alles Verdienstliche am Menschen geläugnet; weil man aus der Buße einen losen Handel gemacht, habe Luther jede Genugthuung für die Sünde verworfen u. s. w. Aus dem Zusammenstoßen dieser gegenseitigen Uebertreibungen kommen die Blitze und Donner, die jetzt den Erdkreis erfüllen. Sollten beide Partheien an ihren Uebertreibungen festhalten, so stehe ein Kampf bevor, der nur mit der Vernichtung der einen Parthei sein Ende erreichen könne.

Erasmus schließt mit den Worten: „wenn offenbar ist, wie viel Unstatthaftes, um nicht zu sagen Widersinniges folgen müßte, falls der freie Wille von Grund aus geläugnet würde, wenn klar gemacht ist, daß durch Annahme meiner Ansicht Nichts von dem untergeht, was Luther gottesfürchtig und christlich gelehrt hat, von der unbegrenzten Liebe zu Gott, vom aufzugebenden Vertrauen auf Verdienst der eigenen Werke und Kräfte, und wie man alles Vertrauen auf Gott und seine Verheißung zu setzen habe, so mag jetzt der Leser bei sich erwägen, ob es ihm billig dünke, daß die Meinungen so vieler Lehrer der Kirche, bestätigt durch den Beifall so vieler Jahrhunderte und Nationen, jetzt verworfen und einige seltsame Sätze angenommen werden, um deren willen die Christenheit jetzt in Alarm gesetzt wird. „Und sollte es sich so verhalten, so bekenne ich frei meines Geistes langsame Fassung, daß ich's nicht verstehen kann, da ich doch weiß, daß ich der Wahrheit nicht widerstrebe und von Herzen hold bin der ächt evangelischen Freiheit und verabscheue, was dem Evangelium zuwider ist. Auch weigere oder schäme ich, obgleich ein älterer Mann, mich nicht, von einem Jüngeren zu lernen, wenn er mich mit evangelischer Milde Einleuchtendes lehrt. Da werde ich freilich zu hören bekommen: Erasmus lerne erst Christum besser kennen und gebe der menschlichen Klugheit den Abschied, und: das versteht Keiner, als wer den Geist Gottes hat. Wenn ich jetzt noch nicht weiß, wer Christus ist, so ist bisher weit vom Ziele abgeirrt worden, und gerne möcht ich erfahren, welchen Geist denn gehabt haben so viele christliche Lehrer und Völker; denn es ist wahrscheinlich, daß das Volk ebenso dachte, wie die Bischöfe lehrten, schon seit 1300 Jahren. Ich habe das Meinige gethan. Anderen steht das Urtheil zu."

Luther verkannte die Bedeutung der Erasmischen Schrift nicht. Seiner eigenen Erklärung zufolge war dieß die einzige gegnerische Schrift, die er ganz las und genau studirte. Daß Erasmus nicht einen Nebenpunkt, der mit der großen Zeitfrage nur in entfernter Beziehung stände, sondern gerade Das, um was es sich handelte zwischen Reformation und Romanismus, in Angriff genommen habe, sah er besser ein, als so viele spätere Darsteller dieses Handels, welche den Erasmus die Frage nach der Willensfreiheit nur aus Feigheit und Klugheit herausgreifen lassen, weil er nämlich gehofft habe, bei einem vom Staub des Streits ferner abliegenden, mehr allgemein philosophischen Problem sich die Finger am wenigsten zu verbrennen. In der Gegenschrift, welche im December 1525 erschien (de servo arbitrio), erklärt Luther seinem Gegner: „ich muß ja das an dir sehr loben und preisen, daß du allein vor allen anderen meiner Widersacher einmal zur Sache gegriffen hast, das ist: die Summe der Sache gerühret und mich nicht mit fremden losen Händeln vom Papstthum, vom Fegfeuer, vom Ablaß und dergleichen bekümmert, mit welchen mich bisher alle Feinde des Evangeliums, wiewohl vergeblich haben umtreiben wollen. Du bist der Einzige, der einmal das Hauptziel und den Hauptgrund dieser ganzen Sache ersehen hat, der in diesem Kampfe hat wollen dem Gegner nach der Gurgel greifen."

Ebenso dürfen wir's aber auch Luther auf's Wort glauben, daß ihn keine gegnerische Schrift so angeekelt hat, wie diese. Schon dieses Gaukeln und Schaukeln, dieses aalartige Durchschlüpfen zwischen zwei Gegensätzen, halb Freiheit, halb Gnade, keines ganz und recht, mußte dem geradausdenkenden Geiste Luthers, welcher überall greifliche Lösungen verlangt, ganz zuwider sein, wie ihm später im Abendmahlsstreite die ewigen Vermittlungsversuche Bucer's, durch welche die Eigenthümlichkeit jeder der streitenden Ansichten verwischt wurde, oft herzlich zuwider waren. Treffend schildert er nach dieser Seite hin des Erasmus Schreibart: „was du doch für eine sonderliche Art und Kunst brauchst in all' deinem Schreiben! nämlich daß du schlüpfriger bist, denn ein Aal, ungewiß und fährlich allenthalben zu fassen, willst auf Eiern gehen und doch keines zertreten, du willst sagen und doch nicht sagen, schließen und doch nicht schließen. Ein solcher Mann ist wie der Poeten ungewisser Proteus, der Einem unter den Händen anders wird, den man nirgends kann gewiß haben, man binde und knüpfe ihn denn mit sonderen Künsten."

Aber die beiden gegentheiligen Ansichten waren ja zugleich der genaue Ausdruck der zwei entgegengesetzten Charaktere, von denen sie vertreten wurden. Es sind gewöhnlich je die geistesstärksten, genialsten, thatkräftigsten Menschen gewesen, welche die menschliche Willensfreiheit gänzlich geläugnet und Alles, was sie thaten, auf Gottes alleinige Wirksamkeit zurückgeführt haben. Begreiflich! sie sprachen aus, was sie an sich erfahren hatten. Fortgerissen von der Idee, welcher sie ihr Leben weihen, vergessen sie die eigene Person und lassen ihr Ich aufzehren von der heiligen Glut. Jede wahre Begeisterung, die prophetische wie die künstlerische, ist ein Erfülltsein von Gott; was da den Menschen bewegt im Denken, Fühlen und Handeln, kommt über ihn wie eine höhere Macht, die ihn fortreißt, er mag wollen oder nicht. Er redet und handelt aus Inspiration.

So war Luther. Er sprach als Prophet zu seiner Zeit; dem Sturm seiner Worte merkte man die Gewalt des Genius an, dem er unterworfen war; er wußte sich mit seinem Thun und Geschick in einem weit höheren Schutz, als der mächtigste Mensch ihm hätte gewähren können. Aus dieser Zuversicht stammte der Trutz, den er seiner Zeit oder, wie er sich ausdrückt, Papst, Tod, Teufel, Hölle entgegensetzt; darin lag die Gewalt, die er auf sein Zeitalter ausübte. Wenn er seinen Lebensgang überschaute, wie er, ein armer Mönch, der Nichts hatte, als sein zerknirschtes Herz und sein zagendes Gewissen, aus der Stille des Klosters, er wußte nicht wie? herausgerissen worden war auf die große Bühne der Welt, berufen, gerade Das zu stürzen, in welchem er den Frieden seiner Seele gesucht hatte, da hatte er den lebendigen Commentar zu den Worten des Paulus: „dem Gott, der mich vom Mutterleibe an ausersehen hatte, gefiel es, seinen Sohn in mir zu offenbaren“ (Gal. 1, 15), und das Bild vom Töpfer, der nach seinem Belieben aus schlechtem Thon ein herrliches Gefäß bereitet (Röm. 9, 20. 21) erhielt die Bestätigung durch seine eigene Lebenserfahrung. Er wollte nur Werkzeug sein, nicht mehr, ein Organ des göttlichen Geistes, Nichts für sich selbst, eine bloße Stimme, die aber eben, weil sie nichts weiter sein wollte, mehr ausrichtete, als Alles, was Menschen aus eigener Macht vorher versucht hatten. Das fühlte er tief. „Die vorigen Stöße haben das Papstthum nicht fällen können. Nun aber kommt über ihn kein Rüstzeug, kein Heer, kein Kriegsvolk, sondern schlecht eine Stimme, darüber erschrickt er und geht zu Boden.“

Diese psychologische Seite der Frage darf man nicht übersehen, wenn man gegen Luther in seinem Kampf mit Erasmus gerecht werden will. Erasmus hatte gut zwischen Gnade und Freiheit abwägen und Grenzen ziehen; wie seine Lehre, so war er selbst. Er war eine kühle, nüchterne Natur; er hatte nicht das Gefühl, das Organ einer höheren Macht zu sein, in deren Dienst er sich selbst, Welt und Zeit zu vergessen habe. Es fehlte seinem Wesen der Sturm, der Muth, die Herzhaftigkeit. Er stand dem Unendlichen, mit welchem Luther sich Eins fühlte, gegenüber als ein kühler Beschauer, der zwischen sich und jenem die Grenzen säuberlich absteckte.

Hier liegt aber zugleich der Ausgangspunkt für zwei verschiedene Religionen. In der einen stehen Gott und Mensch einander gegenüber mit einer gewissen Selbständigkeit, jener als unendliches, dieser als endliches Wesen. Gott giebt dem Menschen seine Gebote und verheißt ihm als Lohn ihrer Erfüllung den Himmel; der Mensch sucht die Gebote aus seinen eigenen Kräften zu erfüllen und so den Himmel zu verdienen. Dieß war im Wesentlichen die jüdische Religionsform, die sich im Katholicismus mit den zahllosen Werkleistungen, durch welche der Mensch den fernen, zürnenden Gott gewinnen wollte, mit neuer Kraft ausprägte, die aber immer wieder unter anderer Gestalt sich wiederholt, so z. B. im Socinianismus, im Kantischen Moralismus, im Deismus, in der vulgären Anschauungsweise überhaupt. In der zweiten Religionsform ist Gott und Mensch versöhnt, weil sie geeint sind; der Mensch fühlt sich als einen Gotterfüllten; er trägt das Unendliche in sich als die Kraft seines Wesens, aus der heraus er denkt und handelt. Die Religion ist hier nicht eine Leistung der Menschen an einen fernen Gott, um diesem aus dem Eignen Etwas darzubringen, sondern unbedingte Hingabe an den nahen, im Herzen gefühlten Gott, um aus dessen Gnadenfülle zu schöpfen. Nur was in Kraft dieser inneren Gottesfülle gethan wird, das erscheint jetzt als gut und gottgefällig. Alles aber, was nicht aus dem gottbegeisterten Herzen fließt, erscheint, wie sehr es auch glänze, nur als äußerliche Legalität, bloße Moralität, Erzeugniß der berechnenden Klugheit oder der Lohnsucht, also der feineren oder gröberen Selbstsucht, oder geradezu, mit dem höchsten Maßstabe gemessen, als Sünde. „Was nicht aus dem Glauben geschieht, das ist Sünde" (Röm. 14, 23).

Man kann den Unterschied dieser beiden Religionen vielleicht anschaulicher machen durch einen Blick in ein anderes, aber verwandtes Gebiet. Man vergleiche zwei Dichter mit einander: der eine arbeitet mit den eigenen, endlichen Kräften der Reflexion; er wird, wie schön und glatt seine Verse fließen mögen, stets ein Stümper bleiben und den Leser kalt lassen; die heilige Muse ist außer ihm, er läuft ihr mühsam nach wie einem Schatten, den man nie erreicht. Der Andere hat den lebendigen Springquell in sich, und schafft, fortgerissen von einer Macht, deren er nicht Meister ist, Werke, welche den Stempel eines Unendlichen an sich tragen.

Es kann kein Zweifel sein, daß diese zweite Religionsform eben die christliche ist. Das will der Vatername sagen, der hier dem Unendlichen beigelegt wird, das wird durch die Gotteskindschaft bezeichnet, die den Mittelpunkt des christlichen Heils ausmacht. Diese Religion der Gottinnigkeit und der Liebe ist in der Person Jesu vorbildlich ausgeprägt und in den kräftigsten Farben wird sie in fast allen Schriften des N. T.s gezeichnet. „Die vom Geiste Gottes getrieben werden, die sind Gottes Kinder." „Wir haben nicht mehr den Geist der Knechtschaft und der Furcht, sondern den kindlichen Geist, mit welchem wir sprechen: Abba, Vater." „Die Liebe ist ausgegossen in eure Herzen." „Der Vater wird Wohnung nehmen in euch." Hier liegt der religiöse Nerv des Kampfes, den Paulus gegen das Judenthum, Luther gegen den Katholicismus geführt hat. Dort war die Beobachtung des mosaischen Ritual- und Moralgesetzes, hier waren die Uebungen der Kirche und des Klosters eben solche Leistungen eines endlichen Wesens mit endlichen Kräften an das ihm gegenüberstehende unendliche Wesen, Anstrengungen, diesem aus dem Eigenen etwas darzubringen, um es zu gewinnen und für sich günstig zu stimmen, endliches Thun eines von Gott nicht erfüllten Herzens. Daß solch endliches, zerstückeltes, immer mangelhaftes Thun das Gemüth nicht befriedige, hatten Paulus und Luther an sich selbst erfahren. Aus dieser Erfahrung heraus erklärten sie: das Heil des Menschen beruht nicht auf seinen Leistungen an das ihm ferne gegenüberstehende Göttliche, sondern auf einem Thun aus göttlicher Kraft oder auf der Wirksamkeit Gottes, der, vom Menschen gefühlt, ergriffen, genossen alles Gute in ihm hervorbringt. Dieß war das religiöse Motiv, aus welchem Luther dem menschlichen Thun nicht bloß alles Verdienst, sondern auch jede Selbstbewegung absprach und die Willensfreiheit vollständig verneinte.

Von hier aus begreift sich die Schärfe und Heftigkeit seines Kampfes mit Erasmus. Durch die Hinterthüre, welche dieser dem menschlichen Thun für die Beschaffung des Heils eröffnete, sah er den ganzen Katholicismus mit seinen Kirchen- und Klosterwerken nachstürzen*) und dafür die Heilsgewißheit, die er in so heißem Ringen sich erobert hatte, hinausgedrängt. Wenn der Mensch aus seiner Kraft für die Gewinnung des Himmels etwas leisten muß,

*) Man weiß, daß Luther seine Lehre von der göttlichen Allwirksamkeit und der menschlichen Unfreiheit aus Augustin geschöpft hat. Aber auch hier heißt es: wenn Zwei das Gleiche thun, ist es nicht das Gleiche. Augustin ist durch jene Lehre ein katholischer Heiliger, Luther ein excommunizirter Ketzer geworden. Augustin gebrauchte sie, um den Menschen in die Kirche zu treiben, damit er durch ihre Werke und Mittel erlöst werde, im Protestantismus dagegen hatte die gleiche Lehre die Abzweckung, den Menschen von Kirche und Priester zu befreien und auf Gott allein zu stellen.

wie schnell wird der Mönch wieder parat stehen mit seinem Fasten und Kappenschlagen und der Priester mit seiner falschen, selbsterfundenen Geistlichkeit und das Volk mit seinem Beten und Wallfahren, um der Seligkeit gewiß zu werden und doch stets daran verzweifeln zu müssen. Denn wenn die Seligkeit auch nur in einem Theil von menschlichem Rennen und Laufen abhängt, dann ist sie immer ungewiß; dann kommt der Teufel wieder zu mir und liest mir das Gesetz vor und fängt an, mit mir zu disputiren: das und das hast du nicht gehalten, du hast nicht so fleißig und andächtig gebetet, wie du hättest sollen u. s. w., dann habe ich verloren.

„Wäre es möglich, so wollte ich doch nicht, daß mir freier Wille gegeben würde oder irgend Etwas in meiner Hand gelassen, womit ich die Seligkeit erstreben könnte; ich müßte dann, auch wenn die vielen mich bedrohenden Gefahren und teuflischen Angriffe nicht wären, doch beständig auf's Ungewisse hin arbeiten; denn mein Gewissen würde, ob ich auch ewig lebte und wirkte, doch nie gewiß und ruhig werden darüber, wie viel es zu leisten hätte, um Gott genug zu thun; — so lehrt es die Erfahrung aller Selbstgerechten und ich habe zu meinem großen Uebel viele Jahre lang genugsam gelernt. Jetzt aber, da Gott mein Heil meinem Willen entzieht und in den seinigen aufnimmt und nicht durch mein Wirken und Laufen, sondern durch seine Gnade mich zu retten verheißen hat, bin ich ruhig und sicher, weil er treu ist und mächtig und groß."

In Erasmus sah Luther ein Princip, dessen Niederkämpfung die Aufgabe seines Lebens gewesen war, das auch bereits überwunden zu seinen Füßen lag, sein Haupt von Neuem erheben und zwar in der glatten einschmeichelnden Gestalt, in welche es der gebildete Philosoph und Aufklärer gekleidet hatte. Daher die Leidenschaft Luthers, die Ruhe des Erasmus in diesem Streite. Für jenen handelte es sich um eine religiöse und weltgeschichtliche Principienfrage, für diesen um eine wissenschaftliche Untersuchung über schwer zu entscheidende Dinge. Jener griff den Baum an der Wurzel an und fällte ihn so, dieser hätte mit all' seiner Aufklärung dem Katholicismus nicht wehe gethan.

Kann man somit nicht umhin, das höhere geschichtliche und religiöse Recht in der vorliegenden Frage auf Seiten Luthers zu finden, so stellt sich freilich die Sache ganz anders, wenn man seine Lehre, abgelöst von diesem geschichtlichen Zusammenhang, auf die Wahrheit und Richtigkeit ihrer Begriffe ansieht. Da wird man sich wieder ohne Mühe überzeugen: Luther hat den Katholicismus ethisch und religiös durchbrochen, aber noch auf der Grundlage seiner Weltanschauung, mit Beibehaltung der Verstandeskategorien und Denkbegriffe, in welchen das Mittelalter sich bewegt hatte.

Es ist in der That ein schreckliches Buch, diese Schrift Luthers gegen Erasmus, so fürchterlich, wie der Jehovah der Juden in seiner finstersten Majestät, so hart, wie das Fatum der Heiden. Die Allwirksamkeit Gottes und kraft derselben die unumgängliche Nothwendigkeit alles dessen, was in der Welt geschieht, wird mit unerbittlicher Folgerichtigkeit durchgeführt und alle die Fragen, welche der Verstand, wie das Gefühl zu allen Zeiten gegen diese Lehre aufgeworfen hat, werden mit einer Härte abgethan, welche Calvin's Strenge fast noch überbietet. Die Frage: ob Gott auch in den Gottlosen Alles wirke, also Urheber des Bösen sei, wird abgethan durch die Gegenfrage: ob denn ein Handwerker mit einer schartigen Säge anders, als schlecht sägen könne? Seit dem Fall Adams ist die menschliche Natur nun einmal Fleisch geworden; der Mensch ist seitdem ein Thier, das vom Teufel geritten wird. Von einem schlechten Baume kann auch der beste Gärtner keine guten Früchte gewinnen, er zweie ihn denn, er propfe ihn denn um. Das kann nun allerdings Gott vermöge seiner Allmacht thun; er kann die schlechte Säge repariren, er kann den Teufel von dem Menschen herunterjagen und selbst auf das Thier sitzen; er kann den verdorbenen Baum propfen. Das geschieht in der Bekehrung, wenn Gott einem Menschen durch das Mittel seines Wortes seinen Geist mittheilt und durch dessen Ziehen den Glauben in ihm erweckt. Aber warum bekehrt Gott nicht Alle? Warum überläßt er die Einen, und zwar der Voraussetzung nach, den weitaus größten Theil, der Führung des Teufels und eben damit unausweichlich einst den Foltern der Hölle? Das braucht Niemand zu wissen; wir sollen darnach nicht fragen, sondern nur in Demuth anbeten die göttlichen Geheimnisse. Aber ist das nicht eine unerträgliche Ungerechtigkeit, Jemand zu strafen für Etwas, wofür er nicht kann? Was kann der Einzelne dafür, daß er vom Teufel geritten wird? Er hat ihn nicht aufgeladen, er trägt ihn von Geburt an; er kann sich gegen den abscheulichen Reiter nicht erwehren, er kann nicht einmal sich bäumen und ausschlagen, denn er hat keinen Willen. Was kann ich dafür, wenn ich verloren gehe? Ich kann ja zu meiner Rettung der Voraussetzung nach Nichts thun, Gott ist's allein, der mich retten kann.

Warum thut er's nicht? Und doch verdammt er mich! Das sind nach Luther lauter Fragen der schlechten verdorbenen Vernunft. Die will sich nicht gefangen geben in dem Glauben, daß der Gott doch gut sei, der verhärte; sie möchte gern einen Gott haben, der Niemand verhärtet und verdammt, sie möchte die Hölle und die künftigen Strafen aufheben und alle Menschen selig wissen; aber anders urtheilt der Glaube und der Geist; sie glauben, daß Gott gut sei, auch wenn er alle Menschen verderben würde. Was wäre der Glaube werth, wenn sein Gebiet nicht das Unglaubliche wäre? „Das ist des Glaubens höchste Stufe, den für milde zu halten, der so Wenige rettet, so Viele verdammt, und für gerecht, der vermöge seines unabänderlichen Willens mit Nothwendigkeit uns verdammenswerth macht, damit er sich, wie Erasmus sagt, an den Qualen der Unglücklichen zu weiden und des Hasses mehr, als der Liebe würdig zu sein scheine.“ Luther selbst bekennt, daß er mehr, als Ein Mal an dieser schrecklichen Lehre schweren Anstoß genommen habe; sie habe ihn an den Abgrund der Verzweiflung getrieben und er habe gewünscht, daß er nie zum Menschen geschaffen worden wäre, — bis er erfahren habe, wie heilsam diese Verzweiflung sei und wie nahe schon der Gnade.

War denn aber diese barbarische Lehre schriftgemäß? Erasmus hatte aus einer Reihe von Schriftstellen nachgewiesen, daß in der Bibel überall die Fähigkeit, sich dem Heile zu- oder von demselben sich ab- zu wenden, beim Menschen vorausgesetzt werde. Alle Ermahnungen zur Besserung, zur Buße, zum Gutesthun hätten ja keinen Sinn, wenn ihnen die absolute Unmöglichkeit der Befolgung entgegenstünde. Als klassisch erschien in dieser Beziehung Sirach 15, 14—18: „Gott hat den Menschen von Anfang an erschaffen und ihm die Wahl gegeben. Willst du, so halte die Gebote und thue, was ihm gefällt, in rechtem Vertrauen. Er hat dir Feuer und Wasser vorgestellt, greife, zu welchem du willst. Der Mensch hat vor sich Leben und Tod, welches er will, das wird ihm gegeben werden.“ Wir kennen Luther schon so weit, daß wir wissen, wenn einmal eine Erkenntniß seinem Gemüthsbedürfnisse entsprach, so wurde er mit dem Buchstaben der Bibel schon fertig. Und so weiß er dem Erasmus alle angeführten Stellen glücklich aus den Händen zu winden. Wenn Gott uns auffordert, seine Gebote zu halten, so setzt er nicht voraus, daß wir's können, sondern daß wir's nicht können; er will uns damit nur unsere Unfähigkeit recht zum Bewußtsein bringen, wie etwa eine Mutter das Kind, das noch nicht gehen kann, lockt und ruft: komm doch!

Aber wo kommen die so deutlichen Worte des Evangeliums hin: Gott will nicht, daß Jemand verloren gehe, sondern daß Alle zur Erkenntniß der Wahrheit gelangen, entsprechend der alttestamentlichen Stelle: Gott will nicht den Tod des Sünders, sondern daß der Sünder sich bekehre und lebe (Ezech. 18, 23)? Und sagt nicht Jesus Matth. 23, 37: „Jerusalem, Jerusalem, die du tödtest die Propheten, die zu dir gesandt sind! Wie oft hab ich deine Kinder sammeln wollen, aber ihr habt nicht gewollt." Ist es nicht so? fragt da Erasmus: Wenn Gott unseren Tod nicht will, so müssen wir an demselben Schuld sein, und die Juden konnten Jesus mit Recht fragen: wie kannst du uns unser Nichtwollen zum Vorwurf machen, da wir nach Gottes Rathschluß nicht wollen sollten?

Um dem unmißverständlichen Sinn solcher Bibelworte zu entgehen, nimmt Luther seine Zuflucht zu einem doppelten Willen Gottes, einem verborgenen und einem geoffenbarten. Nach dem in seinem Worte geoffenbarten Willen, der darum auch von der Kirche zu predigen sei, wolle Gott die Seligkeit Aller, aber nach seinem geheimen Willen nicht. „Gott thut Manches, was er uns in seinem Worte nicht zeigt; er will Vieles, wovon er in seinem Worte nicht zeigt, daß er es will; so will er nicht den Tod des Sünders, dem Wort nach nämlich, er will ihn aber doch seinem unerforschlichen Rathschluß nach." Hinter dem Gott der Gnade, zu dem sich Luther in der Finsterniß seiner Klosterzelle mühsam durchgerungen hatte, steht für ihn immer noch der alte Gott des „dies irae", der thun kann, was er will, der sich an kein Gesetz der Wirksamkeit bindet — wenigstens kennen wir es nicht —, der „in seiner verborgenen Majestät den Tod des Sünders weder beweint noch hemmt, sondern Leben, Tod, Alles in Allen wirkt; denn nicht durch sein Wort hat er sich die Hände gebunden, sondern er hat sich Freiheit über Alles vorbehalten." Luther verweilt nicht gern bei diesem Gott; nur wo der Gang der wissenschaftlichen Untersuchung ihn dazu zwingt, wirft er einen schüchternen Blick in diese schaurigen Tiefen. Sonst räth er, das Auge von ihm ab auf den in seinem Worte geoffenbarten und in dem Gekreuzigten uns gegenübertretenden Gott zu wenden und diese gefährlichen Fragen sich ganz aus dem Sinne zu schlagen.

Es kann uns nicht Wunder nehmen, daß in der neugegründeten

Kirche sehr frühe eine Gegenströmung gegen diese Lehre Luthers sich geltend machte. Denn die Verkehrung aller sittlichen und religiösen Begriffe lag zu handgreiflich vor Augen. Der Gottesbegriff hat hier jeden ethischen Gehalt verloren; Gott ist zur Naturmacht herabgesunken, die gegen sittliche Unterschiede gleichgiltig ist, zur bloßen Willkühr, die mit ihrem Geschöpf macht, was ihr einfällt. Von einem Gott, der uns alle verdammenswerth macht, damit er des Hasses würdiger scheine, als der Liebe, der die Einen verdammt, die Anderen beseligt, ohne daß in ihrer sittlichen Beschaffenheit auch nur der geringste Grund für dieses entgegengesetzte Schicksal liegt, der, um alle Menschen gut und selig zu machen, nur Einen Weg offen gelassen hat, seine bessernde Einwirkung auf ihre Seelen, aber diesen Weg bei den Meisten nicht betritt — von einem solchen Gott hat sich die Idee des Guten vollständig abgelöst; er unterscheidet sich nicht wesentlich von dem Moloch der kananitischen Völker. Ebenso wird der Mensch alles sittlichen Gehaltes entkleidet. Er sinkt zum Naturwesen herab. Die allwissende und Alles durchdringende Wirksamkeit Gottes wird von Luther so beschrieben, daß jeder wesentliche Unterschied zwischen dem Stein, dem Thier und dem Menschen aufhört. Alles geschieht mit Naturnothwendigkeit. Die moralische Welt unterliegt dem gleichen Zwang, wie die physische. Mit derselben Nothwendigkeit, mit welcher der Stein im Wasser untersinkt, ist der Mensch entweder von Gott oder vom Teufel geritten. Der Unterschied zwischen dem Naturgesetz und dem Sittengesetz, daß jenes zwingend, dieses nur verpflichtend wirkt, jenes als „Muß", dieses als „Soll" auftritt, wird gänzlich aufgehoben. Die Religion wird, ob man nun dabei von Gott, oder vom Menschen ausgehe, aus einer Religion des Geistes zur Naturreligion, das Christenthum sinkt in's Heidenthum zurück.

Melanchton war es insbesondere, der schon früher Luther durch Erasmus zu corrigiren suchte. Nachdem er Anfangs wie Luther gelehrt hatte, lehrte er in der 1535 erschienenen zweiten Hauptausgabe seiner Dogmatik*) offen und entschieden den sogenannten Synergismus (d. h. das Zusammenwirken göttlicher Gnade und menschlicher Freiheit). Er setzte in Erasmischer Weise für die Bekehrung des Menschen drei Ursachen: Gottes Wort, den heiligen Geist und den

*) „Loci communes theologici recens collecti et recogniti a Phil. Melanchtone."

menschlichen Willen, welcher nicht müßig sein, sondern der Schwachheit widerstreben solle. Der Mensch könne vermöge der Freiheit des Willens, die er noch habe, seine Bekehrung, wenn auch nicht anfangen, doch fördern. Er erklärte daher die guten Werke für nothwendig zur Seligkeit und sagte, daß unsere Reue und unsere Besserungsversuche Ursachen seien, ohne welche unsere Rechtfertigung nicht zu Stande komme. Darüber natürlich großer Lärm in Wittenberg: Eifrige, welche Melanchtons Vorlesungen hörten, fingen an, über Verderbniß der reinen Lehre zu schreien und Melanchton bei Luther zu verklagen. Es kam zu scharfen Unterredungen zwischen Beiden, in welche sich sogar der Hof einmischte*). Luther mißbilligte öffentlich den Satz, daß gute Werke zur Seligkeit nothwendig seien, und Melanchton drückte sich seitdem bei Luthers Lebzeiten behutsamer aus, aber noch lange nachher bildeten die synergistischen Streitigkeiten eine ärgerliche Phase des kirchlichen Protestantismus.

Es ist übrigens wohl einleuchtend, daß diese Vermittlungsversuche, welche von den Theologen bis auf den heutigen Tag bald geschickter bald ungeschickter angestellt werden**), so wohlgemeint sie sein mögen, völlig werthlos sind. Diese und alle ähnlichen Vermittlungsversuche bestehen darin, daß man die Vordersätze einer Lehre stehen läßt, aber die nothwendigen Schlußfolgerungen aus Denkschwäche oder Mangel an wissenschaftlichem Muthe verneint oder verkürzt. Bleibt der Vordersatz von dem außerweltlichen, allmächtigen und allwissenden Gott stehen, welchen Erasmus und Melanchton mit der ganzen Kirche theilen, so kann die Freiheit der Kreatur nur aus Denkschwäche behauptet werden. Nehmen wir das Beispiel des Verräthers Judas, der in diesen Discussionen eine Rolle spielte. Wußte Gott als der allwissende den Verrath voraus, so lag es nicht, wie Erasmus annahm, in der Hand des Judas, seinen Willen zu ändern und anders zu handeln, sonst hätte Gott sich getäuscht und Etwas, das vorausgewußt werden kann, ist überhaupt nicht frei. Das böse Wollen des Judas war allerdings sein eigenes Werk, aber ein solches, das Gott mit seiner Allmacht ebenso, wie alles Andere bewegte. Es ist eitel Sophistik, mit der Allwissenheit eines außerweltlichen Gottes menschliche Freiheit verbinden zu wollen.

---

*) Fr. Aug. Holzhausen, der Protestantismus 2. Band S. 469. Razzenberger's handschriftl. Geschichte über Luther u. s. Zeit S. 81 ff.

**) Auch J. Köstlin ist dieser Versuchung erlegen. Luthers Theologie II. Bd. S. 38.

Ebenso auf menschlicher Seite: bleibt der Vordersatz von der durch Adams Fall eingetretenen Verderbniß der Vernunft und des Willens, die nur durch die übernatürliche Dazwischenkunft Gottes selbst, durch seine Menschwerdung gebrochen werden konnte, so ist als Nachsatz die Unfähigkeit des Menschen, zu seiner Rettung Etwas beizutragen, unausweichlich; jede Behauptung menschlicher Freiheit ist eine Abschwächung der göttlichen That und es kehrt immer wieder der paulinische Einwurf: dann ist Christus umsonst gestorben (Gal. 2, 21).

In dieser, wie in allen ähnlichen Fragen sind die principlosen Vermittler die gefährlichsten Feinde der menschlichen Erkenntniß und des wissenschaftlichen Fortschritts. Sie machen die Folgerungen einer falschen Lehre durch ihre Abschwächungen erträglich und schläfern dadurch die Forschung ein; so kann sich eine in ihren Grundvoraussetzungen falsche Lehre durch Jahrhunderte hindurch fortschleppen, während ihre folgerichtige Durchführung und die Anerkennung auch ihrer härtesten und verletzendsten Folgerungen den menschlichen Geist reizen würde, ihr an die Wurzel zu gehen. Das Wort Lessings, das zwar in einem anderen Zusammenhang der Gedanken geschrieben ist, paßt gleichwohl ganz hieher: „je gröber der Irrthum, desto kürzer und gerader der Weg zur Wahrheit, dahingegen der verfeinerte Irrthum uns auf ewig von der Wahrheit fern halten kann, je schwerer uns einleuchtet, daß er Irrthum ist."

Man kann an der Lehre Luthers nicht flicken; man muß sie stürzen; man muß die kirchliche Mythologie, welche die Voraussetzung für das Denken des Erasmus, wie Luthers bildete, gänzlich abthun: die Mythologie eines außerweltlichen Gottes, der dem Endlichen als ein allwissendes und allmächtiges Wesen dualistisch gegenübersteht, die Mythologie eines Sündenfalls, durch welchen die ursprünglichen Kräfte der Menschennatur gebrochen sein sollen, die Mythologie eines Gottes, der vom Himmel auf die Erde niedersteigt und Mensch wird, die Mythologie endlich eines Himmels, der anderswo, als im menschlichen Gemüthe liegt, daher die Ungewißheit über seinen Besitz stets mit sich führt, einer künftigen Seligkeit, die ihre Bürgschaft in etwas Anderem sucht, als in dem Gefühl der gegenwärtigen. Die gesunde Wissenschaft wird Beides zu verbinden suchen: die Freiheit, welche Erasmus suchte, und die Religion, deren Interessen Luther vertrat, das Handeln des Menschen aus seinem eigenen Wesen heraus und seine Abhängigkeit von einem Unendlichen. Aber die

Verbindung kann nur gelingen durch den Sturz der Orthodoxie, durch neue Einsichten in das Wesen Gottes und des Menschen, durch eine neue Wissenschaft.

So von dem Boden der Gegenwart aus zurückschauend auf die herben Kämpfe jener Zeit, können wir beiden Streitern gerecht werden und zugestehen, daß jeder eine wesentliche Seite unseres geistigen Lebens vertreten hat, der Eine die Selbstverantwortlichkeit der sittlichen Persönlichkeit für ihr Thun und Lassen, der Andere das Zustandekommen dieser sittlichen Persönlichkeit nur durch ihren Zusammenhang mit der unbedingten Idee des Guten, mit Gott als der Quelle unseres sittlichen Lebens.

Die Kämpfer freilich konnten diese Unbefangenheit des Urtheils noch nicht haben. Erasmus sandte seinem Gegner noch zwei Schriften (Hyperaspistes) nach, leidenschaftlicher und gehässiger, als die erste. Er tadelt Luthers unnütze Weitschweifigkeit und Geschwätzigkeit und klagt ihn zahlloser Verdrehungen und Entstellungen an; er hält ihm den sonderbaren Widerspruch vor, mit dem er ihn in seiner Schrift bald den theuren, großen Mann nenne, ihn mit: mein lieber Erasme, anrede und doch zugleich ihn einen Epikuräer und Atheisten schimpfe. Die Gelehrsamkeit und den Fleiß der Lutherischen Schrift erkennt er an, aber er glaubt, alle Gelehrten Wittenbergs haben darin ihre Kunst zusammengetragen, besonders Melanchtons Hand glaubt er — freilich mit vollem Unrecht — an manchen Stellen zu bemerken. Treffend zeichnet er Luthers Wesen: „ich kenne wohl den Ungestüm deiner Rede, jenen Waldstrom, der mit ungeheurem Krachen vom Berg herabstürzt und Felsen und Trümmer mit sich führt." Am schmerzlichsten aber mußte für Luther der Vorwurf sein, daß er durch seine Lehre die Bauern aufgereizt und dann gegen die durch ihn Verführten die Rache der Fürsten entflammt habe.

Luther antwortete nicht mehr. Aber unter all' den Zeitgenossen, die er abgethan hatte, ließ ihm bis zum Tode Erasmus die widerwärtigste Erinnerung zurück. In seinen Briefen nennt er ihn eine mit tödtlichen Stacheln bedeckte Schlange, von der noch Schlimmeres zu erwarten, als vom Herzog Georg, „die spürt, daß man ihr an die Kehle greift und doch durch meine Sanftmuth (!) nicht wird gebessert werden." Selbst Luthers Käthe rief aus: ist nicht der einst theure Mann zur Kröte geworden! In den Tischreden erscheint die verhaßte Figur immer und immer wieder und muß von der Hand des erzürnten Reformators Schreckliches leiden. Als ihm ein Porträt desselben gezeigt wurde, sagte er: „Erasmus, wie die Gestalt seines Angesichts zeiget, wird ein listiger, tückischer Mann sein, der beide, Gott und der Religion gespottet hat. Er braucht wohl seine Wort „der liebe Herr Christus, das heilwerthe Wort, die heiligen Sacramente," aber in Wahrheit hält er es für sehr kalt Ding. Im Lehren ist er gar kalt, taugt Nichts, er kann wohl waschen, aber die Wort sind gemacht. Wenn eine Predigt gemacht ist, so klingt sie, wie ein geflickt Ding, ist gar kalt." In Erasmus sieht er Lucian, den Spötter, und Epicur, den Lebemann, vereinigt. Aus der Verstandeskälte, mit welcher Erasmus über religiöse Dinge geschrieben, schließt Luther, daß er gar Nichts geglaubt habe. Man finde in allen seinen Schriften kein Wort vom Glauben an den Christus, der über Sünde, Tod, Teufel und Hölle gesieget habe. Sein Gott sei Rhamnusia, d. h. das Glück, wie es geht, so gehts, wie es fällt, so fällts. Er läugnet Gott und die Ewigkeit, und wie er von Gott Nichts verstehe, so habe er auch keinen Sinn für den Werth der Kreatur. „Wir sind jetzt in der Morgenröthe des künftigen Lebens, denn wir fangen an wiederum zu erlangen die Erkenntniß der Creaturen, die wir verloren hatten durch Adams Fall; jetzt sehen wir die Kreaturen wieder recht an, besser, als im Papstthum; wir sehen Gottes Güte im Ehestande, wie im Pfirsichkern; aber Erasmus versteht von dem Allem Nichts, schaut die Kreaturen an, wie die Kuh ein neues Thor."

Immer macht es mit ihm, noch einmal etwas Tüchtiges gegen Erasmus zu schreiben und die Welt vor seinem Gift zu warnen. „Mich wundert, daß ein Mensch so tief kann fallen von der Erkenntniß Gottes, wie Erasmus gefallen ist. Denn daß kein Gott und kein zukünftig Leben sei, ist ihm so gewiß, als mir gewiß ist, daß ich sehe. Lucian ist nicht so sicher, als Erasmus. Unser Herr Gott lasse mich nur ein Jahr gesund sein, ich bin voller Gedanken und christlichen Eifers, daß ich mich möchte an Erasmo und anderen meinen Feinden rächen." „Wir haben ihn lange genug geschonet. Weil er aber Christum würgen will, welchem wir Alle geschworen haben, so wollen wir uns an ihn machen. Wiewohl es wahr ist, wer Erasmum zerdrückt, drückt eine Wanze, die todt noch mehr stinket, denn lebendig. Doch ist mir mein Christus, dessen er spottet, viel lieber, als die Gefahr von Erasmus — und was kann er uns denn thun? „Nach meinem Tod sollt ihr sagen, Erasmus sei ein gottloser Mann und Epikurer gewesen. Lebe ich aber, so will ich mich an ihn machen. Man soll seine Tücken nicht leiden, er meint, er sei allein klug und gelehrt, spottet unser, als wären wir lauter Gänse, braucht im Schreiben eitel Wankelworte, die man deuten kann, wie man will, auf daß er nicht gestraft werde." Mit Freuden vernimmt Luther, daß auch die Katholischen kein Vertrauen in Erasmus setzen. Herzog Georg hatte über ihn gesagt: man weiß nie, woran man mit ihm ist, da lob ich mir die Wittenberger, die sprechen doch ja oder Nein. „Es ist wahr," sprach da Luther, „denn wir sagen's dem Papst trocken heraus. Erasmus ist nur einmal mit seiner wahren Meinung herausgefahren, als ihm die Gotteslästerung entfuhr: wenn Gott nicht wäre, so wollte ich die Welt mit meiner Klugheit regieren." Daß Erasmus gestorben war ohne den Beistand eines Priesters, kann er ihm nicht verzeihen. Er sprach bei dieser Nachricht: „Erasmus Rotterdamus hat in freien Künsten viel trefflichen Dings geschrieben, denn er hat Verstand und Zeit gehabt und ein müßig Leben geführt ohne alle Mühe und Beschwerung, hat nicht geprebigt noch öffentlich gelesen, ist kein Hausvater gewest und in einem Stand ohne Gott, hat in aller Sicherheit gelebt, wie er denn auch gestorben ist, am Todbett hat er keinen Kirchendiener begehrt noch Sacrament, und die Worte, die er soll gesprochen haben, „Sohn Gottes, erbarm dich meiner" sind wohl erdichtet. Behüte mich Gott, daß ich an meinem Ende nicht sollt einen frommen Diener begehren. Aber der Mensch hat Solches zu Rom gelernt, davon man jetzt schweigen muß um seiner Auctorität und Bücher willen, die er geschrieben hat." Diese Rücksicht hat ihn jedoch nicht verhindert, in einem eigenen Zeddel vom Jahr 1533 seinen letzten Willen über Erasmus der Welt mitzutheilen: „Erasmus ist ein Feind aller Religion, und ein sonderlicher Widersacher Christi, ein vollkommen Ebenbild Epicuri und Luciani. Dieß hab ich, D. M. Luther, mit meiner eigenen Hand geschrieben, dir, mein lieber Sohn Johannes, und durch dich allen meinen Kindern und der heiligen christlichen Kirche."

Man sieht: er kann sich seines Feindes nicht erwehren; er wird seiner nicht los; dieser läuft ihm nach wie sein Schatten, er hängt sich an ihn an, wie seine nothwendige Ergänzung. Die Heftigkeit, mit welcher er den Schatten zu zertreten oder sich vom Leibe zu halten sucht, fließt nicht bloß aus persönlicher Antipathie und aus dem Gegensatz der Ansichten, sondern vor Allem aus der Gewaltsamkeit, mit welcher er sich in seine eigenen Ansichten hineingeredet hat. Die gegnerische Ansicht sitzt ihm, wie ein Stachel im Fleisch; er muß ihn immer wieder herausziehen und das macht böse, leidenschaftlich, verstimmt. Er ist zu seiner Ansicht nur durch einen Verzweiflungskampf gekommen, in welchem er mehr, als einmal gewünscht hatte, nie geboren zu sein; er hat Vernunft und Gefühl zuvor unterdrückt; aber diese reagiren immer wieder in der Gestalt des Gegners, darum müssen sie niedergedonnert werden durch Schreien und Schelten, besonders aber durch Schlechtmachen des Gegners. An diesem darf kein religiöses Aederchen gelassen werden; er muß ein Atheist, ein Epikuräer, ein gewissenloser Mensch sein.

So hat die Orthodoxie immer gehandelt und wird auch immer so handeln. Die Unterdrückung der Vernunft und des Gefühls, die gewaltsame Unterwerfung unter den Buchstaben irgend einer sogenannten Offenbarung vergiftet die edelsten Charaktere und macht die besten Herzen enge, verfolgungssüchtig, klein und böse. Diese Lehre giebt, wie das nächste Kapitel noch besonders zeigen wird, die Geschichte Luthers in klassischer Weise, aber wer lernt von der Geschichte?

5. Wider Zwingli.

Was Strauß von Hutten gesagt hat, derselbe sei — im Vergleich mit Luther und Erasmus — darin so einzig gewesen, daß er mit der humanistischen Geistesweite den reformatorischen Willensdrang vereinigte, das gilt in ebenso hohem Maße auch von Zwingli. Es ist bemerkenswerth, daß alle die Reformkräfte, welche in Deutschland an ihrer natürlichen Entwicklung gewaltsam gehemmt worden waren und dort ungenutzt verloren gingen, ihre Zuflucht zu Zwingli nahmen. Was Luthers unerbittlicher Fuß niedergetreten hatte, das stand in der Schweiz wieder auf und sammelte sich in und um Zwingli. Schon Hutten hatte, aus Deutschland vertrieben, die letzte Zuflucht bei Zwingli gefunden; Karlstadt, vor der Tyrannei der neuen Orthodoxie aus Sachsen gewichen, erhielt durch Zwingli's schützende Hand Amt und Brod. Was einem Karlstadt in Deutschland als Verbrechen angerechnet worden war, die raschere und consequentere Durchführung der kirchlichen Reform, das hatte Zwingli in aller Ordnung vollzogen. Der Anschauung der „himmlischen Propheten“ über die untergeordnete Bedeutung des äußeren Gottesdienstes gegenüber der Gesinnung, der kirchlichen Cerimonie gegenüber dem Geiste ließ Zwingli ihr reformatorisches Recht widerfahren in seiner Lehre über Taufe und Abendmahl. Und wenn jene die Offenbarung Gottes im Menschengeiste über das äußere Wort setzten, so erkannte Zwingli im göttlichen Geiste, der den Menschen erleuchtet, die einzige Quelle der Wahrheit und religiösen Erkenntniß. Für die Forderungen der Bauern hatte er Verständniß und Sympathie; schon als Republikaner verwarf er die lutherische Lehre vom unbedingten und leidenden Gehorsam gegen jede Obrigkeit und als Christ setzte er die Religion nicht bloß in den Himmel. Mit Erasmus endlich theilte er den Sinn für Geistesfreiheit, Aufklärung und Wissenschaft. Während Luther ihn als völlig unbrauchbar an die Seite geworfen hatte, stand Zwingli mit ihm in freundlichem Verkehr, und in Zwingli's Schoß legte Erasmus seine Beschwerden über Luthers leidenschaftliches und paradoxes Wesen brieflich nieder. Das Urtheil, das Zwingli kurz vor Ausbruch des Streites über beide Männer fällte, zeugt von einer Unpartheilichkeit und Geistesweite, wie sie in jenem schroffen Zeitalter sich kaum bei einem Zweiten findet. „Ich habe," — schreibt er am 25. März an Beatus Rhenanus — „vor wenigen Tagen vernommen, es werde ein Zwist zwischen Luther und Erasmus ausbrechen, denn Alles neigt sich zum Zwiespalt. Jener wird von den Wittenbergern aufgestachelt, daß er den Schmeichler an's Licht ziehe, dieser von den Römlingen, daß er den heillosen Ketzer vernichte. Welch großen Schaden Solches den Christen bringen wird, siehst Du voraus. Denn es ist Dir bekannt, welch große Streitkräfte auf beiden Seiten stehen, wie groß beiderseits die Gewalt des Angriffs und die Kunst des Parirens. Beide besitzen, was uns in hohem Grade nützen und wenig schaden könnte. Beide urtheilen richtig und tüchtig: doch ist Jedem etwas eigen (was ich jedoch ohne Uebelwollen gesagt haben will), was, wenn es dem Anderen gegeben werden könnte, Jeden unvergleichlich machen würde. Wie lieb würde es mir sein, wenn Ihr mit einigen Gelehrten im Stillen bei Luther, im Stillen bei Erasmus die Sache beilegtet, bei diesem durch mündliche Besprechung, bei jenem schriftlich. Ich weiß, daß Beide das Nachgeben nicht verstehen, ich weiß, daß Ulysses dem Ajax immer überlegen war; aber diesem ward nicht weniger Ruhm zu Theil, und ich weiß nicht, ob jener nicht Etlichen verdächtig wird. Ich weiß, Du verstehst mich. Bei uns sind Einige durch gewisse Briefe des Erasmus verletzt, weil er nicht offen und ehrlich gegen Luther gesinnt sei; ich freilich kann weder herauslesen noch urtheilen, ob er redlich denke oder nicht. Ich glaube aber, daß Beide es mit dem Christenthum allzu gut meinen, als daß sie das, was sie mit saurem Schweiße, häufigen Nachtwachen und in der Länge der Zeit zu Stande gebracht, durch Hader zu Grunde richten und durch Zank reifere Früchte verhindern könnten." Erst als Erasmus offen mit der Reformation brach, hörte Zwingli's Verkehr mit ihm auf.

So flossen bei diesem viele Bäche zusammen, aber alle erhielten bei ihm Klärung und Läuterung. Ohne den gewaltigen Naturgrund, in welchem Luthers Genialität ruhte, aber ein gesunder und ganzer Mensch durch und durch, machte er Alles gesund, was er in sich aufnahm. Mit der radikaleren Durchführung der kirchlichen Reform verband er eine Mäßigung und Besonnenheit, welche dem turbulenten Geiste Karlstadts fremd war. Dem äußeren Gottesdienst, besonders den sogenannten Sacramenten, die er in Vergleich mit dem Katholicismus tief heruntersetzte, wußte er eine neue, den protestantischen Grundsätzen entsprechende Bedeutung für das religiöse Leben abzugewinnen. Den Geist, der in alle Wahrheit leiten sollte, suchte er nicht, wie die Zwickauer, in Träumen und willkührlichen Einfällen, sondern in der vernünftigen Erkenntniß und in der methodischen Erforschung der Wahrheit. Die Forderungen der Bauern, welche auch im Kanton Zürich sich laut genug machten (Volksversammlung in Töß), beurtheilte er nicht an der Hand der Bibel, sondern der Verträge und wirkte für die Aufrechthaltung der Ordnung, ohne ein Feind des Volkes zu werden. Mit des Erasmus Geistesweite endlich verband er den reformatorischen Thatendrang und die Herzhaftigkeit des Propheten, der nach dem Grundsatz handelte: „Ein Mal muß man das Gemüth weihen, daß man unzertrennlich, auch mit Verlust des Vermögens und des Lebens an Recht und Wahrheit und Gott hänge; Ein Mal muß man's wagen und der Gefahr des Todes für die Wahrheit sich unterziehen und das Gemüth stärken gegen alle Anfälle des Fleisches, der Welt und des Satans." Mit derselben Ruhe, wie Luther, schaut er, nachdem er seinen Sturm gegen das römische Kirchenthum begonnen, dem Tode in's Angesicht. „Was mich betrifft, so erwarte ich als ein dem Tode geweihtes Schlachtopfer von Allen, Geistlichen sowohl als Laien alles Böse und bitte nur Christum um die einzige Gnade, daß ich mit männlichem Muthe Alles trage und daß er mich, sein Gefäß, nach seinem Gutdünken zerbreche oder erhalte" — so schrieb er seinem Freunde Myconius 1520.

So ganz verschieden von einander und doch für die gleiche Sache kämpfend mußten die beiden größten Männer ihres Jahrhunderts sich in ein Verhältniß zu einander setzen. Zwingli that das von Anfang an mit der neidlosen Anerkennung des überragenden Verdienstes und der genialen Kraft seines Mitstreiters. Die erste Schrift, die er veröffentlichte, war eine Schutzschrift für Luther, von dessen Haupte er den päpstlichen Bannstrahl abwehren wollte*). Einige Jahre später, als man sein Wirken mit dem vom Papste gebannten Namen Luthers verdächtigen wollte, wehrte er zwar die Benennung „lutherisch" von sich ab, weil er keinen anderen Namen tragen wolle, als den seines Hauptmanns Jesu Christi, dessen Streiter er sei, und wahrte die Selbständigkeit seiner geistigen Entwicklung, sprach sich aber über Luther in Ausdrücken der reinsten Verehrung aus. „Meines Erachtens ist Luther ein trefflicher Streiter Gottes, der mit großem Ernst die Schrift durchfündelt, wie seit tausend Jahren Keiner auf Erden gewesen ist. Mit dem männlichen, unbewegten Gemüthe, mit dem er den Papst in Rom angegriffen hat, hat es Keiner gethan, so lange das Papstthum gewährt hat, alle Anderen unbescholten. Es kann kein Mensch sein, der Luther höher achtet, als ich." Wenn er auch der Ansicht ist, daß Luther den Blöden mehr nachgebe, als für die Sache gut sei, so bekennt er doch gern, daß durch denselben eine unzählbare Welt mehr zu Gott geführt werde, als durch ihn und Andere, denen Gott ihr Maß größer oder geringer mache, wie er wolle.

So dachte und sprach Zwingli gleich im Anfang der Kirchenreform, so dachte und sprach er immer. Ganz anders Luther. In seinem heroischen Selbstgefühl nahm er lange Zeit kaum eine Notiz von Zwingli und dem, was in der Schweiz geschah. Wir haben kein Wort aus dem Munde des so red- und schreibseligen Luther, in welchem sich die Freude über die schweizerische Reformation ausspräche. Der kleinliche Aerger über das energischere Vorgehen Zwingli's in der Durchführung der Reform, worüber sie ohnehin meistens aus dem Munde reisender Studenten nur einseitige Berichte hatten, überwog bei den Wittenbergern von Anfang die Freude

*) Rath eines Mannes, der von Herzen wünscht, daß sowohl des Papstes, als des Christenthums Ansehen gerettet werde" 1520.

über die Niederlage des gemeinsamen Feindes und schon frühe ließ sich Melanchton in seinen Briefen ärgerlich über Zwingli aus. Was in der Schweiz Löbliches geschah, darin sahen sie nur einen schwachen Strahl von dem großen Licht, das in Wittenberg aufgegangen. Die Schweizer erschienen als Zwerge, die sich auf den Schultern des Riesen groß machten, als Helden, die nach der von Anderen gewonnenen Schlacht sich des Sieges rühmen. „Wir dürfen uns rühmen, daß Christus zuerst von uns verkündet worden ist. Wenn das Papstthum noch so furchtbar wäre, wie früher, so würden diese Leute so still sein, wie die Mäuse. Aber jetzt verleumdet uns Zwingli, daß wir Christum verläugnen. Das hat man davon, daß man sich dieser Leute angenommen hat" — diesen Vorwurf wiederholte Luther seit dem Ausbruch der Abendmahlsstreitigkeiten in allen Tonarten, wovon das Eine, die angebliche Abhängigkeit, ebenso unwahr ist, als das andere, die angebliche Hilfe. Denn daß Zwingli auf einem durchaus selbständigen Wege Reformator geworden ist, zeigt die Geschichte seiner Entwicklung, mit der behaupteten Hilfe steht es aber bekanntlich so, daß die Schweizer von Luther immer und überall im Stich gelassen und geopfert worden sind.

Wenn nun solche Leute wagten, eine eigene Meinung auszusprechen, was konnte es anders sein, das sie trieb, als der Ehrgeiz, die Ruhmsucht, die Eitelkeit? Niemals hat Luther bei Zwingli andere Triebfedern anerkannt, als diese. Daß überhaupt eine gegnerische Ansicht aus Wahrheitsliebe und redlicher Absicht hervorgehen könne, ließ er nicht gelten. Unter dem Titel: Hoffahrt und Ehrgeiz hatte er alle Gegner, die ihm aus der Zahl der Nichtkatholiken erwuchsen, untergebracht. In seinen Tischreden stehen in dieser Beziehung Karlstadt, Münzer, Zwingli und Oekolompad, Schwenkfeld und Agricola stets neben einander*). Sie werden als warnende Beispiele hingestellt, wohin die Hoffahrt und der Ehrgeiz führe. In Cicerone und Virgilio stehe Gloria, aber die h. Schrift wolle Demuth und einen zerknirschten Geist haben, da wohne der heilige Geist innen.

Was aber vollends jede Unbefangenheit des Urtheils auf Seite der Wittenberger unmöglich machte, das war die böse Erinnerung an Karlstadt. Wenn auch die wissenschaftlichen Wege sehr verschieden waren — bei Karlstadt gewaltsame, sprachlich unmögliche Deu-

---

*) Tischreden, Ausgabe 1576 Seite 190 „von Kirchendienern und Predigern."

tung der Schriftworte, bei Zwingli und Oekolampad exegetische Genauigkeit und Umsicht —, im Endergebniß trafen doch die Schweizer mit Karlstadt zusammen, daß der Leib Jesu nicht im Abendmahl sei. Karlstadt hatte man eben gleichsam unter Schloß und Riegel gebracht, jetzt kommen diese und machen das Land von Neuem unsicher. Die Wunde war leidlich vernarbt, jetzt wird sie mit schärferen Instrumenten aufgerissen. Den Teufel hatte man endlich gebändigt und seines Hausraths beraubt, jetzt bricht er wieder los und stürmt mit vermehrter Mannschaft, mit mächtigeren Gesellen wieder heran. Ein Rückblick, den Luther später auf diese Kämpfe nahm, zeichnet trefflich diesen Zusammenhang: „Ich halte, daß ich allein (will der alten schweigen) mehr, denn 20 Sturmwinde und Rotten, die der Teufel geblasen hat, erlitten habe. Erstlich war es das Papstthum; ich acht, alle Welt sollte schier wissen, mit wie viel Sturmwinden, Bullen und Büchern der Teufel durch dasselbe wider mich getobet, und wenn ich sie zuweilen ein wenig angehaucht, so sind sie nur zorniger und toller geworden und sprühen bis auf diesen Tag ohne Aufhören. Und da ich mich nun für solches Sprühen des Teufels schier ausgefürchtet hatte, bricht mir der Teufel ein ander Loch herein durch den Münzer und Aufruhr, damit er mir das Licht schier ausgeweht. Als aber Christus auch dieß Loch verstopft, reißt er mir etliche Scheiben aus dem Fenster durch Karlstadt, brauset und sauset, daß ich dachte, er wolle Licht, Wachs und Docht mit einander wegführen. Aber Gott half auch hier seinem armen Windlicht und erhielt's, daß es nicht verlosch. Darnach kamen die Sacramentirer und stießen Thür und Fenster auf, das Licht zu löschen; fährlich hatten sie Alles gemacht, aber ihren Willen nicht geschafft.“

Und die Ansicht Zwingli's war zugleich so vernünftig, darum überzeugend. Fast „Alle, denen er sie eröffnete, athmeten frei und fröhlich auf wie Leute, die aus einer langen Gefangenschaft, aus Finsterniß und tiefster Einsamkeit an's Licht und in die Umarmung ihrer Freunde zurückgekehrt sind,“ wie Zwingli sich ausdrückt. Darum verbreitete sie sich so schnell. Sie drang in's Herz Deutschlands ein; ganze Städte huldigten ihr; selbst in Wittenberg schlich sie sich ein. Denn sie hatte ihren besten Freund in dem eigenen „Adam“ des Gegners. Um sie zu bekämpfen, mußte man jedesmal einen Theil seines eigenen Wesens niedertreten, man mußte der eigenen so mächtigen Vernunft das Maul verbinden; jeder Grund, der für sie angeführt wurde, drang wie ein Pfahl in's eigene Fleisch.

Daher die große Verschiedenheit der Kampfführung auf beiden Seiten. Die Behandlung der Person des Gegners ist von Seiten Luthers einfach roh; er kennt ihm gegenüber nur Hohn, Spott, Verachtung. Zwingli ist ihm stets nur der „Zwingel". Alle, die auf seiner Seite stehen, sind mit ihm vom Teufel besessen, daher ewig verloren. Ganze Seiten verwendet er auf den Beweis, daß der Teufel aus ihnen rede. Maßloses Schelten gilt als Widerlegung. So sehr verblendete der Haß Luthers Auge, daß er bei der Nachricht von einem mächtigen Fortschritt der Reformation in Folge der siegreichen Disputation Zwingli's in Bern (1528) nur das Eine Wort bereit hatte: „zu Bern in der Schweiz ist jetzt die Disputation zu Ende; es wurde Nichts ausgerichtet, als daß die Messe abgethan und die Jungen auf der Straße singen, sie seien jetzt von dem gebackenen Brodgott befreit. Zwingli wurde von tausend Mann dahin und wieder zurück begleitet: ein Triumphator und prahlender und strahlender Held, dessen Ende das Verderben und dessen Schande vor der Thür ist;" ja sogar, daß er bei der Kunde von dem Sieg der Katholiken bei Kappel und dem Fall Zwingli's jene tadeln konnte, daß sie ihren Sieg nicht zur völligen Ausrottung des ganzen Zwinglischen Glaubens benützt haben *).

Zwingli dagegen bewahrte auch in der heftigsten Polemik die Achtung vor dem Gegner. In seinen ersten Schriften über die Streitfrage vermeidet er absichtlich die Hereinziehung der Person Luthers, um diesem nicht wehe zu thun. Aus der gleichen Rücksicht schreibt er, von Luther angegriffen, zuerst nicht gegen diesen, sondern gegen einen untergeordneten Vertheidiger der lutherischen Anschauung („Antwort über des Strußen Büchlein" 1527). Trotz der furchtbaren Behandlung, die er von Luther erfährt, sind seine Schriften voll Mäßigung, Bescheidenheit, Wohlwollen und milder Festigkeit. Schon die Titel seiner Streitschriften verrathen seinen milden Geist: „Freundliche Verglimpfung und Ablehnung über den Sermon des trefflichen Luthers wider die Schwärmer" (1527), ebenso: „Freundliche Auslegung" (amica exegesis 1527), von welcher Schrift ein Zeitgenosse (Farel) an ihn schrieb: „das Angenehmste ist mir, daß Du wie an Gründlichkeit so an Bescheidenheit und Wohlwollen, wofern den Gegnern irgend Etwas davon zu gute kommt, überlegen bist," ein Schriftsteller der Neuzeit (Plank) aber urtheilt: „Zwingli's

*) In dem Schreiben vom Jahr 1532 an den Herzog Albrecht von Preußen.

Schrift war des Titels ungeachtet eine eigentliche Streitschrift, aber eine mit so gelassener Mäßigung, mit so bedachtsamer und selbst achtungsvoller Schonung seines Gegners abgefaßte Streitschrift, daß beinahe jeder Gegner dadurch entwaffnet oder — bis zum Zähneknirschen aufgebracht werden mußte." Wenn er auch auf der Höhe des Kampfes, gereizt ebenso durch Luthers Ton, als durch seine Verspottung aller Logik, oft zu einem bitteren Sarkasmus sich hinreißen läßt, so hat er doch die Person des Gegners nie geschmäht. Mit einer staunenswerthen Selbstbeherrschung weist er die fürchterlichsten Anklagen Luthers zurück. „Du sprichst, lieber Luther, der Teufel habe uns besessen: wir hätten wohl gelesen, Christus sei für uns gestorben, aber im Herzen empfänden wir es nicht. Wir wissen nichts Besseres darauf zu sagen, als: warum richtest Du eines Anderen Knecht? (Röm. 14). Sagen wir Dir die Summe dessen, was wir glauben und lehren, so sprichst Du entweder, wir haben's von Dir gelernt oder Du sprichst, wir glauben das nicht, was wir bekennen. Was sollen wir nun dabei thun? Nichts anderes, als fröhlich tragen und es dem rechten Richter empfehlen." Während er allerdings die maßlose Selbstüberhebung Luthers in ihre gebührenden Schranken zurückweist, erstattet er ihm gleichwohl ohne Neid den Zoll der verdienten Anerkennung. „Wenn Du so sehr Dich rühmst, daß Du zuerst die Schrift unter der Bank hervorgehoben habest, so gehst Du meines Bedünkens darin zu weit. Wenn man recht betrachtet, wer durch das Mittel der Sprachen sie bekannt gemacht, so waren es vor einigen Jahren Valla, und zu unserer Zeit Erasmus, der fromme Reuchlin, und Pellican. Ohne ihre Hilfe hättest weder Du noch Andere das zu Stande gebracht, was geschehen ist, sofern wir überhaupt das Werk Menschen zuschreiben wollen. Aber wer darf sich rühmen? ist es nicht Gott allein, der das Gedeihen giebt? 1. Cor. 3, 6. 7. — Dagegen will ich auch gerne Deine Verdienste anerkennen. Obwohl es nämlich nicht wenige Männer gab, welche die Summe und das Wesen der Religion gewiß ebenso gut kannten, als Du, mein Luther, so wagte sich doch aus dem ganzen Israel Niemand zum Kampfe hervorzutreten, so fürchteten sie jenen mächtigen Goliath, der mit dem furchtbaren Gewichte seiner Waffen und Kräfte drohend dastand. Hier, hier warst du der treue David, vom Herrn gesalbt. Darum sollen alle gläubigen Gemüther nie aufhören, frohlockend zu singen: Saul hat Tausend geschlagen, David Zehntausend." Frömmer und gerechter hat Niemand Luther beurtheilt. In derselben Stelle zeigt Zwingli seinem Gegner, der ihn zu seinem bloßen Nachtreter machen will, auf welchen Wegen er zur Erkenntniß des reinen Evangeliums gelangt sei, ehe die Welt von Luthers Namen Etwas gewußt habe.

In dem gleichen Geiste einer ruhigen, Personen und Dinge billig abwägenden Klarheit hört er nicht auf, Luther vor dem schrecklichen Schelten und „Tüfelen" abzumahnen. „Ich bitte Dich auch, daß Du das unehrbare Schelten fallen lassen und aufhören mögest, uns mit schweren Worten zu überschütten. Nicht, daß mir vor solchen Stürmen grausen würde, ich habe mich ihrer Gottlob! gewöhnt und stehe auf einem Felsen, der mir nicht wanket noch zugiebt, daß ich abgewehet werde, sondern ich sehe lieber, daß man die Wahrheit allein in ihrer eigenen Kraft einfältiglich hervortreten lasse, als daß man sie mit ungemessenen Worten, die stets Hoffahrt argwöhnen lassen, unlieblich mache. Laß uns auch bedenken, daß Gott diesem Kampfe zuschaue; er, der tiefer sieht, als wir, mit welchem Sinn wir Alles thun. Bedenken wollen wir auch, daß wir nicht nur ganz Deutschland, sondern die ganze Christenheit, nicht nur das jetzige Jahrhundert, sondern alle künftigen bis an's Ende der Welt zu Richtern haben, und diese um so gerechter und gewissenhafter über diese Streitsache urtheilen werden, je weniger sie von Leidenschaften bestochen sind." Neben diesem tiefen Ernst nimmt sich der treffende Witz prächtig aus, mit welchem Zwingli die Unart seines Gegners züchtigt. Er vergleicht diesen, der jede Schrift mit dem Teufel anfängt und mit dem Teufel schließt, mit jenem Prediger, der seine Rede also geschlossen: „Sehet, wenn ihr euch nicht bessert und ich auch, so holt uns mit einander der Teufel! dazu verhelfe mir und euch Gott, Vater, Sohn und Geist."

Ebenso groß, wie in der Behandlung der Personen, zeigt sich der Unterschied in der Behandlung der Sache. Ueber Zwingli's wissenschaftliches Verfahren mögen die Stimmen zweier competenter Richter hier stehen. Plank, der gelehrte Geschichtschreiber des protestantischen Lehrbegriffs sagt: „Zwingli nahm sich die Mühe, dem Gegner Schritt für Schritt nachzugehen, jeden seiner Machtsprüche in seiner Blöße darzustellen, jedem seiner wirklichen Beweise einen anderen, der nicht schlechter aussah, entgegenzustellen und ihm fast für jede Schmähung eine Wahrheit zu sagen, durch die er sich unbeschreiblich gedemüthigt fühlen mußte." Aehnlich urtheilt Sigwart: „Zwingli ist in seinen Beweisführungen schärfer, sicherer, überhaupt seinem ungestümen Gegner weit überlegen; seine Stärke besteht in der Umsicht, mit der er von allen Seiten seine Beweismittel sammelt, in der Uebersichtlichkeit, mit der er sie combinirt, in der Strenge, mit der er die Folgerungen zieht, in der Gewandtheit, mit der er jede Blöße aufdeckt, jede Unbestimmtheit abschneidet, in der unerbittlichen Logik, die nicht neben einem Entweder-Oder noch ein Drittes, doch auch noch Mögliches duldet, in der Unwiderleglichkeit endlich seiner exegetischen Grundsätze."

Luthers Kampfweise dagegen schildert uns Zwingli selber am besten. Er vergleicht einmal sein wissenschaftliches Verfahren mit dem Tütschen und Tatschen des jungen Hundes im Kindsbade. Treffend ist auch, was er über den Kampf Luthers und Karlstadts in der Abendmahlsfrage an jenen schreibt: „durch Deine ewigen Klagen, daß man auf Dasjenige nicht geantwortet, was Du gegen Karlstadt geschrieben, hast Du mich gezwungen, Eure darüber geführten Streitschriften zu lesen. Aber guter Gott! wie wenig Gründliches und Durchdachtes findet man darin! Einzig das habe ich daraus ersehen, wie zwei blinde Fechter sich auf einander in den Kampf stürzen. Karlstadt ist zwar der Wahrheit auf der Spur, aber indem er die Bedeutung der Bilder nicht versteht, versetzt und verkehrt er so sinnlos die Wörter wie ein junger Rekrut, der wohl Muth und Waffen, aber keine Kenntniß derselben besitzt und nicht weiß, an welche Körpertheile er die Waffen befestigen müsse. Aber auch Du, wenn auch sonst kampfgeübt, stürztest Dich unbesonnen und ohne Waffen auf den Kampfplatz und stelltest den in den Waffen Ungeübten durch den Aufwand aller möglichen Spöttereien, Verhöhnungen und Witzworte Allen so zum Gelächter dar, daß kein Auge ihn in der Gestalt erkennen mochte, wie Du ihn hingemalt." Man kann nicht sagen, daß Luther in den die Abendmahlsfrage beschlagenden Schriften nicht viel speculativen Tiefsinn aufgewendet habe, der einer besseren Sache werth gewesen wäre, aber es fehlte ihm vollständig die Stimmung für eine wissenschaftliche Untersuchung, die Unbefangenheit der Forschung, die Ruhe der Prüfung. Schon der Stolz, mit dem er von Anfang an auf seinen Gegner herabschaute, verhinderte ihn, dessen Ansicht eingehend zu prüfen. Und wenn man den Gegner zum Voraus für einen vom Teufel Besessenen ansah, wie sollte man Gründe, die der Teufel eingegeben, mit Liebe untersuchen wollen? Wenn überdem an der Auslegung von vier Bibelworten Himmel oder Hölle hing, woher sollte die Ruhe der uninteressirten Wahrheitsforschung kommen? Endlich waren ja die Gründe des Gegners eben dieselben, die Luther in sich selbst einst gewaltsam niedergekämpft hatte; immer noch fanden sie in seinem „alten Adam“ nur allzuviel Anklang. Sollte man, indem man ruhig bei ihnen verweilte, alle alten Wunden, die glücklich geheilt schienen, wiederum aufreißen? In der Stimme des Gegners mußte die Stimme der eigenen Vernunft überdonnert und überstürmt werden. Daher nahm er sich niemals Mühe, seinen Gegner zu studiren; einige Stellen und Seiten seiner Schriften gaben ihm, wie er selber gestand, Argumente genug gegen ihn an die Hand. Daher bildete er sich in seinem Kopfe fabelhafte Vorstellungen über die Glaubensansichten des Gegners, wie besonders das Sündenregister von Ketzereien beweist, welches Luther und Melanchton mit nach Marburg brachten, Zwingli aber mit ein paar Worten zu ihrer vollsten Befriedigung zurückwies. Aus diesem gänzlichen Mangel an unbefangener Betrachtung floß auch jene für uns so komische Verwechslung, mit der er sich als den Nüchternen, die Gegner als Schwarmgeister betrachtete. Diese Münze hatte er für Karlstadt und Genossen geprägt, weil sie — angeblich — Wort und Sacrament verachteten, und Alles auf den Geist abstellten. Aber Zwingli verachtete das Wort nicht, sondern prüfte es nur allseitig nach seinem Zusammenhang und nach den allgemein giltigen Gesetzen der Auslegung und das Sacrament war ihm doch mehr „als ein Röthelstein, mit welchem man die Schafe zeichnet,“ wie Luther witzig dessen Ansicht von Taufe und Abendmahl vergleicht. Daß derjenige schwärme, der einem Leibe Unsinnlichkeit und Allgegenwart zuschrieb, dagegen derjenige nüchtern sei, welcher in solchen Begriffen ein hölzernes Schüreisen sah, Ausdrücke, wie Fleischesbrot und Bluteswein in's Reich der Ungereimtheit verwies, sah Luther nicht ein. Trefflich giebt Zwingli den Schwarmgeist heim. „Verstehe ich das Wort Schwärmer recht, so schwärmen diejenigen, welche bei Dingen, die sie nicht verstehen, in Wuth gerathen und sich unsinnig geberden und dabei nichts desto weniger alle Menschen überreden wollen, sie selbst verstehen es wohl, aber Andere verstehen es nicht. Sie thun, wie jener betrügerische Maler, welcher den Junkern vorgab, er habe ihre Kirchen gemalt, aber wer nicht ehlich geboren sei, könne die Gemälde nicht sehen. Da wollten die Junker alle als ehlich erzeugt gelten und bekannten sämmtlich, sie sähen die Gemälde. So geschieht es jetzt. Wenn ein hochangesehener Lehrer poltert und spricht: wer das nicht glaubt, der ist kein Christ, so will Jeder glauben und als ein feiner, gläubiger, sonntäglicher Christ gelten."

Es ist ein gutes Zeichen für die bei allen ethischen und intellectuellen Verirrungen doch grundgute Natur Luthers, daß sie sich dann und wann bäumte gegen die Gewalt, die ihr angethan wurde. Man hat mit Recht darauf aufmerksam gemacht, daß die furchtbarste jener Anfechtungen, denen Luther nicht selten ausgesetzt war, gerade in die Zeit fällt, in welcher er Zwingli's „Antwort über Luthers Buch das Sacrament betreffend" (unterm 20. Juni 1527 im Druck erschienen) in der Hand haben mußte. Am 9. Juli begann jener furchtbare, einige Monate andauernde Anfall von Schwermuth und Verzweiflung, von welchem uns die Augenzeugen Bugenhagen und Jonas einen so umständlichen Bericht hinterlassen haben. Unter beständigen Ausrufen: ach Gott! ach Gott! nimmt er seine Freunde zu Zeugen, daß er seinem Glaubensbekenntniß treu bleibe, wie sehr auch Viele lügen mögen, er habe seine Lehre vor seinem Ende widerrufen; er wisse, daß er recht gelehrt von Glauben, Liebe, Kreuz, Sacramenten u. s. w. Man habe ihm seine Härte wider die Gegner vorgeworfen, aber er habe nie ihren Schaden, sondern nur ihre Seligkeit gesucht. Darauf redet er zu den Beiden mit großem Ernst gegen die Sacramentsschwärmer und klagt mit Thränen, daß so viel Rotten und Sekten entstanden wären; wenn er weg sei, würden die Freunde denselben nicht gewachsen sein, doch tröste er sich, daß Christus stärker sei, als der leidige Satan mit allen seinen Schuppen. Darauf fängt er an, alle seine Sünden zu beichten, bittet um Erlaubniß, am kommenden Sonntag das heilige Sacrament des Leibes und Blutes Christi zu empfahen, betet mit großer Inbrunst das Unservater, den „Glauben" u. s. w. In einem Wort aus jenen Leidenstagen zeigt er deutlich genug, was ihn am meisten auf dem Herzen brannte. „Ich trage den Zorn Gottes, weil ich ihm gesündigt habe; Papst, Kaiser, Fürsten, Bischöfe, die ganze Welt hassen und verfolgen mich, und das ist noch nicht genug, auch meine Brüder plagen mich. Ja meine Sünden, Tod und Satan mit seinen Engeln wüthen ohne Unterlaß. Und was soll mich auch trösten und mir dienen, wenn sogar Christus mich verläßt, um dessen willen jene mich doch hassen? Doch wird er am Ende nicht verlassen den elendesten Sünder, denn ich halte dafür, daß ich der letzte aller Menschen bin. O wollte Gott und abermal wollte Gott, Erasmus und die Sacramentirer könnten nur eine

Viertelstunde meines Herzens Qual erfahren, wie sicher wollt' ich dann prophezeien, daß sie aufrichtig würden bekehrt und geheilt werden. Jetzt aber sind meine Feinde selbst gar fest und leben und häufen mir noch Schmerzen auf Schmerzen und verfolgen, den Gott geschlagen hat." Das Zusammentreffen von Zwingli's zu einem guten Theil unwiderlegbarer und tief einschneidender Schrift mit Luthers innerer Erschütterung legt den Schluß nahe, daß dieser sich unwillkührlich von den scharfen Waffen seines Gegners getroffen fühlte und die Wunde um so schmerzlicher empfand, da er sich dagegen sträubte und wider den Stachel ausschlug *).

Der Streit der beiden Männer zog natürlich die Aufmerksamkeit der ganzen christlichen Welt auf sich. Der gemeinschaftliche Feind jubelte und unterließ nicht, den gehörigen Nutzen daraus zu ziehen. Der Schaden, den die immer noch schwankende Sache der Reformation durch die Zwietracht ihrer Häupter erlitt, war unermeßlich. Sollte keine Ausgleichung der Gegensätze möglich sein? Während der ganzen Dauer des Streites fehlte es nicht an ernstlichen Unionsversuchen. Schon vor dem eigentlichen Ausbruch desselben traten die Straßburger, vor Allem die Theologen Bucer und Capito in's Mittel. Sie baten Zwingli brieflich, auf Luthers Beleidigungen vorläufig nicht zu antworten, an Luther aber schickten sie schon 1525 den Professor der hebräischen Sprache Gregor Chaselius, er sollte ihm die große Gefahr vorstellen, welche aus so bitteren und gehässigen Reden für die gemeinsame Sache erwachse; mögen die Wittenberger immerhin die Einsetzungsworte des Abendmahls so auslegen, wie sie es für richtig halten und die gegnerische Ansicht bekämpfen! wenn sie nur dabei den gemeinsamen Glaubensgrund nicht vergessen und die Schweizer als Brüder anerkennen. Chaselius sollte bei dieser Gelegenheit zugleich Luthern und seinen Freunden eine bessere, wahrheitsgetreuere Meinung über Zwingli und Oekolampad beibringen und die Verdienste dieser Männer um die Reformation hervorheben **). Aber sie kamen schlecht an, die guten Straßburger. „Der Satan ist nicht ein Mensch," antwortete Luther brieflich, „auch nicht die Welt, wohl aber ein Fürst und Gott der Welt. Wer sollte sich nicht darüber freuen, daß Zwingli's und Oekolampad's Heiligkeit und ihre Kirchen von euch so sehr gerühmt werden? Jedoch

*) Mörikofer, Ulrich Zwingli 2. Theil S. 217.

**) R. Christoffel, Huldreich Zwingli S. 299.

kann ich nicht recht begreifen, was ihr unter dieser Heiligkeit und unter diesen Kirchen verstehet. Wir dürfen uns rühmen, daß Christus zuerst durch uns verkündigt worden sei. — Wenn sie ihres Glaubens gewiß sind, so mögen sie nur hervortreten und uns des Irrthums überführen. Entweder sie oder wir müssen des Teufels Diener sein, darum kann hier kein Rath noch Vermittlung Statt haben. Welche Gemeinschaft hat Christus mit Belial?"

So war der erste Aussöhnungsversuch mit rauher Hand abgewiesen, aber die Noth drängte, ihn zu erneuern. Der Reichstag von Speyer 1529 war sehr ungünstig für die Protestanten. Listig hatten die katholischen Stände, welche in der Mehrheit waren, jene in zwei Partheien getheilt, Anhänger Luthers auf der einen, Wiedertäufer und Sacramentirer auf der anderen Seite. Jene erhielten eine vorläufige und sehr beschränkte Duldung, diese Bann und Ausrottung. Protest gegen das Erstere einzulegen, darin waren natürlich alle Vertreter des neuen Glaubens, Fürsten und Städte einig. — Ueber das Zweite waltete Streit. Luther hatte seinem Churfürsten gerathen, „willig und billig dem Gebot des Kaisers wider die Wiedertäufer — die übrigens um's Jahr 1529 kaum mehr eine Bedeutung hatten — und die Sacramentirer zu gehorchen," also die Schweizer und die oberdeutschen Städte, die ihnen anhingen, einfach der Rache der Katholischen zu opfern. Hier rettete der Landgraf Philipp von Hessen, noch jung an Jahren und klein von Statur, aber von einem hellen und thatkräftigen Geiste, voll von Interesse für die Wahrheit, aber frei von theologischer Beschränktheit, der die Reformation von einem viel zu großen und allgemeinen Gesichtspunkte auffaßte, um sich mit der Rettung eines Dogma's zu begnügen.

Er war der Sprecher auf dem Reichstage gegen die Beschlüsse der Mehrheit, welche das Evangelium mit dem Untergange bedrohten — ein Sprecher, der seinem Wort Nachdruck gab durch 600 Reiter, die er mitgebracht hatte, — und er der hauptsächlichste Urheber der berühmten Protestation der evangelischen Fürsten und Städte vom 19. April 1529. Kräftig unterstützt von dem Stadtmeister Jakob Sturm von Straßburg, auch von dem dießmal ausnahmsweise weitherzigen Melanchton, der auf dem Reichstag anwesend war, nicht im Stiche gelassen, setzte er die Aufnahme folgender Bestimmung in die gemeinsame Protestation durch: „Obschon es allgemein bekannt ist, daß in unseren Staaten das h. Sacrament des Leibes und Blutes unseres Herrn gebührend verwaltet wird, so können wir die Bestimmung des Edikts gegen die Sacramentirer doch nicht annehmen, weil sie nicht verhört worden sind und vor dem nächsten allgemeinen Concil über so wichtige Punkte Nichts entschieden werden kann.“ Als hierauf Philipp noch auf dem Reichstage gegen die drohende Uebermacht der Katholischen ein Schutz- und Trutzbündniß der Evangelischen stiften wollte, zu welchem die unter Luthers Einfluß stehenden Fürsten den Beitritt weigerten, wenn die Anhänger Zwingli's von ihrer falschen Lehre nicht abstünden, so schien ein Versuch zur Aussöhnung der streitenden Partheien durch die Noth der Umstände angezeigt zu sein. Man beschloß, ein Gespräch in Marburg zu veranstalten und dazu Luther und Zwingli mit ihren Freunden einzuladen. Zwingli und Oekolampad sagten trotz der Schwierigkeit und Gefahr der weiten, durch katholische Gebiete führenden Reise sogleich freudig zu. Luther und Melanchton erhoben allerlei Bedenklichkeiten. Dieser, seitdem er wieder in den theologischen Dunstkreis Wittenbergs eingetreten war, hatte den weiten Blick wieder ganz verloren. Er beeilte sich, den Churfürsten zu bitten, er möge den Urlaub zur Reise verweigern. „So man aber zusammenkommen sollte, müßten nicht allein sie, die dem Zwingel zu lieb tanzen — man sieht, er äfft seinen Meister auch in seinen Unarten nach —, und die Unseren dabei sein, sondern auch Etliche von den Papisten, gelehrte und vernünftige Männer, die unser Beider Begehren anhörten, sonst würde es viel Redens geben: die Lutherischen und Zwingler zögen zu Hausen, Conspirationen zu machen. Auch würden die Zwingler, so Niemand als unpartheiisch dabei gewesen, vielleicht desto mehr rühmen. — Item, es ist nicht gut, daß der Landgraf viel mit den Zwinglern zu thun habe; er hat sonst mehr Lust zu ihnen, als gut ist. Denn die Sache ist dermaßen, daß sie spitzige Leute, wofür ich den Landgrafen halte, sehr anficht, und fället die Vernunft leichtlich auf das, das sie begreift, sonderlich, wenn gelehrte Leute dazu stimmen, die der Sache aus der Schrift eine Gestalt machen, als jetzund viel gelehrte Leute dem Zwingel anhängen.“ Melanchton war eigentlich seiner ganzen Anlage nach viel mehr eine erasmische, als eine lutherische Natur; die Abendmahlslehre Luthers war ihm nicht, wie diesem, ein Gemüthsbedürfniß; die phantastischen Gründe, mit welchen Luther sie stützte, widersprachen der nüchternen und rationellen Art seines Denkens vollständig; eigentlich gehörte er auf Zwingli's Seite, wie er denn auch später, als der Druck Luthers aufgehört hatte, zu derselben hinüber neigte; aber unselbständig und ängstlich, wie er war, stand er ganz unter dem Bann seines gewaltigen Meisters; man meint Luther zu hören, wenn er von den spitzigen Leuten und von den bösen Neigungen der Vernunft redet. Ueberdieß überwog gerade damals der Wunsch, sich mit dem Papste auszusöhnen, das reformatorische Interesse stark bei dem friedliebenden Manne; was er ein Jahr später, auf dem Reichstag zu Augsburg, so eifrig betrieb, das bestimmte jetzt schon seine Handlungsweise. Durch eine Aussöhnung mit den Reformirten sah er seinen sehnlichsten Wunsch, die Aussöhnung mit den Katholiken, erschwert. Daher der schmähliche Vorschlag, Katholiken als Unpartheiische (!) zu Schiedsrichtern zu nehmen, damit diese von ihnen, den Lutheranern, einen recht günstigen, von den Zwinglianern einen recht ungünstigen Eindruck bekämen.

Natürlich war auch Luther einer Unterredung mit Zwingli wenig geneigt. Er kannte die Geistesart des mächtigen Landgrafen, er ahnte seine Hinneigung, die später zur entschiedenen Zustimmung wurde, zu Zwingli's Abendmahlslehre, er wußte, wie sehr diese der Vernunft einleuchtete, er sah ihre weite Verbreitung auch in Deutschland. Sollte man ihr Gelegenheit verschaffen, sich an einem für sie so günstigen Orte auszusprechen, wie Marburg war? Er versucht daher den Hessen von seinem Vorsatz abzubringen. Zwar möchte er nicht Wort haben, daß er weniger zum Frieden geneigt wäre, als die Gegner, und aus diesem Grunde weise er die Einladung des Fürsten nicht ab; aber er gebe ihm zu bedenken, ob's mehr Frucht oder Schaden bringen werde. Denn was hülfe es zusammenkommen, wenn Beider Theil mit dem Vorsatz komme, nichts überall zu weichen. Er zwar komme selbstverständlich mit diesem Vorsatz. „Denn ich weiß das wohl, daß ich ihnen schlecht nicht weichen werde, kann auch nicht, weil ich so ganz für mich gewiß bin, daß sie irren, dazu sie ihrer Meinung ungewiß sind. Das ist gewiß, wo sie nicht weichen, so scheiden wir von einander ohne Frucht und sind vergeblich zusammengekommen." Als der Landgraf auf seinem Entschluß beharrte, schrieb Luther ärgerlich an einen Freund: „wir sind durch die Böswilligkeit des Landgrafen gezwungen worden. Der Jüngling von Hessen ist unruhig und trägt sich mit hohen Gedanken."

Am 29. September sollten die Eingeladenen in Marburg sein. Zwingli und Oekolampad mit ihren Begleitern waren rechtzeitig da. Luther dagegen mit seinen Begleitern Melanchton, Jonas, Bugenhagen verspäteten sich um einen Tag, weil sie an der hessischen

Grenze angekommen, aus einem unsäglich kleinlichen Mißtrauen erst einen schriftlichen Geleitsbrief verlangten, worüber der Landgraf ärgerlich bemerkte: „Zwingli ist mit den Seinen aus der Schweiz bis hieher gekommen, ohne daß er ein Geleit von uns begehrt, Luther aber hat es verlangt, als ob er uns nicht traue.“

Am 2. October Morgens 6 Uhr begann das Gespräch im großen Rittersaale des Schlosses, vor etwa 30 auserwählten Anwesenden, deren Zahl im Verlauf der Verhandlungen bis auf 50—60 stieg, nachdem der Antrag Zwingli's auf ein öffentliches, für Jedermann zugängliches Gespräch von Luther zurückgewiesen war, der wohl fühlte, wie wenig er vor einem unbefangenen Publikum des Sieges sicher sein würde. Die Worte, welche Luther vor Beginn der Disputation mit Kreide vor sich auf den Tisch schrieb, „das ist mein Leib,“ zeigten zum Voraus die Weise seiner Kampfführung an. Was er zur sachlichen Begründung seiner Ansicht beibrachte, war, auch nur mit dem Inhalt seiner Schriften über das Abendmahl verglichen, außerordentlich schwach und dürftig; in ermüdender Monotonie zog er sich immer wieder hinter den Schriftbuchstaben zurück, der ihm Gründe und Beweise ersparte. Sein ganzes Auftreten war stolz, rechthaberisch, gereizt. Schon äußerlich, durch seine Kleidung — sein Churfürst hatte ihm für die Disputation zwei kostbare Röcke geschenkt — suchte er, der Sohn des Fürstenlandes, dem bescheidenen Republikaner zu imponiren. Mit Geringschätzung schaute er auf die Schweiz als ein ungebildetes Bauernland. Als Zwingli die für ihn entscheidende Stelle Joh. 6 gegen ihn anführte und sich dabei des unschuldigen Ausdrucks bediente: „die Stelle bricht Euch den Hals, Herr Doctor!“ rief dieser: „rühmt Euch nicht zu sehr, Ihr seid in Hessen und nicht in der Schweiz. Man bricht hier nicht so leicht die Hälse, sparet die stolzen und trotzigen Worte, bis Ihr heim zu Euren Schweizern kommet, wo nicht, so will ich Euch auch über die Schnauze fahren, daß es Euch gereuen wird,“ worauf Zwingli: „im Schweizerland hält man auch gut Gericht und Recht und geht Niemand an den Hals ohne Recht. Ich habe mich aber eines bei uns üblichen Ausdrucks bedient, mit dem man sagen will, es habe Jemand eine verlorene Sache.“ Auch der Landgraf glaubte hier eintreten zu müssen und bat Luther, eine solche Redensart nicht so hoch aufzunehmen.

Luther befand sich von allen Seiten im Nachtheil. Jede Disputation setzt die Anerkennung der Denkgesetze voraus. Aber eben diese warf Luther hier mit aller Seelenruhe über den Haufen und thürmte Widersprüche auf Widersprüche. Es war so leicht, ihn im Netz dieser Widersprüche zu fangen, aber, kaum gefangen, schlüpfte er wieder hinaus in den Buchstaben der Bibelworte. Er selbst machte für die Begründung seiner Theorie einen umfassenden Gebrauch von der Vernunft, aber sobald sein Gegner Vernunft und Denkgesetz gegen ihn anwandte, so kam er mit seiner Lehre von der Vernunft, die in Glaubenssachen zu schweigen habe. Was konnte auf eine Bemerkung, wie die von Zwingli: wenn Jesus in der Hostie sei, so sei auch der große Christoffel und alle Heiligen darin, denn Christus sage ja: wo ich bin, da soll mein Diener auch sein, was konnte darauf anders erwidert werden, als das Eine: „da steht's, dieß ist mein Leib, das Uebrige befehl ich Gott."

Ueberdieß konnte Luther gegen sich selber angerufen werden. Wie oft hatte er und Melanchton, wo das Interesse der Polemik ihre Rede nicht färbte, gelehrt, der Tod Christi, im Glauben angenommen, genüge zur Seligkeit, ohne hierzu auch noch das Essen seines Leibes zu verlangen. Es war ein glücklicher Griff von Zwingli, über Mittagszeit, als das Gespräch ruhte, eine Stelle aus einer Predigt Luthers über Joh. 6 vorzulesen, in welcher ganz im Sinne der Schweizer erklärt war, das leibliche Essen des Fleisches sei kein nütze, das Fleisch des Sohnes Gottes essen und sein Blut trinken bedeute nichts anderes, als glauben, daß Christus für uns gestorben sei. Im gleichen Sinne hatte auch Melanchton erklärt. Aber Luther machte sich aus den Selbstwidersprüchen genau so viel, als aus den Widersprüchen gegen die Denkgesetze. „Ich frage Nichts darnach, wie Melanchton und ich diese Stelle früher erklärt haben. Beweiset mir, daß, wenn Christus sagt: dieß ist mein Leib, es nicht sein Leib sei."

Endlich hatte Luther die ganze Lehre der Kirche aller Zeiten gegen sich. Als die Schweizer mit großer Sorgfalt den Beweis lieferten, daß alle Kirchenväter für sie sprechen, gab zwar Luther zu, daß Augustin und Fulgentius für sie seien, behauptete aber, alle übrigen Lehrer auf seiner Seite zu haben. Als man aber den Beweis verlangte, als man ihn bat, auch nur Eine Stelle zu nennen, die für ihn spreche, da hatte er die Stirne, zu antworten: „wir werden Nichts anzeigen und uns nicht weiter einlassen. Ich frage Nichts darnach, was die Kirchenväter darüber lehren, sondern wir haben genug an des Herrn Wort: das ist mein Leib." Mit einem solchen Gegner auch nur eine Stunde zu reden, erforderte eine große Geduld. Nachdem sich das Gespräch bis in den dritten Tag hinein fortgeschleppt hatte, erklärten die Schweizer genug zu haben, worauf Luther erwiederte: „nun, Ihr habt doch nichts erwiesen, deß giebt Euch Euer eigen Gewissen Zeugniß.“ Als jetzt der Zwingli gewogene Kanzler Feige mahnte, Mittel und Wege zu suchen, um einig zu werden, sagte Luther: „Ich weiß kein anderes Mittel, als daß sie Gottes Wort die Ehre geben und glauben, was wir glauben.“ Als dieß die Schweizer natürlich ablehnten, schloß Luther: „so wollen wir Euch fahren lassen und dem gerechten Gericht Gottes übergeben,“ worauf Oekolampad: „wir wollen dasselbe thun und Euch fahren lassen.“ Zwingli schwieg, aber der lutherisch gesinnte Osiander berichtet: Zwingli gingen die Augen über, so daß es Jedermann bemerkte.

So konnte man die Partheien doch nicht auseinander gehen lassen. Noch gab der Landgraf nicht alle Hoffnung auf. Er lud beide Theile zur gemeinsamen Tafel und redete eindringlich zum Frieden; er redete mit den Anhängern Luthers einzeln, die sich freilich ohne Ausnahme so starrsinnig bewiesen, wie ihr Meister. Endlich verlangte er, sie sollen sich, wenn sie sich nicht verständigen können, doch wenigstens als Brüder betrachten und dieses öffentlich erklären. Da trat Zwingli mit thränenden Augen vor Luther hin und sprach: „es giebt keine Leute auf Erden, mit denen ich lieber Eins sein wollte, als mit den Wittenbergern.“ Aber Luther wies die dargebotene Hand zurück mit den Worten: „Ihr habt einen anderen Geist als wir. Es wundert mich, daß Ihr mich, dessen Lehre Ihr für falsch haltet, doch als einen Bruder erkennen wollet. Ihr müßt wohl selbst nicht viel auf Eure Lehre halten.“ Da trat von Seiten der Straßburger Bucer dazwischen: „so wählet denn,“ sagte er; „entweder erkennt Ihr keinen als Bruder an, der auch nur in Einem Punkt von Euch abweicht, und dann habt Ihr keinen einzigen Bruder, selbst nicht in Eurer eigenen Parthei, oder aber Ihr nehmet Einzelne an, welche von Euch abweichen, dann müßt Ihr auch uns annehmen.“ Als der Landgraf noch einmal ermahnte, die schuldige Bruderliebe einander nicht zu versagen, sprach Luther: „die Liebe, die man dem Feinde schuldig sei, wolle er den Gegnern nicht versagen.“ Er wußte wohl, warum er ihnen den Brudernamen verweigerte. Der hätte ja in sich geschlossen, daß sie nicht mehr Jeden, der, wie Zwingli, lehrte, hätten aus Amt und Land vertreiben können.

Doch errang Zwingli zwei nicht unbedeutende Vortheile. Er begehrte 1) daß man von jetzt an das scharfe und heftige Schreiben gegen einander meide, 2) daß man Dasjenige, worüber man einig sei, in ein gemeinsames Glaubensbekenntniß zusammenfasse, das von beiden Theilen unterzeichnet werden solle. Beides wurde gewährt*), und den zweiten Punkt betreffend, Luther beauftragt, die Artikel zusammenzustellen. Er unterzog sich der Aufgabe, obwohl mit der Erklärung: „sie werden's doch nicht annehmen.“ Die so entstandenen 15 Marburger Artikel, in welchen die Einigung über die einzige noch bestehende Differenz der weiteren Erleuchtung durch den göttlichen Geist überlassen wurde, bildeten die Grundlage für die nachherige Augsburger Confession und zugleich den ersten schwachen Anfang einer evangelischen Union. So endete dieses Friedenswerk. Luther verließ in trüber Gemüthsstimmung Marburg; er habe sich — so gesteht er selbst — wie ein Wurm im Staube gekrümmt und der Satan habe ihn so gequält, daß er gefürchtet habe, Weib und Kinder nie mehr zu sehen. Siegesfreudig und hoffnungsreich kam Zwingli, vom Grafen Wilhelm von Fürstenberg bis nach Straßburg begleitet, am 19. October Abends spät nach einer Abwesenheit von sechs Wochen und drei Tagen wieder in Zürich an, um schon am folgenden Tage seinem Vadian berichten zu können: „Wir haben das Bewußtsein, rein vor Gott gehandelt zu haben. Die Nachwelt wird es bezeugen. Die Wahrheit hat so offenkundig gesiegt, daß, wenn der anmaßende und unbeugsame Luther**) nicht überwunden ist, wohl noch Niemand überwunden worden; natürlich nur nach dem Urtheile eines verständigen und gerechten Richters, denn sonst prahlt Luther immer fort, er sei nicht überwunden. Die hessischen Hofleute und Geistlichen sind beinahe alle von ihm abgefallen. Der Fürst selbst hat geboten, daß man unsere Bücher ungehindert lesen

*) Daß diese beiden Errungenschaften das Werk der Schweizer sind, hat Mörikofer l. c. 239 f. bewiesen.

**) Sigwart („Huldreich Zwingli“ S 216) sagt: „man hat viel Rühmens gemacht von Zwingli's Sanftmuth und Nachgiebigkeit; allein seine Briefe beweisen, daß er voll bittren Unmuths von Marburg schied und nur der Sache zu lieb seinen persönlichen Groll nicht zum Ausbruch kommen ließ.“ Freilich! aber den Engel möchte ich sehen, der nach solchen Vorgängen sich frei von jedem bitteren Gefühl gehalten hätte. Kein jetzt lebender Theologe, obwohl wir weicheren Fleisches sind, als die eisernen Naturen des 16. Jahrhunderts, würde so viel Unbill so lange und so geduldig ertragen haben.

dürfe und daß kein Geistlicher, der unserer Ansicht beipflichte, weiter verfolgt oder seines Amtes entsetzt werde. Auch die gute Frucht hat das Gespräch getragen, daß die Päpstler sich keine Hoffnung mehr machen dürfen, Luther werde zu ihnen zurücktreten, da wir in den anderen Lehren der christlichen Religion übereinstimmen."

Ueberschauen wir den tief eingreifenden Streit noch einmal, so werden wir Luthers Erklärung vollständig beistimmen müssen: „Ihr habt einen anderen Geist, als wir," und man wird nicht umhin können, in diesem Wort den genialen, den Kern der Sache mit einem raschen Blick durchschauenden Scharfsinn Luthers zu bewundern. Versuchen wir es, die Unterschiede in der Kürze zu zeichnen!

1) Luthers Geist ist mittelalterlich katholisch, Zwingli's Geist ist modern protestantisch. Das zeigt sich schon in ihrer Ansicht von der Religion überhaupt. Für Luther ist die Religion ein Mittel der Seligkeit. Die Seele von Schuld und Strafe befreit zu wissen, der Hölle zu entfliehen und des Himmels gewiß zu sein, das ist, wie für die katholische Kirche, so auch für ihn der Mittelpunkt der Religion. Darum ist ihm das Evangelium die Botschaft von der Sündenvergebung. Und die Erscheinung Christi hat den Zweck, den Zorn Gottes zu tilgen und die furchtbare Schuld, die auf dem Geschlechte der Menschen lag, wegzutragen. Und noch ganz in den sinnlich naiven Farben, welche das Mittelalter geliebt hatte, schildert er diesen Vorgang. Das Gesetz und der Teufel meinten, Christus als einen der Ihrigen behandeln zu dürfen und jubelten bei seinem Tod über das Opfer, das ihnen verfallen sei; aber sie waren an den Unrechten gerathen; an ihn, den Heiligen, hatten sie keinen Anspruch; seitdem haben sie ihr Recht verwirkt; durch das Unrecht, das sie an ihm begangen haben, sind sie gerichtet und ihre Ansprüche an die Menschen fallen dahin. Darauf berufe sich der Christ nur frisch gegen ihre feindlichen Anläufe, in allen seinen Gewissensnöthen. Oder in einem ähnlichen Bilde: Gesetz und Teufel sind beim Tode Christi überlistet worden. In Gethsemane und am Kreuz ließen sie ihn ihre ganze Pein fühlen und meinten, ihn zu haben, aber ausharrend in der Anfechtung, siegend in der allen Kreaturen unerträglichen Noth mit seiner göttlichen Kraft, auslöschend die feurigen Pfeile Satans in seinem unschuldigen Herzen hat er Sünde, Gesetz, Teufel, Tod, Hölle überwunden; sie hatten sich verrechnet in seiner höheren Natur. Der Teufel, welchem die Menschheit Christi ein leichter Bissen schien, ist der Leviathan, der mit dem Regenwürmlein

(der Menschheit Christi) die scharfe Angel seiner Gottheit verschluckt hat, oder der Wallfisch, welchem das Thierlein Ichneumon, das er mit sich spielen und in seinen Rachen laufen ließ, den Bauch zerriß. So wird die Versöhnung außerhalb der menschlichen Brust verlegt und als eine Göttergeschichte der Vergangenheit gefeiert.

Darum kann nun der Glaube (d. h. dasjenige, was vom Menschen aus geschehen muß), nichts anderes sein, als die Ueberzeugung, daß diese Göttergeschichte geschehen und für mich geschehen sei. Der Glaube rechtfertigt, das heißt jetzt: die That Christi, die Gott mir zurechnet, das Verdienst Christi, das ich als ein mir zu Gute kommendes an mich reiße, tilgt in Gottes Augen meine Schuld. Die Seligkeit, die Sündenvergebung ist daher nicht die Folge einer sittlichen Sinnesänderung, die in mir vor sich gegangen wäre, sondern allein die That Christi. Daß aus dem Glauben ein neues sittliches Leben folgen werde, wird natürlich erwartet, aber die Seligkeit ist davon in keiner Weise abhängig. „Die Werke sind nicht nothwendig zur Seligkeit.“

So erhält der Glaube doch im Wesentlichen wieder den Sinn, den er im Katholicismus gehabt hatte: er wird ein Fürwahrhalten der christlichen Heilsthatsache und des Bibelwortes, durch welches jene verbürgt wird. Diese Veräußerlichung des Glaubens, der wir schon im Kampf mit Karlstadt bei Luther begegnet sind, erreicht in den Schriften gegen Zwingli und Genossen die höchste Spitze. Jetzt heißt es noch schärfer, als früher: rund und rein, ganz und Alles geglaubt oder Nichts geglaubt. Jeder, der auch nur von Einem Artikel des „Glaubens“ abweicht, wird als Ketzer betrachtet*). Die Glocke, die an Einem Orte geborsten ist, erscheint ihm als ganz untüchtig. Wer das ganze Gesetz halte und an Einem sündige, sei nach Jac. 2, 10 des ganzen Gesetzes schuldig. Und da die Gegenstände dieses Glaubens, wie er wohl einsieht, der Vernunft ewig anstößig sind, so gehört es zum Wesen desselben, unvernünftig zu sein; gerade in seinem Gegensatz wider die Vernunft hat er seine göttliche Bewährung. Luther spricht mit Tertullian: ich glaube, weil es ungereimt ist.

Ganz anders Zwingli. Ihm ist die Religion ein Mittel der Sittlichkeit oder vielmehr die Sittlichkeit selbst in ihrem unendlichen

*) „Solches hat sie sehr angefochten, daß sie den brüderlichen Namen bei uns nicht haben erlangen mögen, sondern als Ketzer davon ziehen müssen,“ schreibt er über die Schweizer nach ihrem Abzug von Marburg.

Grunde. Worauf es in ihr vor Allem abgesehen ist, das ist ein neuer, sittlicher Mensch. „Zwingli fragt nicht zuerst, wie Gott versöhnt und die Schuld vergeben werde, und beruhigt sich nicht dabei, daß er der Strafe nicht verfallen ist; ihm ist die Hauptsache die Erlösung und diese geschieht durch den Geist, der den Menschen erneuert und Gottes Ebenbild in ihm herstellt. So schwer Luther es sich macht, die Schuld abzuwälzen und Vergebung der Sünde zu erlangen, um sich nachher um die Sünde selbst weniger zu bekümmern, so leicht macht es sich Zwingli mit der Schuld, um alle Energie gegen die Macht der Sünde zu richten. Für Luther ist die h. Schrift das Evangelium von der Vergebung der Sünden, für Zwingli die Offenbarung des göttlichen Willens*)." Was wird bei dieser Grundrichtung des Geistes die Bedeutung der Person Christi sein? Mit allem Rechte konnte Zwingli in Marburg erklären, daß er in den wesentlichen Dogmen der alten Kirche mit den Wittenbergern einig gehe; er hat sie nie angetastet, wahrscheinlich auch nie bezweifelt; aber der Kenner seines theologischen Systems weiß gleichwohl, daß er mit der Dreieinigkeit, mit der Menschwerdung, mit der Erlösung durch das Blut Christi u. s. w. im Grunde wenig anzufangen gewußt hat. Er läßt diese Dogmen stehen, er gebraucht sie und deutet sie in seinem Sinne, ähnlich wie Erasmus, aber die Richtung seines Geistes geht über sie hinaus und an ihnen vorbei. Religiösen Werth hat Christus für ihn als der Mensch, in welchem Gott allein herrschte — womit sich die kirchlichen Ausdrücke von der Einheit der Gottheit und der Menschheit in ihm leicht vereinigen ließen —, als der Mensch, in welchem alles Menschliche von Gottes Geist durchdrungen war, in welchem der Geist das Fleisch vollkommen beherrscht hat. Christus ist ihm daher vorherrschend Beispiel, Typus dessen, was wir werden sollen, eine Anschauung, die Luther bei Karlstadt schon als Grunddifferenz herausgefunden hatte (S. 160), die im Grunde auch Erasmus und die ganze radicale Reformparthei theilte.

Dadurch wird nun auch der Glaube wesentlich eine sittliche Aktion. Nach der göttlichen Seite hin ist er die Summe aller göttlichen Geisteswirkungen im Menschen, nach der menschlichen Seite ist er die Hingabe des ganzen Menschen an Gott. Glauben und den Geist oder Gott haben ist für Zwingli Eins und dasselbe. Eine Hingabe des ganzen Menschen an Gott, daher einerseits des Her-

*) Sigwart l. c. S. 234.

zens und Willens an den göttlichen Willen, wo dann glauben bedeutet: Gott lieben, ihm allein vertrauen und gehorchen, andererseits des Denkens an den göttlichen Geist, der sich in uns offenbart, wo dann glauben bedeutet: auf Gottes Wort allein hören, alle menschlichen Träume und Satzungen verwerfen, jeder Wahrheit, welche Gott durch die innere Erleuchtung uns aufschließt, sein Auge öffnen.

Darum kennt Zwingli den Gegensatz zwischen Glauben und Vernunft, der bei Luther eine so große Rolle spielt, nicht. Gerade im Glauben, in der unbedingten Hingabe an die Wahrheit erschließen sich dem Denken die göttlichen Geheimnisse. Gott kann dem Menschen nichts Unvernünftiges zumuthen, nichts Unbegreifliches vorlegen. Natürlich, daß dieser Glaube rechtfertigt — ein Ausdruck, den übrigens Zwingli seltener gebraucht —, das heißt aber: der Mensch ist versöhnt mit Gott, wenn er Gott hat, wenn er sich von Gottes Geist getrieben fühlt. Was unsere Unvollkommenheit deckt, ist nicht Christus, nicht Christi Blut, sondern Gottes Geist in uns. Die Gewißheit der Rechtfertigung ist abhängig von der Kräftigkeit des neuen Lebens in uns*). Der Glaube selbst ist die Seligkeit.

In diesen Anschauungen, welche die überlieferten kirchlichen Formeln zwar nicht umstoßen, aber überall durchbrechen, drückt sich Willenskraft und Freiheitsgefühl im Bunde mit unbedingter Abhängigkeit von Gott, Klarheit des Geistes im Bunde mit inniger Mystik aus. Derselbe Mann — sagt Sigwart schön — der alles Heil in der Ruhe des Gelassenseins in Gott sucht, der alles dem göttlichen Geiste zuschreibt, der alles menschliche Wort und alle menschliche Arbeit für vergeblich erklärt, wo der Geist nicht zieht, er ist, wo er auf das wirkliche Leben eingeht, der unermüdliche Redner, Berather, Seelsorger, Staatsmann, der mit klarer Besonnenheit und rascher Energie straft, ermahnt, auch dem Kleinsten seine Sorgfalt zuwendet, im Staats- und Kirchenleben, wie in Familienverhältnissen für Jeden Rath und Hilfe weiß und es auf bewunderungswürdige Weise versteht, seine Zuhörer und Leser zum Handeln, zu gleich energischer Thätigkeit anzuregen — ein treuer Ausdruck seines Systems. Der verschiedene Begriff des Glaubens bedingt den ruhenden, in sich befriedigten, nur defensiven Charakter von Luthers Frömmigkeit — die Lehre rein halten, ist ihr Wahlspruch —, und den thätigen, strebsamen, aggressiven Geist Zwingli's, der Gott und

*) Sigwart l.c. S. 163.

seinem Gesetz die Einzelnen und die Staaten dienstbar machen will. Erst, wenn dem Geiste Raum gemacht, wenn die Welt ihm unterworfen ist, weiß sich der Gläubige erlöst, seiner Seligkeit gewiß.

Der katholische Charakter des lutherischen Denkens tritt am prägnantesten in seiner Abendmahlslehre hervor. Nicht bloß ist die religiöse Grundstimmung, aus der sie hervorgegangen ist, von dieser Art (S. 155), sondern auch alle Hilfsvorstellungen, durch welche er sie zu stützen sucht, versetzen uns mitten hinein in den phantastischen Kreis mittelalterlichen Vorstellens und Glaubens. Wenn man die drei Hauptschriften liest, in welchen Luther seine Lehre gegenüber Zwingli und Oekolampad vertheidigt, so meint man den Abt von Corvey, Paschasius Radbertus zu hören, welcher um's Jahr 831 zuerst die Lehre von der Verwandlung des Brodes und Weines in den Leib Jesu wissenschaftlich begründete. Es ist vor Allem der katholische Gottes- und Wunderbegriff, auf welchem Luther fußt. Daß ein Menschenleib, der nach der Schrift im Himmel zur Rechten Gottes sitzen soll, zugleich auf Erden sei, daß er zwar auf Erden überall sei in jedem Ding und an jedem Ort, wie Gott selbst, aber in besonderer Weise in einem Stücklein Brod in Folge eines göttlichen Zauberwortes, das über dasselbe gesprochen werde, daß er auf Erden sei nicht einfach, sondern in unbegrenzter Zahl, für jeden Communikanten wieder ganz und besonders, daß er da sei, obgleich er sich der sinnlichen Wahrnehmung entziehe, von den Zähnen des Gläubigen wie des Ungläubigen zerbissen und zerkaut werde, ohne daß der Essende von Fleisch und Blut Etwas merkt — das sind freilich harte Nüsse für die Vernunft, aber Luther hat gegen die feurigen Pfeile der Vernunft einen breiten und sicheren Schild, denselben, den Radbertus vorhielt: Gott sind alle Dinge möglich. „Wenn mir Gott Mist oder Holzäpfel zu essen geböte, ich würde nicht fragen, warum?" Gott hat kein Gesetz des Wirkens, er ist die unerkennbare Willkühr. „Gott ist ein solcher Mann, der da Lust hat, zu thun, was vor der Welt närrisch und untüchtig ist."

Auch hier ist Luther ein ganzer Mann; auf dem Boden der Vorstellungswelt, auf welchem er einmal steht, denkt er durchaus einheitlich und hat ebenso die Einsicht in die Consequenzen, wie den Muth zu denselben. Mit Recht hat er sich gegen alle Einwendungen, welche Zwingli und Oekolampad von Vernunftbegriffen aus gegen seine Lehre erhoben, auf alte kirchliche Dogmen berufen, die auch sie noch stehen ließen. Wenn Eins gleich Drei, und Drei gleich Eins, wenn die Menschwerdung Gottes und die Jungfraugeburt (nach der Erzählung des Matthäus und Lucas) richtig sind, dann giebt es keine Vernunftgründe gegen die Gegenwart eines Menschenleibes in Brod und Wein; wenn Ein Wunder möglich ist, so sind alle möglich. Wer, wie dieß die Schweizer in Marburg von sich erklärten, die Symbole der alten Kirche unterschreibt, in welchen die Dreieinigkeit, die Menschwerdung Gottes, die Auferstehung, Himmel- und Höllenfahrt Christi gelehrt wird, der hat kein Recht, im Namen der Vernunft gegen eine Ungereimtheit Einsprache zu thun.

Erscheint Luther dem verständigen Denken Zwingli's gegenüber als ein Kind, das noch ganz in einer Märchenwelt lebt, während schon die Sonne der Aufklärung am Himmel steht, so ist er doch wieder der größere und genialere Denker. Mit scharfem Geiste überschaute er, wie er es oft in seinen Schriften ausspricht, die Unverträglichkeit der Vernunft mit der Kirchen- und Bibellehre, nicht bloß auf Einem Punkte, sondern auf allen Punkten. Diese Einsicht war aber nur möglich auf Grund einer sehr umfassenden Vernunftanlage. Wir wissen es aus seinem eigenen Munde, daß er seine wichtigsten Glaubenssätze erst in einem Verzweiflungskampfe mit seiner Vernunft erlangt hat. Es bedurfte dieses Kraftmenschen, der dem Papst, den Fürsten, den Bauern, dem Teufel, der Hölle den Krieg erklärt und selbst dem Herrgott den Sack vor die Thüre wirft, um über eine so mächtige Vernunftanlage Meister zu werden.

In der That: versteht man unter Glauben, was die katholische Kirche darunter versteht, was auch Luther mit jedem Schritt auf seiner kirchenstiftenden Bahn immer ausschließlicher und entschiedener darunter verstand, nämlich das Fürwahrhalten der „reinen Lehre“ — sei dieselbe nun aus der Tradition oder aus einem angeblichen Gotteswort geschöpft —, so ist das Dilemma: entweder Glaube oder Vernunft, nur das Zeichen eines richtigen Denkens. Auctorität oder Autonomie, Kirchenlehre oder Wissenschaft, geschriebenes Gotteswort oder Vernunft — das sind Principien, von denen jedes entweder ganz herrschen will oder gar nicht. Jede Verquickung Beider, jede bloße Beschränkung des Einen durch das Andere ist vom Uebel und endet jedesmal damit, beide zu schädigen. Wie Luther, so dachte auch ein großer Denker der späteren Zeit, der sich aber eben darum ganz auf die entgegengesetzte Seite schlug. Lessing erkannte zwar in der Orthodoxie ein „abscheuliches Gebäude voll Unsinn“ und wünschte es ganz abgetragen, aber denen gegenüber, die nur einige Flicksteine der Vernunft einzufügen versuchten, nahm er es in Schutz als ein Werk aus Einem Guß, an welchem der menschliche Scharfsinn sich mehr gezeigt und geübt habe, als irgendwo sonst.

Mit dem katholischen Gottesbegriff theilte Luther auch den katholischen Naturbegriff. Wo das Wunder herrscht, da ist die Natur selbstlos, ein Spiel des Geistes. Sie hat keinen Eigenbestand und keine Gesetze. Dem schrankenlosen Geiste bietet die Materie keinen Widerstand. Der Leib ist nicht Leib, der Körper hat keine Dimensionen und keine Schwere, der Raum ist keine Schranke. Das Menschliche wird dem Göttlichen gegenüber zum bloßen Schein, zum Nebel, der entsteht und wieder weggeblasen wird, zur Hülle, die umgeworfen und handumkehr wieder abgestreift wird. Daß der menschliche Leib Jesu im Mutterschoß allmächtig und allgegenwärtig gewesen sei, während seines Erdenwandels zugleich in der Stube des Zöllners und an allen Orten des Universums habe sein können, jetzt vollends, zur Rechten Gottes erhoben, in jedem Grashalm, in jedem Stein, in jedem Baum wohne, greiflich und tastbar zwar nur — und doch wieder nicht greiflich und tastbar — da, wo er sich durch das Wort selber binde, im Brod des Abendmahls — solche Begriffe hatten für dieses Denken keine Schwierigkeit. Ist denn nicht Christus laut evangelischem Bericht durch geschlossene Thüren zu seinen Jüngern eingetreten? Können denn nicht die Geister ein Haus, ein ganzes Dorf einnehmen und doch wieder in eine Nußschale sich zusammenziehen? fragt Luther, Zwingli's Einwürfen gegenüber. Der Luther der Abendmahlslehre ist ganz derselbe, dessen Vorstellungswelt noch vollständig von dem mittelalterlichen Geisterheer, von Engeln und Teufeln angefüllt ist.

Man kann, wenn man will, sehr gelehrte Untersuchungen über Luthers und Zwingli's Abendmahlslehre anstellen, welche religiösen Interessen der Eine gewahrt, der Andere verletzt, wie der Eine gegen den Judaismus, der Andere gegen den Paganismus der katholischen Kirche gekämpft habe; aber die Wahrheit ist: Luther steckte noch ganz im Aberglauben des Mittelalters. Er sah überall Geister, Engel oder Teufel um sich. „Der Teufel ist allenthalben um uns und zeucht zuweilen eine Larve an, wie ich selbst gesehen habe, daß er sich sehen läßt als eine Sau, als ein Strohwisch u. s. w. Das muß man wissen und solche Larven nicht für verstorbene Seelen halten, woraus das Meßopfer entstanden ist.“ Daß einmal zu einem Prediger, der plötzlich krank geworden, als er hätte sollen predigen, Einer gekommen sei und sich erboten habe, für ihn zu predigen, und eilend die Blätter im Buch herumgeworfen und eine Predigt gefasset so köstlich und ernstlich, daß die ganze Kirche weinen mußte, am Schlusse aber gesagt habe: wollt ihr wissen, wer ich bin? Ich bin der Teufel und habe so gepredigt, damit ich euch einst um so härter verklagen kann — diese Geschichte, die in Luthers Jugendzeit begegnet sein soll, hält er (1532) nicht im Geringsten für unglaubwürdig. Den ganzen Hexenspuck jener Zeit nimmt er, wie übrigens auch Erasmus, gläubig an. Er zählt die Orte auf, an denen die Teufel heute noch am liebsten hausen. „Preußen hat viel böse Geister, deßgleichen sind in Pilappen viel Teufel und Zauberer. In Schweiz, nicht weit von Lucern auf einem sehr hohen Berge ist ein See, der heißt Pilatusteich, da hat der Teufel ein wüst und greulich Wesen inne. In meinem Vaterlande auf einem hohen Berge, der Poltersberg genannt wird, ist ein Teich, wenn man einen Stein hineinwirft, da erhebt sich ein groß Wetter und wird die ganze Gegend herum erregt und bewegt. Es sind Wohnungen der Teufel, da sie gefangen liegen." Daß der Teufel, wenn man ihn aus einem Hause oder Menschen austreibt, dann und wann eine zerbrochene Scheibe zurückläßt oder ein Stück Mauer abreißt, erzählt er in aller Ruhe. In seinen Tischreden nimmt der Abschnitt über die Werke des Teufels einige Seiten mehr ein, als der über die Werke Gottes. In der letzten Woche seines Lebens, die er zu Wittenberg zubrachte, kurz vor seiner Abreise nach Mansfeld (19. Jan. 1446) ließ er ein für besessen gehaltenes Mädchen in die Kirche bringen, wo er eine Art von Exorcismus vornahm. Ohne diesen Hintergrund mittelalterlichen Glaubens kann Niemand Luthers Theologie verstehen. Aber am üppigsten wuchert dieser dualistische Spiritualismus in seiner Abendmahlslehre.

Daß Zwingli dieser mittelalterlichen Phantastik gegenüber rationell modern ist, bedarf keines weiteren Beweises. Das einzige Wort, das er Luthern entgegenhielt: Deus non proponit incomprehensibilia (Gott legt uns nichts Unbegreifliches vor) ist ein Schlag gegen den katholischen Gottes- und Wunderbegriff. Indem er scharf scheidet zwischen dem Leib als dem Aeußeren und Begrenzten und dem Geist als dem Inneren, zwischen dem Menschlichen als dem Endlichen und dem Göttlichen als dem Unendlichen und jede trübe Verwechslung und Vertauschung beider abweist, läßt er der

Materie ihre reale Existenz und der Natur den Eigenbestand ihrer Gesetze. Die unbedingte Richtigkeit der Denkgesetze, auf welcher Zwingli den phantastischen Ueberschwenglichkeiten Luthers gegenüber festen Fuß faßt, setzt die Unabänderlichkeit der Naturgesetze voraus. Auf dem Grunde der lutherischen Weltbegriffe giebt es keine Wissenschaft; nur von den Begriffen aus, mit denen Zwingli arbeitete, war die Naturforschung und Wissenschaft der Neuzeit möglich. Erasmus hatte recht gesagt: ubicunque regnat Lutheranismus, ibi litterarum est interitus.

Es war also ganz so, wie Luther in Marburg erklärte: ihr habt einen anderen Geist, als wir. Es ist der modern rationelle Geist im Kampf mit dem mittelalterlich abergläubigen Geist. Damit hängt ein Zweites zusammen: es ist der ethische Geist im Kampf mit dem dogmatischen. Wie die Welt gewöhnlich Genie höher achtet, als Tugend, vielleicht, weil jenes so selten, diese so häufig und alltäglich ist, so läßt man sich gemeiniglich von Luthers genialer Begabung so sehr bezaubern, daß man die tiefen ethischen Flecken seines Wesens entweder gar nicht sieht oder nur im Vorbeigehen leicht berührt. Und doch kann Niemand in Abrede stellen, daß Luther früher schon, am ärgsten aber gegen Zwingli, den ethischen Factor über dem dogmatischen, die Sitte über dem Dogma, die Liebe über dem Glauben vollständig mißachtet hat. Er hat die einfachsten Tugenden, die Billigkeit und Gerechtigkeit, die Neidlosigkeit gegen das Verdienst mit Füßen getreten und dafür Stolz, Verachtung, Härte und Rohheit, kleinliches und enges Wesen, den höchsten Grad von Unliebenswürdigkeit an den Tag gelegt. Durch jeden Schritt, den er in diesem Jahrelangen Kampfe that, wird das sittliche Gefühl auf die schmerzlichste Weise immer von Neuem von ihm abgestoßen. Woher das? War er denn ein unsittlicher Mensch? Keiner hat es mit der Sünde ernster genommen, wie schon sein Klosterkampf beweist. Keines Anderen Gewissen war so sensibel angelegt; er ist ein durch und durch ethischer Charakter. War er denn nicht gütig und menschenfreundlich von Natur? Grenzenlose Güte gegen Jedermann, Mitgefühl mit fremdem Leid und fremder Freude, Gutmüthigkeit war ein Grundzug seines Wesens. Wenn er bei seinem Abgang von Marburg sich krümmte, wie ein Wurm und vom Satan gequält wurde, daß er meinte, Weib und Kind nicht mehr zu sehen — o! es war sicher nicht bloß der Schmerz, die Lehre des Gegners in hessischen Landen so siegreich zu sehen, es war zugleich das tiefer liegende sittliche Unbehagen, bei so viel Güte des Herzens und so viel Liebe zum Frieden so viel Härte und Unbeugsamkeit zeigen zu müssen. Es war der Widerspruch zwischen dem Princip, das er vertrat, und seiner natürlichen Herzensanlage. Die Meinung, die Wahrheit als eine fertige Formel in Gestalt einer reinen Lehre zu besitzen, von deren Annahme die Seligkeit abhängt, macht zu allen Zeiten böse, verfolgungssüchtig, fanatisch; aller Fanatismus aber ist Verläugnung der Ethik um des Dogma's willen. Wie sollte der Mensch den lieben, welchen Gott haßt? milde sein gegen den, welchen Gott für das ewige Feuer aufgespart hat? Wie der Gott, so der Mensch. Der Gott, welcher einen Menschen wegen eines in unseren Augen so unschuldigen Zweifels an einem Dogma der ewigen Qual überliefert, wie Luther mit der katholischen Kirchenlehre annahm, der alle Heiden ohne Erbarmen in den Pfuhl der Hölle verstößt, weil ihnen die Möglichkeit fehlte, mit dem Christenthum bekannt zu werden, wie Luther wiederum mit der alten Kirche annahm, der jedes ohne Taufe verstorbene Kind in das nie erlöschende Feuer der Verdammten wirft, wie Luther, allerdings nicht ohne mannigfache Schwankungen, abermals mit der Kirche lehrte*), ist ein rohes, barbarisches, erbarmungsloses Wesen, wie sollte der Mensch, der es glaubte, besser sein, als sein Gott? Ist der Zweifel die größte Sünde und die Ketzerei ein so großes Verbrechen, daß die ewige Verdammniß darauf steht, wie sollte man den Ketzer ruhig ertragen und zusehen, wie von seinem Geiste Tausende unschuldiger Seelen angesteckt und getödtet werden? Die Grundsätze, auf welche der Katholicismus sein religiöses Verfolgungssystem gebaut hatte, kehren bei Luther alle wieder, aber man muß es anerkennen, daß er gleichwohl nie gerathen hat, einen Ketzer zu verbrennen oder zu köpfen; zu frisch war ihm noch die Erinnerung an die Henkersknechte, welche einst als die besten Doctoren der Theologie galten, und zu human war seine Natur in ihrem von der Theologie nicht verdorbenen Grunde.

*) Ein kirchengläubiger Theologe erklärte, „nicht daran zu zweifeln, daß Kinder, kaum eine Spanne lang, auf dem Boden der Hölle herumkröchen." Es ist herzzerreißend, zu sehen, wie im Mittelalter Mütter alle nur erdenklichen Mittel anwandten, um ihre todtgeborenen oder bei der Geburt sterbenden Kinder dem gräßlichen Schicksal zu entreißen, welches die Kirche verkündete, die Kirche aber alle diese Mittel der List, welche die Mutterliebe erfand, erbarmungslos verdammte. Vgl. Lecky, Geschichte des Ursprungs und Einflusses der Aufklärung in Europa I. Band 283.

Während Calvin seinen Served verbrannte, begnügte sich Luther, seinen Karlstadt zu verbannen. Die Handlungsweise Calvins würde er schwerlich vertheidigt haben, wie es der „milde“ Melanchton und Bucer thaten. Für Zwingli, in welchem er für gewöhnlich ein sicheres Opfer der Hölle sah, zumal nachdem er dessen Seligsprechung frommer Heiden in dessen von Bullinger nach seinem Tode herausgegebenen Glaubensbekenntnisse las, nahm er doch laut einem Worte in den Tischreden die ferne Möglichkeit eines von Gott zu statuirenden Ausnahmefalles an.

Diesem starren und finsteren Dogmatismus gegenüber, den Luther mit der katholischen Kirche noch ganz gemein hatte, kennzeichnet sich Zwingli als eine vorherrschend ethische, freie, weitherzige Natur. Die wenn auch scharfe, doch immer noble, billige, die sittlichen Forderungen nie vergessende Haltung im Abendmahlsstreit ist der Ausdruck seines Systems. Wie für ihn der Grundbegriff, in welchem er Gottes Wesen ausspricht, das höchste Gut ist und das Hauptabsehen der Religion auf die Herstellung der sittlichen Persönlichkeit geht, so gilt ihm der sittliche Charakter mehr, als das Dogma, die fromme Gesinnung mehr, als die Theologie. Das zeigt sich besonders anschaulich in seiner Stellung zu den sogenannten Sacramenten. Während Taufe und Abendmahl für Luther Mittel der Sündenvergebung waren, wie für die katholische Kirche, also im Dienste jenes abscheulichen Dogma's der Kirche von der Verdammung aller Menschen in Folge einer Erbschuld standen, stellte Zwingli beide in den Dienst der Ethik und sah in der Taufe den Act der feierlichen Aufnahme in die sittliche Gemeinschaft, verbunden mit der Verpflichtung dieser, insbesondere der Eltern, das neue Glied im sittlichen Geiste und in den religiösen Ueberzeugungen der Gemeinschaft zu erziehen (Zwingli will die Kinder getauft wissen*), weil sie Gottes Kinder, Luther, weil sie Teufels Kinder sind), im Abendmahl aber die dankbare Feier des Todes Jesu durch die fromme Gemeinde, verbunden mit der sittlichen Verpflichtung der Feiernden, einander als Glieder Eines Leibes mit derselben Liebe zu dienen, mit welcher Jesus sein Leben für sein Geschlecht hingegeben hat. Zwingli ist der Einzige unter den Reformatoren, der aus den hei-

*) Zwingli sagt: „Sollen wir, die wir schon geglaubt haben, erst werden, wie die Kinder, damit wir zu Gott kommen, um wie viel mehr müssen die Kinder Gottes sein? So sie nun Gottes sind, warum wollen wir ihnen den Tauf abschlagen, so sie dessen gewiß sind, was wir zu werden begehren.“

ligen Handlungen der Kirche die abergläubischen Elemente verdrängt und sie durch ethisch rationelle ersetzt hat.

Aus diesem Vorherrschen des ethischen Geistes floß jene dogmatische Weitherzigkeit, mit welcher Zwingli über die Klüfte der Glaubensanschauung hinüber das Verwandte verstand und an sich zog. Es ist nicht bloß ein rednerischer Erguß, es ist der Ausdruck seines Denkens und Wesens, wenn er ganz im Geiste seines dogmatisch weitherzigen Meisters, der Alle auf Erden, welche den Willen des himmlischen Vaters erfüllen, seine Schwestern und Brüder nannte, neben den Heiligen des alten und neuen Testamentes auch die Helden des klassischen Alterthums einst im Himmel anzutreffen hoffte. Man kann die Meinung von einer alleinseligmachenden Religion und Dogmatik, welche der lutherische Protestantismus unangetastet herübergenommen hat, nicht empfindlicher verletzen, als durch den Ausspruch Zwingli's: „kein tugendhafter Mensch hat je gelebt und kein heiliges Gemüth, keine gläubige Seele — unter welcher er aber die Sokrates, Plato, die Catonen und Scipionen mitbefaßte — wird sein vom Anfang der Welt bis zu deren Ende, die du nicht dort bei Gott antreffen wirst.“ Es ist die Versöhnung des klassischen Alterthums und des Christenthums, dieser beiden Grundlagen der neuen Zeit, welche Zwingli in solchen Anschauungen feiert. Wenn Luther vor dem Gedanken erschrickt, daß er sterben sollte ohne den Beistand eines frommen Dieners der Kirche, der ihm Absolution ertheilt, so werden wir nicht fehlgehen, wenn wir annehmen, Zwingli's Stimmung im Angesichte des Todes sei ähnlich gewesen derjenigen jenes edeln Griechen, der, von einem ungerechten Urtheilsspruche niedergeworfen, seine werthesten Schüler um sich sammelte, und nachdem er sich mit ihnen über die Unsterblichkeit der Seele, die Belohnung der Tugend und die Güte der Gottheit unterhalten hatte, mit einem freundlichen Lächeln den Todesbecher trank und dahin schied, dem Gott der Genesung dankend, daß er ihn von der Krankheit des Lebens geheilt habe. Während Luther seine Anschauung an Pauli fanatischem Worte bildet: „wer anders lehrt, der ist ein Fluch“ (Gal. 1), so steht vor Zwingli's Geiste jene majestätische Scene des Evangeliums, in welcher der ewige Richter nur diejenigen verurtheilt, welche nicht Werke der Liebe geübt haben (Matth. 25, 31—46).

Aus der gleichen Quelle entsprang die Selbständigkeit und Freiheit, welche Zwingli seinen eigenen religiösen Ansichten, wie denjenigen Anderer wenigstens grundsätzlich, wenn auch den letzteren nicht immer thatsächlich wahrte. Kein anderer Reformator hätte ein Wort sprechen können, wie dieses: „laß sie fahren, welche die Religion nicht anders halten zu können meinen, als wenn sie dich irreligiös schimpfen, sobald du ihre Träume nicht annimmst." Man weiß, daß Zwingli auf dem Reichstag zu Augsburg dem Kaiser ein eigenes, nur auf seinen Namen lautendes Glaubensbekenntniß überreichen ließ. Es sind unvergängliche Worte, mit welchen Zwingli das neue Papstthum Luthers bekämpft und dessen protestantisches Gewissen, freilich fruchtlos, zu schärfen gesucht hat. Mit Rücksicht auf die Verbote, welche die Wittenberger gegen die Verbreitung der Zwinglischen Schriften bei den Fürsten ausgewirkt hatten, erklärte er: „wir verbieten Niemandem, seine Lehre vor die Gemeinde zu bringen, sie mag päpstlich, „luter", trüb oder unsauber sein. Wir stehen aber mit dem Dreschflegel des Wortes Gottes darüber und sichten es dann gehörig. Da erfindet sich nun allerdings bei mancher Schrift, daß sie nicht mehr Gehalt hat, als Korn in kargen Jahren erdroschen werden kann." Er richtet die Frage an den Lutheraner Dr. Strauß, der im Abendmahlsstreit eine rohe und unwissende Schrift gegen ihn geschrieben hatte: „sag an, welche scheinen dir eine verdächtige Sache zu haben? Diejenigen, welche ihrer Widersacher Schriften frei und ohne Gewaltmaßregeln in ihren Gemeinden verbreiten lassen, und sie nur öffentlich bekämpfen, oder diejenigen, welche vor den Einfältigen gegen ihre Widersacher schimpfen, deren Schriften aber verbieten und schreien: man soll sie nicht hören. Nie ist eine schädlichere Ketzerei entstanden. Wir lassen eure, des Papstes und aller Antichristen Schriften frei lesen und bekämpfen eure Irrthümer nur mit dem Schwerte der Wahrheit. Ihr dagegen wollt es mit Verboten ausrichten, und führet damit eine neue Gewalt und Tyrannei ein. Was hat der Papst anders gethan, als geboten: rühre das nicht an! lies das nicht! das ist ketzerisch. Wenn nun ihr gleichfalls die Wahrheit euren Kirchen verwehret, was seid ihr anders, als neue Päpste, die der Gemeinde ihr Urtheil rauben und die Fürsten bewegen, wie es der Papst gethan, eure Irrthümer zu schirmen?"

„Wer sind wir," ruft er Luther zu," daß Niemand von unserer Meinung abweichen sollte? Ist es nicht wahr, daß jeder Mensch lügenhaft ist? Gewöhnen wir auch nicht die Gelehrtesten, auch nicht die Frömmsten daran, daß sie sich einbilden, es sei Sünde, wenn Jemand nicht ihrer Meinung ist!" Hiermit ist der mittelalterliche Satz, die Quelle alles religiösen Fanatismus, daß der Zweifel und die abweichende Meinung Sünde sei, gestürzt und das Recht der freien Forschung und Lehre grundsätzlich für die neue Kirche erobert.

Es ist einleuchtend, daß nur auf Grundlage dieser Zwingli'schen Anschauungen Union d. h. religiöse Einheit im Ganzen bei großer Verschiedenheit und Mannigfaltigkeit im Einzelnen gedenkbar ist. Zwingli's Geist ist unionistisch, Luthers Geist ist confessionell. Luther kann nicht begreifen, wie man sich als Eine religiöse Gemeinschaft soll fühlen und zusammenhalten können, wenn man auch nur in Einer Lehre uneinig sei: „wie könnt ihr mich für einen Bruder halten, dessen Lehre ihr als falsch betrachtet?“ Zwingli konnte nicht begreifen, warum man sich nicht Eins fühlen und zusammenhalten sollte, wenn man auch über manche Punkte verschieden denke. Die Einigkeit und Bruderliebe, welche Zwingli trotz abweichender Ansichten wünschte, weist Luther mit dem furchtbaren Worte ab: verflucht sei solch Lieb und Einigkeit in den Abgrund der Hölle! Der Gedanke vollends an eine Abendmahlsgemeinschaft der Lutheraner und Reformirten war ihm schrecklich. Wenn ein Lutheraner in einer reformirten Gemeinde zum Abendmahl ginge und bekäme, während er glaubte, des Herren Leib zu essen, nur schlecht Brod, und umgekehrt: wenn ein Reformirter bei den Lutheranern zum Tisch des Herrn ginge und bekäme, während er meinte, nur Brod zu essen, den Leib des Herrn in den Mund — wie schrecklich! Zwingli hat einen mächtigen, europäischen, verschiedene Ansichten und Formen ertragenden Protestantismus im Auge und nur die Ungunst der Verhältnisse läßt seine kühnen Gedanken nicht zur Ausführung kommen, Luther begnügt sich aus Grundsatz mit einer streng confessionellen Separatkirche.

Man weiß, daß Luthers Geist auch hier wieder das Jahrhundert mit sich fortgerissen hat. Der katholisch abergläubische, dogmatische, confessionelle Geist Luthers hat gesiegt; der rationelle, ethische, unionistische Geist Zwingli's ist unterlegen. Aber wie wir bisher immer gesehen, daß, was Luthers Fuß niedergetreten hat, später in neuer, verbesserter Gestalt wieder auflebte, so ist es auch hier: Zwingli's Geist bezeichnet nach jenen drei Richtungen die Ziele des heutigen religiösen Protestantismus, nachdem die trüben Gewässer des Lutherthums im Ablaufen begriffen sind.

6. Luther auf Koburg.

Mit dem Tag zu Marburg waren für Luther die großen Kämpfe gegen die Gegner im eigenen Lager abgeschlossen; ihre Nachwehen verbittern, wie wir sehen werden, sein Leben bis zum Ende und kleinere machen ihm von Neuem zu schaffen, aber im Ganzen hat er seine Stellung nach dieser Seite hin genommen; er hat sein Werk nach links abgegrenzt. Es blieb ihm jetzt die Aufgabe, es auch nach rechts, nach der Seite des Katholicismus abzugrenzen. Die conservative Haltung, die er mehr und mehr seit der Wartburg angenommen hatte, die kräftige Niederkämpfung aller radikaleren Auflehnungen gegen die bestehende Ordnung in den Wiedertäufern, in den aufrührerischen Bauern, in den Zwinglianern schien den Gedanken an eine Aussöhnung mit der bestehenden Kirche nahe genug zu legen. In dem Eifer, mit dem man die eigene Sache von derjenigen der Sacramentirer so weit als immer möglich zu trennen und diese dem Haß der Gegner Preis zu geben suchte, in dem eigenthümlichen Begehren, welches dem Gespräch zu Marburg vorausgesandt wurde, die Papisten als unpartheiische Zeugen beizuziehen, wirkte bereits jene Rücksicht auf eine freundlichere Stellung zu den Katholischen und Zwingli glaubte es als die Hauptfrucht der in Marburg vereinbarten Glaubensartikel rühmen zu dürfen, daß durch dieselben den Lutheranern der Weg zu den Papisten abgeschnitten sei. Auch diesen ihrerseits lag der Gedanke an eine friedliche Aussöhnung nahe genug. Seit dem Reichstag zu Worms waren neun Jahre verflossen, in denen man sich hatte überzeugen müssen, daß die neuen Bestrebungen auf dem Wege der Gewalt nicht auszurotten seien. Alle Versuche, die man auf späteren Reichstagen hiezu gemacht hatte, waren stets gescheitert theils an der weiten Verbreitung der protestantischen Ideen und an der Macht ihrer Beschützer, theils an allerlei günstigen Zeitumständen, welche dem Kaiser ein energisches Durchfahren unmöglich machten; die Reformation verdankte ihre Rettung bald den Türken, die immer zur rechten Zeit an die Grenzen des Reiches heranstürmten, bald der Eifersucht auch der katholischen Fürsten gegen ein mächtiges Kaiserthum, bald dem Papst und dem französischen König, mit welchen der Kaiser in beständigen Fehden lag. Ueberdieß waren ja die Forderungen, welche bei der Wahlcapitulation des Kaisers alle Stände auf Entfernung zahlreicher Mißbräuche aus dem kirchlichen Leben gestellt hatten, noch nicht erfüllt. Machte man Ernst mit der Erfüllung dieser Forderungen, in welchen Alle einig waren, gab man in den Glaubenssätzen, in welchen man am weitesten auseinander ging, so viel nach, als man konnte, ohne die Grundlagen des bestehenden Kirchenthums zu erschüttern, so schien eine gütliche Verständigung nicht unmöglich. Für den Kaiser vor allen war das eines der Lieblingsziele, in welchen der Ehrgeiz seiner umfassenden Politik eine Befriedigung suchte. Sowohl die Aussöhnung der beiden Partheien im Interesse eines einheitlichen Kaiserthums, als die Verbesserung und Erneuerung der Kirche — beide Gedanken hat er von Anfang bis zum Ende seiner Regierung im Auge behalten. Auf protestantischer Seite schien Melanchton zu einem solchen Versöhnungswerke wie gemacht. Von sich aus wäre er nie in ein anderes Verhältniß zum Papstthum getreten, als Erasmus; die Ziele und Wege dieses nach allen Seiten abwägenden und ängstlichen Aufklärers waren ganz die seinigen. Von Luthers Kraft ließ er sich wohl etwa zu jener grundsätzlichen Schärfe der Gegensätze fortreißen, welcher die ganze Papstkirche als ein Werk des Antichrists erschien, aber immer kehrte seine ursprüngliche Natur wieder.

Unter solchen gegenseitigen Wünschen und Stimmungen rückte der Reichstag zu Augsburg 1530 heran, welchem der Kaiser zum ersten Male seit Worms wieder in Person beiwohnte. Er erschien am Abend des 15. Juni nicht bloß mit einem ungewöhnlichen äußeren Prunk, sondern auch mit einem durch Siege und gelungene Unternehmungen erhöhten Bewußtsein seiner Stellung und Kaisermacht, das von allen Seiten unbedingte Unterwerfung als etwas Selbstverständliches erwartete. Leider fand sich auf Seiten der Protestanten nicht das gleiche, siegesgewisse Bewußtsein ihrer Stellung. Schon daß man für gut fand, Luther in Koburg zurückzulassen, konnte zwar durch seine Eigenschaft als eines vom Kaiser Geächteten, wie durch die Gefahr seines Lebens genügend begründet werden; aber es fügte sich doch günstig, daß man dadurch der rücksichtslosen Kraft los war, welche zum Unterhandeln so wenig taugte und den Zweck der Annäherung an die Papisten nur gestört haben würde. Daß die Protestanten in einem Augenblick, da ihre Existenz von ihrer Macht abhing, dem gemeinsamen Feind mit Hintansetzung ihrer untergeordneten Differenzen wie Ein Mann gegenübertraten, das hätte sich für jede ihrer selbst bewußte Parthei von selbst verstanden. Aber die Lutheraner beeilten sich, ihre Sache von den Schweizern und den oberdeutschen Städten auf's Geflissentlichste zu trennen. Vergeblich bot der Landgraf Philipp von Hessen alle seine Beredsamkeit auf, vergeblich brachte er alle protestantischen Grundsätze in Erinnerung, um dieses Unglück von der Sache der Reformation ferne zu halten. Der Einzelne könne ja wohl irren, aber die Hauptsache liege doch in einem frommen, ehrbaren Wandel vor Gott; auf den Glauben im Einzelnen komme ja nicht so viel an. Die Zwinglianer seien ja in den Hauptstücken mit den Lutheranern einig; sie bekennen ja mit ihnen einen und denselben Christus. Wohl legen sie den Punkt des Abendmahls anders aus, aber es sei noch die Frage, welcher Theil irre, wenigstens seien die Zwinglianer noch nicht überwunden. Gesetzt aber, sie hätten Unrecht, so gelte es, sie zu überzeugen, nicht zu verdammen. Verlange doch Christus, man solle das Unkraut mit dem Weizen aufwachsen lassen, und Paulus erkläre, es komme nicht darauf an, wie Christus gepredigt werde, wenn er nur gepredigt werde. Er wolle nicht hoffen, daß man die Zwinglischen Preis geben wolle, er traue so Etwas seinen Glaubensgenossen nicht zu, obwohl ihm Allerlei gesagt werde. In diesem ächt protestantischen Geiste schrieb der Landgraf gleich im Anfang des Reichstags an Melanchton und Brenz, die beiden bedeutendsten lutherischen Theologen am Reichstag. Aber diese verfolgten ganz andere Interessen. Sie suchten sich mit den Katholiken gegen die Zwinglianer zu verbinden. Gerade darum wünscht Melanchton so heftig den Frieden mit jenen, weil er sieht, daß Fürsten und Städte sich zu diesen hinneigen, wie er in einem Schreiben an Luther erklärt, und dem Prediger des Kaisers, Egidius, vertraut er in einem Briefe vom Sept. 1530: „Gott ist mein Zeuge, daß ich aus keiner anderen Ursache so sehr den Frieden gewünscht, als weil ich sah, daß sonst die Unsrigen sich mit den Zwinglianern verbinden würden. Um dieß zu verhindern, haben wir bisher allen unseren Fleiß und alle Thätigkeit aufgeboten. Käme eine solche Vereinigung zu Stande, so würde die größte Verwirrung der Dogmen und der religiösen Ansichten erfolgen.“ So sehr war dem gelehrten Wortführer der Protestanten in jenen Tagen alles protestantische Bewußtsein, jede Einsicht in den grundsätzlichen Gegensatz zwischen Katholicismus und Protestantismus abhanden gekommen, daß er um einiger verschwindender Unterschiede willen die große Gemeinsamkeit der Grundsätze und Lehren der Lutheraner und Zwinglianer vergißt und in einer Vereinigung mit der Hierarchie die Rettung der Welt sieht.

Die Spuren dieses Geistes trägt denn auch schon die berühmte

Augsburger Confession, die auf Grund früherer ähnlicher Ausarbeitungen von Melanchton abgefaßt, von Luther, wenn auch mit einigem Widerstreben gebilligt worden ist. In dem immerwiederkehrenden, den einzelnen Glaubensartikeln angehängten: „wir verdammen" spricht sich der alte Geist katholischer Ketzerrichterei aus und giebt sich das Bestreben kund, sich von den Sünden der Sakramentirer möglichst rein zu waschen und als die verhältnißmäßig Rechtgläubigen in den Augen der Papisten Gnade zu finden. Der Gegensatz gegen die katholische Lehre wird möglichst abgeschwächt*) und die neuen Lehren mit großem Fleiß durch Aeußerungen der Kirchenväter und der päpstlichen Dekrete gestützt. Doch war diese Schrift immerhin noch ein achtungswerthes Zeugniß des reformatorischen Geistes im Vergleich mit den Concessionen, welche protestantischerseits gemacht wurden in den nun folgenden, ein Vierteljahr lang andauernden Ausgleichungsversuchen, welche der Reichstag zwischen Protestantismus und Katholicismus vornehmen ließ. Durch künstlich gewählte Worte, die jede Parthei in ihrem Sinne auffaßte, sollte die tiefe Kluft ausgefüllt werden; die Katholiken behaupten im Ganzen ihre Positionen, die Protestanten dagegen gerathen bei jedem Schritt tiefer in den Rückzug hinein und zuletzt erklären sie sich geneigt, sich die ganze Hierarchie wieder auf den Hals zu laden, wenn ihnen nur einige Punkte zugestanden werden. Melanchton entblödete sich nicht, an den Cardinal Campegius zu schreiben: „wir haben keine von der römischen Kirche verschiedene Lehre; wir sind auch bereit, derselben zu gehorchen, wenn sie nur nach ihrer Gnade, welche sie stets gegen alle Menschen gebraucht hat, einiges Wenige übersieht oder fahren läßt, was wir jetzt nicht mehr ändern können, wenn wir es auch ändern wollten. Wir verehren den römischen Papst und die ganze Kirchenverfassung, wenn nur der Papst uns nicht verwirft. Es ist eine unbedeutende Verschiedenheit in den Gebräuchen, die der Aussöhnung entgegen zu stehen scheint." Das hieß doch ziemlich rund und offen zugestehen, daß die ganze Reformation das Werk frevelhaften Leichtsinns gewesen sei. Daß diese Protestanten — der Landgraf Philipp war längst aus Verdruß fortgeritten und schickte donnernde Briefe an seine Räthe nach Augsburg — dem Kaiser und der Hierarchie nicht imponirten, war kein Wunder. Wo jedes Bewußtsein von der Berechtigung der eigenen Sache so sehr fehlte, mußte der Gegner den gänzlichen Sieg für leicht und sicher halten.

*) Siehe Anhang Anmerkung 9.

Der Reichstagsabschied lautete daher, wie er unter solchen Umständen lauten mußte, kurz auf Ausrottung der lutherischen Ketzerei.

Der halbjährige Aufenthalt Luthers auf dem Schlosse Koburg bildet wieder einen jener poetischen Abschnitte, an welchen dieses Leben so reich ist. Während die Anderen im Staube verwickelter Verhältnisse und kluger Rücksichten den Weg nicht mehr sehen, steht er auf einer Höhe, von der das unumwölkte Auge die freieste und weiteste Aussicht genießt. Hier erhebt sich sein Genius noch einmal in voller Kraft zu mächtigem Fluge; hier, dem Feinde gegenüber, dessen Niederwerfung die weltgeschichtliche Bedeutung seines Lebens ausmacht, gewinnt er jene Freudigkeit und Zuversicht wieder, mit der er einst in den ersten Kampf mit ihm eingetreten war; die Worte, die er in Briefen und Schriften von seiner lichten Höhe herunter in die Wirren des Reichstages hineingesendet, gehören zu seinen schönsten und geistesmächtigsten und athmen das friedliche Behagen eines in Gott ruhenden Gemüthes, das stolze Bewußtsein der eigenen weltgeschichtlichen Leistung, die volle Zuversicht auf die Vergeblichkeit der feindlichen List und Gewalt. Es thut wohl, den von unfruchtbaren und unglücklichen Zänkereien mit Bundesgenossen abgematteten Kämpfer noch einmal auf der Höhe zu sehen, die er in Worms eingenommen hatte, und die alte fröhliche Kampfeslust noch unversehrt bei ihm anzutreffen, ehe sein Leben sich abwärts neigt und seine Mission vollendet ist.

Zwar das dürfen wir von dem, der eben von Marburg hergekommen war, nicht erwarten, daß er in jenen entscheidenden Tagen seine Sache mit derjenigen der Zwinglianer vereinigt hätte, um in geschlossener, mächtiger Stellung den Papisten zu imponiren. Hierin dachte er, wie Melanchton, und in einem Briefe von Koburg aus warnt er den Landgrafen von Hessen dringend vor jeder Gemeinschaft mit den „Sacramentirern“: er überläßt diese ihrem Schicksal, wie Melanchton, aber er thut es aus höheren Beweggründen, als dieser. Er opfert sie nicht der Angst, der Gefälligkeit gegen die Kirche, dem Wunsch nach Kircheneinheit um jeden Preis, er opfert sie der Wahrheit, wie er diese verstand. Nach seinen Ansichten von Wahrheit und reiner Lehre konnte er, ohne sein Gewissen zu verletzen, mit den Zwinglianern nicht gemeinsame Sache machen. Sieht man aber ab von dieser geschichtlichen Schranke, welche dem Denken des Reformators überhaupt noch eigen war, so erscheint sein Verhalten während des Reichstages wahrhaft großartig. Kaum in

Koburg angekommen und von seinen vorwärts reisenden Begleitern, dem Churfürsten sammt seinen Räthen und Theologen, allein gelassen, beginnt er seine Schrift „an die Geistlichen, versammelt auf dem Reichstag zu Augsburg," die beste und beredteste Rechtfertigung der Reformation, die je geschrieben worden ist. Unter den Händen wuchs ihm, wie er unterm 29. April an Melanchton schreibt, Stoff und Sturm und er mußte oft die zu seiner Bewachung aufgestellten Landsknechte mit Gewalt wegjagen, daß sie mit ihrem Lärmen ihn nicht störten. Man fühlt es der Schrift an: hier war er wieder in seinem Element. Indem er den Zustand der Kirche, wie er ihn bei seinem ersten Auftreten vorfand, den Geistlichen in Erinnerung bringt und die durch ihn bewirkten Veränderungen der Reihe nach aufführt, weitet sich sein Herz von hohem Selbstgefühl und tiefem Dank gegen Gott und die fröhliche Lust des herzlichen Schaffens ergießt sich über jedes Wort, das seiner Feder entfließt. Wer etwa zürnend und mißmuthig von dem Reformator sich abgewendet hat, wenn er sah, wie dieser mit jedem Schritt auf der neu betretenen Bahn den alten katholischen Grundsätzen wieder den Eingang verschaffte, wer ihn darum beschuldigen möchte, daß er den Fortschritt unserer Völker eher gehemmt, als gefördert habe, der lese dieses Schriftchen und er wird sich überzeugen, welche unermeßlichen Dienste Luther der christlichen Gesellschaft geleistet hat. Fassen wir den Hauptinhalt der beredten Epistel zusammen.

Leiblich abwesend, wie denn in solcher Pracht und solchem Geschäfte an ihm Nichts gelegen sei, fühle er sich gedrungen, schriftlich seine Meinung mitzutheilen, um die Würdenträger der Kirche noch einmal vor der abschüssigen Bahn zu warnen, auf welcher sie wandeln, vielleicht auch einige vom Partheiinteresse noch nicht ganz verdorbene Seelen zu gewinnen. Zwar erwartet er wenig von diesem Reichstag. „Ihr habt nun bei zehen Jahren in dieser Sache eure Weisheit wohl versucht mit so viel Reichstagen, mit so viel Rathschlagen, mit so viel Tücken und Praktiken, mit so viel Vertröstung und Hoffnung, ja auch mit Gewalt und Zorn, mit Mord und Straf, daß ich mein Wunder und Jammer an euch gesehen; noch hat's nirgends dahin gewollt, da ihr's gern hättet. Das macht Alles, daß die Weisheit ohne Gottesfurcht und demüthiges Gebet durch sich selbst hat wollen solche hohe, große Sache meistern und ist darüber zu Schanden geworden in ihrer Vermessenheit." Jedenfalls weiß er seine Sache völlig unabhängig von dem, was der

Reichstag etwa beschließen möchte. „Ihr braucht meinet und meiner Sache wegen gar Nichts zu handeln; denn der rechte Helfer und Rather hat uns und unsere Sache soweit bracht und dahin gesetzt, da sie bleiben soll und da wir's auch lassen wollen, daß wir für uns keines Reichstages, keines Rathens, keines Meisterns bedürfen, dazu auch von euch nicht haben wollen, als die wir wissen, daß ihr's nicht besser, ja nicht so gut zu machen vermöget. Denn wir wissen, wie wir glauben und leben, wie wir lehren und thun, wie wir leiden und beten, wie wir genesen und sterben, wo wir Alles gewarten, holen und finden, und wo wir endlich bleiben sollen. Solches hat uns Gott reichlich gegeben durch Jesum Christum, unseren Herrn, und ist bereits durch vieler frommer Leute Blut und Marter (von eurem Theil getödtet) bekannt und bestätigt. Nicht, daß wir vollkommen seien und Alles erlangt hätten, sondern, daß wir die rechte Regel, wie Paulus redet, den rechten Weg und den rechten Anfang für uns haben, und an der Lehre ja Nichts mangelt, das Leben sei gleich, wie es mag." Sollte aber der Reichstag in diesem oder jenem Stücke nachgeben, so mögen sie sich nur nicht so geberden, als wäre es jetzt erst durch sie recht geworden. „Nein! wir wollen's euch durch Gottes Wort abgezwungen und als den Lästerern, Verfolgern und Mördern abgejagt haben, daß ihr euch vor Gott demüthiget als die bisher Unrecht gethan, Gottes Wort verfolgt und unschuldig Blut vergossen habt. Denn, wie ich im Anfang gesagt, bedürfen wir eures Reichstages und Schließens nirgend zu; wir stehen, da wir stehen, ohne euer Zuthun, ja auch wider euer Wüthen und Toben, sondern um euretwillen und um des armen Volkes willen thun wir hiermit, was wir thun, ob wir euch oder Etlichen aus euch rathen könnten, Gott zu Ehren und der Christenheit zu Nutz".

Dieses stolze Unabhängigkeitsgefühl, von dem sich der Reformator so ganz im Gegensatz zu Melanchton getragen weiß, schöpft seine Nahrung aus dem Zustand der Kirche, den er angetroffen, und der großen Umwandlung, die er seitdem, zum Theil im Schoße der ihm so feindlichen Kirche selbst, herbeigeführt hat. Da war vor Allem der Ablaß mit all den Irrlehren, auf denen er beruhte, und den schrecklichen Greueln, die er in seinem Gefolge hatte. „Wer will sie alle aufzählen die Greuel, die er in allen Stiften, Klöstern, Kirchen, Kapellen, Klausen, Altären, Bildern, Tafeln, ja fast in allen Häusern und Kammern, und wo nur Geld war, als ein rechter, gewaltiger Abgott gestiftet hat? Man müßte von Neuem die Bücher lesen, die bei zehn Jahren dawider geschrieben sind. — Welcher ist aber unter euch Allen, der für solch erschreckliche Greuel je einmal Buße gethan, je einmal geseufzt, oder je ein Auge naß gemacht hätte. Ja ihr wollt jetzt nie kein Uebels gethan haben, kommt nur daher gen Augsburg und beredet uns, der heilige Geist sei bei euch und werde durch euch große Dinge ausrichten und darnach flugs gen Himmel fahren, als müßte er euer froh werden, daß ihr eurem Gott, Bauch, so herrlich gedienet und seine Kirche so jämmerlich verwüstet habt. Wohlan! also stund und ging es, ehe meine Lehre kam, in diesem Stücke. Daß es nun nicht mehr so stehet, ist Schuld meines aufrührerischen Evangeliums.

„Dem Ablaß folget billig der andere Jahrmarkt, Confessionalia genannt, das waren die Butterbriefe, darin der Papst das Recht verkaufte, Butter, Käse, Milch, Eier zu essen, und Macht gab, im Hause Messe zu hören, sich in verboten Glied zu heirathen und dergleichen. Lieber, war dieß nicht auch ein lästerlicher Jahrmarkt in aller Welt, Alles um's Geld erfunden? Diese Schinderei ist auch durch mein aufrührerisches Evangelium gestürzt, aber nun Alles vergessen, und ist kein Bischof oder Geistlicher, der Vergebung bedürfte von Gott. Und hie war auch kein Bischof noch Doctor, der solches hätte gestraft, sondern alle geschwiegen unbewilligt. Wohlan, wir wollen sehen, ob Gott sich wolle so äffen lassen, wie sie meinen."

Da war die Beichte, ein Mittel in der Hand eurer Tyrannei, die Seelen zu martern, zu ängsten und geißeln zu lassen mit Erzählung aller Sünden, das ist mit unmöglicher Arbeit Ruhe und Friede des Herzens ewiglich zu zerstören. Solche Beicht hat mein Evangelium auch zurecht gebracht und die blöden Gewissen wieder gestärkt, da kein Bischof, Doctor noch Hochschule etwas davon gewußt und doch jetzt weder Reu noch Leid fühlen.

Da war die falsche Lehre von der Buße, als könnte der Mensch durch Kirchenwerke für seine Sünde genug thun. Aus diesem Greuel sind kommen und haben auch müssen draus kommen, und ist kein Wehren gewest, alle anderen Greuel, nämlich all' der Klöster und Stifte eigene Heiligkeit, die Opfer, die Messen, Fegfeuer, Vigilien, Bruderschaften, Wallfahrten, Ablaß, Fasten, Heiligendienst und die ganze Procession des höllischen Kreuzgangs. Denn wie ist's anders möglich? Wenn sich ein Gewissen auf sein Werk soll setzen und bauen, so sitzt es auf einem losen Sande, der reitet und rieselt immer fort und muß Werk suchen, immer eines nach dem andern, je länger je mehr, bis man zuletzt den Todten Mönchkappen anzog, darin sie sollten gen Himmel fahren. Ach! wo sind die Zungen und Stimmen, die von diesen Greueln mögen genugsam reden?

Was war die Folge dieser Lehre? daß alle rechtschaffenen und guten Werke, von Gott gestiftet und geordnet, verachtet und zunichte gemacht wurden, als: Oberherr, Unterthan, Vater, Mutter, Sohn, Tochter, Knecht, Magd, das hieß ein weltlich Wesen, fährlicher Stand und verlorene Werke. Also gar hat dieß Stück beide, christlich und weltlich Wesen, mit Füßen getreten und weder Gott noch dem Kaiser gegeben was ihnen gehört, sondern ein neues und eigenes erdichtet, das weder dieses noch jenes ist."

Zu den schlimmsten Stücken, welche aus der falschen Lehre über die Buße kamen, gehörte die Winkelmesse. „Hie wisset ihr selber, liebe Herrn, welch einen schändlichen Trödel und Jahrmarkt ihr aus dem Sacrament gemacht habt; das ist euer aller gemein Handwerk gewest, daß ihr täglich in aller Welt so viel tausend Messen um Geld verkauft habt, eine um einen Groschen, eine um acht Pfennige, eine um sechs Pfennige u. s. w. Und hilft hie keine Entschuldigung noch Läugnen. Denn ob ihr's nicht einen Kaufhandel habt genannt, so wisset ihr doch, daß es in der That nichts Anderes gewesen ist. Um Geld ist's geschehen, ist nicht Geld da gewest, so sind die Messen nachblieben. Diese Sünde ist allein so greulich, daß nicht Wunder wäre, ob Gott hätte alle Welt lassen darüber zu Türken werden oder im Abgrund versinken und meiner großen Verwunderung eine ist, daß Gott hat mögen so lange zusehen. Wohlan! so ist's gestanden bei euch, ehe unser Evangelium kam; dürfet euch nicht so sehr schmücken, es ist am Tage, daß euch selbst dazumal davor graute, und ließet es doch geschehen."

So führt er Mißbrauch um Mißbrauch vorüber, um das Gedächtniß und Gewissen der Gegner wach zu rufen. Viele derselben sieht er schon gefallen, die meisten wenigstens gemäßigt. Schon hat ja der ernstere Geist der Reformation auch die katholische Kirche ergriffen. Schon hat der Stuhl Leo's X. einen Hadrian VI. (1522—1523) gesehen, der „durch seinen Legaten zu Nürnberg selbst bekannte, daß der römische Stuhl viel Jammers Ursache wäre, und sich zur Besserung erbot." Daß die Predigten auch der gegnerischen Geistlichkeit jetzt schon ganz anders seien, als vor seinem Auftreten, erkennt Luther freudig an. „In vielen Stücken habt ihr meine

Lehre heimlich angenommen und brauchet sie. Eure Prediger hätten jetzt Nichts zu predigen, wo des Luthers Bücher nicht wären. Denn ihr Sermonbüchlein, und was vor Zeiten auf der Kanzel das Geschrei war, lassen sie jetzt fein unter der Bank liegen und fangen an, wider uns von Glauben und guten Werken zu predigen, davon man vorhin Nichts hörte und wußte." Er darf seine Feinde daran erinnern, mit welchem Jubel sie ihn Anfangs begrüßt haben. „Habt ihr vergessen, wie im Anfang meine Lehre fast bei euch Allen so ein köstlich Ding war? da alle Bischöfe gar gerne sahen, daß der Tyrannei des Papstes, der die Stifte zu hart angetastet, ein wenig gesteuert würde; da konnten sie mir fein zusehen, horchen, stille sitzen und lauern, wie sie ihre bischöfliche Obrigkeit wieder ganz kriegen möchten. Da war der Luther ein feiner Lehrer, der das Ablaß so redlich angriff. Denn dazumal mußten die Bischöfe und Pfarrherrn leiden, daß ein Mönch oder ein fremder, böser Bube mit den Ablaßbriefen in seinem Stift und Pfarr eine schändliche Schinderei trieb und durften nicht dawider mucken. Da war der Luther das liebe Kind und fegete die Stift und Pfarren von solchem Trödelmarkt und hielt den Bischöfen den Stegreif, daß sie wieder aufsäßen, und warf dem Papst einen Block in den Weg."

„Und hernach, da ich das Klosterleben angriff und der Mönche nun weniger geworden sind, hab ich noch keinen Bischof oder Pfarrherrn hören darüber weinen, und weiß, daß ihnen nie kein größerer Dienst ist geschehen, denn daß sie der Mönche also los geworden sind, und besorge fürwahr, es werde sich in Augsburg Niemand der Mönche annehmen. Ja die Bischöfe werden es nicht leiden, daß solche Wanzen und Läuse wiederum sollten in ihren Pelz gesetzt werden, sind froh, daß ich ihren Pelz so rein gelauset habe."

Hat aber schon die Kirche der Gegner so wohlthätige Einwirkungen von Luthers Lehre erfahren, wie sieht es erst in den Ländern aus, welche sich derselben ganz unterworfen haben! An der Stelle unwissender Mönche wissenschaftlich gebildete Pfarrer, an der Stelle üppiger Bischöfe, die alles Andere sind, nur nicht Lehrer und Seelsorger, schlichte einfache Prediger, an der Stelle eines in vollständiger Unwissenheit erzogenen Volkes eine von Kindheit an im Katechismus tüchtig geübte Jugend, an der Stelle der Mönchsfabeln und Heiligenlegenden die Volksbibel, von Luther in ein kernhaftes Deutsch übersetzt, an der Stelle der unfruchtbaren Kirchensittlichkeit die weltliche Sittlichkeit, die wahrhaft guten und gottgefälligen Werke im Staat und Haus und Beruf! In zwei Tafeln stellt er die beiden Kirchen einander gegenüber nach den Stücken, die in jeder getrieben werden, in der neuen: was Gesetz sei, was Evangelium, was Sünde, was Gnade, was Geistesgabe, was rechte Buße und Glaube, was christliche Freiheit, was Liebe, was Kreuz, was das Predigtamt, der recht Katechismus, das recht Gebet, was gute Werke, Unterricht des Ehestandes, der Kinder, Knechte, Mägde, Kinderschulen, Armen versorgen u. s. w., in der alten gleißenden Kirche dagegen zählt er 114 Stücke auf, die alle nur dem Aberglauben dienen und weder zur Erleuchtung des Geistes noch zur Besserung der Sitten beitragen. Wenn es doch so steht, was hat man denn Luther vorzuwerfen?

Sie werfen seinem Evangelium vor, daß es aufrührerisch sei. Aber mit Grund darf er entgegenhalten, daß er stets nur durch das Wort gewirkt, jedes Mittel der Gewalt von sich gewiesen, mit Rotten und Sekten einen schwereren Stand gehabt habe, als selbst mit dem Papstthum. Hätte er, als der deutsche Adel zu Worms bei 400 Stücke kaiserlicher Majestät vortrug, darin sie sich über die Kirche beklagten und frei heraus sagten: wo kaiserliche Majestät nicht wollte solches abschaffen, so wollten sie es selbst thun — hätte er damals an die Gewalt appellirt, wo ständen diese Geistlichen jetzt?

Sie werfen ihm vor, daß seine Lehre neu sei. „Lieber, sage mir, wie alt ist wohl St. Annen Abgott? wie alt ist der Rosenkranz, die Marienkrone? wie alt sind der Barfüßer Paternostersteine an den Thüren und Thoren und in allen Winkeln? Wie alt ist die Wallfahrt gen Grimmthal, Regensburg, der Rock zu Trier und dergleichen viel mehr? Waren sie nicht neu vor 10, 20, 40 Jahren? wer hielt aber dazumal wider die Neuigkeit? So laß mein Evangelium doch auch so lang laufen, was gilt's, es soll auch alt werden. Ja, dein neu Evangelium ist wohl recht, aber es hat eine sonderliche Neuigkeit an sich, die nicht leidlich ist. Welche ist die? Ei, es thut Schaden im Beutel und in der Küchen, sagen die Domherrn zu Magdeburg. Das lautet, sprach jener Knecht, das wäre doch einmal gut deutsch, das könnt' man verstehen, hätt' ich das vor gewußt! Warum verlieren wir denn bisher so viel Wort? Wohlan, so wollen wir hie im heiligen Concilio schließen, daß neue Lehre heiße, was im Beutel und Küchen Schaden thut, alte Lehre heiße, was Beutel und Küchen füllet. O Lieber, nu schreibe und siegel zu, wir wollen's auf den Reichstag gen Augsburg schicken und hören, was die Herrn dazu sagen."

Sie werfen ihm vor, daß er eigenmächtig geändert habe ohne Einwilligung der Kirche. „Aber wer ist denn die Kirche? Seid ihr's? so zeigt Siegel und Briefe oder beweiset's sonst mit der That und Früchten. Warum sind wir's nicht auch, die wir sowohl getauft sind, als ihr? lehren, predigen, glauben, beten, lieben, hoffen, leiden mehr, denn ihr. Oder seid ihr darum die Kirche, daß ihr eitel Neuigkeit aufbringt, Gottes Wort darüber ändert, lästert, verfolgt, dazu Stift und Klöster als die Kirchenräuber inne habt? Ja des Teufels Kirche seid ihr. Denn die rechte Kirche muß ja die sein, die sich an Gottes Wort hält und darüber leidet, wie wir thun, und Niemand mordet, wie ihr thut. Darum sollt ihr uns nicht viel sagen: Kirche, Kirche, Kirche, ihr sollt uns beweisen, daß ihr die Kirche seid. Der Teufel kann auch sagen: ich bin Gott, bete mich an (Matth. 4, 9). Der Wolf kann auch sagen: ich bin Hirte (Matth. 7, 15). Wir wissen wohl, daß man der Kirche soll gehorchen, aber wir fragen, wer und wo sie sei?"

Den meisten und giftigsten Hohn bekamen die Bekenner der neuen Lehre zu hören wegen ihrer verheiratheten Pfarrer, wegen der „Ehepfaffen", wie man sie nannte. Aber hier ist sich der Reformator des ganzen Segens bewußt, den er durch Aufhebung des Cölibats seiner Nation gebracht hat. In Daniel 12, 37 liest er eine Weissagung auf den Papst als den Antichrist: „er wird keines Gottes, noch Frauenliebe achten," und schon der heidnische Poet bekennet, daß Buhler und Hurentreiber ungern Ehefrauen nehmen. Er verweist mit heiliger Entrüstung auf die weltkundigen Früchte des Cölibats. „Nun, liebe Herrn, wollt ihr fromm sein und wohlthun, so zwingt euch in diesem Stück zur Buße über alle dem wüsten unaussprechlichen Jammer der Unzucht allerlei Gestalt in aller Welt, welcher aus dieser verfluchten päpstlichen Neuigkeit erwachsen ist. Sie hatten keine eigenen Frauen, sondern an derselben Statt aller Andern Frauen, Töchter, Mägde, dazu auch Sodomam, welches sie in der Ehe nicht hätten gethan." Er sieht in den herrschenden sittlichen Anschauungen eine völlige Verkehrung der göttlichen Gebote. Du sollst nicht ehebrechen, das deuten sie: du sollst kein Eheweib haben, sonst kannst du Gott nicht dienen. Warum soll: du sollst nicht stehlen, nicht heißen: du sollst kein eigen Geld und Gut haben? Du sollst nicht tödten, gleich: du sollst keine Waffen und Wehre haben? Wie? man soll Gott dienen können bei eigenem Mammon, Geld, Gut, Schlössern und Städten, nur bei einer eigenen Frauen nicht? Das Widerspiel ist wahr, daß besser sei, bei eigener Frauen Gott dienen, denn bei eigenem Gut, wiewohl keines einen Christen hindert. Denn ein Weib, das hat man doch, und ist die Sorge aus, wie man's kriege, und sie kann sich selber bewahren, aber Geldes kann man nimmer genug kriegen und sorget immerfort ohne Aufhören, wie man's mehre und behalte. Solche Sorge aber und Liebe das sind die rechten Hindernisse am Gottesdienst: welche Sorge wohl ein Weib dem Pfarrer abnehmen kann, daß sie sorget und lässet ihn ganz Gott dienen." Doch nein! sie sind consequent diese ehelosen Heiligen. Sie verbieten eigene Frauen, und haben an derselben Statt aller Anderen Frauen. Sie verbieten eigen Gut, denn es sauer wird, zu erwerben, und verschlingen dafür aller Welt Güter und verprassen's mit Müssiggang. Sie verbieten eigene Waffen, um aller Könige Schwert zu regieren und damit zu machen, was sie wollen. Aber Wunder über Wunder ist's, daß solche drei Stücke, nämlich allerlei freie Unzucht, allerlei Geiz und Pracht, allerlei Waffen und Krieg, diese ehelosen Heiligen nicht hindern, Gott zu dienen, und ein einiges frommes Eheweib hindert sie."

Mit diesem Bewußtsein des grundsätzlichen Gegensatzes sieht Luther die Zeitlage an. Er kennt nur Ein Mittel zur Ausgleichung: nicht farblose, abstumpfende Transactionen, sondern Buße von Seiten der Gegner. „Darum ist unser höchst Begehr und demüthigste Bitt, ihr wollet Gott die Ehre geben, euch erkennen, büßen und bessern. Wo nicht, so nehmt mich hin: lebe ich, so bin ich eure Pestilenz, sterbe ich, so bin ich euer Tod. Denn Gott hat mich an euch gehezt, ich muß, wie Hosea sagt, euch ein Bär und ein Löwe sein im Lande Assur, ihr sollt vor meinem Namen keine Ruhe haben, bis daß ihr euch bessert oder zu Grunde geht."

Nur in Einem Punkt erklärt er sich um des lieben Friedens willen bereit, nachzugeben: er will die Bischöfe lassen unter der Bedingung, daß sie lauter evangelische Prediger anstellen. „Und also hättet ihr zwei Stück bischöflichen Amtes: eines, daß wir und unsere Prediger an eurer Statt das Evangelium lehreten, das ander, daß ihr hülfet solches handhaben mit eurer bischöflichen Gewalt. Euer Person, Leben und fürstlich Wesen ließen wir eurem Gewissen und Gottes Urtheil. Mehr und höher können wir uns wahrlich nicht erbieten." Mögen sie diesen Vorschlag annehmen oder nicht, „die Lutherischen bleiben doch Meister, weil Christus bei ihnen und sie bei ihm bleiben, wenn gleich Hölle, Welt, Teufel, Fürsten und alles sollt unsinnig werden." Man sieht, wie ernstlich es mit dieser Concession an die Episcopalgewalt gemeint ist. Er überläßt diese Gottes Urtheil, d. h. er verwirft sie grundsätzlich. Er knüpft ihren noch geduldeten Bestand an den Schutz des Evangeliums, d. h. er macht sie faktisch unmöglich.

Luther hat von der Koburg herab den deutschen Protestantismus gerettet. Die muthige und charakterfeste Haltung, welche Fürsten und Stände bei einigen Gelegenheiten während des Reichstages dem Kaiser und den papistischen Forderungen gegenüber einnahmen, ist ohne Zweifel vor Allem seinem Einfluß zuzuschreiben. Denn unaufhörlich trugen Boten seine ermuthigenden und begeisternden Briefe und Zuschriften nach Augsburg.

Diesen Geist grundsätzlicher Sicherheit und idealen Glaubensmuthes athmet denn auch Alles, was während dieses halben Jahres von ihm ausging. Niemals ist die Quelle der ächtesten Poesie reichlicher und anhaltender bei ihm geflossen. Das Lutherlied „Ein' feste Burg ist unser Gott," das eine Geschichte gemacht und erlebt hat, wie wenige, gleichsam die Marseillaise der Reformationszeit, wenn es auch nach anderen Nachweisungen schon im Jahr 1529 sich vorfindet, bezeichnet doch ganz den trotzigen, glaubensfreudigen Geist, von welchem er auf der Koburg beseelt war. Einen schöneren Commentar zu dem evangelischen Gleichniß vom Samenkorn, das vermöge seiner eigenen unsichtbaren Kraft wächst ohne ängstliches Sorgen und Mühen der Menschen, kann es nicht geben, als die Dichterworte, welche Luther dem Kanzler Brück unter'm 5. August nach Augsburg gesandt hat:

„Ich hab neulich zwei Wunder gesehen: das erste, da ich zum Fenster hinaussahe, die Sterne am Himmel und das ganze schöne Gewölb Gottes und sahe doch nirgend keine Pfeiler, darauf der Meister solch Gewölb gesetzt hatte, noch fiel der Himmel nicht ein und stehet auch solch Gewölb noch fest. Nu sind Etliche, die suchen solche Pfeiler und wollten sie gern greifen und fühlen. Weil sie denn das nicht vermögen, zappeln und zittern sie, als werde der Himmel gewißlich einfallen aus keiner anderen Ursache, denn daß sie die Pfeiler nicht greifen noch sehen. Wenn sie dieselben greifen könnten, so stünde der Himmel feste."

„Das ander, ich sahe auch große dicke Wolken über uns schweben mit solcher Last, daß sie möchten einem großen Meer zu vergleichen sein und sahe doch keinen Boden, darauf sie ruhten oder fußten, noch keine Kufen, darein sie gefasset wären, und dennoch fielen sie nicht auf uns, sondern grüßten uns mit einem sauren Angesicht und flohen davon. Da sie vorüber waren, leuchtet herfür beide, der Boden und unser Dach, der sie gehalten hatte, der Regenbogen. Das war doch ein schwacher, dünner, geringer Boden und Dach, daß es auch in den Wolken verschwand, und mehr ein Schemen, wie es durch ein gemaltes Glas zu scheinen pflegt, denn ein solcher gewaltiger Boden anzusehen war, daß einer auch des Bodens halber wohl so sehr verzweifeln solle, als der großen Wasserlast. Dennoch fand sich's in der That, daß solcher unmächtiger Schemen die Wasserlast trug und uns beschützet. Noch sind Etliche, die des Wassers und der Wolken Dicke und schwere Last mehr ansehen, achten und fürchten, denn diesen dünnen, schmalen und leichten Schemen; denn sie wollten gern fühlen die Kraft solchen Schemens; weil sie das nicht können, fürchten sie, die Wolken werden eine ewige Sündfluth anrichten."

„Solches muß ich mit Eurer Achtbarkeit freundlicher Weise scherzen und doch ungescherzet schreiben; denn ich besondere Freude daran gehabt, daß ich erfahren habe, wie E. A. vor allen Anderen einen guten Muth und ein getrostes Herz hat in dieser unserer Anfechtung."

Das kostbare humoristische Gegenbild zu dieser ernsten Betrachtung ist ein Schreiben vom 28. April an seine Tischgesellen in Augsburg, in welchem er den Reichstag parodirt.

„Gnade und Friede in Christo, liebe Herren und Freunde! Ich hab euer aller Sachen empfangen, und wie es allenthalben stehet, vernommen.

Auf daß ihr wiederum vernehmet, wie es hie zustehet, füge ich euch zu wissen, daß wir, nämlich ich, Magister Veit und Cyriacus, nicht auf den Reichstag gen Augsburg ziehen; wir sind aber sonst wohl auf einen andern Reichstag kommen.

Es ist ein Rubet gleich für unserm Fenster hinunter, wie ein kleiner Wald, da haben die Dolen und Krähen einen Reichstag hingelegt, da ist ein solch Zu- und Abreiten, ein solch Geschrey Tag und Nacht ohne Aufhören, als wären sie alle trunken, voll und toll; da kekt Jung und Alt durch einander, daß mich wundert, wie Stimm und Odem so lang währen mögen. Und möcht gerne wissen, ob auch solches Adels und reisigen Zeugs auch etliche noch bey euch wären; mich dünkt, sie seyen aus aller Welt hieher versammlet.

Ich hab ihren Kaiser noch nicht gesehen, aber sonst schweben und schwänzen der Adel und großen Haufen immer für unsern Augen; nicht fast köstlich gekleidet, sondern einfältig in einerley Farbe, alle gleich schwarz, und alle gleich grauäugig: singen alle gleich einen Gesang, doch mit lieblichem Unterschied der Jungen und der Alten, Großen und Kleinen. Sie achten auch nicht der großen Pallasch und Saal; denn ihr Saal ist gewölbet mit dem schönen weiten Himmel, ihr Boden ist eitel Feld, getäfelt mit hübschen grünen Zweigen, so sind die Wände so weit, als der Welt Ende. Sie fragen auch nichts nach Rossen und Harnisch, sie haben gefiederte Räder, damit sie auch den Büchsen empfliehen, und ei'm Zorn entsitzen können. Es sind große mächtige Herren; was sie aber beschließen, weiß ich noch nicht.

So viel ich aber habe von einem Dolmetscher vernommen, haben sie für einen gewaltigen und großen Zug und Streit wider Weizen, Gersten, Hafern, Malz und allerley Korn und Getraidig, und wird mancher Ritter hie werden und große Thaten thun.

Also sitzen wir hie im Reichstag, hören und sehen zu mit großer Lust und Liebe, wie die Fürsten und Herrn sampt andern Ständen des Reichs so fröhlich singen und wohlleben. Aber sonderliche Freude haben wir, wenn wir sehen, wie ritterlich sie schwänzen, den Schnabel wischen, und die Wehr stürzen, daß sie siegen und Ehre einlegen wider Korn und Malz. Wir wünschen ihnen Glück und Heil, daß sie allzumal an einen Zaunstecken gespießet wären. Ich halt aber, es sey nicht anders, denn die Sophisten und Papisten, mit ihrem Predigen und Schreiben, die muß ich alle auf eim Haufen also für mir haben, auf daß ich höre ihre liebliche Stimme und Predigten, und sehe, wie sehr nützlich Volk es ist, alles zu verzehren, was auf Erden, und dafür kecken für die lange Weil.

Heute haben wir die erste Nachtigall gehöret; denn sie hat dem April nicht wöllen trauen. Es ist bisher eitel köstlich Wetter gewest, hat noch nie geregnet, ohne gestern ein wenig. Bey euch wirds vielleicht anders seyn. Hiemit Gott befohlen, und haltet wohl Haus. Aus dem Reichstag der Malztürken, den 28. April, Anno 1530."

Dieselbe poetische und gehobene Stimmung trägt er auch in die kleineren Angelegenheiten seines häuslichen Lebens hinein. Der Brief, den er von Koburg aus an sein vierjähriges Knäblein Johannes nach Wittenberg geschrieben hat, ist immer als eine der lieblichsten Perlen gemüthlicher Poesie bewundert worden. „Gnade und

Friede in Christo, mein liebes Söhnichen. Ich sehe gern, daß Du wohl lernest und fleißig betest. Thu also, mein Söhnichen, und fahre fort: wenn ich heim komme, so will ich Dir ein schön Jahrmarkt mitbringen. Ich weiß einen hübschen lustigen Garten, da gehen viel Kinder innen, haben güldene Röcklin an und lesen schöne Aepfel unter den Bäumen und Birnen, Pfirsich, Spilling und Pflaumen, singen, springen und sind fröhlich, haben auch schöne, kleine Pferdlein mit güldenen Zäumen und silbernen Sätteln. Da fragt ich den Mann, deß der Garten ist: weß die Kinder wären? Da sprach er: es sind die Kinder, die gern beten, lernen und fromm sind. Da sprach ich: lieber Mann, ich hab auch einen Sohn, heißt Hänsichen Luther, möcht er auch nicht in den Garten kommen, daß er auch solch schöne Aepfel und Birnen essen möchte und solche feine Pferdlein reiten und mit diesen Kindern spielen? Da sprach der Mann: wenn er gern betet, lernt und fromm ist, so soll er auch in den Garten kommen, Lippus und Jost auch, und wenn sie alle zusammen kommen, so werden sie auch Pfeifen, Lauten und allerlei Saitenspiel haben, auch tanzen und mit kleinen Armbrüsten schießen.

Und er zeigt mir dort eine feine Wiese im Garten, zum Tanzen zugericht, da hingen eitel güldene Pfeifen, Pauken und feine silberne Armbrüste. Aber es war noch frühe, daß die Kinder nicht gessen hatten: darum konnte ich des Tanzes nicht erharren und sprach zu dem Mann: ach! lieber Herr, ich will flugs hingehen und das alles meinem lieben Söhnlein Hänsichen sagen, daß er ja fleißig bete und wohl lerne und fromm sei, auf daß er auch in diesen Garten komme, aber er hat eine Mühme Lene, die muß er mitbringen. Da sprach der Mann: es soll ja sein, gehe hin und schreib ihm also. Darum, liebes Söhnlein Hänsichen, lerne und bete ja getrost, und sag es Lippus und Josten auch, daß sie auch lernen und beten, so werdet ihr miteinander in den Garten kommen. Hiemit bis dem allmächtigen Gott befohlen und grüße Mühmen Lehnen und gieb ihr einen Kuß von meinetwegen."

Für seine theologischen Freunde in Augsburg ist Luther während dieser Zeit das protestantische Gewissen, unangenehm und ruhelos, wie das Gewissen ist, aber heilsam. Er hat über ihr hartnäckiges, unfreundliches Stillschweigen zu klagen. Einmal lassen sie ihn drei Wochen ohne Nachricht, ohne jede Antwort auf seine dringendsten Briefe. Er droht ihnen, einmal unerwartet in ihre Mitte zu treten und der wankenden Sache aufzuhelfen. Mit allen Trostsprüchen der

Bibel, mit allen Verheißungen des Glaubens sucht er ihren Muth zu beleben. Jeder Brief an Melanchton ist eine gelinde Strafpredigt wegen seiner Aengstlichkeit, wegen seiner Diplomatenkünste in einer Sache, die an einem viel höheren Ort stehe. „Ich hasse Deine großen Sorgen, von denen Du, wie Du schreibst, gequält wirst, auf's Heftigste. Daß sie so in Deinem Herzen regieren, daran ist nicht die Größe der Sache, sondern die Größe Deines Kleinglaubens Schuld. Dieselbe Sache war viel größer unter Johannes Huß und vielen Anderen, als unter uns. Und ist sie groß, so ist auch, der sie führt, groß, denn es ist nicht unsere Sache. Warum quälst Du Dich also fort und fort? Ist die Sache falsch, so wollen wir widerrufen; ist sie aber wahr, warum machen wir den zum Lügner in so vielen Verheißungen, der uns befiehlt, getrosten und sorglosen Gemüthes zu sein? Es ist Deine Philosophie, die Dich so quält, nicht die Theologie. Als ob Du mit diesen unnöthigen Sorgen etwas ändern könntest! Was kann denn der Teufel mehr thun, denn daß er uns erwürge? Was mich betrifft, so bin ich — ist es Dummheit oder Geist? Christus mag zusehen — wegen unserer Sache getroster, als ich je erwartet hatte. Gott kann Todte erwecken, er kann auch seine wankende Sache halten, die gefallene aufrichten, die stehende fördern. Sind wir dessen nicht würdig, so wird es durch Andere geschehen. Wenn wir uns durch seine Verheißungen nicht aufrichten lassen, ich bitte, wer ist sonst jetzt in der Welt, auf den sie sich beziehen? Doch ein ander Mal mehr, wenn ich nicht Wasser in's Meer trage." Er verwundert sich darüber, daß sie ihn anfragen, worin den Papisten dürfe nachgegeben werden. „Für meine Person ist in der Apologie (in dem Augsburger Bekenntniß) schon mehr als genug zugestanden worden: nehmen sie die nicht an, so sehe ich nicht, was ich weiter nachlassen könnte. Tag und Nacht beschäftige ich mich mit dieser Sache, denke, erwäge, laufe die ganze h. Schrift durch und mit jeder Stunde wächst mir jene Siegesgewißheit über unsere Lehre, und werde immer mehr bestärkt, daß ich mir (ob Gott will) nun nichts mehr werd nehmen lassen, es gehe drüber, wie es wolle."

Den Charakter der Unterhandlungen, die auf dem Reichstag vorgenommen wurden, beurtheilt er sehr richtig. „Sie — die Gegner — werden unser Nachgeben weitläufig, weitläufiger, auf's allerweitläufigste annehmen, ihres aber werden sie enge, enger, auf Allerengste spannen. Summa summarum: es gefällt mir gar nicht, daß man will von Einigkeit der Lehre handeln, weil dieselbe ganz unmöglich ist, wo der Papst nicht will sein ganzes Papstthum abthun. Es wäre genug gewesen, so wir hätten angezeigt die Ursache unseres Glaubens und hätten Frieden begehrt. Daß wir sie aber sollten zur Wahrheit bekehren, wie konnten wir das hoffen? Wir sind darum kommen, daß wir hören wollen, ob ihnen unsere Lehre gefalle oder nicht. Gefällt sie ihnen nicht, was wollen wir lang mit unseren abgesagten Feinden um Eintracht handeln? erkennen sie sie aber für recht, was ist's denn von nöthen, die alten Mißbräuche zu behalten?" Er redet von dem wundersamen Werk, den Papst und den Luther zu versöhnen. Der Papst werde nicht wollen und der Luther verbitte sich's. Werden sie gegen den Willen Beider das Werk zu Stande bringen, so werde er ihrem Beispiel folgen und Christus und Belial vereinigen.

Da sich also eine Verständigung als unmöglich erweist, so ist das Natürlichste, daß beide Partheien einander im Frieden lassen. Diesen Rath, von dem die Nation erst 118 Jahre später, erschöpft durch einen dreißigjährigen Krieg Etwas hören wollte, gibt Luther jetzt schon in aller Form. Hiefür wendet er sich in einem offenen Brief an den mächtigsten Prälaten des deutschen Reiches, Churfürst Albrecht von Mainz vom 6. Juli. Da keine Hoffnung sei, daß sie der Lehre Eins werden, so möge doch Albrecht sammt Anderen dahin arbeiten, daß jenes Theil Friede halte und glaube, was er wolle, und lasse uns auch glauben die Wahrheit, die vor den Augen des Reichstags bekannt und untadelig gefunden worden sei. Man wisse ja wohl, daß man Niemand solle noch könne zum Glauben zwingen; das stehe in keines Kaisers noch Papstes Gewalt. Gott selber thue es nicht: was unterstehen sich denn seine elenden armen Kreaturen, nicht allein zum Glauben, sondern auch zu dem, was sie selbst für falsche Lügen halten müssen, zu zwingen? Wäre aber solcher Friede nicht zu erlangen, so haben doch die Protestanten den Vortheil bei Gott und den Glimpf bei aller Welt, daß sie ihre Lehre frei öffentlich bekannt, Friede gesucht und angeboten haben und doch nicht haben erlangen mögen. O daß doch in diesen Zeiten, die den apostolischen so ähnlich seien in der Verfolgung der Apostel durch die bestehende Kirche, Albrecht ein Gamaliel werden wollte, er würde einen Gotteslohn an seiner Nation verdienen. Wolle aber weder Friede noch Einigkeit folgen, wolle weder Gamaliels Rath noch der Apostel und der Juden Exempel helfen, so „laß fahren, was nicht bleiben will, und zürne, wer's nicht lassen kann; er wird Zorns und Unfriedes, darnach er ringet, übrig genug finden." Der Papst redet von gewaltsamer Unterdrückung der Protestanten. „In einem gedruckten Zeddel rühmt er sich mit den Seinen, der Kaiser werde ihm Alles wieder restituiren und ergänzen. Das wird ihm fehlen, das weiß ich sicher; denn was wäre das anders, als daß wir sollten Alles widerrufen, was wir je gelehrt haben, und dagegen alle vorigen Lügen preisen und all' das unschuldig Blut auf uns laden, das von eurem Theil vergossen ist? Ja, lieber Papst und Papisten, gebt uns zuvor wieder Leonhard Kaiser und alle, die ihr unschuldig erwürgt habt, alle Seelen, die ihr mit Lügen verführt habt, alles Geld und Gut, das ihr mit Bescheißerei geraubt habt, alle die Ehre, die ihr Gott mit Lästern gestohlen habt, dann laßt uns von Restitution reden. Es soll in eine Historie geschrieben werden, daß der Papst Solches wagt zu verlangen, als wären eitel Klötze im deutschen Land und auf dem Reichstag lauter Affen."

Noch einmal appellirt Luther an den Patriotismus Albrechts, an das Nationalgefühl der in Augsburg versammelten deutschen Stände gegenüber der welschen Unterdrückung. „Wir Deutschen hören nicht auf, dem Papst und seinen Walen (Welschen) zu glauben, bis sie uns bringen nicht in ein Schweißbad, sondern in ein Blutbad. Wenn deutsche Fürsten in einander fielen, das möcht den Papst, das florentische Früchtlein, fröhlich machen, daß er in die Faust lachen könnt und sagen: da, ihr deutsche Bestien, wollet mich nicht zum Papst haben, so habt das. O große Liebe und Treue hat er zum Kaiser, wie er fein beweiset vor Pavia, da er wider den Kaiser zog. Deutschland hat er noch lieber, daß er den Kaiser aus Hispanien fordert und darnach ohne Beisein der deutschen Fürsten krönet nach Laut der Bullen. Ich bin kein Prophet, aber ich bitt euch Herren alle, sehet euch wohl für und lasset euch ja nicht dünken, daß ihr mit Menschen handelt, wenn ihr mit dem Papst und den Seinen handelt, sondern mit eitel Teufeln; denn es sind auch eitel Teufelstücken dahinter, das weiß ich." — „Euer Churf. Gnaden wolle mir solches Schreiben zu gut halten. Ich kann's ja nicht lassen, ich muß auch sorgen für das arm, elend, verlassen, verachtet, verrathen und verkauft Deutschland, dem ich ja kein Arges, sondern alles Gute gönne, als ich schuldig bin meinem lieben Vaterlande."

So schließt der Reformator seinen großen Kampf gegen den

Romanismus — denn mit dem Reichstag zu Augsburg ist er im Grunde geschlossen und die Stellung der beiden Mächte ist entschieden —, wie er ihn in seinem Aufruf an den Adel deutscher Nation zehn Jahre früher begonnen hatte: mit einer Appellation an das deutsche Nationalgefühl gegen die Unterdrückung durch die Welschen.

Man hat die Haltung Luthers bei der großen Zeitfrage vielfach getadelt. Nicht bloß Katholiken, auch protestantische Romantiker können es ihm nicht vergessen, daß er sich vom Verbande des Episkopats losgerissen hat*). Die Trennung Deutschlands in zwei feindselige Religionspartheien war freilich ein furchtbares Unglück und die Quelle unsäglichen Elends, aber Luther hat vollständig correct gehandelt. Im Jahr 1530 war die Trennung nur durch die Preisgebung der Reformation zu verhüten. Den Protestantismus in die Hände der Bischöfe legen, wie Melanchton wollte, hieß die Komödie von Konstanz zum zweiten Male aufführen. Luther kannte den Romanismus und die Geschichte hat sein Urtheil bestätigt. Drei Jahrhunderte sind dem Katholicismus seitdem zu seiner ungestörten Entwicklung offen gestanden. Wohin hat er es gebracht mitten unter den Einflüssen einer reichen Bildung und Civilisation? Seine jüngsten Früchte sind: unbedingte Herrschaft des Jesuitismus, der Syllabus Pius des Neunten, das Dogma von der unbefleckten Empfängniß der Mutter und Gattin Gottes, die Unfehlbarkeit des Papstes. Ein begeisterter Katholik der Neuzeit, der ausdrücklich nach Rom gegangen war, um seine Vorschläge zu einer Neubelebung des Katholicismus zu den Füßen des heiligen Vaters zu legen, schildert die empfangenen Eindrücke in Worten, die an Erscheinungen der Reformationszeit erinnern: „Ich ging nach Rom und sah da die abscheulichste Kloake, welche jemals das Auge eines Menschen beleidigt hat. Der riesenhafte Abzugscanal der Tarquinier wäre nicht im Stande, alle diese Unsauberkeiten fortzuführen. Da ist kein anderer Gott, als das Interesse, hier würde man die Völker verkaufen, man würde das menschliche Geschlecht verkaufen, man würde die drei Personen der heiligen Trinität, eine nach der anderen oder alle zusammen verkaufen um ein Stück Land oder um einige Piaster. Ich hab es gesehen und ich habe zu mir gesagt: das Uebel geht über die Macht

*) So Holzhausen, der Protestantismus, Leipz. 1849. So der Irvingianer Heinrich Thiersch in seinem Schriftchen: Biographische Skizzen (Luther, Gustav Adolf, Maximilian I. von Baiern). 1869.

eines Menschen hinaus, und ich habe das Auge mit Abscheu und Schrecken abgewandt*)."

7. Nachwirkungen von Koburg.

Es war wie ein Nachklang der gehobenen und begeisterten Stimmung, in welcher er die Lage der Dinge während seines Aufenthaltes auf Koburg aufgefaßt hatte, wenn Luther in der nächsten Zeit in zwei eingreifenden Punkten seine früheren Grundsätze änderte oder ermäßigte: es betrifft die Frage der politischen und religiösen Selbstwehr und das Verhalten bei Differenzen der Glaubenslehre.

Der Reichstagsabschied von Augsburg, der nichts Geringeres, als die Ausrottung des Protestantismus enthielt, mahnte die Anhänger desselben an die Pflicht der Selbsterhaltung. Sie traten in Schmalkalden zu einem Schutz- und Trutzbündniß zusammen. Luther ertheilte diesem Vorgehen seine Beistimmung und vertheidigte in einigen kräftigen Schriften und Ansprachen an seine lieben Deutschen 1531 das Recht der Protestanten, gegen Angriffe des Kaisers und seiner Verbündeten zum Schwert zu greifen. Wenn Krieg entstehe um des Glaubens willen, so seien die Protestanten gerechtfertigt; denn sie haben immer nur Frieden gesucht. Noch auf dem Reichstag zu Augsburg haben sie sich mit Füßen treten und über sich hingehen lassen und dennoch immer um Frieden und Ruhe gebeten, auch sich Alles erboten, was Gott nur leiden möge. „Und wenn unser Theil gleich lauter Bettelbuben gewesen wären, wäre es doch mehr, denn zu viel gewest." Auch jetzt noch stehe es ihm als einem christlichen Prediger nicht an, zum Kriege zu reizen; er werde, wie bisher immer zum Frieden rathen, so lange es möglich sei. Komme es aber zum Kriege, so wolle er dießmal seine Feder ruhen lassen und sich nicht im Geringsten mehr darein mischen, wie er's im Bauernaufruhr gethan habe. Hatte er früher erklärt: Kreuz, Kreuz, Leiden, Leiden ist des Christen einziges Recht, so heißt jetzt seine Losung: sich wehren gegen das Unrecht, Gewalt gegen Gewalt! Hatte er bisher den Unterthanen den unbedingten Gehorsam auch gegen ungerechte und eidbrüchige Obrigkeit gepredigt, so predigt er jetzt Ungehorsam gegen den Kaiser, als der nicht allein wider Gottes Wort, sondern auch wider Eide, Pflicht,

*) Lamennais Correspondance t. II pag. 247. 1832.

Siegel und Briefe handle. Hatte er bisher gegen alle Vergewaltigung um des Glaubens willen nur das gesinnungstüchtige, mit dem Wort protestirende Märtyrerthum als das allein christliche empfohlen, so empfiehlt er jetzt das Schwert. Er erklärt, weltliche Gesetze und Rechte gehen und gelten zu lassen, ohne sie durch die Schrift anzufechten. Die Schrift solle kein Schanddeckel für die Gewaltthätigen sein. Zwischen einem gemeinen und fürstlichen Mörder sei kein Unterschied, wenn der letztere ungerechte Gewalt übe, die über sein Amt hinausgehe. Oeffentliche Gewaltthat hebe alle Pflichten zwischen Unterthanen und Oberherren auf zufolge dem natürlichen Rechte, welches Alles ohne Zweifel christlich sei; ein Mann könne seinen Leib und dieß arme Leben nicht höher und löblicher anwenden, als in solcher Abwehr ungerechter Gewalt. Er kündigte im Fall eines Krieges gegen den Kaiser und dessen Verbündete Rathschläge an denen ähnlich, die er den Fürsten im Bauernkriege gegeben, unter die fürstlichen Widersacher „zu schmeißen, wie unter die tollen Hunde." Er anerkannte, daß der Christ, der als solcher die Welt verläugnen müsse, auch Bürger dieser Welt sei und auch seine weltlichen Pflichten habe, wozu gehöre, daß er das Seinige erhalte und wider Raub schütze. Es gebe Fälle, in welchen das bürgerliche Wohl, die Ansprüche und Rechte der Staatsbürger nicht allein dem Schutze Gottes, der freien muthigen Rede oder dem Märtyrerthum überlassen werden dürfen*). Würde er in einer solchen Auflehnung gegen den Kaiser umkommen, so wisse er, daß er nicht als ein Aufrührer sterbe; aber jedenfalls wolle er dann einen Haufen Bischöfe, Pfaffen und Mönche mit sich nehmen, damit man sage: Doctor Martinus ist mit einer großen Prozession zu Grabe gebracht worden; sie wollen dann ein Wallfährtlein mit einander thun, sie die Papisten in Abgrund der Hölle, er zu seinem Herrn und Heilande Jesu Christo.

Diese Grundsätze sind gewiß ebenso vernünftig und in Uebereinstimmung mit seiner so kraftvollen und männlichen Natur, wie sie im Widerspruch stehen mit seinem ganzen sonstigen Denken und seiner constant festgehaltenen Anschauung vom christlichen Leben. Er hat sich zu denselben durch die Größe des Moments und den Drang der Umstände fortreißen lassen. Aber eben darum war es ihm im Grunde nicht wohl dabei und er benützte die erste Gelegenheit,

*) Vergl. Jürgens III. S. 600.

diesem inneren Conflict auszuweichen. Die Gelegenheit kam bald. Der Kaiser, durch das muthige Auftreten des schmalkaldischen Bundes erschreckt, der katholischen Fürsten, besonders der mächtigen Herzoge von Baiern nicht sicher, mit Frankreich gespannt, in Folge eines neuen Einfalls der Türken der Hilfe der protestantischen Fürsten bedürftig, bot den Nürnberger Religionsfrieden an (23. Juli 1532), durch welchen alle Schritte des Reichsregiments gegen die Abtrünnigen eingestellt und den Bekennern der Augsburger Confession ihre Lehre zugestanden wurde. Die Schmalkaldner forderten einstimmig, daß dieser Friede nicht nur ihnen, sondern auch Allen, die noch zu ihrer Lehre übertreten wollen, zu gut kommen solle. Wie viel war ein Friede werth, der zwar ihnen ihren Besitzstand garantirte, dagegen dem Reichsregiment oder mit Hilfe desselben jedem Bischof oder Fürsten erlaubte, wo eine Stadt, ein Stift, ein Gebiet zur protestantischen Sache übertrat, mit Strafen und gewaltsamer Unterdrückung einzuschreiten? Sollten sie die Hände in den Schoß legen und ruhig zusehen, wenn es dem nächsten besten Junker einfiel, mit Hilfe des Reichsfiscals ihre Bundesgenossen zu quälen? Ein solcher Friede war der beständige Krieg und keine Parthei, die sich selbst achtete, konnte ihn eingehen, zumal, wenn der Gegner in der Lage ist, jede Bedingung annehmen zu müssen. Urbanus Rhegius, der Superintendent des Herzogs von Lüneburg, erklärte, die alten Christen würden eher den Tod, als einen solchen Vergleich gewählt haben. Luther allein ist für den angebotenen Frieden ohne Bedingung und bewirkt durch sein Gutachten, daß zuerst sein Churfürst von der Forderung zurücktritt, wodurch dann auch die Anderen, unwillig und ärgerlich zwar, genöthigt werden, sie fallen zu lassen. Wenn man die Gründe genauer betrachtet, welche Luther für seine Ansicht beibringt, so findet man, daß im Laufe eines Jahres eine vollständige Umstimmung bei ihm eingetreten ist. Wenn man sage — so hören wir ihn jetzt reden — man könne jenen Zusatz nicht mit Gott und Gewissen fallen lassen, weil ohne denselben das Evangelium Anderen gewehrt werde, und der Christ verpflichtet sei, der Anderen Heil und Wohlfahrt zu suchen, so lasse sich das freilich schön schmücken, aber in Wahrheit könne man jenen Zusatz mit Gott und Gewissen fallen lassen; denn man willige damit nicht ein, daß Anderen das Evangelium gewehrt werde, sondern man suche nur für sich einen zeitlichen Frieden und lasse andere Obrigkeiten in ihrem Lande nach ihrem Gutfinden walten. Sie, die Protestanten haben kein Recht, in andere Länder hineinzuregieren. Die Sorge für Anderer Wohl reiche nicht weiter, als die Macht und das Recht reiche. Könne man mit freundlichem Vermahnen es nicht erhalten, daß der Kaiser die Seinen sichere, so sei man entschuldigt; das Weitere solle man Gott überlassen. Jeder Christ sei schuldig, das Evangelium auf eigene Gefahr zu glauben und zu bekennen, wie Christus spreche, wer ihm nachfolgen wolle, der nehme sein Kreuz auf sich. Die Evangelischen in katholischen Gebieten können ja auswandern und ihre Sachen verkaufen. Die Fürsten und Städte des evangelischen Theils haben diese Lehre auch bisher mit eigener Gefahr angenommen und seien nicht dazu veranlaßt worden durch Trost oder Hilfe von irgend einer Seite; sie haben auch nicht gesucht, einen Haufen wider den Kaiser oder sonst Jemand zu machen, also mögen auch andere Städte und Länder thun. Daß der Kaiser sie sichere, das geschehe aus Gnaden und sei ein privilegium personale; man könne nicht verlangen, daß er's auch Anderen zusichere.

Das ist doch ein ganz anderer Ton, als er kurz vorher geführt hat. Den bewaffneten Fürsten- und Städtebund verwirft er zwar auch jetzt nicht, das Recht der Gegenwehr gegen den Kaiser vertheidigt er noch 1539 in einigen kräftigen Bedenken, die er abgiebt*), aber den Erwägungsgründen, die er hier aufstellt, liegt doch seine alte Anschauung zu Grunde: nicht Gegenwehr in Sachen der Religion, sondern allein kraftvolles, aber duldendes Märtyrerthum. Es ist ja nicht richtig, daß die evangelischen Fürsten und Städte keinen Haufen gegen den Kaiser gemacht, vielmehr war der schmalkaldische Bund nichts anders, als dieses; es ist ja nicht richtig, daß Jeder auf eigene Gefahr für seinen Glauben einstand, sondern sie hatten sich verpflichtet, Jedem von ihnen, der bedroht würde, mit gemeinsamen Kräften zu helfen. Der Grundsatz, den Luther aufstellt, würde, auf die Verbündeten von Schmalkalden angewandt, gelautet haben: keine Verbindung zur Abwehr der kaiserlichen Angriffe gegen uns, sondern dulden, wie es Christen geziemt, was der Kaiser über uns verfügt, beten und die Sache Gott anheimstellen. Hatte es vorher geheißen, wie wir gehört haben: wenn der Kaiser die Glaubensfreiheit antastet, so handelt er gegen Eide und Pflichten, darum darf man ihm nicht gehorchen, so ist es jetzt, wenn der

*) Ein Gutachten Luthers vom J. 1536 schließt: „ich Martinus Luther will auch dazu thun mit Beten, auch wo es sein soll mit der Faust."

Kaiser die Protestanten sichert, pure Gnade, ein privilegium personale; wenn er also andere Protestanten unterdrückt, so handelt er nach seinem Recht, das man ihm nicht antasten darf. So sehr ist ihm jetzt der Friede das höchste Gut, daß er ihm religiöse und politische Rechte ohne Bedenken opfert. Der Kaiser ging eben damals damit um, seinen Bruder Ferdinand jetzt schon zum deutschen König wählen zu lassen. Das ging gegen die deutsche Reichsverfassung, und es lag im höchsten Interesse der Protestanten, daß es nicht geschehe, weil er ein fanatischer Papist war; sie konnten es überdieß hindern, da katholische Fürsten, wie die Herzoge von Baiern, sich als Bundesgenossen gegen diese Wahl anboten. Aber wiederum ist es Luther, der den Widerstand der Protestanten, besonders seines Churfürsten gegen das Begehren des Kaisers bricht. Wenn auch die Erwählung Ferdinands im Widerspruch stehe mit der goldenen Bulle Inhalt, so sei eine solche Sünde doch keine Sünde gegen den heiligen Geist und alles Schlimme, was König Ferdinand anrichten könne, komme nicht in Betracht gegen einen Krieg, der aus solchem Handel entstehen könnte. Alle politischen Fehler, die seine Parthei nur machen kann, entschuldigt er mit dem Bedürfniß des Friedens.

Solche Grundsätze, wie sie Luther hier ausspricht, mußten die Thatkraft des schmalkaldischen Bundes lähmen und ihn zuletzt ruiniren. Jeder Moment, der zu energischer Action einlud, wurde verpaßt. Ein Jahrzehend lang klirrten sie mit dem Säbel, aber thaten Nichts, und als der Kaiser endlich Ernst machte, fielen die Häupter des Bundes fast ohne Schwertstreich in seine Hände. Man hebt es immer als etwas Besonderes hervor, daß Luther sein Haupt noch im Frieden habe zur Ruhe legen können, aber man vergißt zu sagen, daß er an dem kläglichen Ausgang des Krieges, der sogleich über seinem geschlossenen Grabe sich erhoben hat, eine Hauptschuld trägt. Ob man jenen Zusatz in den Nürnberger Religionsfrieden mit aufnahm oder nicht, war vielleicht, rein äußerlich betrachtet, gleichgiltig; auch ohne denselben machte der Protestantismus in den nächsten Jahren die größten Eroberungen. 1534 entriß der kühne Handstreich des allezeit thatkräftigen Landgrafen Philipp von Hessen Würtemberg dem österreichischen Hause, wie dem Katholicismus; 1539—44 folgten Brandenburg, das albertinische Sachsen, Braunschweig, die Stifter Magdeburg, Halberstadt, Naumburg. Aber innerlich war der Schaden gewiß groß genug. Eine Parthei, die siegen will, muß am meisten darauf halten, daß sie charaktervoll sei, und ein dem Gegner durch Festigkeit und charaktervolle Haltung einmal abgerungenes Recht wird ein Theil der Geschichte, den man nicht mehr ohne Spuren ausmerzen kann.

Die Spaltung, die im Bewußtsein Luthers lag, mußte sich bei der dominirenden Stellung, die er einnahm, den Genossen des protestantischen Bundes mittheilen. Luther hatte diesen Bund gebilligt in einer vorübergehenden Abweichung von seinen innersten Grundsätzen; diese aber regten sich immer wieder und legten die Thätigkeit des Bundes lahm. Was bedeutet ein Truz- und Schuzbündniß, wenn doch als oberste Maxime gilt: sich nicht wehren, sondern leiden und dulden? wenn die Unterdrückung durch den Gegner als ein heiliges Recht, das dieser hat, betrachtet wird, die Duldung, die man von ihm erfährt, als ein persönliches Privilegium der Gnade gilt?

Einen ähnlichen Verlauf nahm eine andere Erhebung über seine sonstigen Grundsätze und Stimmungen, welche wir in den Jahren 1530 bis 1538 bei Luther eintreten sehen. Das hauptsächlichste Hinderniß eines kräftigen und imponirenden Auftretens der Protestanten lag immer noch in ihrer Spaltung wegen der Abendmahlsfrage. Das Bedürfniß eines einheitlichen Zusammenwirkens hatte zum Gespräch zu Marburg geführt; wir hörten, wie traurig es geendet hat. In Augsburg reichten um dieses Zwistes willen die oberländischen Städte (Straßburg, Constanz, Lindau, Memmingen) ein eigenes Bekenntniß ein, ebenso Zwingli als Vertreter der Schweizer. Jetzt, da seit dem Reichstag zu Augsburg Katholiken und Protestanten wie zwei geschlossene Mächte einander gegenübertraten, mußte das Bedürfniß nach Vereinigung auf Seiten der Letzteren sich mit doppelter Stärke geltend machen. Nicht bloß verminderte diese Spaltung ihre Macht; bedeutende Städte im Herzen Deutschlands, deren Wort oder Schwert in der Wagschale der Zeit ein großes Gewicht hatte, sahen sich von dem Bunde gegen den gemeinsamen Gegner ausgeschlossen. Sondern die Uneinigkeit wegen der Lehre war gerade derjenige Vorwurf gegen die Protestanten, welcher auf die Masse der Altgläubigen den größten und abschreckendsten Eindruck machte. Luther selbst hat sich das nie verhehlt: die Pforten der Hölle, das ganze Papstthum, der Türke, Welt, Fleisch und alles Böse hätte dem Evangelium nicht so viel schaden können, als diese Zwietracht, erklärt er.

Es ist Bucer von Straßburg, der geborne Vermittlungstheologe, der in den dreißiger Jahren trotz alles Undankes, den er von beiden

Seiten öfters erntet, durch immer neue Formeln und unermüdetes Hin- und Her-reisen den Bund zwischen dem norddeutschen und süddeutsch-schweizerischen Protestantismus in's Werk zu setzen versucht. Und Luther zeigt während dieser Zeit bei allem zähen Festhalten an der eigenen Ansicht und unter öfteren Schwankungen seiner Stimmung einen Unionsgeist, den man sonst nicht an ihm gewohnt war. Denselben Bucer, den er in Marburg mit dem Gruße: „Du Schelm", empfangen hatte, empfing er freundlich in Koburg, sprach seine Bereitwilligkeit gegen ihn aus, die Zwietracht zu schlichten, und wenn er sein Leben dreimal daransetzen müßte, weil er wohl sehe, wie nothwendig für sie die Gemeinschaft mit den Zwinglischgesinnten sei, und schöpfte aus den Gesprächen mit Bucer die Hoffnung, daß eine Beilegung möglich sei. Die Ausgleichungsversuche, welche von jetzt an erfolgten, ließen immer einen unausgetilgten Rest übrig, wie künstlich auch die Formeln waren, durch welche ihn Bucer zu verdecken suchte: zu der Erklärung, daß der Leib Christi im Abendmahl von den Zähnen zerbissen und vom Magen verdaut werde, daher von den Gottlosen genossen werde, wie von den Gläubigen, mit einem Worte, nicht bloß eine Speise für die Seele, sondern auch für den Leib sei, konnte Bucer nicht gebracht werden, Luther aber vermuthete mit Recht, wo man dieser Erklärung auswich, bei aller sonstigen Gleichheit der Worte und Formeln eine wesentliche Abweichung von seiner Lehre. Aber trotz dieser Differenz, die durch alle Unterhandlungen nicht gehoben wurde, ist der Ton Luthers während dieser Zeit ein wesentlich anderer als zu Marburg. Er giebt zu, daß hier Gewissen gegen Gewissen stehe*), während er in Marburg und nachher noch von der Voraussetzung geleitet war, daß die Gegner selbst nicht an die Wahrheit ihrer Lehre glauben**). Während er in Marburg nur von einer solchen Liebe wissen wollte, welche der Christ auch dem Feinde schulde, vertritt er in diesem Zeitabschnitt eine Liebe, die den Lehrunterschied

*) Si vos non sentitis hanc sententiam per verba Christi exigi, ut scribis, tamen mea conscientia sentit eam exigi" schreibt er an Bucer unterm 22. Febr. 1531.

**) Brief an Philipp von Hessen von Koburg aus, 20. Mai 1530: „ich weiß fürwahr, daß die Widersacher ihr eigen Gewissen selber nicht damit stillen können, und glaube sicher, wäre das Bier wieder im Fasse, sie ließen's jetzt wohl anstehen. Aber weil sie in's Nein kommen sind, wollen und können sie nicht zurück."

zwar nicht verhülle, aber auf der anderen Seite redliche Gesinnung anerkenne und eine gegenseitige Verträglichkeit möglich mache. Im Sommer 1535 erläßt er mehrere freundliche und ermunternde Schreiben nach Straßburg, Augsburg, Ulm, Eßlingen. So erklärt er den Augsburger Geistlichen: im ganzen Lauf des neu entstandenen Evangeliums sei ihm nichts Freudigeres widerfahren, als daß er nach dem traurigen Zwiespalt endlich eine aufrichtige Eintracht hoffen, ja sehen dürfe; um sie fest zu machen, wolle er gern alles Mögliche auf sich nehmen; gelinge es, so wolle er dann unter Freudenthränen singen: Herr, nun lässest du deinen Diener im Frieden fahren.

Um diesen Zweck zu erreichen, will er gern Etwas nachgeben, und zu vorhandenen Differenzen ein Auge zudrücken, wie er an die Augsburger unterm 5. Oct. schreibt, die er mit anderen Städten zu einer Zusammenkunft einladet, „damit wir uns gegenseitig innerlich und äußerlich kennen lernen, und, wenn noch Etwas vorhanden, was man ertragen, nachgeben oder zudecken muß, unterzeichnen und gemeinsam beschließen, damit nicht die Feinde aus einer Mücke einen Elephanten machen und aus unserer Uneinigkeit oder nur halben Einigkeit Anlaß suchen."

Noch viel entscheidender für seine veränderte Stimmung, als dieser freundliche Verkehr mit den oberdeutschen Städten, ist sein Verhalten gegen die Schweizer, die doch immer ihren Gegensatz gegen seine Lehre schroffer, als jene, hervorgekehrt haben. Nach Zwingli's Tode benützten auch sie gerne Bucer als ihren Vermittler mit dem deutschen Protestantismus; unter diesem Einfluß sind die Sätze über das Abendmahl in der helvetischen Confession formulirt worden; aber gleichwohl ist die Kluft noch groß genug; jede leibliche, fleischliche Gegenwart Christi im Abendmahl wird abgewiesen; nur die Zeichen genieße der Mund, aber, was sie bedeuten, das von Christus erworbene Heil, empfange allein der Geist. Und doch sehen wir Luther die Anerbietungen einer Concordie von Seiten der Schweizer auf's Freundlichste entgegennehmen. In den verschiedenen Schreiben an Private und Städte verschweigt er, so viel möglich, das Scheidende, sucht vorherrschend seine Lehre gegen Mißverständnisse und Anstöße zu rechtfertigen. Unterm 17. Febr. 1537 schreibt er an den Bürgermeister von Basel, Jacob Meyer: „ich habe fröhlich und gern Euren Fleiß und Ernst, das Evangelium

Christi zu fördern, bemerkt. Gott gebe hinfort mehr und weiter Gnade, damit wir allesammt in rechter lauterer Einigkeit zusammenstimmen. — Nun ist es nicht Wunder, da wir noch im Fleische leben, daß vielleicht beides bei den Unserigen sowohl als bei den Euren möchten noch etliche Argwohn haften, sintemal wir über dieser Sache nicht scherzweise, sondern mit Ernst an einander gerathen sind, daß hierin Noth sein wird neben christlicher Liebe Pflicht, der Streiche und Schmerzen zu vergessen und um so viel ernstlicher zur Eintracht zu streben, es sei mit Geduld, Sänfte, gutem Gespräch und womit es sein kann und geschehen mag, sonderlich aber mit herzlichem Gebet zu Gott. Derhalben ich herzlich bitte, wollet bei den Eurigen treulich anhalten, daß sie allesammt wollten helfen die Sachen stillen. Es soll an uns auch nicht mangeln, wir thun auch weidlich dazu und ist auf unsern Kanzeln und unter dem Volk Alles still; nur daß die Euren die ruhenden Vögel nicht scheuchen, sondern auch zum Frieden mit uns treulich helfen. Die Sache wird sich nicht in uns schicken, sondern wir müssen uns in die Sache schicken."

In dem Schreiben an die schweizerischen Städte vom 1. Dez. bleibt er zwar, wie immer, unerschütterlich bei seiner Lehre, hält es aber, wo man sich hierüber noch nicht ganz verstehe, für das Beste, gegen einander freundlich zu sein und immer das Beste zu einander zu versehen, bis das trübe Wasser sich setze. Er begreift es, daß solche große Zwietracht nicht so leicht und schnell ohne Ritzen und Narben geheilt werden könne. Er für seine Person lasse allen Unwillen von Herzen fahren und meine sie mit Treu und Lieb.

In einem späteren Brief vom 9. Juni 1538 bekennt er unter Anderem, daß er nicht zweifle, es sei bei ihnen ein sehr fromm Völklein, das mit Ernst wohl thun und recht fahren möchte; darüber freue er sich und hoffe zu Gott, daß dieser, ob etwa noch eine Hecke sich sperre, mit der Zeit Alles werde zur fröhlichen Aufhebung helfen.

In der gleichen Zeit spricht er sich selbst über Zwingli in einer Weise aus, wie er es sonst nie gethan hat: Er schreibt an Heinrich Bullinger, Zwingli's Nachfolger, unterm 14. Mai 1538: „nachdem ich Zwingli zu Marburg gesehen und gehört hatte, habe ich ihn für einen vortrefflichen Mann gehalten, wie auch den Oekolampad, so daß ihr Tod mich auf's Allertiefste ergriffen hat (paene exanimaverit), aus keiner größeren Ursache, als weil ich annehmen mußte, er sei in seinem Widerspruch gegen unsere Lehre verharrt, welche wir für ebenso wahr halten, als Ihr die Eure. Auch das hat mir weh gethan, daß Du nachher unter Deinem Namen Zwingli's Buch an den christlichen König herausgegeben hast mit großen Lobsprüchen, da Du doch weißt, daß in jenem Buche sehr Vieles ist, was nicht bloß uns, sondern alle Frommen mit Recht verletzt: nicht, als ob ich den Ruhm Zwingli's beneidete, dessen Tod mich so schmerzlich berührt hat, sondern weil die Reinheit der Lehre um keines Menschen willen geringgeschätzt werden darf. Das schreibe ich, damit Du sehest, daß ich mit wahrer Aufrichtigkeit ohne jeden Heuchelschein mit Dir verkehre. Ihr glaubet vielleicht, wir irren, das befehle ich dem Urtheil Gottes; wahrlich auch wir können nicht alles das Eure billigen, wenn wir unser Gewissen nicht belasten wollen, was Ihr, wie ich nicht zweifle, nicht von uns verlanget. Aber nichts könnte mir vor dem Tode Freudigeres begegnen, als wenn uns endlich durch Gottes Gnade jener Geist geschenkt würde, der mir Herz und Seele erquicken würde, daß wir Eines dächten und sprächen in Christus."

Man sieht: seine Ansicht hält er fest; auch das katholische Vorurtheil, daß an jedem Punkt der reinen Lehre die Seligkeit hänge, wird er nicht los; darum hat ihn Zwingli's Tod so aufgeregt, weil er ihn für verloren halten muß. Aber seine Gesinnung gegen die Gegner ist anerkennend, wohlwollend, human. Mit dem Nachfolger Zwingli's redet er im Tone des aufrichtigen Freundes, trotzdem derselbe der Ansicht Zwingli's huldigt und ein „gottloses" Buch desselben mit wunderbaren Lobsprüchen erhebt. Und dieses Buch in der Hand, aus welchem er sonst nur den baaren Heiden heraushört, über das er zwar auch jetzt seinen Tadel nicht zurückhält, nennt er Zwingli den vortrefflichsten Menschen.

So verkehrt er denn auch mit Bucer auf's Freundschaftlichste. Die Scene aus dem Jahr 1536 zwischen Luther und Bucer gehört zum Bezeichnendsten. Als Bucer nach vielen Bemühungen und ärgerlichem Sträuben Luthers endlich seine Concordie zu Wege gebracht hatte, waren die Abgeordneten noch einige Tage gemüthlich bei einander; Luther hatte Bucer und einige Freunde des letzteren zur „Letze" geladen, während Melanchton die Anderen beherbergte. Als nun über Tisch etliche Reden von Bucers in Wittenberg gehaltener Predigt mit einfielen, spricht Luther zu Bucer: es hat mir die heutige Predigt wohl gefallen, doch bin ich ein viel besserer Prediger, als Ihr. Ja, sagt Bucer, dieses Zeugniß geben Euch Alle, so Euch gehört haben, und muß Eure Predigt Jeder loben. Nicht also, spricht Luther, Ihr sollt mir's nicht für Ruhmredigkeit auslegen, denn ich erkenne meine Schwachheit und weiß keine so scharfsinnige und gelehrte Predigt zu thun, wie Ihr, aber wenn ich auf die Kanzel trete, so sehe ich, was ich für Zuhörer habe, denen predige ich, was sie verstehen können; denn die Meisten sind arme Laien und schlechte Wenden. Ihr aber suchet Eure Predigt gar zu hoch und schwebet in der Luft, im Gaischt, Gaischt; darum gehören Eure Predigten nur für die Gelehrten, die können meine Landsleut allhie, die Wenden, nicht verstehen. Darum thue ich wie eine getreue Mutter, die ihrem weinenden und säugenden Kinde die Brüste bald in's Maul hänget und ihm Milch zu trinken giebt, davon das Kind besser gelabet und gewartet wird, als wenn sie ihm ein Zuckerrosat oder anderen köstlichen Syrup aus der Apotheke wollte eingießen." Man bemerke neben dem leichten Spott über die breitere oberländische Aussprache die treffende Zeichnung der Gegensätze auch in der Lehre und in der Gesammtanschauung: bei Luther das Massive, Greifbare in der Religion ähnlich wie im Katholicismus, bei den Reformirten Geist, Geist, wie es sich in der Abendmahlslehre am greifbarsten zeigt; bei Luther der Mensch dem rohen Wenden und dem unmündigen Kinde gleich, welchem die göttliche Liebe gleichsam die Brüste hinhalten muß, bei den Reformirten die Selbstthätigkeit des zum Göttlichen sich erhebenden, auch in den Sacramenten das Heil durch eigene Geistesthat sich aneignenden Menschen.

Leider vermochte Luther nicht, auf dieser Höhe der Unionsstimmung sich zu erhalten; wir werden ihn in seinen letzten Lebensjahren in seinen bitteren und herben Confessionalismus zurückfallen sehen. Man wird fragen, was ihn in den dreißiger Jahren so gleichsam über sich selbst hinausgehoben habe? worin diese Abweichung von seinen sonstigen Grundsätzen ihren Grund gehabt habe? Der Grund liegt ohne Zweifel an der gleichen Stelle, an welcher auch sein vorübergehendes Abweichen von dem Grundsatz des duldenden Gehorsams zu suchen ist. Mit dem Reichstag zu Augsburg hatte sich die Kluft zwischen Katholicismus und Protestantismus als unheilbar gezeigt. Die Papisten hatten Gelegenheit, die evangelische Lehre zu hören, uud sie haben sie nach Luthers Meinung müssen wahr sein lassen, und doch verläugnen sie nun in unsäglicher Verblendung das Gotteswort und bringen Verwüstung über sein liebes Vaterland und zücken das Schwert zur Vernichtung der Protestanten. Da sagte doch der gesunde Verstand, daß solch bübischem Thun gegenüber Selbstwehr erlaubt sein müsse, zumal da es nicht wilde, ungeordnete Massen waren, die zur Wehre griffen, sondern geordnete Gewalten, Fürsten und städtische Gemeinwesen. Darum billigte er den schmalkaldischen Bund. Aber die gleichen Eindrücke mußten ihn auch den Oberdeutschen und Zwinglianern als Bundesgenossen gegen den gemeinsamen Feind näher bringen. Der Abscheu gegen das unheilbare Papstthum, der seine Seele in jener Zeit so mächtig erfüllte, daß er den in Schmalkalden 1537 versammelten Bundesgenossen, als eine Krankheit ihn aus ihrer Mitte trieb, beim Weggehen zurief: „Gott erfülle euch mit Haß gegen den Papst,“ war geeignet, ihn um so milder gegen jeden Gegner desselben zu stimmen. War, wie er sich damals nicht verhehlte, die Uneinigkeit der Protestanten dem Fortschritt des Evangeliums schädlicher, als der ganze Papst und der Türke und die Welt, wie nahe lag in einer Zeit, da das Evangelium so schwer bedroht schien, der Versuch, die Hand soweit zur Versöhnung zu reichen, als die eigene Ueberzeugung nicht darunter litt! Diese aber hatte seit dem Tag in Marburg so bedeutende Chancen gewonnen, daß für ihre Zukunft Nichts mehr zu befürchten stand: hatte es sich zu Marburg noch darum gehandelt, welche Ansicht vom Abendmahl zur Geltung gelangen sollte, die zwinglische oder die lutherische, so war diese unterdessen in einem officiellen Aktenstück, in der Augsburger Confession zum Glaubensartikel des deutschen Protestantismus erklärt worden, und die Hand, die man von diesem sicheren Besitzthum aus den Oberländern und Schweizern bot, war dadurch so mächtig und stark geworden, daß sie hoffen konnte, die noch ferne Stehenden zu sich herüberzuziehen, um so mehr, als diese keinen Zwingli mehr hatten.

Aus diesen Rücksichten und Stimmungen erklärt sich wohl hinlänglich die merkwürdige Erscheinung, daß der in Sachen der reinen Lehre so starre und unbeugsame Luther eine Zeit lang über die Kluft der Lehrdifferenz hinüber die Hand zu Freundschaft und Bündniß geboten hat. Die Lutheraner von heute, denen die Union ein

---

*) „Deus vos impleat odio Papae.“ Als er während der Reise, in Tambach, Erleichterung seiner Schmerzen — es war ein Steinleiden — fand, schickte er sogleich mit der Freudennachricht einen Boten nach Schmalkalden. Beim Vorübergehen an der Herberge des päpstlichen Legaten (der anwesend war, um das Concil bei den Schmalkaldnern zu betreiben) rief jener mit lauter Stimme: Vivit Lutherus, vivit Lutherus!

Greuel ist, sollten nicht vergessen, daß diese friedliche Stimmung bei ihrem Meister doch fast ein Jahrzehent angedauert hat.

8. Luther im Privatleben.

In der friedlichen Stimmung, in welcher wir Luther im vorigen Abschnitt verlassen haben, halten wir sein Bild gerne noch einen Augenblick fest, um einen Blick in sein Privatleben zu werfen. Auch im Hausrock ist er Reformator, und so manches Harte, Beschränkte, Maßlose, was dem Theologen anhängt, mildert sich an den liebenswürdigen Tugenden des schlichten Christen und des kerngesunden Menschen.

Als er von der Wartburg wieder nach Wittenberg gekommen war, trat er in sein Kloster zurück. Aber dieses hatte unterdessen große Veränderungen erlitten. Die Vögel waren ausgeflogen bis an den Prior. Mit diesem lebte Luther noch eine Zeit lang zusammen und besorgte mit ihm die Klostereinkünfte. Als ihm dieses Geschäft zu mühselig wurde und auch der Prior austrat, übergab er seinem Churfürsten Schlüssel und Einkünfte; dieser aber überließ hinfort Luthern das Gebäude und den Garten. Im Herbst 1524 zog der Reformator die Mönchskutte für immer aus und trug von jetzt an einen Priesterrock, wozu ihm der Churfürst das Tuch von schwarzer Farbe — damals die Hoffarbe, von da an die Farbe für Kleidung und Ornat der evangelischen Geistlichkeit — geschenkt hatte. Bald aber sollten die alten Klosterräume noch eine viel größere Veränderung mitansehen. Obwohl kein Mönch mehr und von der Verwerflichkeit des Cölibats überzeugt, hatte doch Luther bisher nicht an's Heirathen gedacht. Bei dem bloßen Gedanken an die Möglichkeit eines solchen Schrittes war er sich ganz lächerlich vorgekommen. „Guter Gott! unsere Wittenberger werden auch den Mönchen Eheweiber geben, mir werden sie keine Frau aufdrängen," hatte er von der Wartburg geschrieben. Aber unterdessen treibt er alle Welt zum Heirathen, weil er überzeugt ist, daß die Ehe der von Gott verordnete Stand ist, in welchem der Mensch seine Bestimmung erfüllen soll; selbst den Kardinal und Churfürsten Albrecht von Mainz will er Anfang Juni 1525 in einem eigenen Schreiben zum ehelichen Stande bereden, wobei er von sich erklärt, daß er, um seine Lehre durch sein Beispiel zu bestätigen, gesonnen sei, auf seinem Todbette sich noch ein frommes Mägdlein antrauen zu lassen zu verlobter Josephsehe. Der Mensch denkt, Gott lenkt. Unter den vielen Nonnen, die auf Luthers Ruf ihre Klöster verlassen hatten und dem sonst schon so geplagten Reformator mit ihrer Versorgung unsägliche Mühe machten — „Lutherus habet crassum dorsum, feret et hoc onus,“ dachten die Hilfsbedürftigen aller Art —, befand sich auch Katharina von Bora, ein kräftiges, stattliches Mädchen, die verlassene Tochter einer verarmten*) Familie des meißnischen Landadels. Zwei Jahre hatte sie im Hause des Stadtschreibers Reichenbach zu Wittenberg zugebracht. Zweimal hatte sich Luther bemüht, auch ihr einen Gatten zu werben, wie er in väterlicher Sorge schon mehreren ihrer Schicksalsgenossinnen gethan hatte, endlich erklärte Katharina, sie werde keinen Mann freien, wenn nicht Luther selbst oder dessen Freund Amsdorf. Luther war darüber verwundert, aber er entschloß sich rasch. Von Lukas Kranach begleitet hielt er am 13. Juni 1525 um sie an und ließ sich schon Tags darauf in der Stille trauen, weil der Satan beim Verschieben der Hochzeit gerne Hinderniß mache durch böse Zungen; am 27. wurde das feierliche Hochzeitsmahl gehalten, wozu er beim Hofe um den üblichen Wildbraten nachsuchte und von der Stadt Wittenberg den Festwein zum Geschenk erhielt. Unter den feiernden Freunden fehlte dießmal Melanchton, weil ihn seine Aengstlichkeit in diesem Schritt seines großen Freundes einen Schaden für sein Werk erblicken ließ. Es war nicht ein romantischer Liebeszug, der dieses Ehebündniß schloß — „ich bin nicht verliebt und nicht in Leidenschaft, aber ich liebe mein Weib,“ schrieb er um jene Zeit an einen Freund, und bei einer Tischrede gestand er einmal: „wenn ich vor 13 Jahren hätt' freien wollen, so hätt' ich Eva Schönfeld genommen“ —, es war der Gehorsam gegen ein Gottesgebot, ferner die Rücksicht auf den Wunsch seines Vaters, einen Enkel auf seinem Schoße zu haben, und endlich der seiner Natur angeborne Trotz gegen das Urtheil eines in katholischen Anschauungen aufgewachsenen Geschlechtes über Priesterehe; ängstliche Freunde zitterten für seinen Nimbus, die Papisten deuteten mit Hohn auf den wollüstigen Mönch. Das waren lauter Reize für ihn, der Welt zum Trotz rasch zu handeln. Ueberdieß fühlte er sich nie einsamer als damals. Eben war der Bauern-

*) Für einen Bruder seiner Frau, Hans von Bora, bittet Luther später den Herzog Albrecht von Preußen, demselben jedes Vierteljahr ein paar Gulden zuzuwerfen, damit er auch Hemden und andere Nothdurft bezahlen möchte. de Wette d. 294, ebenso seinen Churfürsten um eine Anstellung. de W. e. 411.

aufruhr gedämpft; gehaßt von den Fürsten, die ihm alles Unheil zuschrieben, verwünscht von dem Volke, das ihm sein Unglück Schuld gab, verwundet im Gemüthe durch den tragischen Conflikt, in welchen er hineingerathen war, sehnte er sich nach einem Asyl des Friedens, nach der glücklichen Stille eines häuslichen Heerdes.

So war das Seltsame geschehen, daß ein ausgetretener Mönch in die Ehe trat mit einer ausgelaufenen Nonne. Die Gegner erinnerten mit Hohn an die Sage, daß aus solchem Bund der Antichrist werde hervorgehen, wozu freilich Erasmus witzig bemerkte, daß dann die Welt längst voll Antichristen sein müßte; in Wahrheit aber ist dieser Bund die Quelle des reichsten Segens für den Reformator, wie für das Volk, das Muster der Ehe für viele Tausende geworden. Denn „von jetzt an," sagt G. Freitag, „wurde der Gatte, der Vater, der Bürger auch Reformator des häuslichen Lebens seiner Nation, ein Vorbild für Hausandacht, Ehe, Kinderzucht, sowie für das gesellige Familienleben, und gerade der Segen seiner Erdentage, an welchem Protestanten und Katholiken heute noch gleichen Antheil haben, stammt aus seiner Ehe."

Alles, was man gegen das reine Glück dieser Ehe gesagt hat, beruht auf böser Zunge. Es ist wahr: die gute Käthe hat etwas männlich Resolutes, Selbstbewußtes, Stolzes, Scharfes in ihrem Wesen. Das zeigt sich schon in der nicht sehr weiblichen Art, wie sie sich Luther antragen läßt. Auch in so manchen Urtheilen über Personen und Sachen, die in Luthers Briefen da und dort sich eingestreut finden, offenbart sich etwas Herbes und Stolzes*). Luther nennt sie mit treffendem Humor seine Domina oder seinen Dominus, und redet von ihr, wie von einem Wesen männlichen Geschlechts: meus Ketha.

Nach dem Sprichwort: gleich und gleich gesellt sich gern, wird diese Eigenschaft des Weibes das häusliche Glück nicht gestört haben. Zu Luthers Kraftnatur paßte eine männlich resolute Frau und an dem Ueberschuß von Willen, der in seinem Wesen lag, mußte dieser Zug der Gattin ohne Schaden für den Hausfrieden abgleiten. Redete Frau Käthe gerne und wohl auch etwas vorlaut, so war die „Lust zum Fabuliren" Luthern angeboren; er hatte immer das Herz auf der Zunge; er bewundert Kaiser Carl wegen seiner Schweig-

*) Siehe Anhang Anmerkung 10.

samkeit; der spreche in einem Jahre nicht so viel, als er in einem Tage.

Dabei nahm Frau Käthe Theil an Allem, was den Mann interessirte und bewegte. Sie war nicht bloß die Magd des Mannes, sie war die Genossin seiner Studien und geistigen Bestrebungen. In seinen Briefen weiht er sie in seine Sorgen und Kämpfe ein. Es ist ein reizendes Bild, welches uns aus der ersten Zeit ihrer Ehe vorgeführt wird: Luther am Schreibtisch, seine weltbewegenden Gedanken niederschreibend, die Frau neben ihm in weiblicher Arbeit, ihn unterbrechend mit Fragen: „Herr Doctor, ist der Hochmeister in Preußen des Markgrafen sein Bruder?" und wiederum der Reformator, dem geliebten Weibe Briefe vorlesend. Einmal wurde der praktischen Frau des ewigen Bibel- und Psalmenlesens, worauf Luther große Stücke hielt, doch zu viel, Gott verlange das nicht, er wolle nur, daß man darnach handle. Auf diese verständige Rede erseufzte Luther und sprach die weissagenden Worte: „So fängt der Ueberdruß an Gottes Wort an; es werden lauter neue Bücher kommen und die Schrift wird wieder in den Winkel geworfen." In seinen Briefen an Freunde vergißt er selten, Grüße von Ketha beizufügen. Bisweilen sind es launige Bemerkungen, Räthe, Ermahnnngen, die sie ihm an Freunde aufgiebt. Man erhält aus Allem den Eindruck, daß Luthers Ehe auf einer vollständigen Gemeinschaft des Geistes und Gemüthes beruhte.

Das hinderte Frau Käthe nicht, eine ausgezeichnete Wirthschafterin zu sein. Ein Haus, wie es Luther führen mußte als das Haupt der geistigen Bewegung einer ganzen Zeit, als der berühmte Mann, der täglich von Lernenden und Gelehrten aus allen Ländern aufgesucht wurde, erforderte an sich schon viel. Ueberdieß trank der Doctor gerne ein gutes Glas Wein und einen guten Krug Bier; auch liebte er Gesellschaft an seinem Tisch und war überaus gastfreundlich. Außer seinen täglichen Tischgenossen, Studirenden und Gelehrten, die in den weiten Klosterräumen Logis und an seinem Tische Kost fanden, hatte er gern fremde Gäste, wie einheimische Freunde an seiner Tafel. Er gönnte sich und Anderen gern etwas Gutes; in solchen Stunden gemüthlicher Tafelfreuden spendete er neben der leiblichen Gabe die reichen Schätze seines Geistes; er sprudelte von Witz und Laune; sein Gespräch war belehrend und unterhaltend; er hatte so viel zu erzählen aus seinem an Gegensätzen so reichen Leben; er ergoß sich in zwangloser Redseligkeit über Sachen und Personen, über alle Gebiete des bürgerlichen und kirchlichen Lebens.

Die Einnahmen, um ein so vielfach in Anspruch genommenes Haus zu befriedigen, waren nicht glänzend. Der Mann, der sich in der neuen Kirche die höchste und einträglichste Stellung schaffen konnte, begehrte nie mehr, als was er schon als der noch unberühmte und demüthige Mönch der alten Kirche besessen hatte; während er seine Freunde zu Bischöfen weihte, blieb er einfacher Pfarrer und Universitätslehrer. Nie hat ein Mann, welcher der Welt so viel gewesen war, weniger von der Welt verlangt. Sein Predigtamt trug ihm Nichts ein, wie er in einem Testament vom Jahr 1542 bezeugt, daß er nun bei 30 Jahr Prediger gewest, Nichts von ihnen (von Rath und Stadt) genommen zu Lohn und wenig geschenkt erhalten, also von dem Seinen ihnen gedient habe. Durch seine Schriften bereicherte er nur den Verleger, nicht sich selbst; denn er bezog nach der Sitte der Schriftsteller früherer Zeiten kein Honorar, dafür etwa Geldgeschenke von Fürsten und Vornehmen*). Auch Geschenke an Kleidern und Naturalien flossen ihm aus der Hand des Fürsten und der Freunde reichlich zu, wie wir aus seinen Briefen ersehen. So schickt ihm 1536 der Churfürst ein Faß mit 6 Eimer Wein und ein wildes Schwein, ein ander Mal sein Freund Nicolaus Hausmann einen Bock zum Martinstag u. s. w. Es ist ein ächt gemüthlicher Zug der Zeit und bezeichnet ein Verhältniß zwischen Fürst und Volk, wie es nur in einem naiven Zeitalter möglich ist, wenn Luther bei der Hochzeit seines Freundes Bugenhagen (Pommeranus) an Spalatin schreibt: „Johann Pommeranus wird am Montag nach Dionysii Hochzeit halten. Wir bitten Dich daher, Du mögest uns ein gutes Wort beim Churfürsten einlegen, daß er mit etwas Wildbret beehrt werde, sowohl seinetwegen, der es an sich werth ist, als unsertwegen, seiner Gäste, über die Du selbst urtheilen magst, ob wir es werth sind. Handle denn so, daß wir sehen, ob wir am Hofe Etwas gelten mit unseren Bitten zu einer künftigen Hoffnung Anderer.“ Aber solche Geschenke genoß der Freigebige nie allein; die Freunde und Mitarbeiter seines Werkes, die Jonas, Melanchton, Bugenhagen, Cruciger erholten sich bei ihm von der Arbeit des Lebens. Ueberhaupt war der Doctor ein Mann,

*) Siehe Anhang Anmerkung 11.

der mitzutheilen und wohlzuthun nie vergaß. Dem Bedürftigen hätte er das Hemd vom Leibe weggeben können. Für wie viele Hilfsbedürftige aller Art hat er laut seinen Briefen gebettelt! Wie Vielen hat er aus seiner Armuth selbst geholfen! Einem Armen schenkte er, als die Frau in den Wochen lag, das Pathengeld, weil er nichts Anderes vorfand. Auf einem Zeddel von seiner Hand, wahrscheinlich für den Rath von Wittenberg bestimmt, stehen die Worte: liebe Herrn! es muß dieser arme Gesell auch Hungers wegen davon. Nun hat er keine Zehrung und muß reisen; weil er aber ein frommer und gelehrter Mann ist, muß man ihm helfen. So wisset Ihr, daß meines Gebens ohnedieß viel und täglich ist, bitte derohalben, Ihr wollet ihm 30 Groschen geben. Wo nicht so viel, so gebet ihm 20, so will ich 10 geben. Wo nicht, so gebet die Hälfte, so will ich die andere Hälfte geben. Gott wird's wohl wiedergeben." Ein Brief, den er unterm 27. Febr. 1532 von Torgau aus, wo er sich wegen der Krankheit des Fürsten aufhielt, an seine Frau schrieb, in Betreff des sein Haus verlassenden Dieners, Johann Rischmann, verdient als ein Denkmal seiner edlen Fürsorge und nobeln Gesinnung hervorgehoben zu werden: „Meiner herzlieben Hausfrauen, Katharin Lutherin, zu eigenen Handen! — — Weil Johannes wegzieht, so will's die Noth und Ehre fordern, daß ich ihn lasse ehrlich von mir kommen. Denn Du weißt, daß er treulich und fleißig gedient hat, und wahrlich dem Evangelio nach sich demüthig gehalten und Alles gethan und gelitten. Darum denke Du, wie oftmal wir haben bösen Buben und undankbaren Schülern gegeben, da es alles verloren gewesen ist: so greif Dich nun hier an und laß bei einem solchen frommen Gesellen es an Nichts mangeln, da Du weißt, daß es wohl angelegt und gottgefällig ist. Ich weiß wohl, daß wenig da ist, aber ich gäbe ihm gern 10 Fl., wenn ich sie hätte. Aber unter 5 Gulden sollst Dn ihm nicht geben, weil er nicht gekleidet ist. Wenn Du drüber kannst geben, das thue, da bitte ich um. Es möchte zwar der gemeine Kaste mir zu Ehren einem solchen meiner Diener wohl Etwas schenken, angesehen, daß ich meine Diener muß halten auf meine Kosten zu ihrer Kirchen Dienst und Nutz, aber, wie sie wollen! Laß Du ja nicht fehlen, weil (so lange noch) ein Becher da ist. Denke, wo Du es kriegest. Gott wird wohl Anderes geben; das weiß ich."

Wenn bei alle dem der Wohlstand des Hauses mit jedem Jahre wuchs, so war dieß ohne Zweifel vor Allem das Verdienst der erwerbsamen, umsichtigen, thätigen Pfarrfrau. Sie hatte viel zu thun, die gute Frau: Zucht und Aufsicht zu üben über das zahlreiche Hausgesinde, worin sie die längste Zeit über von einem gewissen Jodocus Neobulus*), dem Hof-, Haus- und Zuchtmeister über das männliche Hauspersonal, treulich unterstützt wurde, Haus und Garten zu bestellen, den Tisch für die vielen täglichen Tischgenossen zu rüsten, die zahlreichen Gäste zu bewirthen, dem Manne die weltliche Sorge abzunehmen. Aber keine Arbeit war ihr zu viel oder zu niedrig (Luther redet sie einmal in einem Briefe scherzhaft mit dem Titel „Säumärkterin" an), besonders seit Luther in ziemlicher Entfernung von Wittenberg ein Landgut, Zulsdorf, angekauft hatte. Sie leitete und besorgte die Oekonomie desselben. Im Jahr 1541 schreibt er an den gestrengen und ehrenfesten Ehrenfried vom Ende: „meine liebe Käthe läßt Euch bitten und ich bitte für sie, weil sie eine neue Haushalterin worden ist zu Zulsdorf, und von hinnen fern gelegen, Ihr wollet ihr diese nachbarliche Freundschaft thun und 12 Scheffel Korn und 24 Hafer leihen, das will sie Euch redlich wiedergeben nach der Dresche, so nächstkünftig — —." Die größte Freude machte es ihm, wenn er durch Freunde etwas Rares, das man in Wittenberg nicht haben konnte, Früchte oder andere Produkte aus fernen Städten seiner Käthe in's Haus bringen durfte. Selbst in Koburg mitten unter den Geschäften des Reichstages hat er diese kleinen Aufmerksamkeiten nicht vergessen.

Es ist uns gestattet, einen Blick in das Haushaltungsbuch der beiden Eheleute zu werfen. Es existirt noch von Luthers Hand aus den Jahren 1535 und 1536 ein Bogen, überschrieben: „wunderliche Rechnung zwischen Doct. Martin und Kethen." Neben den gewöhnlichen Haushaltungsbedürfnissen erscheinen u. A. Ochs, Schwein, Gense, Hühner, Enten, Vögel, Tauben, grüne und dürre Fische, Krebse (Fleisch in Scheeren) aufgeführt; neben den zahlreichen Handwerkern, die alle rufen: gieb Geld, figuriren auch Bettler, Diebe, Hochzeiten, Gevatter, Geschenke, Gastungen, Jahrmarkt, St. Niclas, Knechte, Mägde u. s. w. Zwischen die Zeilen dieser „wunderlichen" Rechnung sind in der fröhlichsten Laune überall Verse und gute Räthe lateinisch und deutsch eingestreut. So: Oeconomia est altrix politiae et ecclesiae; Cato dicit, agricolas esse fortissimos viros. Wiederum:

*) Dieser Mann hatte auch eine große Macht über Luthers Launen und viele Theologen gebrauchten seine Vermittlung, wenn sie Luther für Etwas gewinnen wollten. Vgl. Bucer's Leben von Prof. Baum in Straßburg.

Ich armer Mann so halt ich Haus
Wo ich mein geld soll geben aus
Da durfft ich's wol an sieben ort
Und fehlet mir allweg hie und dort.

Thu, wie dein Vater hat gethan
Wo der wollt einen Pfennig han
Da fand er drei im Beutel bar
Damit bezalet er alles gar,
Kein heller wolt er schuldig sein
So hielt er haus und lebet fein.

Thu, wie dein Vater hat gethan
Wo der sollt einen Pfennig han
Da mußt er borgen drei dazu,
Blieb immer schuldig Rock und schuh
Das heißt denn hausgehalten auch
Daß im Hause bleibt kein Feur noch rauch.

Daneben stehen treffende Haushaltungsregeln:

Zum besten dünget der mist das feld
Der von des Herren Füßen fällt.
Das pferd wohl fein gefuttert wird
Wo ihm sein Herr die augen giebt.
Der Frauen augen kochen wol
Wol mehr, denn magd, knecht, feur und koln.

Bei einer Reihe von größeren Ausgaben im Betrag von 389 Gulden steht die Frage: Rath', wo kommt dieß Geld her? Solt das nicht stinken und Schulden machen. Aber der 26. Psalm muß trösten: warte auf den Herrn; handle männlich; er wird dein Herz stärken.

Unter diesem emsigen Schalten der Hände, bei bürgerlicher Einfachheit und Sparsamkeit hatte Luther es dahin gebracht, daß er an seinen Tod denken konnte, ohne Weib und Kinder in Armuth zu sehen. Als er starb, betrug seine Hinterlassenschaft in ungefährer Schätzung 8—9000 Gulden*), darunter ein Landgut, ein großer Garten, zwei Häuser. Am Schlusse eines Testaments, das er 1542 abgefaßt hatte, durfte er von einem sonderlichen und wunderlichen Segen Gottes sprechen, daß er bei dem einzigen Einkommen, das

*) Gustav Freytag.

er als Universitätslehrer vom Fürsten bezogen*) — außerdem hatte er bei dem Tode seines Vaters 250 Gulden geerbt — und den Geschenken, die er erhalten, so viel gebaut, gekauft, große und schwere Haushaltung geführt und Alles habe erschwingen können.

Die Kinder, welche Luthers Ehe entsproßten, hatten es in diesem Hause unendlich besser, als es dem Vater im elterlichen Hause geworden war. Da herrschte nicht mehr der Geist knechtischer Furcht, sondern der Milde und Freiheit. Wir haben gesehen, wie wenig es dem Theologen Luther gelungen war, den finsteren, bösen Gott des katholischen Mittelalters in seinen Vorstellungen zu stürzen, wie dieser düstere Schatten seine Begriffe und manchmal auch sein Herz verfinsterte, aber seine praktische Frömmigkeit trug vorherrschend einen heiteren und freudigen Charakter; sie hatte nichts Ascetisches, Aengstliches, Saures. Er hatte einen Bußkampf durchgemacht, von dessen Größe dem strengsten Methodisten von heut die Ahnung fehlt, aber sobald dieser hinter ihm lag, lebte er nach dem evangelischen Rath: „wenn du fastest, so salbe dein Haupt und wasche dein Angesicht, damit du nicht sauer sehest, wie die Heuchler.“ Die frische Luft dieser Frömmigkeit tritt schon aus dem Einen Zug entgegen, daß Luther, wo er nur konnte, sein Gebet mit entblößtem Haupte vor dem offenen Fenster zum blauen Himmel richtete; in dieser Stellung betete er noch am letzten Abend seines Lebens für die Kirche seines lieben Vaterlandes**). Sein Gott erschien ihm durchweg als Vater, Hausherr, Berather; es ist ein Verhältniß trauter Gemüthlichkeit, das ihn mit seinem Gott verbindet. Gern vertiefte er sich in die Oekonomie der Natur. Er ergeht sich in staunender Betrachtung, wie viel Holz Gott schaffen müsse. „Niemand kann ausrechnen, was Gott nur allein braucht, die Sperlinge und unnützen Vögel zu ernähren, die kosten ihm in einem Jahr allein mehr, als der König von Frankreich Einkommen hat. Und nun denke man das Andere. Gott versteht alle Handwerke, in seiner Schneiderei macht er dem Hirsch einen Rock, der hundert Jahre hält, als ein Schuster giebt er ihm Schuhe an die Beine, und bei der lieben Sonne ist er ein Koch. — Er könnte wohl reich werden, wenn er wollte, wenn er die Sonne aufhielte, die Luft einschlöße, wenn er

*) „Eine Weile hab ich 200 Gülden für meine Besoldung gehabt, aber jetzt muß ich 300 haben, denn es ist Alles theurer geworden, was man zum Haushalt bedarf“ lesen wir bei ihm.

**) Siehe Anhang Anmerkung 12.

dem Papst, Kaiser, Bischöfen und Doctoren mit Tod drohte, sobald sie ihm nicht zur Stunde hunderttausend Gulden zahlten. Da er das aber nicht thut, sind wir undankbare Unfläther." Und ernstlich denkt er darüber nach, wo die Nahrungsmittel für so viele Menschen herkommen. Der alte Hans Luther hatte behauptet, es gebe mehr Menschen, als Korngarben; der Doctor glaubte zwar, daß mehr Garben wachsen, als Menschen, aber doch mehr Menschen, als Mandeln Korn; „die Mandel Korn aber giebt kaum einen Scheffel und davon kann ein Mensch doch nicht das ganze Jahr hindurch leben." Sogar ein Düngerhaufen lud ihn zu herzlicher Betrachtung ein. „Gott hat eben so viel aufzuräumen, als zu schaffen; wenn er nicht beständig fortbrächte, die Menschen hätten die Welt längst voll geschmissen." Und wenn Gott den Gottesfürchtigen oft ärger strafte, als den Gottlosen, so handelt er an ihm auch wie ein ernster Hauswirth, der seinen Sohn öfters stäupet, als den argen Knecht, aber heimlich sammelt er dem Sohn einen Schatz zum Erbe, den Knecht stößt er zuletzt vor die Thür *).

Ebenso kindlich und naiv, wie seine Vorstellungen über Gott, war sein Handeln mit Gott. Wie ein Kind betete er alle Morgen und Abende, oft am Tage, ja während des Essens. Gebete, die er auswendig wußte, sprach er immer wieder mit heißer Andacht, am liebsten das Vaterunser, dann sagte er seinem Gott den kleinen Katechismus auf; den Psalter trug er als Gebetbüchlein immer bei sich. Wenn er in leidenschaftlicher Sorge war, dann wurde sein Gebet ein Sturm, ein Ringen mit Gott, dessen Gewalt und Größe sich schwer mit anderen menschlichen Empfindungen vergleichen läßt. Dann war er der Sohn, der verzweifelnd zu den Füßen seines Vaters liegt. Es ist bekannt, wie er den todkranken Melanchton im Jahr 1540 zu Weimar wieder aufrichtete. Als Luther ankam, traf er Magister Philippus im Verscheiden, ohne Besinnung mit gebrochenen Augen. Es war der Skandal, welcher durch die Einwilligung Luthers und Melanchtons in die Doppelehe des Landgrafen entstanden war, was den nervöseren und zärteren Freund Luthers so niedergeworfen hatte. Luther erschrak bei seinem Anblick und sprach: „Behüte Gott, wie hat der Teufel dieses Organon geschändet!" Dann kehrt er der Gesellschaft den Rücken und trat zum Fenster. „Allda mußte mir unser Herrgott herhalten, denn ich warf ihm den Sack vor die

*) Gustav Freytag.

Thür und rieb ihm die Ohren mit allen seinen Verheißungen, die ich ihm aus der heiligen Schrift zu erzählen wußte." Darauf faßte er Melanchton bei der Hand: „Seid getrost, Philippe, Ihr werdet nicht sterben." Da die Krankheit ihren Sitz im Gemüthe hatte, so war dieser Glaubensmuth von Seiten des stärkeren Freundes die geeignetste Medicin, um den Leidenden wieder zur Besinnung zu führen. Aehnlich ein Jahr später bei der Krankheit seines Freundes Myconius schreibt er unter Anderem die Worte: „der Herr lasse mich's ja nicht hören, so lange ich lebe, daß Ihr gestorben seid, sondern schaff's, daß Ihr überlebet. Das bitte ich mit Ernst, will's auch gewährt sein und so haben, und mein Wille soll hienieden geschehen. Amen." Am Krankenbette des frommen Churfürsten Johann (18. Aug. 1531) betete er: „lieber Herr Gott, erhöre doch unser Gebet nach deiner Zusage, laß uns doch dir die Schlüssel nicht vor die Füße werfen, denn so wir zuletzt zornig über dich werden und dir deine Ehre und Zinsgüter nicht geben, wo willst du denn bleiben? Ach! lieber Herr, wir sind dein, mache, wie du wilt, allein gieb uns Geduld*)." Bei einer anhaltenden Trockenheit macht er Gott ernstliche Vorstellungen. „Nun, wir bitten so sehr (um Regen) und haben nun oft gebeten; thust du's nicht, lieber Vater, so werden die Gottlosen sagen: Christus, dein lieber Sohn, lüge, da er spricht: was ihr den Vater bitten werdet in meinem Namen, das wird er euch geben. Also werden sie zugleich dich und deinen Sohn Lügen strafen. Ich weiß, daß wir von Herzen zu dir schreien und sehnlich seufzen, warum erhörest du uns nicht?" „Dieselbe folgende Nacht," setzen die Berichterstatter der Tischreden hinzu, „kam ein sehr guter, fruchtbarer Regen, das geschahe anno 1532 den 9. Juni." Das Gebet nennt Luther die sola omnium rerum imperatrix, den allmächtigen Herrn über alle Dinge.

Ebenso menschlich faßbar, wie er sich seinen Gott zugerichtet hatte, gestaltet er in seiner Phantasie auch die übrigen Figuren der heiligen Geschichte und der religiösen Verehrung. „Alle guten Gestalten aus der Bibel waren ihm wie treue Freunde; gern malte er sich ihre Zustände mit der Treuherzigkeit eines Kindes aus. Als ihn sein Diener Veit Dieterich frug, was wohl der Apostel Paulus für eine Person gewesen sei, erwiederte Luther schnell: „er war ein unansehnliches, hageres Männlein, wie Philippus Melanchton." Ein anmuthiges

---

*) Tischreden, Cap. 25.

Bild war ihm die Jungfrau Maria, „sie ist ein feines Mädchen gewesen, sie muß eine gute Stimme gehabt haben.“ Und den Erlöser dachte er sich gern bei den Eltern, wie er dem Vater das Essen auf den Holzplatz trägt und wie Maria, wenn er zu lange ausbleibt, frägt: „wo bist du denn so lange gewesen, Kleiner?“ Nicht auf dem Regenbogen in Glorie, nicht als Richter und Vollstrecker soll man den Heiland denken, die Vorstellung ist dem Menschen zu hoch und zu furchtbar, nur als einen Dulder, der unter den Sündern lebt und für sie stirbt*).

Ein Bild aus der Religion des Mittelalters ragte auch in seine praktische Frömmigkeit mit unverminderter Schreckhaftigkeit hinein: es war der alte Gott der Welt, der Teufel mit seinen Schuppen. Aber in der Art und Weise, wie Luther ihn auffaßt und behandelt, kennzeichnet sich doch der heitere und thatenfreudige Charakter seiner Frömmigkeit. Schon das ist bezeichnend, daß der Teufel ihm vorherrschend der saure Geist ist, der dem Menschen die Freude nicht gönnen mag, der Urheber aller schwermüthigen Gedanken. Daher räth er, ihm nur gleich das Kreuz in's Gesicht zu schlagen, ihm nicht lange zu hofiren und zu pfeifen, damit er wisse, mit wem er es zu thun habe. Nicht mehr die Zauberkünste der katholischen Kirche, Amulet und Kreuz und Stola u. s. w. führt er gegen ihn auf, sondern die Waffen einer in Gott getrosten, durch Gottes Wort gestählten und froh gewordenen Persönlichkeit. Daher spielt er oft mit ihm in lustigem Humor. Wenn der Teufel etwa des Nachts an sein Lager trat, des Disputirens kein Ende machte, Zweifel an seiner Lehre ihm in's Ohr raunte und allen Bibelworten, die er gegen ihn schleuderte, stets fort das Eine entgegenstellte: „dein Leben ist nicht gerecht, das und das hast du unterlassen,“ so machte es dem naturkräftigen Volkskinde Nichts aus, die Decke über die Ohren zu ziehen und jenes derbe Volkswort, mit welchem sein Zeitgenosse Göz von Berlichingen im Schauspiel von Göthe seinen Gegnern die Verachtung ausdrückt, durch die entsprechende Geberde zu illustriren. Besonders war es die Musik, die heiter stimmende und versöhnende Kunst, welche er als Gehilfin in diesen ethischen Kämpfen fleißig übte und auf's Wärmste empfahl. Schön sagt er von ihr: „es steckt der Same vieler guten Tugenden in solchen Gemüthern, die der Musik ergeben sind. Die aber nicht davon gerührt werden, die halte

---

*) Gustav Freytag S. 188.

ich den Stöcken und Steinen gleich. Wir wissen auch, daß den Teufeln die Musik verhaßt und unerträglich ist. Nach der Theologie ist keine Kunst, die mit der Musik zu vergleichen wäre, dieweil sie, wie diese, Ruhe und einen fröhlichen Muth macht. Sie hat mich oft erquickt und mir großen Unmuth vertrieben." Sein Freund Razzenberger berichtet: Luther hatte den Brauch, sobald er die Abendmahlzeit mit seinen Tischgesellen gehalten hatte, aus seiner Studirstube die Musikalien zu holen und mit denen, die zur Musica Lust hatten, eine Musicam zu halten. Besonders hatte er Wohlgefallen am Gregorianischen Lobgesang und am Choral. Merkte er an einem neuen Gesang, daß er falsch abnotirt war, so setzte er alsbald wieder ab auf die Linien und corrigirte ihn augenblicklich. Besonders sang er gerne mit, wo etwa ein kirchlicher Hymnus oder ein responsorium de tempore von den Musikern componirt war. Seine Söhne Martin und Paul mußten ihm die in die jedesmalige Kirchenzeit fallenden Gesänge über Tisch vortragen. Im Figuralgesang sang er den Alt mit. Er selbst hat sein Lied: „Ein' feste Burg" zugleich in Musik gesetzt und dadurch das Kirchenlied durch einen der gewaltigsten Choräle vermehrt; ein ander Mal ersuchte er Musiker, die einen Namen hatten, ohne Rücksicht auf ihre kirchliche Stellung, zu einem Lieblingsliede ihm eine Composition zu machen oder eine ihnen bekannte ihm einzusenden. Der Churfürstliche Kapellmeister, Johannes Walther, schreibt über ihn: „ich habe gar manche liebe Stunde mit ihm gesungen und oftmals gesehen, wie der theure Mann vom Singen so lustig und fröhlich im Geist ward, daß er des Singens schier nicht konnte müde noch satt werden."

Ein Mann von dieser Begabung und Gemüthsanlage mußte eine Fülle von Gemüthlichkeit und geistiger Anregung auf seine Umgebung ausströmen. Ueber alle Begegnisse des häuslichen Lebens breitet er den Sonnenschein seines tiefen Gemüthes und den Glanz seiner stets originellen Gedanken. Ohne Absicht wird er auf jedem Schritt ein Lehrer der Jugend, wie der Erwachsenen. An das Kleinste hängt sein sinnender Geist die Betrachtung an und knüpft es stets an das Höchste. Als seine Kinder vor dem Tische standen und mit allem Fleiß auf das Obst und die Pfirsiche sahen, sagte er: „Wer da sehen will das Bild Eines, der sich in Hoffnung freut, der hat hier das rechte Conterfei. Ach! daß wir den jüngsten Tag so fröhlich ansehen könnten! Adam und Eva werden viel besseres Obst gehabt haben, unseres sind lauter Holzäpfel dagegen. Auch die Schlange, meine ich, war damals die schönste Kreatur, freundlich und holdselig, noch trägt sie ihr Krönlein, aber nach dem Fluch hat sie Füße und schönen Leib verloren." So sah er seinem dreijährigen Söhnlein zu, wie es spielte und mit sich selbst plauderte: dieß Kind ist wie ein Trunkener, es weiß nicht, daß es lebet, und lebt doch sicher und fröhlich dahin, springet und hüpfet. Solche Kinder sind gern in großen, weiten Gemächern, wo sie Raum haben." Und er zog das Kind an sich: „Du bist unseres Herrgotts Närrchen, unter seiner Gnade und Vergebung der Sünden, nicht unter dem Gesetz, Du fürchtest Dich nicht, bist sicher und bekümmerst Dich um Nichts; wie Du es machst, so ist's unverderbt. Die Eltern haben die jüngsten Kinder allezeit am liebsten; mein kleiner Martin ist mein liebster Schatz, solche Kinderlein bedürfen der Eltern Sorge und Liebe am meisten. Darum steigt die Liebe der Eltern allezeit einfältig niederwärts. Wie muß Abraham zu Sinne gewesen sein, da er seinen jüngsten und liebsten Sohn wollte opfern, er wird der Sara Nichts davon gesagt haben. Dieser Gang wird ihm sauer angekommen sein." Einmal nahm er sein Kind, das sich verunreinigt hatte, auf und sprach: „diese Leute verdienen auch ihr Essen und Trinken mit Sch. . . . und Schreien, wie wir mit unseren guten Werken den Himmel."

Auch den schmerzlichen Erfahrungen gab er ihre Weihe. Als sein dreizehnjähriges Töchterchen, Magdalena, todkrank lag, klagte er: ich habe sie sehr lieb, aber lieber Gott, da es dein Wille ist, daß du sie dahin nehmen willst, so will ich sie gern bei dir wissen. Magdalena, mein Töchterchen, Du bleibst gern hier bei Deinem Vater und ziehst auch gern zu jenem Vater? Da sprach das Kind: „ja, herzer Vater, wie Gott will." Und als sie starb, fiel er vor dem Bett auf die Knie, weinte bitterlich und betete, daß Gott sie erlösen wolle. Da entschlief sie in des Vaters Händen. Und als das Volk kam, die Leiche bestatten zu helfen und den Doctor nach Gewohnheit anredete, sagte er: „ich bin ja fröhlich im Geist, aber das Fleisch will nicht heran, das Scheiden vexiret Einen über die Maßen sehr. Wunderlich ist's, zu wissen, daß sie gewiß im Frieden und ihr wohl ist, und doch noch so traurig zu sein." Solche Erfahrungen faßte er dann in das Wort zusammen: „Nach dem Kreuz Christi ist das heilige Kreuz im Hause der höchste Schatz auf Erden. Denn es erklärt uns die Schrift, stärket den Glauben, lehret recht und ernstlich beten, dämpfet unser Fleisch und macht uns Gottes Wort süße, und Gott pflanzet dadurch große Tugenden in uns.

Das größere Haus, das Luther gebaut hatte, seine neue Kirche, ist enge und voll Unvollkommenheiten und Mängeln ausgefallen und befindet sich heute nach allen Seiten in der Auflösung und Zerbröckelung. Aber das bescheidene Bürgerhaus, das er mit seiner Käthe gegründet, ist ein Muster für alle Zeiten durch das reine Verhältniß der Liebe und Treue, welches die Gatten verband, durch die schöne Verknüpfung von sittlicher Strenge und schonender Milde in der Kinderzucht („neben der Ruthe soll der Apfel liegen," hatte Luther gesagt), durch die liebenswürdige Mischung von Ernst und Humor, durch die Pflege der idealen Güter neben bürgerlichem Fleiß, durch die reiche Fülle von Poesie ohne Vernachlässigung des Nützlichen. Gelzer sagt: „aus dem Augustinerkloster zu Wittenberg, das Luthers und der Seinigen Wohnhaus geworden war, gingen die edelsten Keime der Gesittung und des reinsten deutschen Familiensinns hervor; jenes Klosterhaus wurde das Vorbild unzähliger Familien des protestantischen Deutschlands und ganz besonders jener vielen Pfarrfamilien, denen deutsche Bildung, Sitte und Frömmigkeit so Großes verdankt*)."

So werden wir auch, wenn wir den Reformator aus der Familienstube hinausbegleiten in die Welt, zu den verschiedenen Seiten des sogenannten weltlichen Lebens, den Menschen unendlich weiter und liebenswürdiger finden, als den Theologen und Kirchenmann. Luther war ein ächtes Thüringerkind. Wenn wenigsteus die Thüringer so sind, wie sie ein Schriftsteller schildert**), „fleißige, rührige, kräftige und muthige Menschen, offene Köpfe, behaglich und verständig, aufgeweckten und heiteren Sinnes, den Genuß nach der Arbeit liebend, genügsam, gesellig und gastlich, ein treues, gutmüthiges und biederes deutsches Kernvolk," so vereinigte Luther alle schönen Eigenschaften seines Stammes in sich.

Es ist schon erwähnt, wie stark der gesellige Sinn in ihm ausgebildet war. Das „Wehe dem Einsamen" hatte er in seiner Klosterperiode mit allen seinen Folgen erfahren. „Es geschehen viel mehr und größere Sünden, wenn die Leute allein sind, als wenn sie sich zu anderer Leute Gesellschaft halten. Der Einsame hat arge,

*) Dr. Martin Luther, der deutsche Reformator von König u. Gelzer S. 126.

**) Jürgens I. 47.

böse, beschwerliche Gedanken. Ist man allein, so denkt man einem Dinge emsiger nach und macht Alles größer und ärger, als es ist" — das sprach er aus eigenster Erfahrung. Daher empfahl er den Angefochtenen immer und immer wieder die Gesellschaft und zwar die Gesellschaft der Fröhlichen. Er selbst pflegte das gesellige Leben nicht nur, wie wir gesehen haben, daheim, sondern auch außer dem Hause. Gerne erholte er sich etwa von der Last der Gedanken und Geschäfte im Gasthaus zum schwarzen Bären in Wittenberg im Kreise seiner Freunde an dem damals berühmten Eimbecker Bier, mit welchem er schon 1521 auf dem Reichstag zu Worms nach seiner anstrengenden Rede von dem Herzog von Lüneburg erquickt worden war. „Bisweilen trug es sich zu," wie sein Freund und Biograph Razzenberger berichtet, „daß er zu Sommers Zeiten auf ein Dorf von einem Pastor oder Schultheiß zum Gastmahl geladen ward; wann er's dann an seiner Gesundheit vermochte, so besuchte er sie gerne, hielt etwa eine Predigt auf dem Dorfe, doch ließ er allweg seine Speise zuvor in seinem Hause zubereiten, damit er nicht Ursache gebe, daß Jemand seinethalb sich hoch beköstigen oder viel zurichten lassen sollte, ließ also seine Speise und Trank mit sich führen und nahm unter seinen Tischgesellen mit, wen er wollte, doch allezeit der Musik unvergessen; sobald das Mahl gehalten und das gratias gesprochen war, da hielt er etwa eine halbe Stunde oder länger seine Musicam."

„Ob der Mahlzeit, es war gleich daheim oder außer der Stadt, wollte er nicht zulassen, daß Jemand unter seinen Tischgesellen traurig und in Gedanken saß; denn unser Herr Gott, sagte er, mag ziemliche und ehrliche Fröhlichkeit wohl leiden, die der Teufel dem Menschen nicht gönnet; daher, sagte er, sei es nicht gut, daß ein Mensch für und für einsam und traurig sei, denn der Teufel suchte oftmals hiedurch, wie er den Menschen in böse Gedanken und Schwermuth bringe und darin zerschlage; denn Melancholie, sagte er, ist des Teufels Brod."

„Oftmals, wo sich ein groß Mahl zutrug und seine Tischgesellen und junges Gesinde auch ihre Uebung haben mochten, ließ er's ihm nicht mißfallen, daß sie der Kleider sprungen oder der Barets liefen, ließ ihnen auch wohl einen Kegelplatz zurichten. Gewöhnlich that er den ersten Schub; bald schob er die Kugel umwärts, bald rückwärts, bald seitwärts oder über's Eck; wann es dann einen ungewissen Schub gab, und der Kegel wenig oder gar keiner ge=

troffen ward, lachte oft Einer über den Fehlschuß des Andern; da sagte Luther einmal: ja, ihr lieben Quirites, hiebei lernet: wo ihr über etzliche Jahre auch zu Aemtern und Dienstbestallungen kommet, daß dieser ein Bürgermeister, der Andere ein Kanzler, der Dritte ein Regent, Prediger oder Schulmeister wird, so gedenke er an dieses Kegelspiel. Jetzo siehet ein Jeder unter euch wohl, wie es dem Anderen fehlet, und meinet, er wolle die Kegel allesammt treffen; wenn dann der Schub an ihn kommt, fehlet er wohl des ganzen Kegelplatzes. Also siehet jetzt Mancher, was diesem Bürgermeister, Regenten, Kanzler, Pfarrer fehlet; kommt er einmal auch zu solchem Amt, wird er ja so seltsam fehlen, als jetzt derjenige, dessen er lachet. Darum sei Keiner vermessen und habe Einer Geduld mit dem Andern, und ob er sich wohl in seinem Sinne dünket geschickter zu sein, als sein Nächster, so kann es ihm auch fehlen, wo ihn Gott mit seinem Geist nicht sonderlich regiert."

Aus solchen Veranlassungen und Stimmungen sind so manche jener seitdem weltberühmt gewordenen Aussprüche hervorgegangen, in welchen Luther die vom Katholicismus verneinte Welt und ihren harmlosen Genuß wieder in ihre Rechte eingesetzt hat. Wir führen einige an. „Darf unser Herr Gott gute, große Hechte, auch guten Rheinwein schaffen, so darf ich sie wohl auch essen und trinken; es ist dem lieben Gott eben recht, wenn du einmal aus Herzensgrund dich freust oder lachest." Aehnlich das andere: „kann mir unser Herr Gott verzeihen, daß ich ihn wohl zwanzig Jahr mit Messehalten geärgert habe, so kann er mir auch zu gute halten, daß ich bisweilen ihm zu Ehren einen guten Trunk thue." Neben dem Durfttrunk statuirte er daher gerne auch einen Lust- und Ehrentrunk. „Denn das kann Gott gar wohl leiden, daß man sich über seine Gaben fröhlich macht und ihm dafür danket." Nur von einem dritten Trunk, dem er einen gar derben und bezeichnenden Namen giebt, „da man nicht kann aufhören," will er Nichts wissen, denn damit trinke man sich erst dumm, dann arm, hernach krank und zuletzt in die Hölle. Trunkenheit habe drei S: — Sünde, Schaden, Schande." Was Menschen in Ehrbarkeit fröhlich macht, war ihm lieb. Auch über den Tanz sprach er sich milde aus: „Weil Tanzen in der Welt Brauch ist des jungen Volkes, so es auch züchtig nur zur Freude geschieht, ist es nicht zu verdammen. Darum lasse ich der Hochzeit ihr Recht und Gebrauch und tanze immerhin. Der

Glaube und die Liebe läßt sich nicht austanzen, so du züchtig und mäßig darinnen bist."

Luther hatte in seinem Leben Nichts von der geistlichen Salbung des Pietismus, der nachher seine Kirche überfluthete, noch von der Eiertreterei der späteren evangelischen Geistlichen im geselligen Umgang. Er bewegte sich in der Welt als ein natürlicher, gesunder Mensch. „Ich bin eine ehrliche Haut, ich kann mich weder stellen noch verstellen," schrieb er an einen Freund*). Und diese Unbefangenheit und Heiterkeit des Lebensgenusses war nicht ein Widerspruch gegen seine Frömmigkeit, etwa der von dieser noch nicht überwundene Rest seines natürlichen Wesens. Seine Frömmigkeit förderte vielmehr diesen Thüringischen Zug seiner Natur. Im Glauben an Christus war er seines Heils gewiß geworden, hatte er die Aengsten und Nöthen des Gewissens hinter sich geworfen: er war ein Versöhnter, dem nun die Welt nicht mehr nur unter dem Bilde der Knechtschaft und der Seufzer erschien. Wenn Paulus gesagt hatte: durch Christus ist mir die Welt gekreuzigt und ich der Welt (Galat. 6, 14), so konnte Luther sagen: durch Christus ist mir die Welt gewonnen und ich der Welt. Wie unter den Pfeilen seiner erbittertsten Feinde, so wußte er sich auch im freudigen Behagen des Lebens nach seinem schönen Ausdruck „unter dem Schattendach des Glaubens und Vaterunsers," und war daher in Beiden wohlgemuth.

Auch zu den übrigen Gebieten des Weltlebens nahm Luther eine keineswegs mönchische Stellung ein. Daß die Natur seine vertraute Freundin war, bedarf bei dem frischen kräftigen Naturduft, den sein ganzes Wesen athmet, nur erwähnt zu werden. Seine Neigung, die Natur zu beobachten, zu wandern, blieb immer gleich groß. Stets liebte er es, sich im Freien zu ergehen. Seine Predigten, seine schriftauslegenden Bücher sind voll von Gleichnissen, Bildern, Hindeutungen, die ihn als Freund und Kenner der Natur zeigen. Deutlich sieht man dieß auch seiner Bibelübersetzung an. Nur mit seinem Natursinn und seiner damit verbundenen poetischen Anlage konnte er die Bibel so übersetzen. Es ist nach dieser Seite hin bezeichnend, daß er, umgeben von Thüringens schönster, ihm seit den Schuljahren bekannter Natur, auf der Wartburg, die Bibelübersetzung begann. Während die mönchische Ansicht in der Natur

*) Ego sum homo candidus, nihil minus possum, quam simulare et dissimulare (Brief vom 29. Febr. 1532).

nur Verderbliches und Verdammliches erblickte, läßt sich Luthers Liebe zur Natur bis in seine Theologie, seine Mystik, seine geistliche Beredsamkeit verfolgen*).

Auch die Kunst war ihm kein fremdes Gebiet. Wie er die Musik liebte und verstand, ist schon gezeigt. Neben der Musica, welche die Sorge des Herzens und melancholische Gedanken vertreibe, empfiehlt er das Ritterspiel mit Fechten, Ringen u. s. w., welches feine geschickte Gliedmaßen am Leibe mache und bei Gesundheit erhalte. Auch die Dichtkunst liebte und pflegte er in hervorragender Weise. Er hat gegen 40 geistliche Lieder gedichtet, die, jetzt durch die Härte der Form und die dogmatische Färbung des Inhalts nicht mehr genießbar, doch damals so bedeutende Leistungen waren, daß ein Jesuit klagte: „Luthers Lieder haben mehr Seelen getödtet, als alle Bücher und Predigten," ein zeitgenössischer Herausgeber derselben aber in der Vorrede in die Worte der Bewunderung ausbrach: „Lutherus ist unter allen Meistersängern sieder der Apostel Zeit der beste und kunstreichste gewesen, in dessen Liedern und Gesängen man kein vergebliches und unnöthiges Wörtlein findet. Es fleußet und fällt ihm Alles auf's Lieblichste und Artlichste voller Geists und Lehre, daß auch ein jedes Wort schier eine eigene Predigt oder doch eine sonderliche Erinnerung giebt. Da ist nichts Gezwungenes, nichts Genöthetes und Eingeflicktes, nichts Verdorbenes, die Reime sind leicht und gut, die Meinung klar und verständlich, die Melodie und Ton lieblich und herzlich und in Stimme Alles herrlich und köstlich, daß es Saft und Kraft hat, herzet und tröstet" u. s. w. Aber auch die weltliche Poesie lag ihm am Herzen. Unterm 20. März 1536 bittet er seinen Freund Wenceslaus Link um Einsendung aller deutschen Bilder, Reime, Lieder, Meistersänger, deren er habhaft werden könne. Er liebte es, auf der Kanzel, wie bei Tische, alte deutsche Reime anzubringen, z. B.:

Weißt du was, so schweig,
Ist dir wohl, so bleib,
Hast du was, so halt,
Unglück kommt gar bald.

Iß, was gar ist,
Trink, was klar ist,
Red', was wahr ist.

*) Jürgens, I. 47 f.

Schweig, leid, meid und vertrag,
Deine Noth Niemand klag,
An Gott nie verzag,
Seine Hilf kommt alle Tag.

oder solche selbst zu machen, so z. B.: wer nicht Lust hat an einem raschen Pferd, nicht Lust an einem blanken Schwert, nicht Lust an einem schönen Weib, der Mann hat kein Herz im Leib.

Daß die Ader auch für das höhere Volkslied in ihm lag, zeigt sein Gedicht auf den Flammentod zweier evangelischer Jünglinge in Brüssel. Einiger Wendungen und Strophen dürfte sich der größte Dichter nicht schämen. So die schwungvolle Strophe:

Die Asche will nicht lassen ab,
Sie stäubt in allen Landen;
Hier hilft kein Bach, kein Grub und Grab,
Sie macht den Feind zu Schanden.
Die er im Leben durch den Mord
Zu schweigen hat gedrungen,
Die muß er todt an allem Ort
Mit heller Stimm' und Zungen
Gar fröhlich lassen singen.

Oder der Schluß, nachdem er erzählt, daß die Feinde noch über der Asche der standhaften Helden die Lüge verbreiten, dieselben hätten sich vor dem Tode noch bekehrt;

Die laß man lügen immerhin,
Sie haben's keinen Frommen,
Wir sollen danken Gott darin,
Sein Wort ist wieder kommen.
Der Sommer ist hart vor der Thür,
Der Winter ist vergangen,
Die zarten Blümlein gehn herfür.
Der das hat angefangen,
Der wird es wohl vollenden.

Während seines Aufenthalts auf der Koburg übersetzt er neben den Propheten des alten Testaments die Fabeln des Aesop für das Volk und die Jugend und schreibt eine Vorrede dazu, in welcher er sich über den Werth der Fabeldichtung in vortrefflicher Weise auslässt. Derselbe, der einen Zwingli verdammt, weil dieser den Edelsten unter den alten Heiden den Himmel zugesprochen, hat doch einst den Virgil mit in's Kloster genommen, und wo er nicht als Theologe redet, wo ihm die Mönchsansicht vom allein seligmachenden Glauben nicht gerade in den Weg tritt, redet er mit größter Liebe und Hochachtung von den Helden des klassischen Alterthums. An ungezählten Stellen preist er besonders Cicero als einen frommen Mann, als Einen der Ersten und Besten unter den Sterblichen aller Zeiten, als trefflichen, hochberühmten Staatsmann und Redner und den Gott sonderlich erwählt, Meister der lateinischen Sprache zu werden. „Pomponius Atticus, Aristides, Socrates und Andere sind feine, wahrhaftige, aufrichtige Leute gewesen ohne alles Falsch.“ Scipio werde in den Historien der Alten als der Einzige angeführt, der sich den Ruhm erworben, auch im Glücke sich selber überwunden zu haben, während alle anderen Helden die Kraft nicht gehabt, sich selber zu beherrschen. Besonders waren es die Dichter der Alten, Virgil vor Allen, die er Zeit Lebens hochschätzte und denen er für seine intellectuelle und gemüthliche Bildung ungemein viel verdankte.

Und wie er die Dichtkunst schätzte, so auch ihre höchste Darstellung im Schauspiel, im Theater. Als man ihn um seine Meinung darüber fragte, daß ein Schullehrer in Schlesien von seinen Knaben eine Komödie des Terenz aufführen ließ, erklärte er: „Komödien zu spielen soll man um der Knaben willen in der Schule nicht wehren, sondern gestatten und zulassen, erstlich, daß sie sich üben in der lateinischen Sprache, zum andern, daß in Komödien fein künstlich erdichtet, abgemalet und fürgestellet werden solche Personen, dadurch die Leute unterrichtet und ein Jeglicher seines Amts und Standes erinnert und vermahnet werden, was einem Knecht, Herrn, jungen Gesellen und Alten wohl anstehe; ja es wird darin fürgehalten und für die Augen gestellet, aller Dignitäten Gnade, Aemter und Gebühr, wie sich ein Jeglicher in seinem Stande halten soll, als in einem äußeren Spiegel. Zu dem werden darinnen beschrieben und angezeigt die listigen Anschläge und Betrug der bösen Bälge, deßgleichen, was der Eltern und jungen Knaben Amt sei, wie sie ihre Kinder und jungen Leute zum Ehestand ziehen und halten, wenn es Zeit mit ihnen, und wie die Kinder den Eltern gehorsam sein und freien sollen. Christen sollen darum Komödien nicht ganz und gar fliehen, darum daß bisweilen grobe Zoten und Büberei darinnen sind, da man doch um derselben willen auch die Bibel nicht dürfte lesen. Darum ist's Nichts, daß man verbieten wolle einem Christen, Komödien zu lesen oder zu spielen.“

Luther war überhaupt ein kunstsinniger Mann. Zu seinen vertrauten Freunden gehörte der Maler Lucas Kranach. Er wünschte, daß die schönsten Geschichten des alten und neuen Testaments, von guten Künstlern gemalt, in den Kirchen und Häusern vor Aller Augen gestellt werden könnten. Aufmerksam auf jede Gelegenheit, zu erfreuen, gab er gern schöne, kunstreiche und sinnige Geschenke an Hochzeiten u. dgl. So verehrte er auf einer Hochzeit in Koburg den Brautleuten ein Salzfäßlein von Zinn in Gestalt eines Rindes, füllte es mit Salz und legte ein Goldstück darauf mit beigefügter schriftlicher Erklärung, daß in der Ehe drei besondere Stücke anzutreffen seien: Arbeit und Mühe, Verdruß und Widerwärtigkeit und endlich Freude und Gottes Segen.

Was endlich die weltlichen Wissenschaften betrifft, so mußten wir freilich früher gestehen, daß Luthers theologische Weltanschauung ihnen feindlich sei, und Erasmus Recht geben, welcher erklärte, wo das Lutherthum herrscht, da geht die Wissenschaft zu Grunde. Aber persönlich war Luther ein warmer Förderer der weltlichen Bildungsinteressen. Zur Pflege und Hebung der Schulen fordert er Fürsten und Rathsherren in der eindringlichsten Weise auf. Als er während seines Aufenthalts auf Koburg wahrnahm, wie sich der gemeine Mann so fremd stellte gegen die Schule und wie sie die Kinder von der Lehre zogen und allein auf Nahrung und Bauchsorge gaben, da schrieb er seinen „Sermon, daß man die Kinder solle zur Schule halten," der ihm unter der Hand so wuchs, „daß er schier ein Buch wurde." Der Obrigkeit wird die Pflicht eingeschärft, nachlässige Eltern zu zwingen. „Kann sie die Unterthanen zwingen, daß sie müssen Spieß und Büchse tragen zum Kriegführen, wie viel mehr kann und soll sie die Eltern zwingen, daß sie ihre Kinder zur Schule halten, weil hier ein ärgerer Krieg vorhanden ist mit dem Teufel, der damit umgeht, daß er Städte und Fürstenthum will so heimlich aussaugen und von tüchtigen Personen leer machen, bis er den Kern ausgebohret und die ledige Hülse zurückgelassen hat von unnützen Leuten, mit denen er spielen und gaukeln könne, wie er will." Es thut ihm wohl, seinen während des Augsburger Reichstages über dem Drohen der Papisten erschrockenen Churfürsten an die Früchte der Reformation in seinem Lande erinnern zu können: „es wächset jetzund die zarte Jugend von Knäblein und Mägdlein mit dem Katechismo und Schrift so wohl zugericht in Eurer Churfürstlichen Gnaden Landen, wie in keinem Land der Welt, daß mir's in meinem

Herzen sanfte thut. Es ist fürwahr solches junges Volk ein schönes Paradies und solches alles baut Gott in Ew. Kurf. Gnaden Schoß, zum Wahrzeichen, daß er E. K. G. gnädig und günstig ist, als wollt er sagen: wohlan, lieber Herzog Johannes, da befehle ich dir meinen edelsten Schatz, mein lustiges Paradies. Du sollst Vater über sie sein. Denn unter deinem Schutz und Regiment will ich sie haben und dir die Ehre thun, daß du mein Gärtner und Pfleger sein sollst. Das junge Volk wird mit seinen unschuldigen Zünglein herzlich gen Himmel rufen und E. K. G. als ihren lieben Vater treulich dem barmherzigen Gott empfehlen."

Wie Luther selbst voll Lernbegierde war, so war er auch ein Volkslehrer im höchsten Sinn dieses Wortes. In seinem persönlichen Umgang überaus lehrreich erscheint er auch in seinen Schriften als ein Reicher, der immer aus dem Vollen giebt. Er unterhält sich mit seinem Volke über alle Gebiete seines Lebens; er zwingt es zum Nachdenken über Haus und Hof, über Schule und Kirche, über Staat und Regiment, über Handel und Gewerbe, über die Pflichten, die jedem Stande und Berufe obliegen. Es sind überall neue, anregende Gesichtspunkte, die er seiner aus mittelalterlicher Unwissenheit und Bevormundung erwachenden Nation eröffnet. In seiner verdeutschten Bibel, für jene Zeit ein Meisterwerk von Uebersetzung, wie in seinen beiden Katechismen, dem kleinen und dem großen, hat er seinem Volke, der Jugend, wie den Erwachsenen nach dem Bedürfniß der Zeit musterhafte Lehrbücher geschaffen. Und keineswegs begrenzt er die Aufgabe der Schule auf Bibel und Katechismus; es sind ebenso die weltlichen Wissenschaften, deren Pflege er in seinen Aufrufen an Städte und Rathsherren auf's Wärmste empfiehlt. „Die Poeten und Oratoren sollten in den Schulen getrieben werden, nicht angesehen, ob sie Heiden oder Christen sind, griechisch oder lateinisch."

So tritt uns auch hier überall wieder jene räthselhafte Doppelnatur entgegen, welcher wir auf allen Punkten dieses merkwürdigen Lebens begegnet sind: derselbe, welcher in seiner theologischen Doctrin ächt mönchisch-katholisch allem Weltlichen dem Ewigen gegenüber das Recht abgesprochen und die selbständige Geltung geraubt hatte, bewährte als Mensch den ausgeprägtesten Weltsinn und hat über alle Gebiete des Weltlebens Worte der Weihe gesprochen, Katholik und Protestant, eng und weit, bornirt und vielseitig zu gleicher Zeit.

9. Der Lebensabend.

Luthers Lebensabend war nicht heiter und freudig. Er war der Welt müde geworden und glaubte zu bemerken, daß sie auch seiner müde sei. An dieser Mißstimmung hatte freilich Alter und zunehmende Kränklichkeit keinen geringen Antheil. Monate lang litt er oft an Kopfschmerzen, die ihn zu aller Arbeit untüchtig machten. Noch schmerzhafter war ein Steinleiden, das er viele Jahre mit sich herumtrug und das ihn, wie wir gesehen haben, einige Male an den Rand des Grabes brachte. Zu allem dem war in den letzten Jahren ein Augenleiden gekommen, in welchem er das eine Auge fast einbüßte, so daß er sich in einem Briefe den kranken, alten, einäugigen Mann nennt. Wie man von dem greisen Apostel Johannes erzählt, daß er sich, von Alter geschwächt, in die Versammlung der Christen habe tragen lassen, so mußte Luther in seinem Alter wegen des Schwindels und eines bösen Schenkels sich auf einem kleinen Wägelein bis vor die Kirchenthüre führen lassen, um am Gottesdienste Theil zu nehmen. Wie standhaft und männlich er auch diese Leiden trug, sie mußten doch seine Lebensfreude herunterstimmen und die Sehnsucht nach dem Tode in ihm wecken.

Viel tiefer aber ging der Verdruß über die Welt und ihr Verhalten zu seinem Werke. Man kann kaum im Zweifel darüber sein, worin Luthers weltgeschichtliche Mission bestanden habe. Sie bestand sicherlich nicht, wie man gewöhnlich annimmt, in der Wiederherstellung des reinen Evangeliums Jesu. Als ob es die weltgeschichtliche Aufgabe einer späteren Zeit sein könnte, ein Früheres so, wie es ist, noch einmal auf's Tapet zu bringen! Bloße Wiederholungen kennt die Geschichte der Menschheit nicht. Und wie viel hat denn Luther von dem Evangelium Jesu wiederhergestellt? Was haben diese Dogmen von Nicaea und Constantinopel, in welchen Luther das Heil der Menschheit suchte, diese Satzungen über die Erbsünde und ihre Folgen, über den unfreien Willen, über die göttliche Dreieinigkeit, über die Gottmenschheit Christi u. s. w. im Geringsten zu schaffen mit der Lehre dessen, der von den Menschen nichts weiter forderte, als: thut Buße und glaubet an das genahte Himmelreich?

Man hat an dem heutigen Protestantismus die Probe, was an Luthers Unternehmen von weltgeschichtlicher Bedeutung gewesen ist und was nur vorübergehendes Baugerüste. Worin Luther selbst die positive Aufgabe seines Lebens suchte und was die Theologen bis auf die heutige Stunde als die wesentlichen und bleibenden Grundsätze des Protestantismus zu bezeichnen lieben, nämlich die Auctorität der Bibel und die Rechtfertigung aus dem Glauben, das ist jetzt vollständig zerfallen. Auf den Wegen der freien und ungehinderten Forschung, welche die Reformation jedem Christen zurückgegeben hat, ist die Bibel ein menschliches Buch geworden, wie jedes andere menschliche Buch, aus welchem Jeder nimmt, was ihm nach dem Maße seines Gewissens und seiner Vernunft gut und wahr erscheint, um das Uebrige als unbrauchbare Schale wegzuwerfen. Und unter Rechtfertigung aus dem Glauben, wo man diesen mißverständlichen Ausdruck noch gebraucht, versteht fast Jedermann ungefähr das Gegentheil von dem, was Luther darunter verstand. Man will damit sagen, daß das Heil Jedem erwachse aus der frommen Selbstthätigkeit, mit welcher er sich an Gott und an die Wahrheit hingebe. Mit Einem Wort: von diesen Grundsätzen ist gerade das übrig geblieben, was Luthers weltgeschichtliche Mission ausmachte und wofür jene nur vorübergehende Hilfsmittel waren: der Bruch mit der Priesterherrschaft (Hierarchie) oder die Freiheit des religiösen Forschens und Lebens. Diesem Einen Gedanken diente alles Uebrige. Die Auctorität der Bibel stürzte die Auctorität der Priester. Die Rechtfertigung durch den Glauben an das alleinige Verdienst Christi stürzte die Kirchenwerke, durch welche die Priester die Gewissen beherrschten, und verlegte die Gewißheit der Seligkeit von der Kirche in das Herz. Daß in dieser Niederwerfung der Priestermacht der Nerv der Reformation lag, springt von allen Seiten in die Augen. Wo es sich um diesen Kampf handelte, da lebte Luther immer auf. Am größten ist er daher in Worms in jenem klassischen Worte, in welchem er die eigene Ueberzeugung der Auctorität der Concilien und Priester gegenübergestellt hat. Ebenso sahen wir, wie auf Koburg während des Augsburger Reichstages der Zusammenstoß mit diesem Feinde sein ganzes Wesen hob und erfrischte. Niemals ist er von einem dieser Gänge mit dem Gefühl zurückgekehrt, das ihn in Marburg fast aufgerieben hat, daß er sich krümmte, wie ein Wurm und Weib und Kinder nicht mehr zu sehen fürchtete, sondern da ist er bis zum Ende jugendfrisch und freudig. Da that es ihm „immer nicht allein im Herzen, sondern auch in der Kniekehle und Fersen sanfte, wenn er merkte, daß durch ihn armen Menschen Gott der Herr beide, die höllischen und weltlichen Fürsten also erbitterte und unsinnig machte, daß sie vor Bosheit zerbersten möchten, während er dieweil unter des Glaubens und Vaterunsers Schatten saß und des Teufels und seiner Schuppen lachte." Hiefür war ihm von der Natur jener furchtbare Trotz und Eigensinn verliehen, die durchaus nöthig waren, um alle die Schwierigkeiten, welche die Loslösung von einer in alle Lebensverhältnisse so tief eingewachsenen Macht, wie das Papstthum war, unerbittlich zu überwinden; dazu bedurfte es jenes Löwenherz, das er vor allen Zeitgenossen voraus hatte. Ja so sehr bildete der Kampf gegen diesen Gegner sein Lebenselement, daß er alle weiteren Kämpfe, die ihm erwuchsen, nur in diesem Lichte sah, um aus diesem einzigen Grunde auch in sie die gleiche Heftigkeit und Bitterkeit hineinzutragen. Karlstadts Kirchenreform bekämpfte er als eine neue Art päpstlichen Zwanges in Dingen, die Jedem frei sein sollten; sein Filzhut und grauer Rock schien ihm die größte Aehnlichkeit mit der Mönchskappe zu haben, eine neue Art der Heiligkeit. Hinter des Erasmus freiem Willen sah er alle die Kloster- und Kirchenwerke wieder aufziehen, durch welche der Mensch seine Seligkeit verdient und der Priester die Gewissen beherrscht. Dasselbe sah er in Karlstadt's und Zwingli's Abendmahlslehre. Da war ja Christus nur Typus dessen, was wir durch eigene Anstrengung werden sollen, wodurch wir, weil des Heils auf diesem Wege stets ungewiß, von Neuem in die Arme des Priesters, statt Gottes getrieben werden. In all' diesen Erscheinungen sah er nur den „alt bösen Feind", dessen Niederwerfung seine Lebensaufgabe geworden war, sein verhaßtes Haupt von Neuem erheben.

Wehe dem, der in seiner Nähe irgend etwas Papistisches in Schutz nahm! Als der Dichter Simon Lemnius (Lemichen) zu Wittenberg in einem Bändchen Epigramme den Erzbischof Albrecht von Mainz als einen Beförderer und Beschützer der Wissenschaften, wie er auch war, zu loben sich erkühnte, wurde er auf Befehl des Reformators eingesperrt; als er sich der Strafe durch die Flucht entzog, erklärte ihn Luther in einem öffentlichen Aufruf an die Kirchgemeinde Wittenberg für einen Buben, der nach allen Rechten den Kopf hätte verlieren müssen, und fordert alle, besonders die Poeten auf, den schändlichen Sch . . . bischof nicht zu loben. „Wo nicht, so mögen sie auch sammt ihrem Herrn gewarten, was ich dawider thun werde und wissen, daß ich's nicht leiden will, daß man den von sich selbs verdammten, heillosen Pfaffen, der uns alle gern todt hätte, hie zu Wittenberg lobe" (16. Juni 1538)*).

Als derselbe Churfürst Albrecht im Jahr 1542 die Reliquien von Halle nach Mainz in die dortige St. Martinskirche versetzen ließ, veröffentlichte Luther darüber einen Spottzeddel voll Witz und Sarkasmus. „Die lieben Rheinländer sollten den armen entblößten Knochen wieder zu neuen Kleidern verhelfen; denn die Röcke, so sie zu Halle gehabt, seien zerrissen, und wo sie länger zu Halle geblieben wären, hätten sie daselbst müssen erfrieren. Seine churfürstlichen Gnaden haben auch viel merklicher neuer Stücke zugefügt mit großem Ablaß vom jetzigen allerheiligsten Vater Papst Paul III., als:

1. Ein schön Stück vom linken Horn Mosis.
2. Drei Flammen vom Busch Mosis auf dem Berge Sinai.
3. Zwei Federn und ein Ei vom heiligen Geist.
4. Ein ganzer Zipfel von der Fahne, da Christus die Hölle mit aufstieß.
5. Eine große Locke vom Bart Beelzebub, die an derselben Fahne bekleben blieb.
6. Ein halber Flügel von St. Gabriel dem Erzengel.
7. Ein ganz Pfund von dem Winde, der an Elia vorüberrauschte auf Horeb.
8. Zwei Ellen von dem Ton der Posaunen auf dem Berge Sinai.
9. Dreißig Bombart von der Pauke der Mirjam, der Schwester Mosis, am rothen Meer gehöret u. s. w.

Es hat mir ein sonderlicher guter Freund gesagt, daß seine churfürstliche Gnaden wolle zu solchem Heiligthum bescheiden in seinem Testament ein ganzes Quentlein von seinem treuen frommen Herzen und ein ganzes Loth von seiner wahrhaftigen Zunge — — —."

Köstlich ist jener Auftritt, den er 1535 mit dem päpstlichen Legaten, Paul Vergerius, hatte, welcher nach Wittenberg geschickt worden war, um die Protestanten zur Theilnahme an dem vom Papst in Aussicht gestellten Concil zu bewegen. Die Unterredung mit ihm wird also berichtet: „es ist Doctor Luther zu einer Unterredung mit ihm gefordert worden; alsbald den Sonntag früh hat

*) Das Nähere über die Affaire des Lemnius, besonders über den unrichtigen Bericht des Mathesius in dessen Leben Luthers vgl. bei Lessing, herausgegeben von Lachmann, Band III. S. 280—299.

der Doctor nach seinem Barbier geschickt, daß er ihn barbieren und schmücken sollte. Als der Barbier kommen ist, hat er gesagt: Herr Doctor, wie kommt's, daß Ihr Euch heute so früh wollt barbieren lassen? Da antwortete Doctor Luther: ich soll zu des heiligen Vaters, des Papstes Botschaft kommen, so muß ich mich lassen schmücken, daß ich jung scheine, so wird der Legat denken: ei, der Teufel! ist der Luther noch so jung und hat so viel Unglück angerichtet, was wird er denn noch thun? Und als ihn der Meister hierauf barbiert hatte, da zog er an seine besten Kleider und hing sein gulden Kleinod an Hals; da sagt der Barbier: Herr Doctor, das wird sie ärgern. Luther sagte: darum thu ich's auch. Sie haben uns mehr denn genug geärgert, man muß mit den Schlangen und Füchsen also umgehen. Da antwortet der Barbier: so gehet in Gottes Frieden und der Herr sei mit Euch, daß Ihr sie bekehret. Dr. Luther sprach: das will ich nicht thun, aber das kann wohl geschehen, daß ich ihnen ein gut Kapitel lesen werde und lasse sie fahren. Und als Luther solches geredet hatte, stieg er auf den Wagen und fuhr zu dem Legaten auf's Schloß, und als er im Wagen saß, lachet er und sprach: siehe da fahren der deutsche Papst und Cardinal Pommeranus, das sind Gottes Gezeuge und Werk. Und da fuhr er in das Schloß und ließ sich angeben, daß er da wäre; da ward er von Stund an eingelassen und empfangen und er empfing sie wieder, aber nicht also mit herrlichen Titeln, wie man päpstliche Legaten vor Zeiten empfangen hat. Und unter Anderem haben sie von einem Concilio zu reden angefangen, da hat Dr. Martin gesagt: es ist nicht Euer Ernst, daß Ihr ein Concilium halten wollt, es ist nur Euer Spott, und wenn Ihr gleich ein Concilium haltet, so würdet Ihr doch Nichts handeln, denn von Platten, Kappen, Essen, Trinken und dergleichen Narrenwerk, das wir vorher schon wissen und gewiß sind, daß es Nichts ist. Aber vom Glauben und Gerechtigkeit, auch anderen nützen und wichtigen Sachen, da gedenket Ihr nicht Eins zu handeln; denn es wäre nicht für Euch. Wir sind durch den heiligen Geist der Dinge aller gewiß und bedürfen keines Conciliums" — — —.

Will man sehen, was der innerste Nerv von Luthers Lebensthätigkeit war, so lese man jenes merkwürdige Testament, das er bei seiner Erkrankung in Schmalkalden hinterließ. Beim Wegziehen rief er den Freunden die Abschiedsworte zu: „dieses Eine beobachtet, wenn ich gestorben bin: wenn der Papst seine Krone ablegt, von seinem Stuhl und Primat herabsteigt und bekennt, daß er geirrt und die Kirche in's Verderben gestürzt habe, dann nehmt ihn in unsere Kirche auf, sonst wird er uns immer der Antichrist bleiben.“ In Gotha angekommen, als er den folgenden Tag nicht mehr zu erleben glaubte, diktirte er seinem Bugenhagen in Eile sein Vermächtniß in die Feder: „Ich weiß, Gott sei gelobt, daß ich recht gethan, daß ich das Papstthum gestormt habe mit Gottes Wort; denn es ist Gottes, Christi und des Evangeliums Lästerung. — — Ich bin bereit, zu sterben, wenn Gott es will. Ich möchte aber gerne noch bis Pfingsten leben, um jene römische Bestie und ihr Reich mit öffentlicher Schrift noch härter anzuklagen vor der Welt. Das will ich thun, wenn ich noch lebe; ich bedarf keines Sporns dazu. Sonst werden Andere kommen nach mir, die gröber verfahren werden mit jener Bestie, obwohl auch ich noch gröber dreinfahren will, wenn ich noch lebe.“

Das waren seine letzten Gedanken im Angesicht des Todes. Und er hat sein Versprechen gehalten, wenn man nur an jene furchtbare Schrift „das Papstthum vom Teufel gestiftet“ (1543) denkt, in welcher der Haß maßlos wird und bis zur Wuth sich steigert. Am Abend vor seinem Tode zu Eisleben, ehe er nach dem Essen zu Bette ging, schrieb er mit Kreide den Vers an die Wand:

Pestis eram vivus, moriens ero mors tua, papa,

wie er schon 1530 den Geistlichen zu Augsburg gedroht hatte: „bessert ihr euch nicht, so nehmt mich hin; lebe ich, so bin ich eure Pestilenz, sterbe ich, so bin ich euer Tod; denn Gott hat mich an euch gesetzt; ich muß, wie Hosea sagt, euch ein Bär und Löwe sein im Wege Assur; ihr sollt vor meinem Namen keine Ruhe haben, bis ihr euch bessert oder zu Grunde geht.“

Aber nun — wie sah es in der Welt aus? Mit jedem Jahre kam dieses so glühend gehaßte Papstthum wieder mehr zu Athem. Mit einer religiösen Glut ausgerüstet, von welcher ein Julius II. und Leo X. keine Ahnung gehabt hatte, ging es auf den Ruf der Reform ein, aber es wußte ihn für seine Zwecke auszubeuten. Sechs Jahre vor Luthers Tode erhielt Ignaz von Loyola von Paul III. die Bestätigung seines Ordens, in dessen Händen die ganze Welt, ihre Laster, wie ihre Tugenden nur Mittel waren zur Verherrlichung der Kirche. Schon lenkte das Ruder der Zeit, jetzt noch als einflußreicher Cardinal, bald als Papst jener Paul IV. (Carrafa) mit dem finsteren Dominikanergesichte, mit einem Gemüth voll wilden

Ungestüms und glühenden Dranges, eine zum Herrschen geborene fanatische Seele, die von Liebesverzückung, wie von Zorn in gleicher Heftigkeit loderte. Die Vertiefung in sich selbst, welche Luther der Religion zurückgebracht hatte, nach ihrer Veräußerlichung und Verweltlichung in den letzten Jahrhunderten, theilte sich auch dem Katholicismus mit und gab ihm eine neue, forcirte Inbrunst für die alten Heiligthümer, ein düsteres Feuer des Schlachtenmuthes und unglaublicher Energie, mit welcher er der Reformation nicht bloß widerstehen, sondern bald auch im Herzen der reformirten Länder erobernd auftreten konnte. Schon tagte jenes Concil zu Trient, das die Kirche in Dogma und Disciplin restauriren sollte, damit sie „mit neuen Waffen zum Angriff hervorbrechen und als eine neugeschmückte Braut Christi sich zu ihrer Bluthochzeit rüsten könnte*)". Mit einer auf beiden Seiten gesteigerten Religionsleidenschaft standen sich schon auch in Deutschland, das für eine durchgreifende Reformation eine Zeit lang reif geschienen hatte, Katholiken und Lutheraner gegenüber und der Kaiser wartete nur auf den günstigen Augenblick, um loszuschlagen. Deutschland zerrissen, ein Bürger- und Religionskrieg vor der Thür, Jammer und unsägliches Elend in Aussicht — so stand das Werk, das Luther so hoffnungsfreudig begonnen hatte. „Bei meinem Leben wird es, ob Gott will, keine Noth haben — sprach er vor seiner letzten Reise nach Eisleben, — und wird guter Friede in Germania bleiben, aber wenn ich nun todt bin, so betet auch, denn es wird alsdann Betens hoch von Nöthen sein, unsere Kinder werden noch müssen den Spieß in die Hand nehmen; denn es wird übel zugehen in Deutschland; das Concil zu Trient ist sehr zornig und meinet es gar böse mit uns. Darum betet ja mit Fleiß, es wird Noth thun nach meinem Tode."

Und wie sah es in der eigenen Kirche aus? Bei der nämlichen Gelegenheit, da er die obigen Worte gesprochen, äußerte er sich auch darüber in sehr bezeichnender Weise. Als er den Freunden (Bugenhagen, Melanchton, Kreuziger, Major, Paul Eber) nach einer Mahlzeit, zu der er sie eingeladen, die Hand zum Abschied reichte, ermahnte er sie ernstlich, daß sie ja wollten bei dem Evangelio beständig bleiben, denn er sehe wohl, sobald er sterben würde, so würden die vornehmsten Brüder**) abfallen. Ich fürchte mich

*) Gregorovius, die Grabmäler der Päpste 1857.

**) Wir möchten dabei den Blick gesehen haben, den er auf Melanchton geworfen haben wird.

nicht für den Papisten, denn sie sind des mehreren Theils grobe ungelehrte Esel und Epikurer, aber unsere Brüder werden dem Evangelium Schaden thun, weil sie von uns ausgegangen, aber nicht von den Unsrigen gewesen sind. Dieselben werden dem Evangelio mehr Stoß thun, als die Papisten. Deßgleichen ermahnt er auch auf der Kanzel am Ende seiner Predigt einmal an einem Sonntage seine Zuhörer, sie sollten ja fleißig beten und die Geister recht prüfen lernen, denn sobald er todt wäre, würden sie zu Wittenberg viel anders lehren und predigen, als er ihnen bisher gepredigt hätte, und würde nicht lange nach seinem Tode ein Anderer in seine Fußtapfen auf dieser Kanzel auftreten und gerade das Widerspiel predigen. Damit sie sich nun desto besser in die Sache hätten zu richten, so sollten sie ja fleißig aufmerken, ob dasselbe der heiligen göttlichen Schrift gemäß wäre, auf welchen Fall sie es annehmen und behalten sollten; da es aber ohne Gottes Wort lieblich und der Vernunft angenehm und begreiflich wäre, sollten sie solche Lehre meiden und sprechen: nein, du ledige Vernunft, du bist eine Hure, ich will dir nicht folgen. Endlich bat er auch seine Zuhörer, wann sie hören würden, daß er krank und schwach wäre, möchten sie ja nicht für ihn beten, daß er wieder gesund und lebendig würde, sondern Gott bitten, daß er ihm ein gnädiges Sterbestündlein verleihen solle. Die Welt wäre seiner überdrüssig, so wäre er der Welt müde, könnten sich derwegen leichtlich von einander scheiden, wie ein reiser Gast aus einem Wirthshause."

In der That waren die Zeichen des neuen Kirchenthums nicht günstig und glückverheißend. Schon 1533 wurden die Wittenberger Doctoren der Theologie, 1538 alle Staatsdiener in den protestantischen Kirchen auf den Buchstaben der Augsburger Confession verpflichtet, wie die katholische Kirche bald darauf alle ihre Glieder auf die Dogmen des tridentinischen Concils verpflichtete. Das war die neue protestantische Glaubensfreiheit, das die freie Forschung in der Schrift. Aber der einmal angeregte Forschungstrieb wollte sich doch nicht so leicht bändigen lassen. Melanchton, der Verfasser der Augustana, erlaubte sich bei jeder neuen Ausgabe namhafte Aenderungen, die besonders in der Lehre vom freien Willen und vom Abendmahl wahrhaftig nicht bloß die Form betrafen. Luther hob drohend den Finger gegen ihn: Philippe, Ihr thut nicht Recht, das Buch ist nicht Euer, sondern der Kirche Buch.

Am wenigsten wollte die lutherische Abendmahlslehre zu ihrer

Ruhe kommen. Sie sollte ihren Urheber bis zum Grabe verfolgen. Die Versöhnung, für welche auch Luther Jahre lang die Hand geboten hatte, war eben doch nicht zu Stande gekommen. Die Formeln, mit welchen unversöhnliche Gegensätze zugedeckt werden sollten, waren doch immer trügerisch. Luther konnte es nicht lassen, gegen Zwingli zu polemisiren; 1539 klagt er ihn der Ketzerei des Nestorianismus an. Die Schweizer ihrerseits dulden die Angriffe gegen ihren Reformator nicht; sein Nachfolger Bullinger führt öffentlich dessen Sache gegen Luther. In diesem erwachte jetzt nur immer stärker der Argwohn und Widerwille gegen die Irrlehre, die er nicht, wie er gehofft hatte, verleugnet oder wenigstens verschwiegen, vielmehr in weiterer Verbreitung begriffen sah. Unterm 13. Juni 1543 bricht er, alle früheren Rücksichten vergessend, von Neuem los in einem Brief an die Evangelischen im Venetianischen. Zwar mit den Baslern, Straßburgern, Ulmern erklärt er seine Zufriedenheit, aber die Zürcher vor Allem beharren in ihrer Feindschaft gegen das Sakrament und gebrauchen profanes Brod und Wein, „Menschen, die einen anderen Geist haben, als wir, Trunkene, deren Berührung zu meiden.“ Und offen kündigt er dann in einem Brief an den Zürcher Buchhändler Froschauer den dortigen Geistlichen die Gemeinschaft auf, weil alle Ermahnung an ihnen vergeblich sei und er ihrer Verdammniß nicht theilhaftig werden wolle; das Gericht Zwingli's, dem sie folgen, werde auch sie treffen. Dazu kommen zwei Gerüchte, die herumgeboten wurden und ihn tödtlich verletzten, das eine, veranlaßt durch die Abschaffung der Elevation beim Abendmahl in der Kirche zu Wittenberg, daß die Lutherischen selber ihre Abendmahlslehre geändert haben, das andere, daß insbesondere Melanchton der Schweizerischen Ansicht huldige und Luther die Ketzerei in der eigenen Nähe ruhig dulde.

Das Letztere war nun freilich mehr, als bloßes Gerücht. Die Zwingli'sche Richtung des Melanchtonischen Geistes trat in späteren Jahren unverkennbar hervor und blieb von den Zeitgenossen nicht unbemerkt. Da war in Schlesien ein gewisser Schulrector, Valentin Trotzendorf, ein Erzlutheraner, der die von allen Seiten und benachbarten Ländern zuströmenden Schüler besonders in den Artikeln über die Rechtfertigung und das Abendmahl streng lutherisch unterrichtete, um sie dann, so vorgebildet, auf die Universität nach Wittenberg zu entlassen. Wenn dann diese Schüler wieder heimkamen und etwa auf dem Heimwege ihren alten Lehrer besuchten, da war dieser nicht wenig erstaunt, zu finden, daß „sie allesammt zu Wittenberg mit dem Zwinglianismus beschmitzt" wieder in ihr Vaterland zogen. Wann sie Trotzendorf hierüber befragte, da sie doch Solches bei ihm nicht gelernt hätten, gaben sie die Antwort: es wäre wohl wahr, aber sie seien später von einem größeren Lehrer Philipp Melanchton also unterrichtet worden. Ein ander Mal wurde Melanchton von Einem seiner Privatschüler, Magister Aemilius, über den Abendmahlspunkt genauer ausgeforscht; es wolle ihm scheinen, der Herr Praeceptor hielte es in diesem Punkt allerdings nicht mit Luther, worauf Melanchton: Luther habe von dieser Sache allzu craß geschrieben, „denn meinst Du, daß sich Christus mit den Zähnen zerreißen und durch den Leib verdauen lasse?" Als nun Aemilius darauf hielt, Melanchton und Luther sollten sich darüber vergleichen, so lange noch Beide am Leben seien, antwortete Philippus zornig: „Ja ihr Harzländer — denn Aemilius war Luthers Landsmann — habt so harte Starrköpfe, daß, wenn man gleich auch Etwas saget, so fahret Ihr Einem über's Maul, werfet Einem den Sack vor die Thür und lasset Niemand nichts gut sein." Als die Zürcher auf Luthers „Bekenntniß vom Nachtmahl unseres Herrn Jesu Christi" eine Gegenschrift ausgehen ließen, ließ der Churfürst, um den alten, vielgeplagten Reformator zu schonen, den Melanchton ersuchen, er möchte den Zürchern durch eine Widerlegungsschrift antworten. Dieser wies den Auftrag mit Unwillen zurück und vermuthete — ohne Zweifel mit Unrecht — daß Luther es gewesen sei, der ihn in böser Absicht bei Hofe vorgeschoben habe. Bei dieser Gelegenheit soll er einem Gesinnungsgenossen vertraut haben: wenn er Lust hätte, wollte er jetzt in Deutschland einen großen Lärmen anfangen in der Sache des Abendmahls.

Luthern wußte er über seine wahre Meinung Jahre lang zu täuschen, obgleich jener Unrath merkte. Bisweilen soll Luther geäußert haben: er möchte gern, daß, was diesen Artikel anlange, Philippus das Maul einmal recht aufthäte. Das geschah nun freilich, wie wenigstens Luther die Sache auffaßte, im Jahr 1543. Der Erzbischof von Köln im Begriff, in seinem Stift die Reformation einzuführen, erbittet sich zu diesem Zweck Melanchton, dem sich Bucer als Gehilfe beigesellt. Beide entwerfen eine Reformationsordnung; die Abendmahlslehre war darin in gemäßigten Ausdrücken abgefaßt, in welche Luther seine schärfere Fassung ebenso gut schien hineinlegen zu können, wie die Schweizer damit zufrieden sein konnten.

Diese Schrift, welche den Kölner Ständen am 22. Juni 1543 vorgelegt worden war, hatte der Churfürst von Sachsen Ende Mai 1544 vom Reichstag zu Speier mitgebracht und übersandte sie an Amsdorf, den damaligen evangelischen Bischof von Naumburg — man hat ihn Luthers Affen genannt —, damit er ein Gutachten darüber abgebe. Luther hatte die Schrift loben hören und Melanchton hatte ihm auf sein Befragen erklärt: es werde in ihr der rechte Verstand und Brauch der Sacramente gelehrt. Als aber Amsdorf ein scharfes Bedenken einsandte, da fiel Luther flugs in's Buch und auf das Stück vom Sacrament; hier drückte ihn der Schuh hart und Nichts gefiel ihm überall; denn er fand viel langes Geschwätz über den Nutzen des Sacraments, aber nur Gemummel über die Substanz desselben; es habe, während es sich gegen die Wiedertäufer auslasse, kein Wort gegen die Schwärmer; nirgends wolle heraus, ob da sei rechter Leib, mündlich empfangen; ja das Buch sei mehr für die Lehre der Schwärmer. Es sei überall nur unbestimmtes Gewäsche, so daß man das Klappermaul, den Bucer, wohl heraushöre. Luther war sehr böse und Melanchton denkt daran, Wittenberg zu verlassen. Bange erwarteten Melanchton und seine Freunde bei Luther einen Ausbruch; man sprach von einer neuen Schrift, einem schrecklichen Buch, in welchem auch Melanchton nicht verschont werden sollte. Der Kurfürst legte sich in's Mittel und suchte durch seinen Kanzler Luthern zu besänftigen; er möge Melanchton väterlich nur unter vier Augen ermahnen.

Die aufrichtige Liebe, welche Luthern mit Melanchton verband, und die kluge Rücksicht auf das Wohl der Universität und der reformatorischen Sache in ganz Deutschland verhinderte den offenen Ausbruch der Mißhelligkeit, aber um so größer war dieser Schmerz für Luther. Melanchton nach seiner schweigsamen Natur vermied jeden weiteren Anstoß, deutete aber nach Luthers Tode seine Lage genugsam in den Worten eines Briefes an: „ich ertrug auch früher eine fast abscheuliche Sclaverei, da Luther oft mehr seiner Natur, welche eine nicht geringe Neigung zur Streitsucht hatte, als der Rücksicht auf seine Stellung oder auf das öffentliche Wohl nachgab."

Auch die alten Fragen der Scholastiker tauchten wieder auf und hängten sich der neuen lutherischen Scholastik an und ärgerten Luthern unsäglich. In Eisleben hatte der eine Pfarrer Wolferinus in skandalöser Fehde mit seinem Collegen die Ueberbleibsel des Weines und Brodes vom Abendmahl, geleitet von der Ansicht, daß dieselben, sobald die sakramentale Handlung vorüber, wieder zu gewöhnlichem Brod und Wein werden, wieder mit dem vorher vorhandenen Vorrathe vermischt. Der erzürnte Reformator verliest ihm in einigen heftigen Briefen den Text; das verrathe Zwinglianismus. Vielmehr sollen die Geistlichen mit Beiziehung einer Anzahl Communikanten die Ueberbleibsel an Wein und Brod noch in der Kirche vollends aufzehren. Ob eine Maus, wenn sie von der consekrirten Hostie esse, den wirklichen Leib des Herrn verzehre und welche Wirkungen dieser in ihrem Leibe anrichte, hatten die alten Scholastiker der Kirche mit allem Ernste gefragt.

So erwehrt er sich mit Mühe und Verdruß bis an sein Ende der „hochmüthigen unverbesserlichen Schwärmer", die sich sogar in seine nächste Nähe wagen. Als wäre es am Bisherigen nicht genug, trägt er sich immer mit dem Gedanken, noch eine Schrift gegen die Zwingler und Sacramentschänder abzufassen. Noch am 17. Jan. 1546, abgemattet und nach der ewigen Ruhe sich sehnend, bezeugt er seine Freude darüber, daß die Schweizer gegen ihn so aufgebracht seien; das eben habe er gewollt, daß sie selbst bezeugen, seine Feinde zu sein; er, den sie verdammen, lasse sich genügen an der Seligkeit des Psalms: „selig ist der Mann, der nicht wandelt im Rathe der Sacramentirer, noch tritt auf den Weg der Zwinglianer, noch sitzet, da die Zürcher sitzen." An demselben Tage eiferte er auch noch einmal auf der Kanzel in der letzten Predigt, die er zu Wittenberg hielt, gegen die verfluchte Hure Vernunft, auf welche die Schwärmergeister pochen, da sie fragen, wie Gott seinen Leib im Brod geben könne; den Sohn Gottes solle man hören, der da sage: „das ist mein Leib", und die Vernunft mit Füßen treten; Jene aber seien so klug, daß sie Niemand zu Narren machen könne; wenn sie Einer in einem Mörser zerstieße, so wiche doch die Thorheit nicht von ihnen. Sechs Tage nachher hat er jene Reise nach Eisleben angetreten, wo er am 18. Februar starb *).

Zu diesen alten Streitigkeiten, die ihren Stachel immer wieder gegen Luther kehrten, kamen neue, unerwartete, welche ihn sowohl durch ihren Inhalt als um der Person der Anstifter willen schmerzlich bewegten. Sie betrafen den Mittelpunkt der neuen Lehre, die Rechtfertigung aus dem Glauben allein ohne die Werke. Diese Lehre litt an einer gewissen Unklarheit, enthielt Widersprüche und

*) Siehe Anhang Anmerkung 13.

war keineswegs frei von moralischer Anstößigkeit. Es war nicht ohne Grund, wenn die Katholischen in all' den Unterhandlungen mit den Protestanten, welche von 1530 an fast bis zu Luthers Tod geführt worden, über diesen Stein nie hinüberwollten. Höchst bezeichnend ist das Verhalten des Herzogs Georg von Sachsen, des einzigen deutschen Fürsten vielleicht, dessen Antipathie gegen die Reformation aus ernsten religiösen Gründen entsprang. Zu eingreifenden Reformen geneigt, so weit sie die kirchlichen Mißbräuche betrafen, aber in Dogma und Cultus streng katholisch, hatte er schon im Juli 1517 auf Staupitzens Empfehlung Luther zu einer Gastpredigt nach Dresden einladen lassen. Luther entsprach und strich in seiner Predigt besonders die Gewißheit der Seligkeit durch die Ergreifung des Verdienstes Christi heraus. Der Eindruck war sehr verschieden. Eine Hofdame, Barbara von Sale, vom Herzog über Tisch über die Predigt befragt, äußerte: sie danke Gott, diese Predigt gehört zu haben; auf diese Lehre wolle sie leben und sterben. Der Herzog dagegen zürnte, die Worte im Eifer wiederholend: er würde viel Geld darum geben, diese Predigt nicht gehört zu haben; diese Lehre mache die Leute nur sicher und ruchlos. Als 1537 sein Erbprinz Johann im Sterben lag, sprach er ihm mit den Worten zu: er solle allein auf Christum sehen und aller seiner Werke, wie auch der Heiligen Fürbitte vergessen. Johanns Gemahlin sagte darauf zu ihrem Schwiegervater: warum läßt man dieses nicht öffentlich im Lande predigen? Er erwiderte: „liebe Frau Tochter, man soll's nur den Sterbenden zum Trost vorhalten. Denn wenn die gemeinen Leute wissen sollten, daß man allein durch Christum selig würde, so würden sie allezeit ruchlos werden und sich gar keiner guten Werke mehr befleißigen."

Die Gewißheit der Seligkeit, die Sündenvergebung — das Einzige, worauf es für Luther in der Religion ankam — legte er ausschließlich in den Glauben an das Verdienst Christi. Das Sittengefährliche und moralisch Erschlaffende, was in dieser Lehre lag, suchte Luther auf alle Weise aus derselben wegzubringen, indem er diesem Glauben auf der einen Seite das vom Gesetz bewirkte Gefühl der Sündhaftigkeit mit Reue und Zerknirschung vorangehen, andererseits die Wiedergeburt, die sittliche Bewährung der erfahrenen Rechtfertigung ihm nachfolgen ließ. Wie aber? wenn die sittliche Erneuerung nicht folgte? wenn die Werke des neuen, sittlichen Lebens fehlten? Sagte dann Luther: so wirst du nicht selig? so kommst du nicht in den Himmel? so hast du die Rechtfertigung, die Vergebung der Sünden nicht? Nein! denn das hätte geheißen: die Werke sind zur Seligkeit nothwendig, wogegen Luther, wie wir gehört haben, öffentlich protestirte. Mit anderen Worten: Luthers religiöses Princip der Rechtfertigung aus dem Glauben verlangte keine Sittlichkeit, aber Luthers gesunder ethischer Sinn verlangte sie, ohne daß es ihm gelungen wäre, die Sittlichkeit mit der Religion in eine innere, organische Verbindung zu bringen. Die Rechtfertigung (Versöhnung) ist bei Luther, wie Karl Schwarz sich bündig ausdrückt, eine Heilsgewißheit ohne Heilsleben: religiöse Versöhnung und sittliche Heiligung stehen bei ihm neben und nach einander, während sie in der Wirklichkeit des ethischen Lebens stets mit und in einander sind als innerlich zusammenhängende Seiten des gleichen geistigen Prozesses; in der Heilsgewißheit ist das Heilsleben schon eingeschlossen, denn wie kann ich des Heils gewiß sein, ohne es gegenwärtig zu haben? Ebenso fließt bei ihm die Liebe, die Quelle der sittlichen Werke, nicht aus dem, was er Glauben nennt, sondern folgt zeitlich nach demselben; der Glaube ist keine schöpferische Kraft der Sittlichkeit.

Melanchton suchte hier zu corrigiren, wenn auch ungenügend; ohne den lutherischen Satz von der ausschließlichen Wirksamkeit des Verdienstes Christi offen anzugreifen, suchte er sich doch der katholischen Lehre zu nähern durch den Satz: gute Werke seien zur Seligkeit nothwendig. Auch als er denselben, durch Luther zurechtgewiesen, nicht mehr aufrecht hielt, nahm er doch in die späteren Ausgaben der Augsburger Confession, in die sogenannte Variata aus den Jahren 1540 und 1542, ähnlich lautende Erklärungen auf, welche der menschlichen Thätigkeit und besonders den guten Werken bei dem Zustandekommen des Heilswerkes einen großen Werth beilegten (so Art. 6. 18. 20). Luther ließ die meisten dieser Erklärungen unbeanstandet passiren, weil er ihnen doch nicht alle Berechtigung absprechen konnte, ja er war im Stande, sich unter Umständen noch stärker auszudrücken, je nachdem der Gegner war, mit dem er es gerade zu thun hatte*).

Agricola nämlich aus Eisleben schien die Gesundheit der reinen Lehre nach der entgegengesetzten Seite zu gefährden. Er schloß:

*) So äußert Melanchton über eine Schrift, welche Luther gegen den Gegner der Werke, Agricola, geschrieben hatte: „ich wäre scharf getadelt worden, wenn ich das gechsrieben hätte.“

wenn die Werke zur Seligkeit nicht nothwendig sind, so ist auch das Gesetz, das Werke gebietet, nicht nothwendig. Wir haben genug am Evangelium als der trostreichen Botschaft von der Sündenvergebung. Das Gute in uns, der Haß gegen die Sünde und die Besserung wird in uns nicht hervorgerufen durch das Gesetz, welches gebietet und verbietet, sondern nur durch das Evangelium, durch das gläubige Aufschauen zum Leiden und Sterben Jesu, wie schon Karlstadt gelehrt hatte. Die Buße soll nicht aus den zehn Geboten, sondern aus dem Evangelium gelehrt werden. Wenn du mitten in den Sünden steckst auf's Höchste und glaubst, so bist du mitten in der Seligkeit. Die zehn Gebote gehören auf's Rathhaus, nicht auf die Kanzel. Alle, die mit Mose umgehen, müssen zum Teufel fahren. So lehrte Agricola 1537 zuerst heimlich, dann öffentlich in Wittenberg. Das machte Luther schweren Verdruß. Zu den bisherigen Ketzereien, die er zu bekämpfen hatte, kam nun noch am Abend seines Lebens die Ketzerei der Antinomisten. Er hatte den Mann, der seine Stelle in Eisleben verlassen hatte, mit größtem Vertrauen in Wittenberg aufgenommen, ihn mit Weib und Kind eine geraume Zeit im Haus und am Tisch gehabt, ihm die Erlaubniß, öffentlich zu lehren, ausgewirkt, und nun breitete der undankbare und ehrgeizige Kopf hinter seinem Rücken eine Lehre aus, welche den Vorwürfen der Gegner, daß der lutherische Glaube die Sittlichkeit für gleichgiltig erkläre, eine neue Handhabe bot. Luther kündigte ihm, sobald er durch seine Freunde Nachricht von der religiösen Wühlerei des Agitators erhalten hatte, die Erlaubniß, Vorlesungen zu halten, auf, und als auf Anordnung des Churfürsten der Rector und einige ansehnliche Räthe zwischen den beiden Männern vermitteln sollten, erschien zwar Luther auf die anberaumte Stunde, Agricola aber war mit Tagesanbruch entflohen und suchte sein Heil bei Churfürst Joachim in Berlin, wo er bis zum Tode (1566) für Ausbreitung seiner Anschauung thätig war. So sehr die kräftige Bekämpfung des Antinomismus durch Luther im Interesse gesunder sittlicher Begriffe lag, so konnte man ihm doch eine gewisse Berechtigung auf dem Boden des Lutherthums unmöglich absprechen. War denn das Gesetz, das nach Luther die Hauptaufgabe hatte, den Menschen mit Sünde, Tod, Hölle zu schrecken und dadurch in die Arme der Gnade zu treiben, nicht noch ein Ueberbleibsel der Religion der Furcht, ein nothwendiges Zubehör zu dem katholischen Gott des Zorns und dem Christus der schrecklichen

Majestät? Wenn man die letzteren durch den Grundsatz von der Rechtfertigung aus dem Glauben gestürzt hatte, warum das Erstere noch stehen lassen?

In der neu gestifteten Kirche Streit bis zum Ende — und die sittlichen Früchte der Reformation? Luther tröstet sich zwar nicht selten mit der Erklärung: wir haben doch die reine Lehre, mag das Leben beschaffen sein, wie es will, aber im Ganzen drückte ihn die Beobachtung von den geringen sittlichen Wirkungen seiner Lehre tief darnieder. Unzählig sind die Klagen hierüber in seinen späteren Lebensjahren. Seine Schriften werden zu Strafpredigten eines an seinem Zeitalter verzweifelnden Propheten. So läßt er sich 1541 in der Schrift: Vermahnung zum Gebet wider die Türken, also vernehmen: „Man spricht, wem nicht zu rathen ist, dem ist nicht zu helfen. Wir Deutschen haben nun viele Jahre her das liebe Wort Gottes gehöret. Aber wie dankbarlich wir das haben angenommen, ist schrecklich genug zu sehen. Denn gerade als wären der vorigen Sünden zu wenig, da wir Gott mit Messen, Fegfeuer, Heiligendienst ꝛc. auf's Höchste erzürnt haben, so fahren wir darüber zu und verfolgen das liebe Wort, so uns zur Buße von solchem Greuel beruft, daß nicht Wunder wäre, ob Gott nicht allein Türken, sondern eitel Teufel über Deutschland schwemmen ließe. Und wir, so das Evangelium angenommen haben und uns des Wortes rühmen, erfüllen auch den Spruch Röm. 2, 24: Gottes Name wird durch euch unter den Heiden gelästert. Denn ausgenommen gar Wenige, die es mit Ernst meinen, so ist der ander Haufe so undankbar, frech, muthwillig und leben nicht anders, denn als hätte Gott sein Wort darum uns gegeben und uns vom Papstthum erlöst, daß wir möchten frei thun und lassen, was uns gelüstet, und also sein Wort nicht zu seinen Ehren, zu unserer Seligkeit, sondern zu unserem Muthwillen dienen müßte. Denn daß ich oben anfahe: was verzweifelter böser Sekten und Ketzerei haben sich hervorgethan, als Münzer, Zwingler, Wiedertäufer und viel mehr, Alle unter des Evangeliums Schein und Namen. Darnach ist kommen der große Gott Mammon oder Geiz: wie hat der nicht allein Bauern und Bürger, sondern recht gröblich Adel, Grafen, Fürsten und Herren besessen, daß man dergleichen kaum lesen kann in allen Historien. Der Adel will Alles haben, was Bauer und Bürger hat, ja sie wollen Fürsten sein; der Bauer steigert neben dem Adel Korn und

Gerste und machen muthwillige Theuerung, da sonst Gott genug hat wachsen lassen. Der Bürger schätzt in seinem Handwerk auch, was und wie er will. So weiß man zuvor, was für Muthwillen das Gesinde, Knechte und Mägde üben in Häusern, welch Stehlen, Untreue und allerlei Bosheit zu treiben. So ist auch des Stehlens, ein Nachbar dem andern, kein Ende. Item die Arbeiter und Werkleute, wir sind die Herren! Nehmen Geldes genug, arbeiten, was und wie und wann sie wollen. Und darf Niemand kein Wort wider sie reden. Also ist Deutschland reif und voll alter Sünden wider Gott, daß ich leider ein allzu wahrhaftiger Prophet gewesen bin, da ich oft gesagt, daß entweder der Türke oder wir selbst unter einander uns müßten strafen. Doch wären diese greulichen Stücke alle noch eine Weile zu tragen; aber dahin ist's kommen, daß es nicht wohl weiter kommen kann: daß nun anfahen etliche Junker, Städte, ja auch kleine Dreckstädtlein, dazu Dörfer und wollen ihren Pfarrern wehren, daß sie nicht sollen auf der Kanzel die Laster strafen oder wollen sie verjagen und erhungern, dazu wer ihnen nehmen kann, der ist heilig. — Ich bin gewiß, wo die Welt sich nicht bessert, so muß es brechen den letzten Bruch, und habe auch in solchem Wesen keinen anderen Trost und Hoffnung, denn daß der jüngste Tag vor der Thür sei; denn es übermacht sich allzusehr, daß Gott nicht länger wird dulden können."

Endlos sind besonders seine Klagen über den Adel, „die großen Scharrhansen." So schreibt er im Angesicht eines neuen Türkenkrieges: „Ich bin an Deutschland beinahe verzweifelt, seitdem es in sein Haus aufgenommen hat jene wahren Türken oder rechten Teufel, den Geiz, den Wucher, die Tyrannei, die Zwietracht und dieses ganze Heer von Treulosigkeit, Bosheit, Nichtswürdigkeit im Adel, an den Höfen, in den Städten und Landhäusern, überdieß die Verachtung des Wortes und unerhörten Undank. Da diese Türken so grausam unter uns regieren, was sollen wir gegen die wirklichen Türken ausrichten? Das sehe ich voraus, wenn die Tyrannei des Türken unseren Adel nicht schreckt und demüthigt, so werden wir wüthendere Tyrannen im Lande haben, als die Türken sind. Denn sie gedenken den Händen der Fürsten Stricke und Ketten, den Bürgern und Bauern, besonders aber den Wissenschaften und deren Trägern Fußeisen anzulegen. So werden sie die päpstliche Sklaverei rächen durch eine neue Sklaverei der Völker unter der Hand des

Adels**) — ein überraschend richtiger und kurzer Abriß unserer Völkergeschichte von der Reformation bis zur französischen Revoluzion. Sehr bezeichnend für Luthers Gesinnung ist ein Schreiben vom Jahr 1541 an Herzog Moritz von Sachsen, worin er ihn vor der Adelsherrschaft warnt und ihn bittet, gegen das ruchlose Verfahren der Grafen von Mansfeld mit ihren Unterthanen einzuschreiten; „denn es ist ja der Adel und weltlich Herrschaft von Gott gesetzt, die Frommen zu schützen und Bösen zu strafen. Soll's nun dahin kommen, daß die Herrschaften Tyrannen wollten sein und mit den Leuten, als wären sie Hund und Säu, umgehen, wie sich Etliche anlassen, so wär's ein schrecklich Zeichen göttlichen Zorns über den Adel, als den er bereits beraubt hätte nicht allein des christlichen Verstandes, der uns lehrt, alle frommen Christen ehren unter einander als die mit dem Blute Christi geadelt seien zum ewigen Reich, dagegen dieser zeitliche Adel ein lauter Nichts ist mit diesem weltlichen elenden Reich, sondern auch des natürlichen Verstandes, daß sie nicht gedenken, wie alle Menschen in gleichem Unadel, in Sündenstand geboren und hie kein Unterschied ist, und sie doch, als wären sie vor Gott besser, das nicht wahr ist, sich zieren. Wo der Adel so fort will fahren, so ist's geschehen um Deutschland." So sehr haßt Luther diese übermüthigen Junker und wird er von ihnen gehaßt, daß er 1542 an Bischof Amsdorf schreibt, derselbe möchte ihm keine Geschenke mehr machen, damit diese unwürdigen Creaturen wegen eines Häsleins oder Bockes nicht Gelegenheit nehmen zur Verläumdung, man beraube die Güter des Bisthums, die sie doch vorher ohne Gewissen verschlungen haben.

Unendlichen Verdruß bereiteten ihm aber vor Allem die Juristen, über welche er sich in furchtbarer Wuth in Schriften und Predigten ergeht. Wie oft wünscht er sich die weltlichen Dinge, mit denen man ihn plagt, die Organisation der bürgerlichen Angelegenheiten, Ehegeschichten u. s. w. vom Halse als Sachen, die ihn Nichts angehen, welche er gerne den Juristen überlasse! aber immer greift er diesen wieder in's Handwerk; zahllos und ärgerlich sind die Fehden zwischen dem Kirchenmann und den Juristen. „Juristerei ist eine feine gute Facultät, aber jetzt giebt man sich nur auf die Praktik, verwirrt die Sachen, schiebet und ziehet's auf und hackt

*) Brief vom 10. Nov. 1541.

allerlei Hundhaar mit hinein. Die alten Rechte liegen unter der Bank und einem jeglichen Zungendrescher wird sein Muthwille gestattet. Der bringt die armen Leute um's Geld und hetzt sie an einander, damit er Etwas herausschneide und reich werde. Es ist ein alt Sprichwort: ein Jurist ist ein böser Christ, das ist wahr. Sie ernähren sich von der Thorheit anderer Leute. Junge Juristen verwirren Alles in Hader und Krieg, junge Aerzte müssen einen neuen Kirchhof haben, junge Theologen füllen die Hölle mit Seelen." Die Predigten, welche Luther gegen die Juristen hielt — besonders wegen ihrer Behandlung der Eheverlöbnisse —, erinnerten Melanchton mehr an den Gerber Kleon, als an den Staatsmann Perikles und preßten ihm die Klage aus: „was soll das vor dem Volk? und wie ungeschickt in einer Zeit, in welcher wir von so großen Gefahren bedrängt sind! Luther läßt sich auch hier, wie so oft, nur von seinem Zorne leiten. Wie oft hab' ich mich gefürchtet vor dem Alter des von Natur so leidenschaftlichen Mannes!"

So schaute ihn die Welt von allen Seiten unfreundlich an und er lebte in einem täglichen Krieg mit ihr. In einer Hausrechnung vom Jahr 1542 setzt er voll Mißtrauens genau fest, was an Haus und Fahrhabe nach seinem Abscheiden seiner Käthe und den Kindern gehöre, „um der undankbaren Leute willen"; „denn wie man mir danken wird nach meinem Tode, sehe ich bei meinem Leben wohl." Ende Juli 1545 that er einen Schritt, der großes Aufsehen machte. Theils aus Argwohn gegen Melanchton, theils weil er den Anblick des üppigen, leichtfertigen Lebens in der Stadt — besonders von Seiten der Frauen — nicht länger ertragen konnte, verließ er plötzlich Wittenberg mit der Absicht, es nie mehr zu betreten. Alle die kirchlichen Gewaltmittel, die er gegen öffentliche Laster wieder aufzurichten gesucht hatte, Ermahnung durch Geistliche oder Laien, dann Bann und Excommunication, d. h. Verdammung der Fehlenden in öffentlicher Gemeinde unter gräßlichen Formeln und Ausschließung von den Sacramenten — er hat diese Mittel einige Male bald gegen Unzüchtige, bald gegen Wucherer, bald gegen langjährige Versäumer der Predigt und des Abendmahls angewandt — vermochten nicht den einbrechenden Strom der Sittenlosigkeit aufzuhalten. 1543 schrieb er seinem Jonas: „wenn zehn Dirnen hier wären, die viel Studenten mit Franzosen verderbten, so zürnt und richtet Niemand, alle sind stumme Fische oder lässige Richter und beinahe

Beschützer; wenn die Hälfte der Bürgerschaft durch Ehebruch, Wucher, Diebstahl, Betrug sich in's Verderben stürzte, so richtet Niemand. Beinahe Alle lachen, oder stimmen vielmehr selbst zu und thun es auch. Es ist ein verdrießlich Ding um die Welt." Wie viel muß er innerlich gelitten haben, bis er sich entschloß, der Stadt, in welcher er so lange gewirkt hatte, den Rücken zu kehren! Seine düstere und verbitterte Gemüthsstimmung spricht sich in dem Briefe aus, den er von Leipzig aus an seine Frau schrieb: — — —„Mein Herz ist erkaltet, daß ich nicht gern mehr in Wittenberg bin, wollt auch, daß Du verkauftest Garten und Hufe, Haus und Hof; so wollt ich dem Churfürsten das große Haus wieder schenken, und wäre Dein Bestes, daß Du Dich gen Zulsdorf setzest, weil ich noch lebe, und könnte Dir mit dem Solde wohl helfen, das Gütlein zu bessern, denn ich hoffe, der Churfürst soll mir den Sold folgen lassen. Nach meinem Tode werden Dich die vier Elemente zu Wittenberg doch nicht wohl leiden, darum wäre es besser bei meinem Leben gethan, was zu thun ist. Vielleicht wird Wittenberg, wie sich's anläßt, mit seinem Regiment nicht St. Veits-, noch St. Johannis Tanz, sondern den Beelzebubstanz kriegen — — — —. Nur weg und aus dieser Sodoma. — — Will also umherschweifen und eher das Bettelbrod essen, ehe ich meine armen alten Tage mit dem unordentlichen Wesen zu Wittenberg martern und verunruhigen will mit Verlust meiner sauren theuren Arbeit." Erst eine Abordnung des tief erschrockenen Churfürsten in der Person seines Luthern sehr befreundeten Leibarztes Ratzenberger konnte den schwer Gekränkten wieder zur Rückkehr bewegen.

Das Leben Luthers endet tief tragisch, wie sein Wesen von Anfang an tragisch angelegt war. Die Weltgeschichte hätte für die Aufgabe, die sie ihm zuwies, kein seltsameres Werkzeug wählen können. Den mittelalterlichen Katholicismus sollte er stürzen, und doch trug er die gemüthlichen Stimmungen, wie die Denkbegriffe, aus welchen er erwachsen war, tiefer in sich, als alle übrigen Träger desselben. Mit jenem machte er zum Mittelpunkt der Religion das Bedürfniß der Seligkeit; mit jenem betrachtete er die Seligkeit als einen jenseitigen, über die gegenwärtige und innere Erfahrung hinausliegenden Zustand; mit jenem machte er die Gewißheit dieses Zustandes objectiv abhängig von einer göttlichen Wundergeschichte der Vergangenheit, subjectiv vom Glauben oder von der Aneignung dieser Wundergeschichte zu Handen des Menschen. In allen diesen religiösen Grundstimmungen und Grundbegriffen stand er auf dem Boden der Kirche, die er bekämpfte. Nun hat er zwar die Mittel, durch welche der Glaube sich das Verdienst Christi früher zu eigen gemacht hatte, alle jene zahllosen verdienstlichen Kirchenwerke beschnitten, und dadurch die Welt von vielem priesterlichem Unrath befreit, aber in den beiden Mitteln, die er als unerläßliche Bedingungen der Seligkeit stehen ließ, in Taufe und Abendmahl hat er die frühere Allgewalt der Kirche und des Priesterthums wieder zurückgeführt. Ohne Taufe und Abendmahl, also ohne Kirche, also ohne Priester keine Seligkeit; extra ecclesiam nulla salus. Brachten die Einsetzungsworte der beiden Handlungen, vom Priester ausgesprochen, die Sündenvergebung mit sich, so waren Kirche und Priester wieder die unentbehrlichen Mittelspersonen zwischen Gott und Mensch, wie im Papstthum. Zu dem gleichen Ende führte das Dogma von der ausschließlichen Auctorität der Bibel; schon zu Luthers Zeit wurde es thatsächlich und mußte es werden zum Dogma von der ausschließlichen Auctorität der reinen Lehre, d. h. der von den Theologen festgesetzten Kirchenlehre. In der letzten Bekenntnißschrift, in welcher das Lutherthum zur Ruhe kam, in der Concordienformel war die Macht der Kirche und der Geistlichkeit der vorherrschende Gesichtspunkt, unter welchem die Dogmen festgestellt wurden. Der lutherische Pastor unterschied sich denn auch in den Jahrhunderten, in welchen das Lutherthum noch ungebrochen war, in keinem wesentlichen Stücke vom katholischen Priester: derselbe Fanatismus gegen Vernunft und Wissenschaft, dieselbe kirchliche Aeußerlichkeit, dieselbe Beherrschung der Gewissen.

Man sagt gewöhnlich: dieser conservative Zug im Leben Luthers sei eine weltgeschichtliche Nothwendigkeit gewesen, die allein die Reformation habe retten können; nach dem Gesetz der Geschichte vollziehe sich jeder Fortschritt nur langsam und stufenweise. Möglich! Nur zeigt sich die ganze Haltlosigkeit derartigen Räsonnirens über die Geschichte sogleich darin, daß man mit demselben Rechte genau das Gegentheil sagen und die Frage aufwerfen darf: ist es zu verwundern, daß die Reformation den Katholicismus in Deutschland nicht verdrängen konnte, da doch jene selbst in ihrem tiefsten Grunde noch so katholisch gewesen ist? Man hatte im Grunde in beiden Kirchen das Gleiche, nur in der katholischen Alles sinnlicher, farbenreicher, poetischer, imposanter. Es waren daher so oft weit mehr weltliche, als religiöse Interessen, welche die Wagschale nach der einen oder der anderen Seite drückten.

Am empfindlichsten für das Gefühl des Reformators selbst trat diese tragische Seite seines Lebens zu Tage, wo er durch seine Natur genöthigt war, diejenigen Mächte unerbittlich niederzutreten, die gegen den gleichen Feind aufstanden, also für das eigene Werk hätten benutzt werden sollen. Dem der Sturz des Papstthums als Lebensaufgabe zugefallen war, der haßte, fast noch gründlicher als dieses, Alle, welche demselben energischer und radicaler, als er, an die Krone langten. In den Bauern, die er der Rache der katholischen und protestantischen Fürsten überlieferte, hat er seiner Sache die durchschlagende Volkskraft entzogen, und zwar zu einem kleinen Theil aus dem Grunde, weil er eine geistige Sache nur durch Mittel des Geistes durchsetzen wollte; denn frühe genug hat er selber ohne Skrupel das Werk der Reformation in sehr ungeistige Hände, in den Schoß der weltlichen Gewalt gelegt und den bewaffneten Bund der Schmalkaldner hat er nicht verworfen. Vielmehr größtentheils aus Befangenheit in den katholisch-mönchischen Anschauungen, weil er für diese weltlichen Interessen das rechte Verständniß nicht hatte. Ebenso hat er Karlstadt und Zwingli nicht leiden können, weil sie die Kirchenreform gründlicher, als er, von den Ueberresten des papistischen Aberglaubens befreiten. Wer redet jetzt noch von den Unterschieden zwischen deutscher und schweizerischer Reformation? Aber Luther konnte den Papisten in der Schweiz zürnen, daß sie bei Kappel mit Zwingli nicht auch sein ganzes Reformationswerk ausgerottet haben. So zerstört er immer sein eigenes Werk und ist in einem steten Widerspruch mit sich.

Welcher Charakter hätte von so harten Widersprüchen in seinem eigenen Wesen, von diesem Contrast zwischen Aufgabe und Leistung nicht furchtbar niedergedrückt werden müssen! Welcher hätte nicht in Mißmuth und Weltüberdruß enden müssen! Denn im Grunde kamen ja die sittlich ungenügenden Früchte der Reformation, welche Luthern zumal in seiner nächsten Nähe so viel Kummer bereiteten, aus derselben Quelle. Wem sollte ein Werk, das so verstümmelt zur Welt gekommen war, sittlichen Schwung verleihen? Anstatt einer Kirchen- und Gesellschaftsreform, deren Züge das Programm von 1520 so leuchtend verkündigt hatte, waren einige kleinliche und enge Territorialkirchen entstanden, die von Fürst, Adel, Juristen und Geistlichen tyrannisirt wurden. Wir wollen gerne annehmen, daß Luther theils wegen seines streng ethischen Charakters, der an die Sittlichkeit der Welt ideale Forderungen stellte, theils wegen seines Alters die sittlich guten Früchte, welche die wenn auch verstümmelte Reformation sicher damals schon getragen hat, übersah oder zu niedrig anschlug, aber das ist Thatsache, daß das Grunddogma der neuen Kirche, das man auf allen Kanzeln fast todt predigte, die Lehre von der Rechtfertigung aus dem Glauben schon von Anfang an verderblich auf die Volkssittlichkeit wirkte. Das sah Luther wohl und gestand es in seiner Ehrlichkeit auch ein. In seinen Tischreden lesen wir seine Klage darüber, daß die Leute in der Kirche anfangen, zu husten und zu schlafen, sobald man ihnen von der Rechtfertigung aus dem Glauben rede; ebendaselbst, nachdem er den Geiz der Bauern beklagt hat, fügt er die vielsagenden Worte hinzu: „nachdem sie durch das Evangelium zaumlos geworden sind, meinen sie, sie mögen thun, was sie gelüstet, fürchten sich noch erschrecken für keiner Höll oder Fegfeuer, sondern sagen: „ich gläube, darum werd' ich selig sein." In zarten Gemüthern, welche eine ähnliche religiöse Krisis, wie Luther, bestanden hatten, erzeugte das Dogma vom Verdienst Christi eine innige, mystische Christusliebe, welche stets die Frage an das Herz stellte: das that ich für dich, was thust du für mich?, aber die Massen, welche vorher durch Fasten, Beten, Ablaßgeld die Seligkeit erkauft hatten, waren froh, dieselbe nun noch wohlfeiler zu bekommen: durch den Glauben. Man muß Speners Klagen über seine Zeit lesen, um sich zu überzeugen, welche sittliche Früchte das Dogma von der Rechtfertigung durch den Glauben getragen hat. Daß Luther diese sittlichen Schäden der neuen Kirche so offen bekannte und so tief beklagte, ist ein Zeichen, wie seines ehrlichen Herzens, so seines edlen sittlichen Idealismus.

Er starb im Glauben an das nahe Ende der Welt, in Eisleben, am Orte seiner Geburt und Taufe. Die Grafen von Mansfeld, die ihre Unterthanen beraubt hatten und über den Raub mit einander in Fehde lebten, hatten nämlich dem alten abgearbeiteten Manne zugemuthet, ihre Streitigkeiten zu schlichten. Dienstfertig und gutmüthig, wie er immer gewesen war, unternahm er die beschwerliche Reise, die er, begleitet von seinen drei Söhnen und Dr. Jonas, am 24. Januar 1546 antrat. Schon unterwegs unwohl, erholte er sich wieder und brachte im Laufe der nächsten Wochen unter zahllosen Verdrießlichkeiten die Vergleichsverhandlungen fast zu Ende, als ihn am Morgen des 18. Februar 1546 ein leichter Tod den kleinen und großen Streitigkeiten der Erde entrückte. Er hatte 62 Jahre 3 Monate 10 Tage erreicht. Die Leiche wurde in feierlichem Pompe nach Wittenberg gebracht, wo sie, nachdem Bugenhagen eine Leichenpredigt und Melanchton eine lateinische Rede gehalten, in einem zinnernen Sarge am 22. Febr. ins Grab gesenkt wurde.

Aus der Rede Melanchtons mögen einige Stellen hier stehen, welche dem Redner ebenso zur Ehre gereichen, wie sie ein schönes und schlichtes Denkmal für den Todten sind.

„Dr. Luther hat die wahrhaftige reine christliche Lehre, so zuvor in vielen vornehmen Artikeln verdunkelt, wieder an Tag bracht und mit Fleiß erklärt; insbesondere hat er gelehrt, was rechte christlich Buß sei, und welcher da sei der gewisse, wahrhaftige und beständige Trost der Herzen und Gewissen, so vor Gottes Zorn wegen der Sünden erschrocken sind. Ingleichen hat er erklärt die rechte paulische Lehre, welche sagt, daß der Mensch allein durch den Glauben vor Gott gerecht werde. Deßgleichen hat er auch gelehret, was rechte Anrufung Gottes sei und wie die geschehen soll im Glauben und guten Gewissen, und hat uns allein gewiesen zu dem einigen Mittler, dem Sohne Gottes, nicht zu steinernen und hölzernen Bildern und Götzen noch zu todten Menschen oder verstorbenen Heiligen."

„Zu dem, damit die reine Lehre auch auf die Nachkommen fortgepflanzt und erhalten werden möge, hat er der Propheten und Apostel Schriften in deutscher Sprache verdolmetscht, so licht und klar, daß diese Dolmetschung viel mehr Lichts und Verstandes giebt dem christlichen Leser, denn vieler Anderen große Bücher und Commentare."

„Und wie von Denen, so die Stadt Jerusalem wieder bauten, beschrieben, daß sie mit einer Hand am Bau arbeiteten und mit der anderen das Schwert führeten, also hat er zugleich auch wider die Feinde der reinen Lehre müssen fechten und doch daneben viel schöne Auslegungen voll tröstlicher Lehre geschrieben und vielen armen, irrigen und beschwerten Gewissen mit christlichem Rath und Trost geholfen."

„Daß aber Etliche geklagt, Dr. Luther wäre etwas zu hart und rauh gewesen im Schreiben, davon will ich Nichts disputiren, weder ihn zu entschuldigen noch zu loben, sondern lasse es bei der Antwort, die Erasmus oft gegeben: Gott habe der Welt zu dieser Zeit, darin große und schwere Seuchen und Gebrechen überhand genommen, auch einen harten, scharfen Arzt gegeben."

„Dazu muß aber auch ein Jeder, der ihn recht erkannt, dieses zeugen, daß er sehr ein gütiger Mann gewest, mit allen Reden holdselig, freundlich und lieblich, und gar nicht stürmisch, eigensinnig und zänkisch, und war doch daneben ein Ernst und Tapferkeit in seinen Worten und Geberden. Summa: es war in ihm das Herz treu und ohne Falsch, der Mund freundlich und holdselig."

„Es würde zu lang, von allen seinen Tugenden zu sagen, doch will ich etliche anzeigen. Ich bin selbst oft dazu gekommen, daß er mit heißen Thränen für die ganze Kirche sein Gebet gesprochen, auch haben wir gesehen, daß er einen sehr großen Muth und Mannheit erzeigt und sich nicht bald ein klein Rauschen erschrecken lassen noch für Dräuen oder Fahr und Schrecken verzagt worden, denn er verließ sich auf diesen gewissen Grund, nämlich auf Gottes Beistand und Hilfe. So ist er auch so eines hohen und scharfen Verstandes gewest, daß er vor Anderen allein in verwirrten, dunkeln und schweren Händeln und Sachen bald ersehen konnte, was man rathen und thun sollte."

„Wie wohl beredt er auch gewest, zeigen seine eigenen Bücher und Schriften, darinnen zu sehen, daß er wohl und billig zu vergleichen allen denen, so als die trefflichsten Redner berühmt sind."

„Daß nun ein so treuer Mann und mit solchen Tugenden begabt, der auch uns Alle als ein Vater herzlich geliebet, aus diesem Leben und aus unserer Mitte und Gesellschaft hinweggefordert und abgeschieden ist, deß tragen wir unserthalben billig Kummer und Schmerzen, denn wir sind nun ganz, wie arme, elende, verlassene Waisen, so einen theuren, trefflichen Mann zum Vater gehabt und deß beraubt sind. So sollen wir denn ein stetig ewig Gedächtniß dieses unseres lieben Vaters behalten und sollen erkennen und betrachten, daß er ein edel köstlich, nützlich und heilsam Werkzeug Gottes gewesen, und sollen seine Lehre mit treuem Fleiß lernen und behalten, daneben auch seine Tugenden, die uns Noth sind, uns zum Exempel vorbilden und denselben nach unserem Maß fleißig nachfolgen."

So der Freund mit billigem und bescheidenem Lobe. Aber auch der Gegner konnte der geweihten Gruft die Achtung nicht versagen. Ein Vierteljahr später erschien Kaiser Karl V. als Sieger über Luthers Grabhügel, den er sich bald nach seinem Einzug in Wittenberg durch einen Studenten hatte zeigen lassen. Als sein Begleiter Granvella ihn aufforderte, Rache an dem todten Ketzer zu nehmen, habe er erklärt: „nicht mit den Todten, nur mit Lebenden führe ich Krieg." Welch ein Bild: Carl V. siegreich auf Luthers Grabe! Sechs und zwanzig Jahre waren diese Beiden, der Spanier und der Deutsche, neben einander auf der Bühne der Weltgeschichte gewandelt, die Vertreter zweier Richtuugen, die sich auf Tod und Leben bekämpften. Jetzt war der Eine todt und der Andere setzte den siegreichen Fuß auf sein Grab. Der schmalkaldische Bund aus einander gejagt, Wittenberg erobert, die Universität, die erste Leuchte der Reformation, gesprengt und ihre Lehrer auf der Flucht, die beiden bedeutendsten Fürsten des jungen Protestantismus, der Churfürst Johann Friedrich und der Landgraf Philipp als Gefangene hinter dem Troß des Kaisers nachgeführt, die spanische Soldateska mit aller Schamlosigkeit über das deutsche Land ergossen und das „Leipziger Interim", der erste Anfang der vollen Wiedereinführung des Katholicismus, den protestantischen Ländern als Glaubensregel und Cultusform aufgezwungen!

Aber was sind Diplomatenkünste und Waffenvortheile gegen eine Idee, die in einer Zeit reif geworden ist? In der Nacht vom 19. auf den 20. Mai 1552 verläßt eine Schaar von einigen hundert Männern in Nacht und Nebel Insbruck und flieht, so schnell sie kann, über den Brenner, Platzregen und Sturm löschen abwechselnd die Windlichter, mehrere Reiter stürzen in die Abgründe; in der Mitte ist eine abgelebte Gestalt, von gemüthlichen und körperlichen Schmerzen überwältigt, das Haupt in die Kissen gesteckt, ein Mal über das andere in die Worte ausbrechend: „o Absalon, Absalon, mein Sohn!" Es ist Kaiser Karl V., der Herr in drei Welttheilen, jetzt ein Feldherr ohne Heer und ein König ohne Land auf der Flucht vor Moritz von Sachsen, der seinen früheren Verrath an seinen fürstlichen Vettern und Glaubensgenossen nun durch Verrath an dem Kaiser in den Augen seiner Völker wieder gut macht. Der Passauer Religionsfriede setzt die gefangenen Fürsten in Freiheit und in den Besitz ihrer Länder und gewährt den Protestanten größere Vortheile, als die Entscheide von Speyer und Nürnberg, und der Kaiser, der einst mit so hochfliegenden Planen ausgezogen war, suchte 1556 — zehn Jahre nach Luthers Tod — nach den Stürmen des Lebens weltverdrossen eine Zuflucht im Kloster. Da, wo die Beiden einander von Angesicht zu Angesicht gegenüberstanden, in Worms, war Luther am größten, der Andere am kleinsten. Dort steht mit Recht Luthers Denkmal aufgerichtet. In dieser Stellung, einstehend für das Recht der persönlichen Ueberzeugung gegen alle Macht der Welt, wird die dankbare Nachwelt, die das Gold behält und die Schlacken wegwirft, das Bild des Reformators festhalten.

Anhang.

Anmerkungen zum Text.

1) Zu S. 106: Die Worte: „Hier stehe ich, ich kann nicht anders, Gott helfe mir" sind neuerdings mit gutem Grunde angefochten worden, weil nur ein einziger zeitgenössischer Bericht sie mittheilt, während vierzehn Berichte aus dem Jahr 1521 sie nicht kennen (aber allerdings einige etwas Aehnliches, wie: „da bin ich" oder: „Gott komm mir zu Hilfe"). Vgl. Studien und Kritiken 1869, 3. S. 517 ff. Die inneren Gründe, welche Schenkel (Luther in Worms und in Wittenberg S. 125) hintendrein gegen ihre Aechtheit zu finden meint, sind unstichhaltig. Die Nachwelt wird sich durch diesen Sachverhalt nicht abhalten lassen, jene Worte als den klassischen Ausdruck muthiger Ueberzeugungstreue, die im Bunde mit Gott der ganzen Welt trotzt, zu citiren, wie sie es auch trotz ähnlicher Beschaffenheit der Quellen mit Galiläi's Wort vor der römischen Inquisition „eppure si muove" (und doch bewegt sie sich) bisher gehalten hat.

2) Zu S. 109: Die Scene wird uns also überliefert. „Im Jahr 1546 sollte das Colloquium in Regensburg beschickt werden, wozu Luther den Doctor Major vorschlug, weil man den Melanchton schonen müsse. Als er zu Luther ging, von ihm Abschied zu nehmen, sah er am Eingang von dessen Studirstube die Worte geschrieben: unsere Professoren sollen examinirt werden vom Abendmahl des Herrn! Er fragte nach der Bedeutung dieser Worte und Luther antwortete ihm: „Was Ihr leset und wie sie lauten, ist die Meinung, und wenn Ihr wieder heimkommen werdet und ich auch, so wird man ein Examen müssen anstellen, dazu Ihr ebensowohl, als Andere sollet erfordert werden." Als sich aber Dr. Major von dem Verdacht mit großem Betheuren und klarem Bekenntniß los machen wollte, bekam er zur Antwort: „Ihr macht Euch mit Stillschweigen und Bemänteln selbst verdächtig; so Ihr aber glaubet, wie Ihr vor mir redet, so redet Solches auch in den Kirchen und aller Orten und stärket Eure Brüder und helft den Irrenden wieder auf den rechten Weg und widersprecht den muthwilligen Geistern, sonst ist Euer Bekenntniß nur ein Larvenwerk und nichts nütze. Wer seine Lehren, Glauben und Bekenntniß für wahr, recht und gewiß hält, der kann mit Anderen, so falsche Worte führen oder denselben zugethan sind, nicht in einem Stalle stehen, noch immerdar gute Lehren dem Teufel und seinen Schuppen geben. Ein Lehrer, der zu den Irrthümern stille schweigt und will gleichwohl ein rechter Lehrer sein,

der ist ärger, denn ein öffentlicher Schwärmer und thut mit seiner Heuchelei größeren Schaden, denn ein Ketzer und ist ihm nicht zu vertrauen, er ist ein Wolf und ein Fuchs, ein Miethling und ein Bauchdiener und darf Lehre, Wort, Glauben, Sacrament, Kirchen und Schulen verachten und übergeben; er liegt entweder mit den Feinden heimlich unter Einer Decke oder ist ein Zweifler und Windfahne und will sehen, wo es hinausgehe, ob Christus oder der Teufel obsiegen werde; oder ist ganz und gar bei sich selbst ungewiß und unwürdig, daß er ein Schüler, will schweigen ein Lehrer heißen solle, und will Niemand erhören, noch Christo sein Wort reden noch dem Teufel und der Welt wehe thun." Solches hat Doctor Major erwogen, dafür gedankt und zu folgen treulich zugesagt und also Lutherum gesegnet.

3) Zu S. 150: Melanchton ging hierin noch weiter. In seinem Gutachten über den Ehehandel Heinrichs VIII. von England 1531 forderte er offen und mit ausführlicher Begründung zur Polygamie auf und sprach jedem Fürsten das Recht zu, sie in seinem Lande einzuführen — Ansichten wie sie übrigens damals auch von Auctoritäten der katholischen Kirche vertheidigt wurden. Man weiß, daß später weder Luther noch Melanchton der Doppelehe, welche Landgraf Philipp von Hessen (1540) mit Margareth von der Saale schloß, entgegentrat. Beide gaben, wenn auch mit Sträuben, dem Fürsten einen Beichtrath. Luther erklärte, die Verbindlichkeit der Monogamie bestehe nach den bürgerlichen Gesetzen, wenn sie sich auch durch einen Spruch der Bibel nicht beweisen lasse. Als die Sache öffentlich zu werden anfing und Herzog Heinrich aus der albertinischen Linie mit Verfolgung drohte, fiel Melanchton in eine Krankheit. Luther aber erklärte, es sei ein Unterschied, was in Nöthen des Gewissens vor Gott möge nachgegeben werden und was in äußerlicher Ordnung auf Erden recht sei. — In der Angelegenheit Königs Heinrich VIII. ist ihm die Bestimmung, daß ein Bruder seines verstorbenen Bruders Frau nicht heirathe, nur ein menschliches Gesetz; lieber, als aus diesem Grunde die Ehe trennen, will er dem Könige gestatten, „nach dem Beispiel von Vätern und Königen zwei Weiber oder Königinnen zu haben." Ein ander Mal verwirft er eine ähnliche Ehe, weil sie mit den in Moses aufgestellten Verwandtschaftsgraden, also mit einem göttlichen Gebot, im Widerspruch stehe. (Brief vom 18. Jan. 1535.)

4) Zu S. 152: Die schönen Worte von Strauß, obwohl sie in einem anderen Zusammenhang geschrieben sind, mögen ganz hier stehen: „So verengte sich der Geist der Zeit: aber dieses sich Verengen war zugleich ein sich Zusammennehmen, und zusammennehmen mußte er sich, um seine Aufgabe zu lösen. Der Humanismus war weitherzig, aber auch mattherzig, wie wir an keinem Anderen deutlicher sehen, als an Erasmus; er hätte die Umbildung der Zeit nicht durchgesetzt. Luther war engherziger, beschränkter, als Erasmus, aber dieser zusammenhaltenden, nicht rechts noch links sehenden Kraft bedurfte es, um durchzubrechen. Der Humanismus ist der breite, spiegelnde Rhein bei Bingen; er muß erst enger und wilder werden, wenn er sich durch das Gebirg die Straße zum Meere bahnen will." Strauß, Hutten II. 300.

5) Zu S. 162: Auch später noch macht er von diesem Grundsatz einzelne Ausnahmen. So bei der Frage, ob ungetauft sterbende Kinder verdammt werden, worüber er sich in einem Briefe an den Pfarrer Lauterbach unterm 8. Febr. 1536 sehr bezeichnend ausspricht: „Gott hat sich nicht so an die Sacramente gebunden, daß er ohne Sacrament Nichts könnte, wie er auch unter dem — mosaischen — Gesetz Viele ohne Gesetz selig gemacht hat, wie den Hiob z. B. und Naemann. So hoffe ich auch, daß über die bei der Geburt sterbenden Kinder, weil sie ohne ihre Schuld der Taufe beraubt werden und die Unterlassung nicht aus Verachtung des göttlichen Befehls geschieht, der barmherzige Gott gute Gedanken habe, aber wegen der Schlechtigkeit der Welt nicht will, daß dieses öffentlich gesagt oder geglaubt werde, damit keine Verachtung dessen, was er selbst befiehlt und anordnet, daraus erwachse. Darum hüte auch du dich, diese meine Ansicht, die ich nur zur Tröstung des bekümmerten Gewissens dem Einzelnen sage, öffentlich zu lehren. Gott hat uns Nichts geoffenbart, was er mit ungetauften Kindlein thun wolle, sondern er hat das seiner Barmherzigkeit vorbehalten, öffentlich aber sein Wort und Sacramente treiben geheißen: da sollen wir's bei lassen."

6) Zu S. 163: Die natürliche Antipathie des Mittelalters gegen Ketzer und Ungläubige hat Luther aus seinem Blute nicht entfernen können. Daher stammte insbesondere seine unüberwindliche Leidenschaft gegen die Juden. In seinen Schriften finden sich die heftigsten Ausfälle gegen das unglückliche Volk. Wenige Wochen vor seinem Tod schreibt er von Eisleben aus an seine Frau: „ich bin sehr schwach gewest auf dem Wege hart vor Eisleben, das war meine Schuld. Aber wenn Du wärest da gewesen, so hättest Du gesagt, es wäre der Juden oder ihres Gottes Schuld gewesen. Denn wir mußten durch ein Dorf hart für Eisleben, da viel Juden inne wohnten; vielleicht haben sie mich so hart angeblasen. So sind hier in der Stadt Eisleben jetzt diese Stunde über 50 Juden wohnhaftig. — Wenn die Hauptsachen geschlichtet sind, so muß ich mich dran legen, die Juden zu vertreiben. Graf Albrecht ist ihnen Feind und hat sie schon Preis gegeben, aber Niemand thut ihnen noch Nichts. Will's Gott, ich will auf der Kanzel Graf Albrecht helfen und sie auch Preis geben." Daß ein evangelischer Pfarrer versuchte, die Juden mit Hilfe des Schultheißen zu zwingen, seine Predigten zu besuchen und sich taufen zu lassen, daran findet Luther Nichts auszusetzen und ist empört über den Schultheiß, der seine Hilfe verweigerte (Brief vom 20. Mai 1545). Shakespeare hat in seinem „Kaufmann von Venedig" Beides trefflich gezeichnet: den natürlichen Abscheu des Mittelalters, gleichsam den christlichen Racenhaß gegen die Juden, wie diese nackte religiöse Aeußerlichkeit, mit welcher ihre Bekehrung erzwungen wurde.

7) Zu S. 189: Auch außerhalb des Zusammenhangs mit dem Bauernkrieg, in seinen übrigen Schriften spricht er die gleiche politische und strafrechtliche Theorie aus. So in der Kirchenpostille (Plochm. XV, 258): die Obrigkeit müsse den Pöbel, Herrn Omnes, treiben, schlagen, würgen, henken, brennen, köpfen und radebrechen, daß man sie fürchte und das Volk also in Zaum gehalten werde. In dieser Beziehung war er weder mit Friedrich noch mit Johann, den Churfürsten, zufrieden, welche von milderer Gesinnung waren und namentlich die Todes-

strafe nicht ohne Noth angewandt wissen wollten. „Friedrich" — so berichtet er — „spricht dann immer, es ist leicht, Einem das Leben zu nehmen, aber man kann es nicht wiedergeben," und Johann pflegte allewege zu sagen: „ei! er wird noch fromm werden," und mit solchem Weichsein und durch die Finger sehen war das Land voller Buben."

8) Zu S. 191: Jürgens I, 121: „die Vorstellung, die Luthrr von den halbslavisch unfreien, viel tiefer stehenden und minder bedrückten Bauern um Wittenberg abnahm, scheint er auf alle anderen übergetragen zu haben. Seine sehr verkehrten Begriffe von dem den Oberen gebührenden Gehorsam trugen wesentlich die Schuld mit, daß er die Verhältnisse und Rechte der Bauern ebenso mißverstand und verkannte, wie die wahre Stellung der Reichsfürsten. Dieß würde doch anders geworden sein, wenn er als eines Bauern Sohn in Möhra Kindheit und Jugend verlebt hätte. Besondere Hinneigung zu den Bauern hatte er nie."

9) Zu S. 253: Neueren Nachweisen zufolge fand sich in dieser ersten Ausgabe der Augsburger Confession die katholische Abendmahlslehre vorgetragen. Die reine Lehre, an welche man Heil und Seligkeit hing, das lutherische Abendmahlsdogma, um welches man sich gegen die Reformirten bis auf den Tod gewehrt hatte, wird von Melanchton mit leichtem Muth fallen gelassen und dem Bund mit den Papisten zum Opfer gebracht, und Luther, der sonst in diesem Punkte so starrsinnig war, ließ es geschehen. Vergl. Calinich, der Naumburger Fürstentag 1561. Gotha, Fr. And. Perthes 1870.

10) Zu S. 285: „Ich bin schwach gewest auf dem Wege hart für Eisleben, das war meine Schuld. Aber wärest Du da gewesen, so hättest Du gesagt, es wäre der Juden oder ihres Gottes Schuld gewest." Brief vom 1. Febr. 1546. „Meine Ketha läßt Euch freundlich bitten, daß Ihr ja bei Leib keine Bauernkloppel zur Ehe nehmet, denn sie sind grob und stolz, können die Männer nicht für gut haben, können auch weder kochen noch keltern" (Bruchstück eines Briefes bei de Wette VI.). Das scharfe Urtheil, mit welchem sie Erasmus eine Kröte nennt, haben wir früher gehört.

11) Zu S. 287: So wies Erasmus die Behauptung Hutten's, daß er von seinem Verleger Froben jährlich 200 Fl. beziehe, als eine ehrenrührige zurück, wozu Strauß die Bemerkung macht: daß ein Schriftsteller von Geschenken und Pensionen der Großen lebe, die er sich durch Dedicationen erschmeichelt, fand man damals in der Ordnung, dagegen vom Verleger sich bezahlen zu lassen, galt für nicht ganz ehrenhaft (Hutten II. 296.)

12) Zu S. 291: „Es hatte auch Doctor Luther den Gebrauch, daß er alle Abend, ehe er sich wollte zu Bette legen, mit bloßem Haupte in offenem Fenster mit deutlichen Worten zu unserem Herr Gott gegen den Himmel sprach, es war Winter oder Sommer, wie Solches Vielen bewußt." Razzenberger S. 140.

13) Zu S. 317: Die Angabe, daß Luther vor seiner Abreise nach Eisleben Reue über seine Haltung in der Abendmahlsfrage geäußert habe, ist mehr, als

zweifelhaft, trotz der eidlichen Betheuerung Hardenbergs vom Jahr 1556, aus Melanchtons Mund als Aeußerung, welche Luther vor jener Reise gethan, vernommen zu haben: er müsse bekennen, daß in der Sache vom Abendmahl viel zu viel geschehen sei; er selbst habe schon oft daran gedacht, die Sache durch eine Schrift zu lindern, damit die Kirche wieder einträchtig werde; doch so würde die ganze Lehre verdächtigt werden; er wolle es Gott befohlen haben. Melanchton und die Anderen sollen nach seinem Tode auch etwas thun. Vergl. darüber J. Köstlin, Luthers Theologie II. Band S. 227. Planck, Gesch. des protest. Lehrbegriffs 4, 27. Hardenbergs Biograph Bernhard Spiegel (D. Albert Rizäus Hardenberg, ein Theologenleben aus der Reformationszeit, 1869) tritt S. 170 für die Richtigkeit der Hardenbergischen Aussage in die Schranken, aber in den Augen der Kritik muß die durch zahlreiche, fast bis in die Todeswoche reichende Aussprüche constatirte Gesinnung Luthers mehr gelten, als Aeußerungen Anderer über ihn, die so leicht ihre Farbe durch die bloße Erinnerung erhielten. Melanchton kann, ohne es zu wollen — was man gerne hätte, das glaubt man — einer ähnlichen Aeußerung Luthers eine Tragweite und Ausdehnung gegeben haben, die sie nicht hatte. Uebrigens liegt wenig an der Sache.

Berichtigungen.

S. 54 Z. 16 von oben lies 1510 statt 1810.
= — = 17 = = = 1511 = 1811.
= 129 Anm. lies Betasten statt Belassn.
= 138 Z. 12 von unten lies: der Anlang.

FSC
www.fsc.org
MIX
Papier | Fördert gute Waldnutzung
FSC® C083411

Kolibri 360 GmbH
Ferdinand-Jühlke-Straße 7
99095 Erfurt, Deutschland
produktsicherheit@kolibri360.de